信息科学与工程系列专著

分布式实时系统数据分发服务

杨京礼　林连雷　王建峰　魏长安　著

電子工業出版社
Publishing House of Electronics Industry
北京 · BEIJING

内 容 简 介

随着分布式实时系统规模的日益增大，对于系统内部通信实时性的要求也越来越高。数据分发服务（Data Distribution Service，DDS）是对象管理组织（Object Management Group，OMG）为分布式实时系统制定的新一代数据传输规范，能够为各种不同类型的分布式应用提供良好的解决方案。本书从 DDS 技术规范的核心内容、扩展标准和工程应用三个方面介绍了作者所在研究团队在该领域的最新研究工作和多年技术积累。

本书对从事分布式计算、分布式仿真和网络通信等专业领域的科研人员具有参考价值，亦可作为高等院校计算机、通信、信息和自动化等专业的高年级本科生和研究生的教学参考书。

图书在版编目（CIP）数据

分布式实时系统数据分发服务 / 杨京礼等著. —北京：电子工业出版社，2021.1

ISBN 978-7-121-40321-7

Ⅰ. ①分… Ⅱ. ①杨… Ⅲ. ①分布式操作系统－数字信号处理 Ⅳ. ①TN911.72

中国版本图书馆 CIP 数据核字（2020）第 269452 号

责任编辑：竺南直

印　　刷：天津千鹤文化传播有限公司

装　　订：天津千鹤文化传播有限公司

出版发行：电子工业出版社

北京市海淀区万寿路 173 信箱　　邮编：100036

开　　本：787×1 092　1/16　印张：21　字数：538 千字

版　　次：2021 年 1 月第 1 版

印　　次：2021 年 1 月第 1 次印刷

定　　价：69.00 元

凡所购买电子工业出版社图书有缺损问题，请向购买书店调换。若书店售缺，请与本社发行部联系，联系及邮购电话：（010）88254888，88258888。

质量投诉请发邮件至 zlts@phei.com.cn，盗版侵权举报请发邮件至 dbqq@phei.com.cn。

本书咨询联系方式：davidzhu@phei.com.cn。

前　　言

近年来，随着分布式系统的广泛应用及大数据系统的出现，系统各分布节点之间信息交换的需求越来越大，对于信息交换的质量要求也越来越高，如何实现数据实时、灵活、高效的分发是网络通信领域亟须解决的问题之一。数据分发服务（Data Distribution Service，DDS）是对象管理组织（Object Management Group，OMG）制定的新一代分布式实时通信中间件技术规范，采用发布/订阅体系结构，强调以数据为中心，提供丰富的QoS服务质量策略，能够在正确的时间内将正确的数据传输到正确的地点，可以满足各种分布式实时通信应用的需求。目前，DDS已经广泛应用于军事、航空、航天、交通、医疗、金融等多个领域。

DDS从出现就得到了国外诸多领域的关注，尤其得到了美国军方的大力支持，将其作为全球信息栅格（Global Information Grid，GIG）的数据传输标准。我国对于DDS的研究和应用尚处于起步阶段，关于DDS的书籍非常稀少。在作者所在研究团队从事的科研工作中，大量采用DDS进行分布式系统的构建，团队积累了丰富的技术资料和实践经验。因此，作者希望能够从实际工程角度介绍研究团队的相关成果，在此基础上编写以实践应用为目标的图书，提高研发人员的技术水平和实践技能。

本书分为12章。第1章对分布式实时系统的通信模型和数据分发服务进行概述。第2～6章讲述了DDS规范的核心内容——以数据为中心的发布/订阅机制，并对DDS规范中主要实体的属性和行为进行了详细描述。第7章讲述了DDS规范中所定义的各种QoS策略的内涵和使用方法。第8章讲述了DDS规范的传输协议——实时发布/订阅协议（The Realtime Publish-Subscribe Wire Protocol，RTPS），它是实现不同DDS产品之间的互操作的基础。第9章和第10章分别讲述了DDS规范的两个扩展标准：基于DDS的远程过程调用机制（Remote Procedure Call over DDS，DDS-RPC）以DDS作为底层通信设施提供请求/应答语义，用于支持远程方法调用；Web-Enabled DDS定义了一种面向Web的DDS服务，使得Web应用可以通过使用该服务参与到DDS全局数据空间的信息交换。第11章和第12章介绍了DDS规范标准实现——OpenDDS软件，并以其为工具讲述了基于DDS规范进行分布式系统构建和运行的基本方法。

本书由杨京礼组织编写，林连雷、王建峰、魏长安参与编写，高天宇、尹双艳、崔成竹、张宇帆、郑可昕、张天瀛、秦旭珩、范菁、黄雪等参与了资料收集和整理工作。书中的部分研究成果得到了国防基础科研项目的支持和资助。在此，向这些老师、学生及项目资助方表示诚挚的感谢。

由于时间仓促以及所做研究工作的局限性，书中难免出现疏漏，恳请广大读者批评指正。

目　　录

第 1 章　绪论……1

1.1　分布式实时系统……1

1.1.1　分布式系统的定义与特征……1

1.1.2　分布式系统的软硬件结构……4

1.1.3　分布式系统的实时性需求……9

1.2　分布式实时系统通信模型……10

1.2.1　点对点模型……11

1.2.2　客户端/服务器模型……11

1.2.3　分布式对象模型……12

1.2.4　发布/订阅模型……14

1.3　数据分发服务概述……16

1.3.1　设计目标……17

1.3.2　标准结构……18

1.3.3　发展历程……22

1.3.4　应用领域……24

第 2 章　以数据为中心的发布/订阅……28

2.1　概念模型……28

2.2　组成模块……30

2.2.1　基础设施模块……31

2.2.2　域模块……35

2.2.3　主题模块……39

2.2.4　发布模块……42

2.2.5　订阅模块……46

2.3　实体关系……53

2.4　QoS 策略……54

2.5　监听、状态、条件与等待集……58

2.5.1　通信状态及状态更改……58

2.5.2　基于监听器获取状态……62

2.5.3　基于条件和等待集获取状态……63

2.6　内置主题……66

第 3 章　数据域和域参与者……68

3.1　数据域和域参与者的关系……68

3.2　域参与者工厂……69

3.2.1 创建与删除域参与者…70
3.2.2 获取域参与者工厂实例…70
3.2.3 查询域参与者…71
3.2.4 设置与获取域参与者默认 QoS 策略…71
3.2.5 设置与获取域参与者工厂 QoS 策略…71
3.3 域参与者…72
3.3.1 创建与删除发布者…72
3.3.2 创建与删除订阅者…73
3.3.3 创建与删除主题…73
3.3.4 创建与删除内容过滤主题…74
3.3.5 创建与删除多重主题…75
3.3.6 查找主题与主题描述…76
3.3.7 获取内置订阅者…77
3.3.8 忽略域参与者、主题、发布与订阅…77
3.3.9 删除包含的所有实体…78
3.3.10 断言活跃度…78
3.3.11 设置与获取发布者默认 QoS 策略…78
3.3.12 设置与获取订阅者默认 QoS 策略…79
3.3.13 设置与获取主题默认 QoS 策略…80
3.3.14 获取数据域唯一标识…82
3.3.15 获取已发现的所有域参与者…82
3.3.16 获取已发现的域参与者数据…82
3.3.17 获取已发现的所有主题…82
3.3.18 获取已发现的主题数据…83
3.3.19 判断是否包含实体…83
3.3.20 获取当前时间…83
3.4 域参与者监听器…83
第 4 章 主题、内容过滤主题与多重主题…85
4.1 主题描述…85
4.1.1 获取所属域参与者…85
4.1.2 获取类型名称…85
4.1.3 获取名称…85
4.2 主题…85
4.2.1 获取主题不兼容状态…87
4.2.2 主题、实例和样本的区别与联系…87
4.3 内容过滤主题…89
4.3.1 过滤表达式…89
4.3.2 获取相关主题…90

4.3.3 设置与获取表达式参数……90
4.3.4 内容过滤主题示例……91
4.4 多重主题……92
4.4.1 多重主题表达式……92
4.4.2 设置与获取表达式参数……93
4.4.3 多重主题示例……94
4.5 主题监听器……95
第 5 章 发布者与数据发送……96
5.1 数据发送流程……96
5.2 发布者……97
5.2.1 创建、查找与删除数据写入者……98
5.2.2 挂起与恢复发布状态……99
5.2.3 开始与结束一套连贯的修改……100
5.2.4 等待应答……100
5.2.5 获取所属域参与者……101
5.2.6 删除包含的所有实体……101
5.2.7 设置与获取数据写入者默认 QoS 策略……101
5.2.8 复制主题 QoS 策略……103
5.3 数据写入者……104
5.3.1 注册与注销数据对象实例……104
5.3.2 带时戳注册与注销数据对象实例……105
5.3.3 获取实例的键值……106
5.3.4 查找实例……106
5.3.5 数据写入……106
5.3.6 带时戳数据写入……107
5.3.7 丢弃数据……107
5.3.8 带时戳丢弃数据……108
5.3.9 等待确认……108
5.3.10 获取活跃度丢失状态……108
5.3.11 获取提供的生存期丢失状态……108
5.3.12 获取提供的 QoS 策略不兼容状态……109
5.3.13 获取发布者匹配状态……109
5.3.14 获取主题……109
5.3.15 获取所属发布者……109
5.3.16 断言活跃度……109
5.3.17 获取匹配的订阅信息……109
5.3.18 获取匹配的订阅者……110
5.4 发布者监听器……110

5.5 数据写入者监听器……111
第 6 章 订阅者与数据接收……112
6.1 数据接收流程……112
6.2 数据样本信息分析……115
6.3 数据样本访问方式……118
6.4 订阅者……119
6.4.1 创建、查找与删除数据读取者……119
6.4.2 开始与结束数据访问……121
6.4.3 获取数据读取者……121
6.4.4 通知数据读取者……122
6.4.5 获取数据样本丢失状态……122
6.4.6 获取所属域参与者……122
6.4.7 删除包含的所有实体……122
6.4.8 设置与获取数据读取者的默认 QoS 策略……123
6.4.9 复制主题 QoS 策略……124
6.5 数据读取者……125
6.5.1 创建与删除读取条件……126
6.5.2 创建数据查询条件……126
6.5.3 读取数据样本……127
6.5.4 提取数据样本……129
6.5.5 带条件读取数据样本……130
6.5.6 带条件提取数据样本……130
6.5.7 读取下一个数据样本……131
6.5.8 提取下一个数据样本……131
6.5.9 读取实例……131
6.5.10 提取实例……132
6.5.11 读取下一个实例……132
6.5.12 提取下一个实例……133
6.5.13 带条件读取下一个实例……134
6.5.14 带条件提取下一个实例……135
6.5.15 返回租借……135
6.5.16 获取活跃度改变状态……136
6.5.17 获取请求的生存期丢失状态……136
6.5.18 获取请求的 QoS 策略不兼容状态……136
6.5.19 获取数据样本丢失状态……136
6.5.20 获取数据样本拒绝状态……136
6.5.21 获取订阅者匹配状态……136
6.5.22 获取主题描述……137

6.5.23 获取所属订阅者 ……137
6.5.24 获取键值 ……137
6.5.25 查找实例 ……137
6.5.26 删除包含的所有实体 ……137
6.5.27 等待接收所有历史数据样本 ……137
6.5.28 获取匹配的发布信息 ……138
6.5.29 获取匹配的发布者 ……138
6.6 读取条件 ……138
6.6.1 获取数据读取者 ……138
6.6.2 获取样本状态掩码 ……139
6.6.3 获取视图状态掩码 ……139
6.6.4 获取实例状态掩码 ……139
6.7 查询条件 ……139
6.7.1 获取查询表达式 ……140
6.7.2 设置和获取查询参数 ……140
6.8 订阅者监听器 ……140
6.9 数据读取者监听器 ……141
第 7 章 QoS 策略与关联性 ……143
7.1 QoS 策略详解 ……143
7.1.1 USER_DATA 策略 ……143
7.1.2 TOPIC_DATA 策略 ……144
7.1.3 GROUP_DATA 策略 ……144
7.1.4 DURABILITY 策略 ……144
7.1.5 DURABILITY_SERVICE 策略 ……146
7.1.6 PRESENTATION 策略 ……146
7.1.7 DEADLINE 策略 ……147
7.1.8 LATENCY_BUDGET 策略 ……148
7.1.9 OWNERSHIP 策略 ……149
7.1.10 OWNERSHIP_STRENGTH 策略 ……150
7.1.11 LIVELINESS 策略 ……151
7.1.12 TIME_BASED_FILTER 策略 ……152
7.1.13 PARTITION 策略 ……153
7.1.14 RELIABILITY 策略 ……154
7.1.15 TRANSPORT_PRIORITY 策略 ……155
7.1.16 LIFESPAN 策略 ……156
7.1.17 DESTINATION_ORDER 策略 ……156
7.1.18 HISTORY 策略 ……157
7.1.19 RESOURCE_LIMITS 策略 ……158

7.1.20 ENTITY_FACTORY 策略……159
7.1.21 WRITER_DATA_LIFECYCLE 策略……159
7.1.22 READER_DATA_LIFECYCEL 策略……160
7.2 注册、活跃度与所有权之间的关系……160
7.2.1 冗余系统的所有权解析……160
7.2.2 拓扑连接性中的损耗检测……161
7.3 QoS 策略示例……162
第 8 章 DDS-RTPS 协议……163
8.1 DDS-RTPS 概述……163
8.2 结构模块……164
8.2.1 RTPS 历史记录缓存……166
8.2.2 RTPS 缓存更改……168
8.2.3 RTPS 实体……168
8.2.4 RTPS 参与者……169
8.2.5 RTPS 端点……169
8.2.6 RTPS 写入者……170
8.2.7 RTPS 读取者……170
8.2.8 RTPS 实体与 DDS 实体的关系……170
8.3 消息模块……173
8.3.1 类型定义……173
8.3.2 RTPS 消息结构……173
8.3.3 RTPS 消息接收器……175
8.3.4 RTPS 子消息元素……176
8.3.5 RTPS 帧头……180
8.3.6 RTPS 子消息……181
8.4 行为模块……182
8.4.1 互操作的行为需求……183
8.4.2 RTPS 协议的实现……183
8.4.3 写入者在每个匹配的读取者上的行为……184
8.4.4 符号约定……185
8.4.5 类型定义……185
8.4.6 RTPS 写入者的参考实现……185
8.4.7 RTPS 无状态写入者的行为……190
8.4.8 RTPS 有状态写入者的行为……192
8.4.9 RTPS 读取者的参考实现……194
8.4.10 RTPS 无状态读取者的行为……197
8.4.11 RTPS 有状态读取者的行为……198
8.4.12 写入者活跃度协议……199

8.5 发现模块 201
8.5.1 RTPS 内置发现端点 202
8.5.2 SPDP 协议 202
8.5.3 SEDP 协议 206
8.5.4 交互过程 210
第 9 章 DDS-RPC 机制 213
9.1 DDS-RPC 概述 213
9.2 服务的定义与表示 214
9.2.1 服务定义规则 214
9.2.2 服务定义示例 215
9.3 服务映射 216
9.3.1 服务到 DDS 主题名称映射 216
9.3.2 服务到 DDS 主题数据类型映射 216
9.4 服务发现与匹配处理 220
9.4.1 DDS 内置主题扩展 220
9.4.2 服务发现算法改进 222
9.5 请求与应答关联 223
第 10 章 Web-Enable DDS 规范 225
10.1 Web-Enable DDS 规范概述 225
10.2 WebDDS 对象模型 227
10.2.1 对象模型概览 228
10.2.2 对象模型访问控制 229
10.2.3 DDS 实体代理 235
10.3 REST 架构下的 Web-Enable DDS 实现 259
10.3.1 资源映射 259
10.3.2 操作映射 259
10.3.3 返回值映射 263
10.3.4 对象表示 263
10.3.5 HTTP 帧头格式 264
第 11 章 DDS 规范的典型实现——OpenDDS 266
11.1 OpenDDS 概述 266
11.1.1 兼容性 266
11.1.2 组成架构 267
11.2 使用 OpenDDS 270
11.2.1 定义数据类型 270
11.2.2 处理 IDL 272
11.2.3 实现发布端应用程序 274
11.2.4 实现订阅端应用程序 277

11.2.5 运行程序 ······281
11.3 运行时配置 ······281
11.3.1 配置方式 ······282
11.3.2 通用配置 ······283
11.3.3 发现配置 ······285
11.3.4 传输配置 ······296
第 12 章 基于 OpenDDS 的分布式实时系统开发与运行 ······307
12.1 开发环境搭建 ······307
12.1.1 开发工具选择 ······307
12.1.2 源代码下载 ······307
12.1.3 环境变量设置 ······307
12.1.4 源代码编译 ······308
12.2 应用程序开发 ······308
12.2.1 建立数据类型定义工程 ······309
12.2.2 建立发布端应用程序工程 ······310
12.2.3 建立订阅端应用程序工程 ······314
12.2.4 编写运行时配置文件 ······319
12.3 应用程序运行 ······319
12.3.1 使用 DCPSInfoRepo 运行应用程序 ······319
12.3.2 使用 DDS-RTPS 运行应用程序 ······321
参考文献 ······323

第1章 绪　　论

自20世纪80年代以来，伴随计算机网络技术的飞速发展，分布式系统凭借在构建成本、资源共享能力、可伸缩性和容错性等方面的优势，广泛应用于人们日常工作和生活中。对于分布式系统而言，构建以计算机网络为基础的通信机制是分布式节点协调运行，进而完成分布式系统整体任务的基础。

本章从分布式系统的基本概念入手，介绍分布式系统的定义、典型特征、软硬件结构和实时性需求；通过对比分布式实时系统中的4种通信模型的优缺点，引出数据分发服务的概念，介绍数据分发服务的设计目标、标准结构，并对其发展历程和应用领域进行总结。

1.1 分布式实时系统

分布式系统的概念是在计算机网络这个大前提下诞生的。在分布式系统出现之前，计算任务都是采用集中式的方式，通过使用计算能力强大的超级服务器完成的。但是这种超级服务器的构建和维护成本极高，且明显存在性能的瓶颈问题。如果一套系统可以将需要大量计算能力才能完成的任务分解成若干子任务模块，然后将这些子任务模块分配给系统中不同的计算节点进行处理，最后将分散计算的结果合并得到最终的处理结果，那么就可以将这种系统称为分布式系统。

1.1.1 分布式系统的定义与特征

从定义上看，分布式系统是指通过网络互连，可协作执行某项任务的独立计算机集合，但是对这个系统的用户来说，系统就像一台计算机一样。从上述定义传递出分布式系统具有软件和硬件两个方面的含义：

（1）在硬件方面：每台计算机都是自主的。

（2）在软件方面：用户将整个系统看成一个整体，在操作一个分布式系统时就像与单台计算机打交道一样。

这两方面都是必需的，缺一不可。

如图1-1所示，一个分布式系统一般是由网络上位于不同位置的计算机组成的系统，这些计算机通过网络进行通信传递数据，从而协同完成一个共同的目标。

在分布式系统出现之前，计算任务通常由单台计算机或集中式系统来承担。作为20世纪最先进的科学技术发明之一，计算机对人类的生产活动和社会活动产生了极其重要的影响，并以强大的生命力飞速发展。它的应用领域从最初的军事科研应用扩展到社会的各个领域，已形成了规模巨大的计算机产业，带动了全球范围的技术进步，由此引发了深刻的社会变革。目前，计算机已遍及一般学校、企事业单位，进入寻常百姓家，成为信息社会中必不可少的工具。

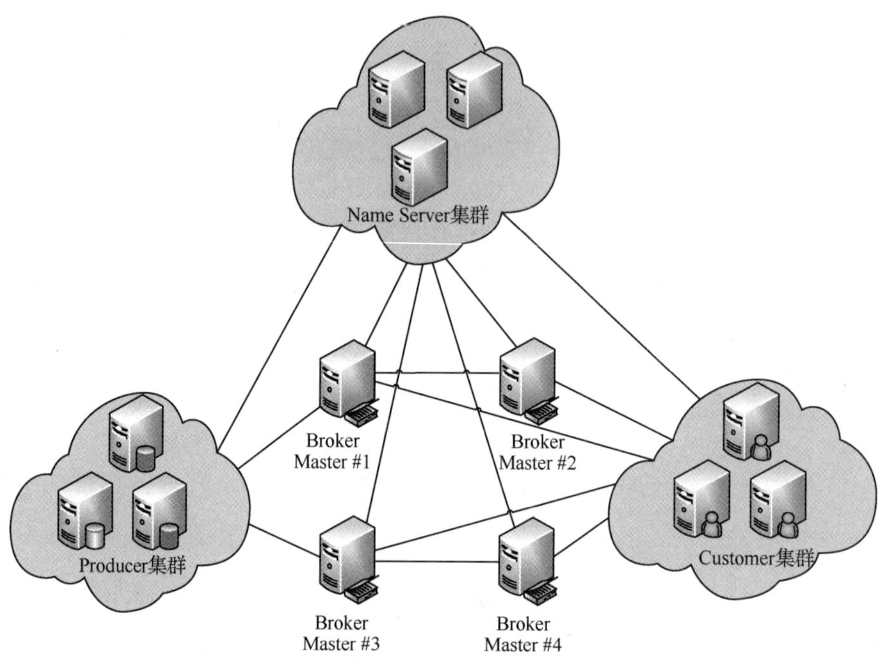

图 1-1　分布式系统示意图

按照构成计算机的电子元器件来划分，计算机的发展主要包含 4 个阶段，即电子管阶段、晶体管阶段、集成电路阶段、大规模和超大规模集成电路阶段。从组成上看，其最经典的体系结构是冯・诺依曼体系结构，主要包括输入设备、输出设备、运算器、存储器和控制器等组成单元，如图 1-2 所示。

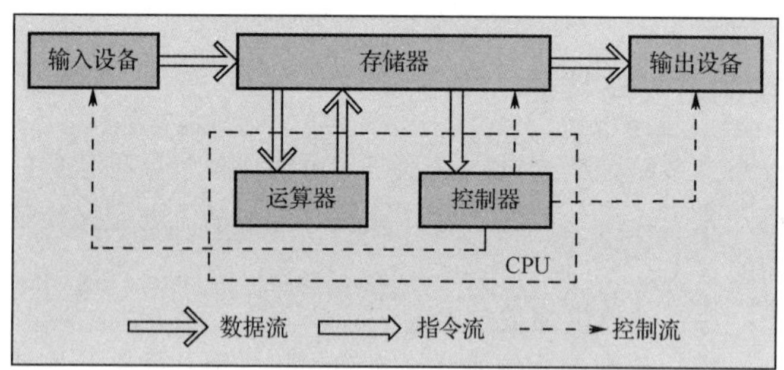

图 1-2　计算机的冯・诺依曼体系结构

一般而言，计算机中的各个组成单元都被集中到很小的空间中以方便数据和控制命令的传输。但是对于某些应用场景，如银行的自动取款机（ATM）和终端销售机（POS），通常需要将输入设备和输出设备等单元单独放置于远离核心处理单元（运算器、存储器和控制器）的位置，以保障系统的安全性。面对上述应用场景需求，集中式系统应运而生，其组成结构如图 1-3 所示。集中式系统有一个大型的中央处理器，其一般是高性能、可扩充的计算机，所有的数据、运算、处理任务全部在中央处理器上完成。中央处理器连接多个终端，终端仅用来输入和输出，没有数据处理能力，所有终端得到的信息是一致的。

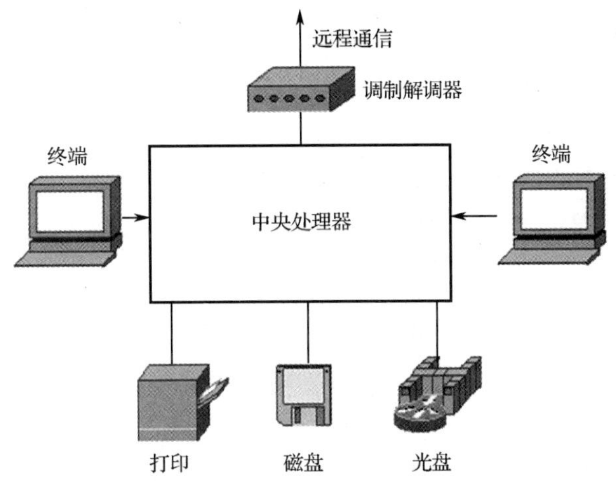

图 1-3　集中式系统组成结构

近年来，随着半导体行业的飞速发展，计算机的性能得到了极大的提高，其体积大大缩小，功能越来越强。但是对于需要进行庞大数据处理的应用场景，诸如天气预报、生命科学的基因分析、军事、航天等高科技领域，单台计算机以及集中式系统在性能方面的瓶颈问题日渐突出。特别是随着大数据时代的到来，高效、实时地处理海量数据，实现资源共享已然成为各个行业的普遍需求。相对于单台计算机和集中式系统而言，分布式系统在以下方面具有明显的优势（典型特征）：

（1）高资源共享能力：分布式系统中不同的节点通过通信网络彼此互联，一个节点上的用户可以使用其他节点上的资源。分布式系统允许设备共享，使众多用户能够共享昂贵的外部设备，如彩色打印机、高速阵列处理器等；允许数据共享，使众多用户能够访问共用的数据库和远程文件。

（2）高远程通信能力：分布式系统中各个节点通过通信网络互联在一起。通信网络由通信线路、调制解调器和通信处理器等组成，不同节点的用户可以方便地交换信息。在底层，系统之间利用传递消息的方式进行通信，这类似于单台计算机系统中的消息机制。单台计算机系统中所有高层的消息传递功能都可以在分布式系统中实现，如文件传递、登录、邮件、Web 浏览和远程过程调用（Remote Procedure Call，RPC）。

（3）高性能：如果一个特定的计算任务可以划分为若干个并行运行的子任务，则可把这些子任务分散到不同的节点上，使它们同时在这些节点上运行，从而加快计算速度。另外，分布式系统具有计算迁移功能，如果某个节点上的负载太重，则可把其中一些作业移到其他节点去执行，从而减轻该节点的负载，这种作业迁移称为负载平衡。

（4）高可靠性：人们无法制造出永不出现故障的计算机，更加难以开发出没有错误的软件，因为软件的运行还在一定程度上依赖于硬件的可靠性。如果分布式系统中某个节点失效了，则其余的节点可以继续操作，整个系统不会因为一个或少数几个节点的故障而全体崩溃。因此，分布式系统有很好的容错性能。

（5）高扩展性：高扩展性是指分布式系统在运行过程中可以自由地对系统内部节点或现有功能进行扩充，而不影响现有服务的运行。传统单台计算机或者集中式系统软件在更新过程中，往往会先停止服务，当一切更新配置都结束后，重新启动服务。此外，很多系统的扩展能力非常有限，它们大多使用私有接口进行消息通信，由于私有接口的局限性和不完善性，扩展工作非常困难。与之形成鲜明对比的是分布式系统通过定义标准公有的接口，可以支持对其内部节点或现有功能的随意扩充。

分布式系统目前在各个领域得到了广泛的应用，典型的分布式系统包括：

（1）万维网：万维网（World Wide Web）是目前最大的分布式系统，它是一个由许多互相链接的超文本所组成的系统，通过互联网进行访问。在这个系统中，每一个事物都称为资源，并且由一个全局统一资源标识符（URI）标识。这些资源通过超文本传输协议（Hypertext Transfer Protocol，HTTP）传送给用户，而 HTTP 则通过单击链接来获取资源。万维网并不等同于互联网，它只是互联网所提供的服务之一，是依托互联网运行的一项服务。

万维网的通信是建立在客户端/服务器通信模型之上的，以超文本标记语言（Hyper Text Markup Language，HTML）与 HTTP 为基础，能够提供面向互联网服务的、一致用户界面的信息浏览系统。其中，万维网服务器采用超文本链路来链接信息页，这些信息页既可以放置在同一主机上，也可以放置在处于不同地理位置的主机上。

（2）SETI@home：SETI@home（Search for Extra Terrestrial Intelligence at Home）是一个利用全球联网的计算机共同搜寻地外文明的项目，本质上是一个由互联网上的多个计算机组成的处理天文数据的分布式计算系统。SETI@home 由美国加州大学伯克利分校的空间科学实验室发起，试图通过分析阿雷西博射电望远镜采集的无线电信号，搜寻能够证实地外智能生物存在的证据。

SETI@home 是目前互联网上参加人数最多的分布式计算项目，它利用个人计算机上多余的处理器资源，不影响用户正常使用计算机。SETI@home 自 1995 年 5 月 17 日开始正式运行，截至 2005 年关闭之前，共吸引了 543 万个用户，这些用户的计算机累计工作 243 万年，分析了大量积压的数据。虽然 SETI@home 没有发现地外文明的直接证据，但是仍然不影响其成为迄今为止最成功的分布式计算试验项目。

（3）BOINC：BOINC（Berkeley Open Infrastructure for Network Computing）是由美国加州大学伯克利分校于 2003 年开发的一个利用互联网计算机资源进行分布式计算的软件平台。BOINC 最早是为了支持 SETI@home 项目而开发的，之后逐渐成为主流的分布式计算平台，为众多的数学、物理、化学、生命科学、地球科学等学科类别的项目所使用。如图 1-4 所示，BOINC 平台采用了传统的客户端/服务器架构，服务器部署于计算项目方的服务器，一般由数据库服务器、数据服务器、调度服务器和 Web 门户组成；客户端部署于志愿者的计算机，一般由分布在网络上的多个用户计算机组成，负责完成服务器分发的计算任务。客户端和服务器之间通过标准的互联网协议进行通信，实现分布式计算。

1.1.2 分布式系统的软硬件结构

通常来说，计算机系统按照指令流和数据流的不同组织方式，可以分为 4 类。

（1）单指令流单数据流 SISD（Single Instruction stream，Single Data stream）：其结构为单控制器、单处理器、单存储模块；以同步方式，在同一时间内执行不同的指令；典型示例为单处理机。

（2）单指令流多数据流 SIMD（Single Instruction stream，Multiple Data stream）：单控制器、多处理器、多存储模块；以同步方式，在同一时间内执行同一条指令；典型示例为并行处理机。

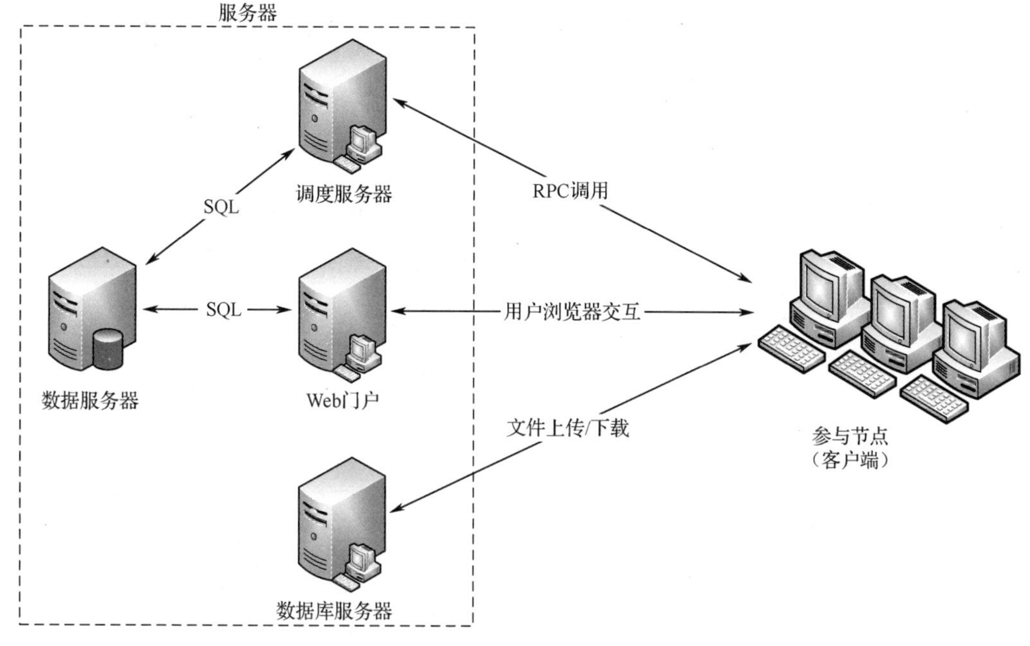

图 1-4　BOINC 的体系结构

（3）多指令流单数据流 MISD（Multiple Instruction stream，Single Data stream）：多控制器、单处理器、多存储模块；以异步方式，在同一时间内执行同一条指令；典型示例为流水线计算机。

（4）多指令流多数据流 MIMD（Multiple Instruction stream，Multiple Data stream）：多控制器、多处理器、多存储模块；以异步方式，在同一时间内执行不同的指令；典型示例为多处理机系统。

显而易见，所有的分布式系统都是 MIMD 型的结构。按照节点之间是否共享存储器，MIMD 系统可以分为具有共享存储器的多处理机和具有私有存储器的多计算机。在多处理机中，所有的处理器共享统一的虚拟地址空间；在多计算机中，每台计算机均有它自己的存储器，节点之间不能访问彼此的存储器。此外，按照连接系统中各个节点的网络结构不同，MIMD 系统可以分为总线式系统和交换式系统。MIMD 系统的分类如图 1-5 所示。

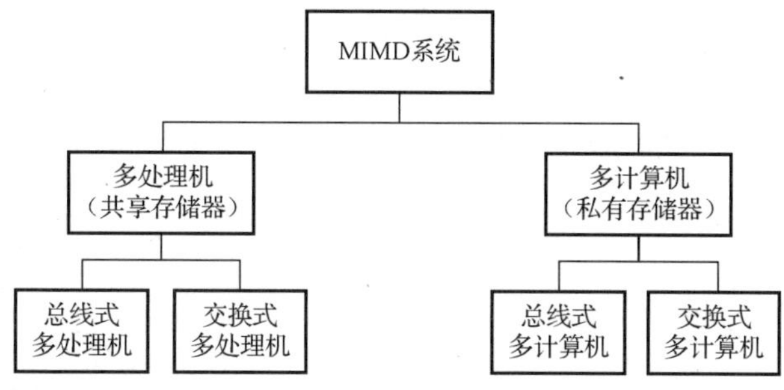

图 1-5　MIMD 系统的分类

1．多处理机系统结构

总线式多处理机系统的组成结构如图 1-6 所示，由若干个处理器（CPU）组成，它们都连接到一条公共的总线上，并且共享一个存储器模块。由于系统中所有 CPU 共用一个存储器，所以为了避免总线过载，每个 CPU 需要具有本地高速缓存（Cache），但是当 CPU 数量过多时，由于访问速度限制所引发的缓存数据不一致现象会导致系统的不稳定问题。因此，总线式多处理机所能够连接的 CPU 数量非常有限。

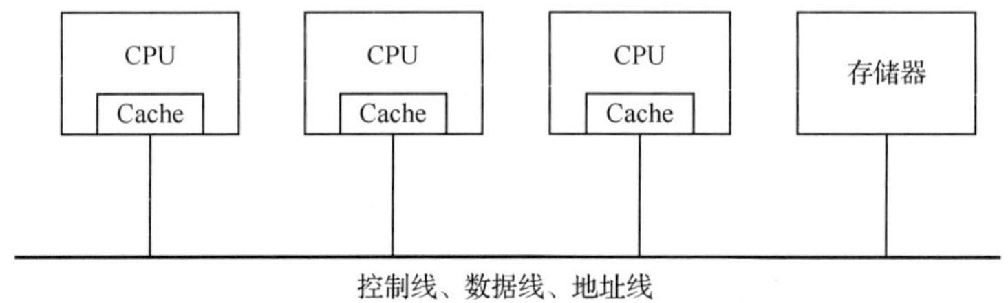

图 1-6 总线式多处理机系统组成结构

交换式多处理机系统将存储器分成许多存储器模块，用十字交叉开关将它们与 CPU 相连，使多个 CPU 能够同时访问存储器，能够在一定程度上解决总线式多处理机面临的缓存不一致问题。但是，交换式多处理机系统需要额外的开关来控制 CPU 对存储器模块的访问控制。按照开关的类型，交换式多处理机系统具有交叉开关网和 Omega 网两种类型，其结构如图 1-7 所示。

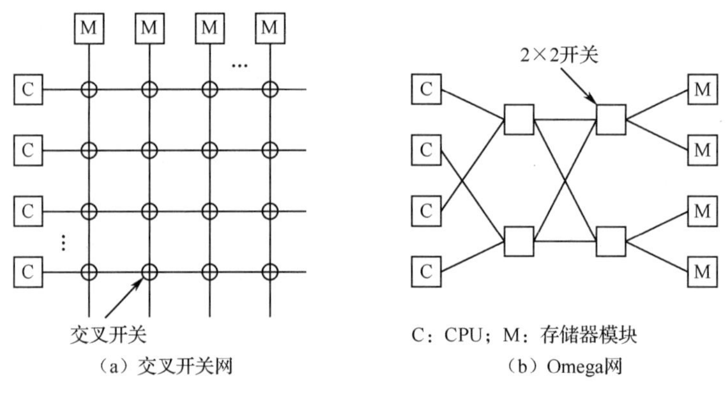

图 1-7 交换式多处理机系统组成结构

（1）交叉开关网：N 个 CPU 和 N 个存储器模块，共需要 N^2 个交叉开关。

（2）Omega 网：基于 2×2 的开关点，N 个 CPU 和 N 个存储器模块，共需要 $N(\log_2 N)/2$ 个开关。

从图 1-7 可以看出，交换式多处理机系统所需要的交叉开关数量多，需要解决交换延迟的问题，且价格昂贵。因此，建立一个庞大的、紧密耦合的、共享存储器的多处理机系统是非常困难的。

2. 多计算机系统结构

与多处理机系统相比，多计算机系统最大的特点就是每个 CPU 都与它自身的存储器直接相连。图 1-8 给出了总线式多计算机系统的组成结构。由于总线式多计算机系统仅存在 CPU 和 CPU 之间的通信，其通信量通常比总线式多处理机系统（网络用于 CPU 和存储器之间的通信）的通信量低几个数量级。

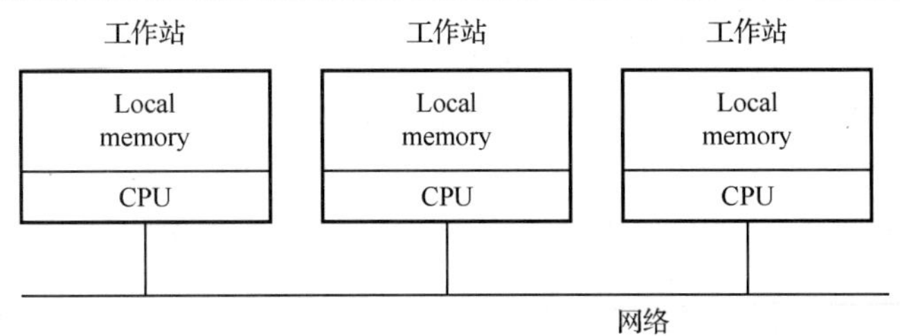

图 1-8　总线式多计算机系统的组成结构

交换式多计算机系统有网格和超立方体两种结构，如图 1-9 所示。

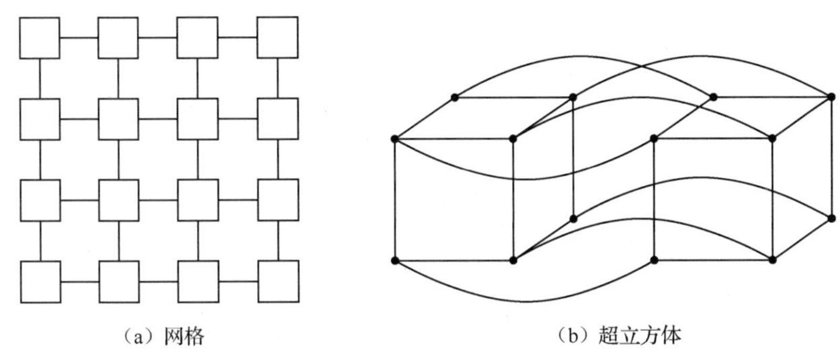

图 1-9　交换式多计算机系统的组成结构

3. 分布式系统通用软件模型

从硬件结构上看，分布式系统内部由若干独立的计算机或者 CPU 组成。为了使分布式系统在工作过程中像一台计算机一样运行，其软件结构应该具有统一的软件模型。图 1-10 给出了分布式系统通用软件模型，自下而上分为操作系统层、中间件层和应用程序层三部分。

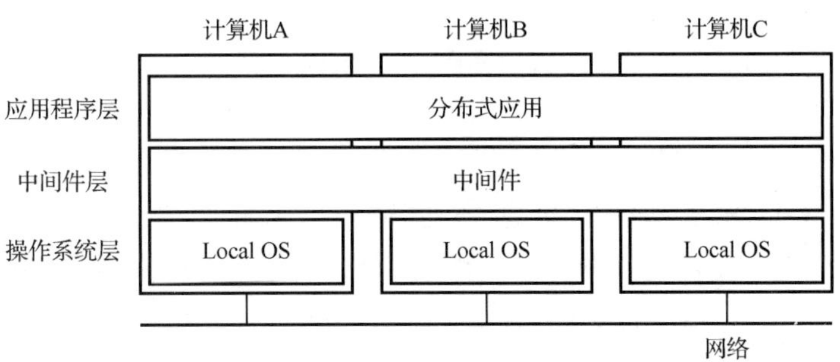

图 1-10　分布式系统通用软件模型

（1）操作系统层：操作系统是管理计算机硬件与软件资源的计算机程序，也是计算机系统的内核与基石。操作系统需要处理如管理与配置内存、决定系统资源供需的优先次序、控制输入与输出设备、操作网络与管理文件系统等基本事务。

（2）中间件层：中间件是一种独立的系统软件或服务程序，用于衔接网络上应用系统的各个部分或不同的应用，能够达到资源共享、功能共享的目的。通过中间件的引入，大大简化了应用程序开发的难度。本书中所介绍的主要内容——数据分发服务就是一种中间件技术。

（3）应用程序层：应用程序使用中间件层提供的基本服务，通过不同计算机节点之间的协调运行完成分布式系统的任务。

分布式系统软件结构的最大特征就是在操作系统层之上，有一层专门负责分布式节点间通信的中间件层。由于分布式系统具有分散性的特征，为了保证其可扩展性，中间件在各个节点上必须具有接口一致性，如图 1-11 所示。

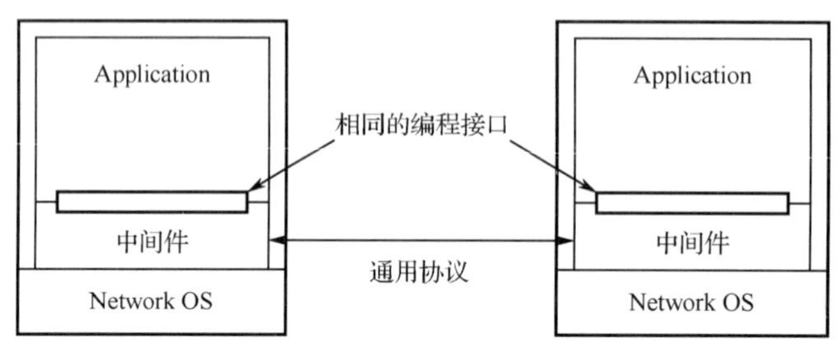

图 1-11 中间件的接口一致性

传统上认为中间件可以分为以下 3 类。

（1）事务处理中间件：事务是对共享的系统资源所完成的一件工作，它通常由一系列操作所组成。事务必须具有 ACID（Atomicity、Consistency、Isolation、Durability）属性。原子性（Atomicity）是指一个事务要么完整地执行，要么根本不执行，而绝不会出现只执行一部分操作的情况。一致性（Consistency）指的是一个事务执行完成，必定进入某个稳定状态，若进入的是另一个不一致的状态，则这一事务将被丢弃而不予执行。隔离性（Isolation）指的是一个事务与另一个事务并行作用于一个共享资源上时，前一个事务的进行与后一事务的进行是完全隔离开的。持久性（Durability）指的是当一个事务完成时，即使系统或共享资源发生崩溃，该事务执行的结果也不会因此而丢失。根据 X/Open DTP 模型，本地的事务管理可由数据库系统来完成，事务处理中间件则主要用于对分布式计算环境中产生的事务进行监控和管理。这是因为数据库虽然对本地的事务管理已可应付，但通过一个广域网进行分布式事务管理并不是数据库的强项。事务处理中间件把自己的事务管理功能和数据库已有的事务管理能力有机地结合在一起，实现对分布式事务处理的全局管理。

（2）消息中间件：在不同的网络硬件平台、不同的操作系统乃至不同的网络协议上的应用程序之间有时需要传送消息，这时应用程序的要求是所传消息的内容可靠和可恢复（若发生意外），而不是要求消息即时传递到达对方。因此需要一种面向消息的中间件（Message-Oriented Middleware，MOM），简称消息中间件。这种中间件根据要交换的信息在应用之间建立链接，它既允许各应用运行在不同的计算机上，又允许不必标准化的消息格式。中间件能确保把消息不重复地传送到合适的目的地。消息中间件有两种基本的工作模型：消息队列（Message Queuing）和发布/订阅（Publish/Subscribe）。在前一种模型里，消息被发送到一个队列中，收件人可以在任何时候查看该队列。消息队列类似于运行得很好的电子邮件系统：传输质量得到保证，但并不知道收件人是否阅读到该消息。发布/订阅模型则把消息广播到多个收件人，并且通过使用组播作为基本传输手段。发送方将消息发送到一个特定队列，接收方可以对该队列作预定，并从中取得消息。

（3）分布式中间件：分布式中间件实现了真正的通用软件总线，具有优良的互操作性和应用程序集成能力。这些应用程序可以位于网络的任何地方，彼此实现透明协作，即使是向不同供应商购买的产品也可以协同工作。分布式中间件可以采用的标准和规范包括：DEC 的 DCE，ISO、IEC 和 ITU-T 联合制定的国际标准 RM-ODP 和 OMG 制定的规范 CORBA；非规范的有 Microsoft 的 DCOM 和 SUN 公司的 J2EE。从实际应用来看，RM-ODP 主要对其他规范有指导作用，起着元标准（标准的标准）的角色。CORBA 在市场的占用率最高，究其原因是技术较为成熟、支持的厂商多和用户易于为自己的平台找到适用的产品。DCOM 则主要在 Windows 平台上使用较多，这些分布式中间件下层的基础都是远程过程调用（Remote Procedure Call，RPC）机制。

1.1.3 分布式系统的实时性需求

计算机应用的不断普及和深入及分布式计算、普适计算、网格计算和云计算等领域的迅速发展，极大地推动了分布式系统的应用。高速网络的出现，使分布式、低成本而且可能异构的资源链接为统一的计算环境变为可行。因此分布式系统中计算机的异构性将会逐步增强。目前，分布式系统已经成为流行的高性能计算和信息处理的计算设备，而且已逐步被安全关键应用场景所使用，分布式实时系统已被广泛应用于航空航天、工业控制、军事、信息通信等多个关键领域。如在轨卫星实时系统中存在着大量如卫星运行轨道维护、卫星姿态控制、空间或地面数据采集等周期性实时任务。为了保证卫星的安全飞行和正确工作，实时系统要求任务必须在截止时间约束内完成，否则将导致灾难性后果。

另外，由于网络带宽和 CPU 速度的不断提高，语音和视频的实时处理成为可能。许多原为非实时的应用要求被扩展，使其内含实时语音和实时视频的处理。这样，支持具有时限操作的需求出现在过去表现为非实时的应用系统中。如具有娱乐功能的家用计算机系统，需要能够保证网上数字视频和音频的质量。同时，实时需求也已经开始进入传统的以办公计算机为代表的分布式系统中，如通过网络环境进行视频会议、网上教学等多媒体应用。这些趋势要求实时功能成为分布式系统的固有特性，即普通的分布式系统应当能够实现将实时功能作为普通服务来提供。

从揭示时间的重要性出发，实时系统可以描述为：在这种系统中，时间是一种重要的资源，对外部事件的响应和任务执行都必须在限定的时间内完成。在分布式系统中，还必须在限制的时间内完成消息的发送和接收。实际上，实时系统中输出结果的正确性不仅取决于计算所形成的逻辑结果，还要取决于结果产生的时间。实时系统这一领域的基本特征是实时操作模式，实时操作模式是指在计算机系统内部，用于处理从外部到达的数据的程序总是处于就绪状态，这样旨在使程序的运行结果在确定的时间范围内产生。根据不同的应用，数据的到达时间可以是随机的或是预先就已经确定了的。

实时操作引入了时间特性，因此有别于其他数据处理形式。相应地，实时系统也就与其他普通的应用系统有很大差别。一个实时系统具有以下几个重要特征。

（1）可预测性（predictability）：所谓可预测性是指系统所执行的操作按预先定义或确定的方式执行，且其操作执行的时间是可预知的。这一点是实时系统最重要的特征。可预测性适用于实时系统的每一个组成部分，只有这样，这个系统才能提供一定程度的可预测性。根据实时应用的不同要求，实时系统可以提供不同程度的可预测性。

（2）及时性（timeliness）：实时应用不同于非实时应用的另一重要特征是它们的操作具有严格的时限，即及时性。实时系统中，输出结果的正确性不仅取决于计算所形成的逻辑结果，还要取决于结果产生的时间。通常实时环境中，按照实时活动的截止线（deadline）和当前可用的资源来进行调度，从而使实时操作能在截止线到达前及时完成。

（3）并发性（simultaneousness）：从实时操作的模式可以看出，实时系统具有并发的特征——同时处理若干个外部过程请求，这意味着实时系统本质上是分布的，并且必须提供并行处理能力。

（4）用户控制（user control）：用户控制表示用户对系统的行为具有有效的控制能力。许多实时应用是嵌入式系统，这样易于实现对于系统行为的控制。另外，实时应用的行为具有多样性，固定的系统行为不能满足多个实时应用的需求，这就要求用户具有强有力的控制能力。最简单的系统行为的控制方法是为实时活动选择适当的优先级，从而控制应用的响应时间；此外，可以选择调度策略、资源分配策略等。与非实时系统相比，实时系统让用户能从较低层次进行更多的干预。

（5）任务定向（mission orientation）：这一特征主要针对分布式实时系统。任务定向表示整个分布式系统通过一个或多个分布在不同节点上的应用程序相互合作，专用于完成一个特定的目标。从实时意义上讲，任务定向表示任务的成功程度依赖于整个系统所获得的与实时约束有关的信息。所以，当一个任务跨网时，任务相关的优先级或截止线（反映着全局重要性和紧急程度的特征）应能在系统中传递，以便解决整个系统资源竞争问题。

（6）性能优化（performance optimization）：实时系统通常具有较高的性能要求，性能优化在实时系统中更为重要。实时系统需要很好地处理粒度、功能和灵活性的关系，以达到最优的性能。

从分布式系统的组成结构可知，整个系统实时性取决于通信实时性和计算机节点实时性两个方面。

（1）通信实时性：实时应用需要具有严格性能保证的实时通信服务，对延迟、延迟抖动、吞吐率和丢失率有严格的限制。传统的实时应用通常在实时专线（如 MIL-STD-1553B、BITBUS、CAN、ARCnet 等）上运行，以保证通信的实时性。而当前普遍采用的网络结构和协议主要是为支持尽力而为型（besteffort）服务设计的，难以满足实时应用，特别是硬实时应用的需求。随着高速网络的迅速发展，网络多媒体的应用要求对网络服务质量（Quality of Service，QoS）的研究日益深入，特别是网络交换技术的应用，将为通信的实时性提供保证。

（2）计算机节点实时性：计算机节点的实时性包括操作系统的实时性和应用程序的实时性。对于非专用的实时系统（如家用系统和办公系统），操作系统可以选择具有一部分实时特征的通用操作系统，如 Solaris（它支持实时线程的调度，不支持实时 I/O）。若是专用系统，对时限要求极高的系统（如航空控制系统和武器控制系统），则应当选择专用的实时操作系统。

本书讨论的重点是影响分布式系统实时性的通信实时性问题。

1.2 分布式实时系统通信模型

在网络物理条件确定的条件下，一个好的通信模型能够改善分布式系统的实时性。目前，在分布式系统领域，常见的通信模型包括点对点模型、客户端/服务器模型、分布式对象模型和发布/订阅模型 4 类。

1.2.1　点对点模型

点对点模型是一种简单的一对一通信模式，能够支持高带宽的信息传输，其结构如图 1-12 所示。

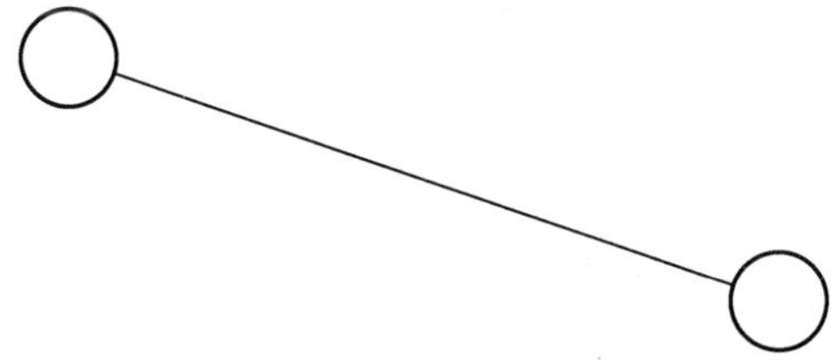

图 1-12　点对点通信模型结构

常见的点对点模型应用包括电话或者传真等，这种应用的典型特点是在建立通信前需要预先掌握通信双方的地址信息。对于分布式系统，特别是规模庞大的分布式系统而言，一对多或者多对一通信是常见的任务需求，因此点对点模型在分布式系统的应用具有较大的局限性。

1.2.2　客户端/服务器模型

客户端/服务器模型（Client/Server，C/S）结构如图 1-13 所示，分为客户端和服务器两个部分，分别运行于不同的计算机或进程中。服务器为客户端提供系统定义的各种服务，如基于文件的服务、数据库服务、目录服务、事务处理等，为用户提供了一种有效的资源共享手段。与传统的分时共享模式和资源共享模式相比，客户端/服务器模型优化了网络利用率，减少了网络流量，缩短了响应时间。通过把应用程序和它们处理的数据隔离，可以使数据具有独立性。

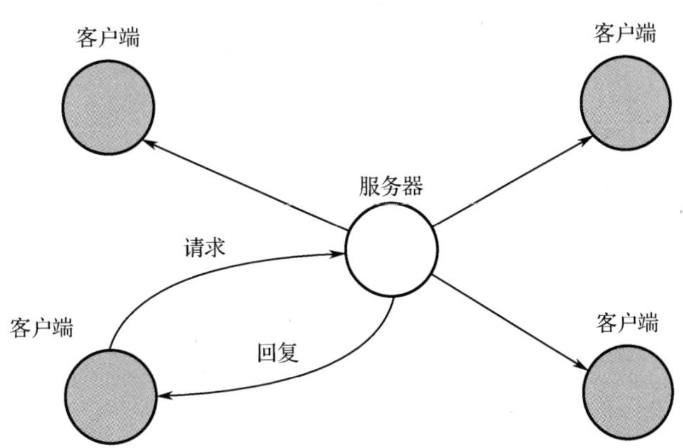

图 1-13　客户端/服务器模型结构

典型的客户端/服务器模型应用包括分布式数据库系统和 FTP 文件服务系统，分别如图 1-14 和图 1-15 所示。客户端/服务器模型并不指服务器必须具有比客户端更多的资源，它的目标是使任何计算机都可以通过使用其他计算机的共享资源来扩展其功能。但是，集中服务器专门为少量计算机分配了大量资源，从客户端主机到中央计算机的计算量越多，客户端主机越简单。相反，胖客户端（如个人计算机）具有许多资源，并且不依赖服务器来实现基本功能。

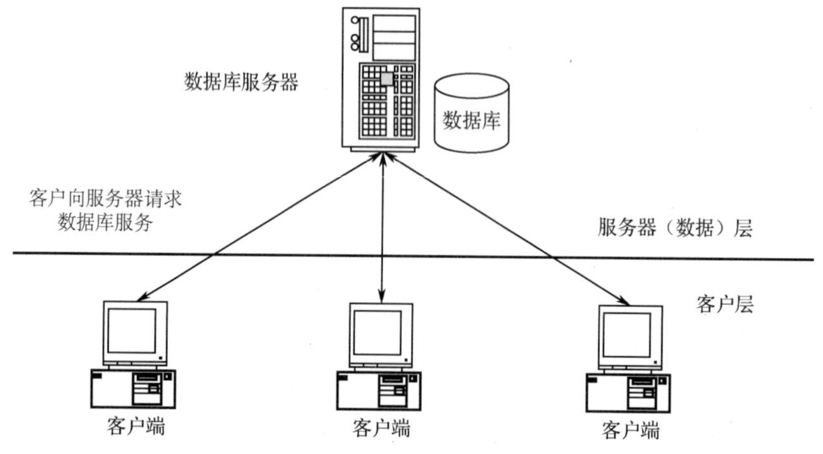

图 1-14 分布式数据库系统

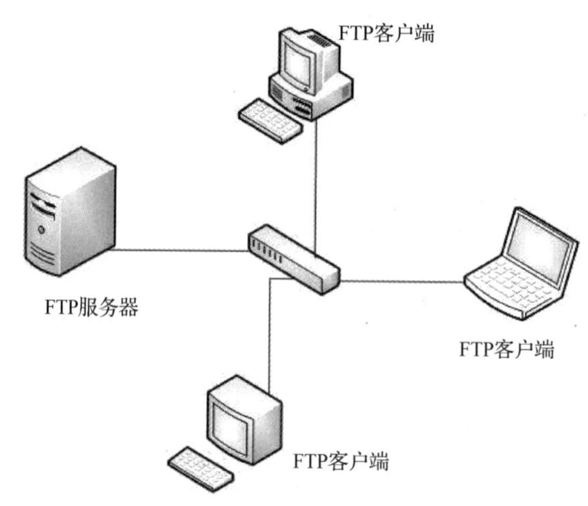

图 1-15 FTP 文件服务系统

从 20 世纪 80 年代中期到 90 年代后期，随着计算机价格的下降和功率的增加，许多组织将计算从集中式服务器（如大型机和微型计算机）过渡到胖客户端。虽然提供了对计算机资源的更大、更个性化的控制权，但信息技术管理却很复杂。在 2000 年左右，Web 应用程序的成熟程度足以与针对特定微体系结构开发的应用程序相匹敌。这种成熟、实惠的大容量存储以及面向服务的体系结构是导致 2010 年左右云计算成为领域发展趋势的因素之一。

1.2.3 分布式对象模型

随着网络和面向对象技术的发展，采用面向对象的多层客户端/服务器架构的分布式对象模型逐渐兴起。它能够将分布在网络上的资源按照对象的概念来组织，为每个对象定义清晰的访问接口，客户端和服务器的角色是相对的和多层次的。主流的分布式对象模型包括公共对象请求代理体系结构（Common Object Request Broker Architecture，CORBA）、分布式组件对象模型（Distributed Component Object Model，DCOM）和企业级 Java 组件（Enterprise Java

Beans，EJB）。

由对象管理组织（Object Management Group，OMG）提出的 CORBA 是目前最为完善的分布式对象模型，它具有与开发语言、开发者、操作系统无关的独立性，在每一种主流操作系统上均有实现。CORBA 规范由 3 个关键部分组成：作为分布式对象通信基础设施的对象请求代理（Object Request Broker，ORB）的体系结构；接口定义语言 IDL 的语法和语义，以及到各种程序设计语言的映射；保证可互操作性的标准 ORB 间的通信协议 GIOP/IIOP。CORBA 分布式对象模型组成结构如图 1-16 所示。对象请求代理 ORB 是 CORBA 的基础，是在分布式环境下 CORBA 应用所使用的、基于对象模型的软件总线。ORB 负责对象在分布式环境中透明地收发请求和响应，它是构建分布式系统、在同构或者异构环境下应用之间实现互操作的基础。

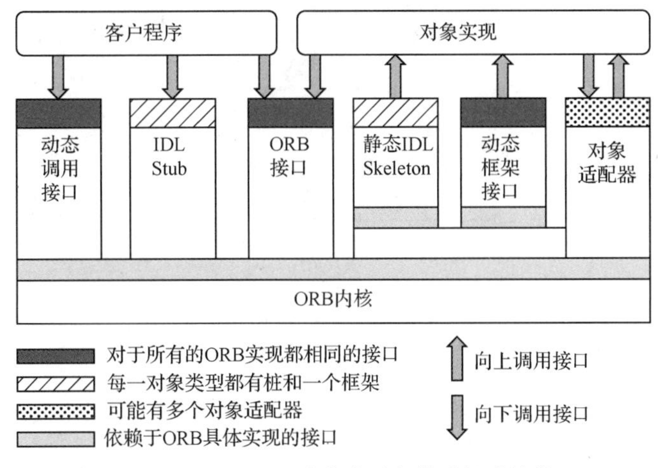

图 1-16　CORBA 分布式对象模型组成结构

EJB 是 Sun 公司提出的基于分布式事务处理的企业级应用程序的组件，该公司对于 EJB 的定义是，用于开发和部署多层结构的、分布式的、面向对象的 Java 应用系统的跨平台组件体系结构。EJB 的目标是提供一套概念清晰、结构紧凑的分布式计算模型和组件互操作方法，为组件应用开发提供足够的灵活性。EJB 技术的诞生标志着 Java 组件的运行正式从客户端领域扩展到服务器领域。图 1-17 所示为 EJB 分布式对象模型组成结构，在开发分布式系统时，采用 EJB 可以使开发商业应用系统变得容易，应用系统可以在一个支持 EJB 的环境中开发，开发完之后部署在其他的 EJB 环境中。随着需求的改变，应用系统可以不加修改地迁移到其他功能更强、更复杂的服务器上。EJB 在系统实现业务逻辑层负责表示程序的逻辑和提供访问数据库的接口。

从技术上看，EJB 主要包括 3 种类型的组件：①会话组件：在单个特定用户会话中存储数据，可以是有状态或无状态的，在完成用户会话过程后终止销毁；②实体组件：表示持久性数据存储，用户可以通过实体组件把数据保存到数据库，以后可以从实体组件的数据库中回收；③消息驱动组件：在 JMS（Java 消息服务）的环境中使用，可以从外部实体消耗 JMS 消息，并采取相应的行动。

微软的 DCOM 技术与 Windows 平台结合得非常紧密，在其他平台下虽然也有实现，但是仍不成熟，这极大地制约了代码的可重用性和 DCOM 应用的可扩展性。从结构上看，CORBA

和 DCOM 作为两种发展比较成熟的分布式对象结构，能够将复杂的网络通信功能抽象出来，提高对象的可重用性，减少开发者的工作量。从本质上看，分布式对象模型仍然是一种客户端/服务器模型，请求应答的模式不能满足许多分布式场景下的实时性需求，不能根据不同的数据流类型来进行实时性和可靠性的折中选择。

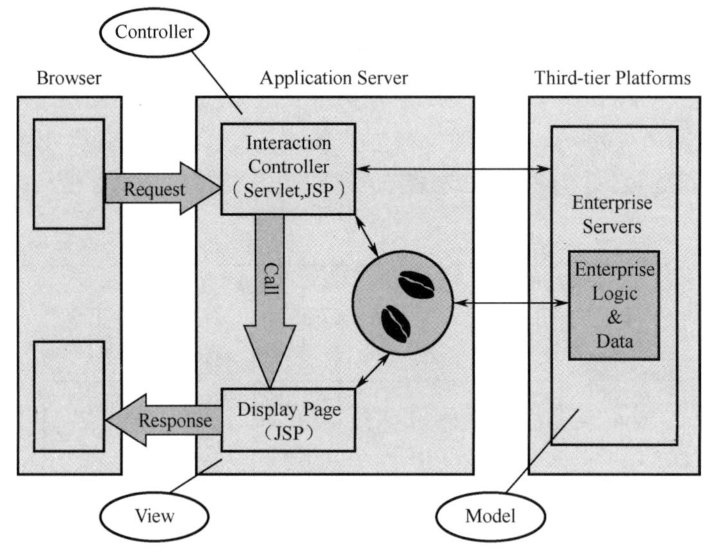

图 1-17 EJB 分布式对象模型组成结构

1.2.4 发布/订阅模型

典型的发布/订阅模型（Publish/Subscribe，P/S）由发布者（Publisher）、订阅者（Subscriber）和中间件组成，如图 1-18 所示。信息的生产者称为发布者，信息的消费者称为订阅者，二者统称客户端。

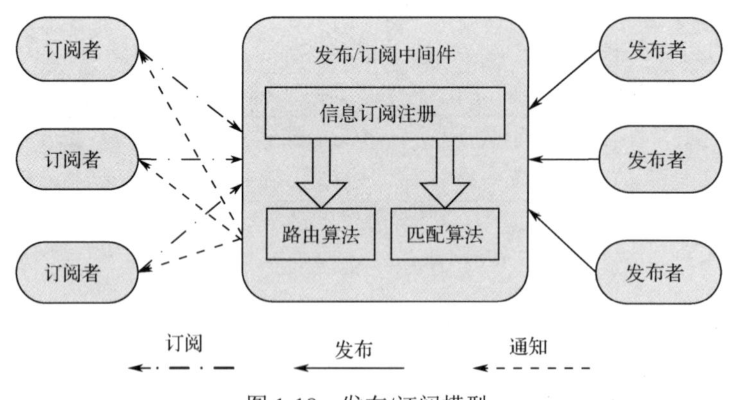

图 1-18 发布/订阅模型

在发布/订阅系统中，发布者和订阅者之间交互的信息被称为事件。消费者则向中间件声明一个订阅条件，表示对系统中的某些信息感兴趣，如果不再感兴趣，也可以取消订阅；中间件的作用是保证将生产者发布的事件可靠、及时地传送给所有对之感兴趣的订阅者。

在分布式系统通信过程中，数据的发送端和接收端一般存在着耦合关系。这种耦合可以分为空间、时间和控制流三个方面，由于发布/订阅机制可以使信息的生产者和消费者在空间、时间和控制流三个方面都完全解耦合，所以它能够很好地满足大规模、高度动态的信息交互。

空间解耦合是指参与交互的各方不需要了解彼此的物理地址或空间位置。如图 1-19 所示，消息发布者通过消息通知中间件发布消息，而消息订阅者则从消息中间件通知服务间接获得感兴趣的消息。消息的发布者无须了解有多少订阅者参与交互，消息的订阅者也无须了解有多少发布者参与交互。

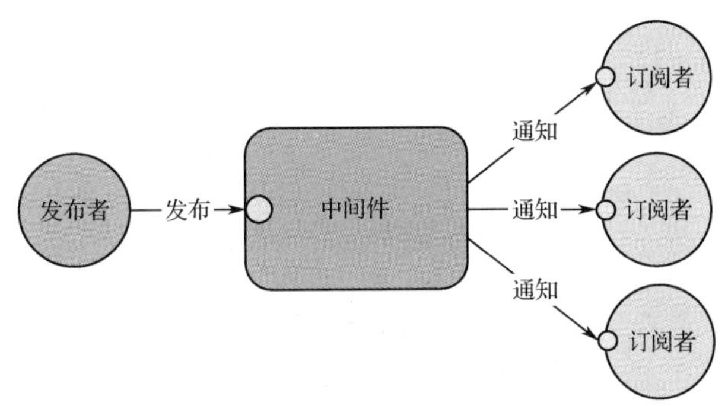

图 1-19　发布/订阅模型的空间解耦合

时间解耦合是指参与交互的各方不需要同时处于激活运行或接入状态。如图 1-20 所示，在发布者发布消息的时刻，订阅者可以不与中间件之间产生连接，这并不影响系统的正常运行；在接下来的某一时刻，当消息的发布者断开连接后，订阅者还可能接收到该发布者发布的某些消息的通知信息。整个系统的正常运行依靠的是全部信息交互对象的连接和正常工作，这也说明了基于发布/订阅机制的分布式系统在运行过程中具有容错能力强的优势。

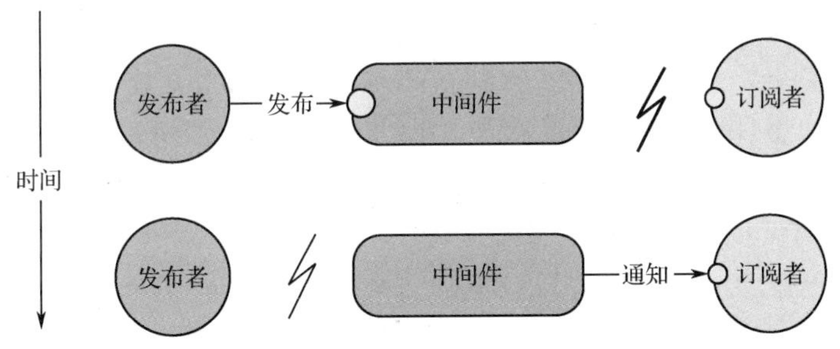

图 1-20　发布/订阅模型的时间解耦合

控制解耦合是指参与交互的各方的主控制进程不需要阻塞。如图 1-21 所示，在消息发布时，发布者自身不阻塞；订阅者在接收到通知消息时可并行地进行其他操作或相应其他事件通知服务。信息订阅者无须以同步的方式持续地查询或监听消息是否发生，即消息的产生和注销不发生在主控制流程中。

根据消息的描述方式不同，发布/订阅机制可以分成 4 类：基于通道、基于主题、基于内容和基于类型。

（1）基于通道的发布/订阅：它是最简单的、最粗粒度的模式，发布者和订阅者都侦听一个通道（实际上就是队列），发布者产生的事件将发送给侦听该通道的所有订阅者。通道可以很容易地映射到组播组，所以通道可以很容易地得以实现，但数据过滤能力十分有限，事件的通知只能根据通道的数目进行分类。

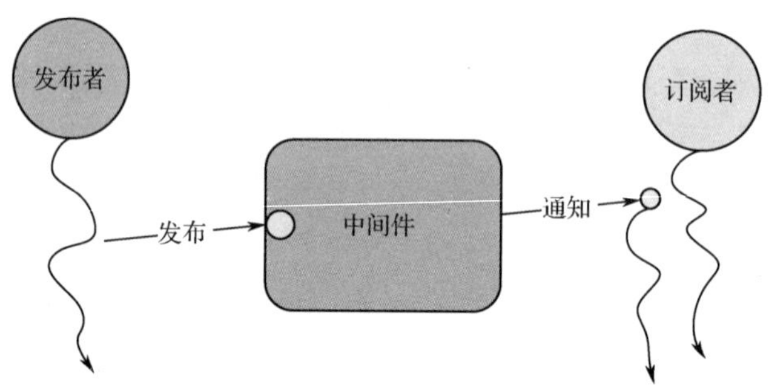

图 1-21 发布/订阅模型的控制解耦合

（2）基于主题的发布/订阅：事件通知包含一个众所周知的属性——主题，通常是字符串，它决定了通知的地址，包含了特定主题的通知将被转发给所有声明了对该主题感兴趣的订阅者。一个主题在逻辑上对应于一个通道，在这个层面上，基于主题与基于通道相类似。

主题抽象容易理解和实现，但是它的表达能力有限，无法实现对事件内容的精细分类，因此可能会使订阅者收到其不完全感兴趣的事件。为了克服这个缺点，基于主题的发布/订阅可以采取把主题划分成多个子主题，来实现对信息内容的精细分类。

（3）基于内容的发布/订阅：基于内容的发布/订阅引进了根据事件的实际内容来进行订阅的模式。基于主题的发布/订阅可以看作是基于内容的发布/订阅的特例，相当于基于内容的发布/订阅只考虑对一个主题属性进行过滤而已。

基于内容的发布/订阅系统提供了很强的表达能力和灵活性，能够精确地描述订购者的兴趣，从而可以有效地减少网络上的信息流量，近年来在分布式系统领域得到了广泛的应用。

（4）基于类型的发布/订阅：基于类型的发布/订阅通常通过事件在内容上、结构上呈现出的共性对事件进行划分，根据这个特点产生了根据事件的类型来过滤事件的方式。事件根据类型进行分类，每个事件属于一个特定类型，事件中封装了属性和方法。

通过使用语言的类型模式来分类通知对象，基于类型的发布/订阅系统将中间件与编程语言紧密地集成。其弱点是难以找出不同订阅条件之间的共性，不易设计出高效匹配算法，系统效率不高。

1.3 数据分发服务概述

在分布式实时系统中可能有多个数据源，也可能有多个对这些数据源的信息感兴趣的网络节点，系统运行过程中要求必须把这些数据可靠地分发给那些相应的网络节点。与此同时，还要兼顾不同数据生产者和数据消费者对服务质量（Quality of Service，QoS）的不同要求。以高技术条件下的现代战争场景应用为例，它要求战术数据的传输、处理和分发安全、及时和高效。简单来说，分布式实时系统要求做到在正确的时间、正确的地点共享正确的数据。

基于上述需求，对象管理组织（Object Management Group，OMG）在 2003 年提出了数据分发服务（Data Distribution Service，DDS）规范，定义了以数据为中心的发布/订阅模型（Data-Centric Publish/Subscribe，DCPS），用以实现分布式系统信息的实时可用。

1.3.1 设计目标

DDS 采用发布/订阅模型，并对其进行了扩展，其设计目标是满足分布式实时系统中高性能和以数据为中心的通信需求。

1. 高性能的发布/订阅

DDS 的主要目标是在正确的时间、正确的地点共享正确的数据。对于分布式系统而言，并非所有数据都需要无处不在。中间件应该只提供消费者真正需要的数据。基于兴趣的过滤可以应用于内容和数据速率控制，通过正确的实现，DDS 可以节省带宽和处理能力，并将整个应用程序的复杂性降至最低。DDS 可以理解共享数据的模式，这使它能够根据内容、期限和/或生命周期进行筛选，从而只为应用程序提供所需的数据。在许多分布式系统中，这种有效的方法通常可以节省 90%的数据通信开销。

分布式系统另外一个重要的特征就是具有良好的扩展性，加入新的应用程序不会影响现有系统的运行，即使增加了更多的负载也不会影响整个系统的性能。如果能做到这样，系统就是一个隐含的松耦合系统，应用程序之间就不再直接关联。DDS 动态地发现发布者和订阅者、它们想要共享的数据类型以及相关的 QoS。在匹配成功后，DDS 将根据 QoS 实施及时分发。它为每个发布者和订阅者对之间的每个数据流实现一个 QoS 强制的逻辑通道。DDS 订阅者可以确保其对应的发布者是活动的，并且生成的任何数据都将被传递，这大大简化了应用程序开发和错误处理。如图 1-22 所示，由于数据流无须经过服务器或同步等延迟环节，系统能够满足快速和实时性的需求。

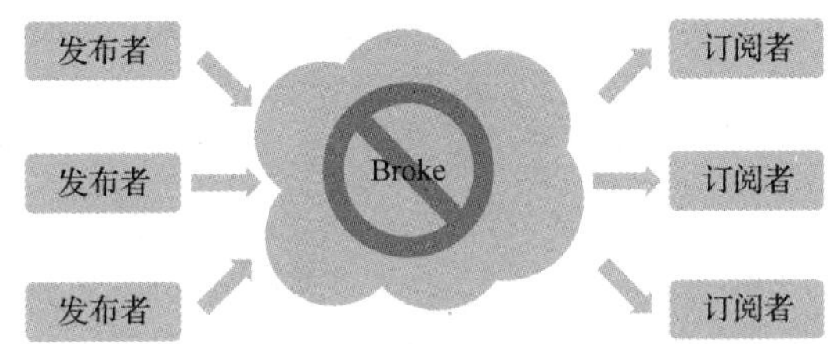

图 1-22　数据分发服务目标（一）——高性能发布/订阅

此外，为了满足不同应用程序之间对于数据传输性能的不同需求，DDS 启用了 20 多个 QoS 策略来定义数据传输模型。QoS 策略设置了数据发布者能否提供可靠的数据流、发布数据的速度有多快、希望何时发现数据。实际上，DDS 的 QoS 策略可以集成数以百计的复杂且苛刻的应用程序，由于 DDS 中间件能够做出快速反应，使通过这样的设置来满足苛刻的实时系统需求成为可能。实际应用的 DDS 系统在数以百万对发布者和订阅者之间每秒钟发送数百万条的消息，其延迟仅有几十微秒。

2. 以数据为中心的发布/订阅

传统的以对象为中心的分布式系统采用接口服务器和接口客户端的方式来集成，通信过程则基于客户端在对应服务器所服务的命名接口上调用方法。对于分布式实时系统而言，对象的调用机制很难满足系统的实时性需求。与之相反，以数据为中心的分布式系统，应用程序之间数据分发是关注的重点，通信过程基于已命名的数据流，从发布者向订阅者传送已知类型的数据。因此，应用程序可以为不同的数据流指定不同的参数，如发布速率、订阅速率、数据有效程度等，以使用户能够根据分布式系统的应用需求定制相应的通信机制。

DDS 使应用程序在处理以数据为中心的分布式应用时，可以使用更加简单的编程模型，不需要开发特定的事件/消息机制或手动创建封装的 COBRA 对象来获取远程数据。应用程序可以使用一个简单的名称来指定它想要读或写的数据，以及使用以数据为中心的 API 来直接读/写数据。DDS 中以数据为中心的发布/订阅（DCPS）模型构建了一个共享的全局数据空间的概念，所有的数据对象都存在于此空间中。分布式节点通过简单的读/写操作便可以访问这些数据对象。实际上，数据并非存在于所有计算机的地址空间中，它仅存在于那些对它感兴趣的应用程序的本地缓存中，而这一点正是发布/订阅模型的关键所在。

此外，DDS 应用程序可以像操作本地数据库一样对全局数据空间中的数据进行查询和处理，但是 DDS 又不需要繁冗的数据库管理系统来实现对数据的统一组织和管理。如图 1-23 所示，全局数据空间中存储的数据按照公开标准的格式（主题）进行组织，支持应用程序采用 SQL 语言对数据进行查询和处理。同时，DDS 还提供了基于内容的订阅机制，即订阅者可以根据数据的内容来实现对接收数据的筛选处理，降低冗余数据传输的可能性。

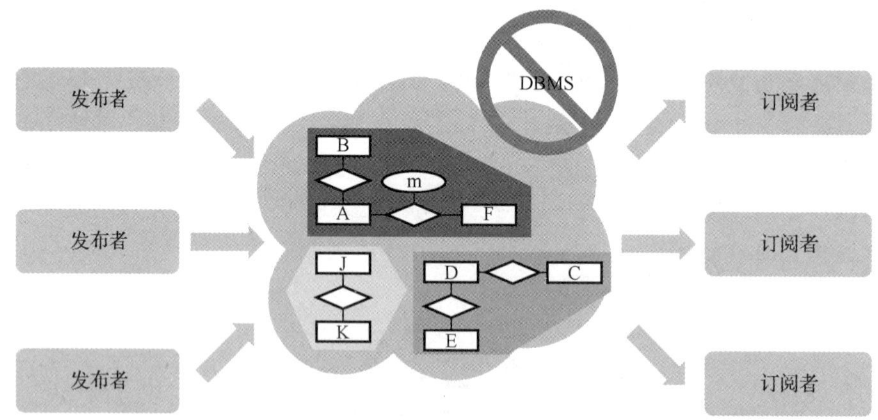

图 1-23 数据分发服务目标（二）——以数据为中心的发布/订阅

1.3.2 标准结构

DDS 标准结构示意图如图 1-24 所示，由数据本地重构层（Data Local Reconstruction Layer，DLRL）和以数据为中心的发布/订阅层（Data-Centric Publish/Subscribe Layer，DCPS）等组成。DCPS 层是 DDS 的核心和基础，提供了通信的基本服务；DLRL 层将 DCPS 层提供的服务进行了抽象，建立了与底层服务的映射关系。

1. DCPS 层

DCPS 层是 DDS 规范的核心，它提供了数据传输的基础架构，确保正确有效地传输信息给适当的接收者。如图 1-25 所示，DCPS 层建立了一个全局数据空间的概念，发布者和订阅者在该全局数据空间中分别发布和订阅自己需要的数据类型，通过中间件处理后，再进行数据传送，将传统的客户端/服务器模式转化为以数据为中心的服务模式。DCPS 层提供了应用程序所需的发布和订阅数据的功能，发布和订阅是通过主题（Topic）来关联的。此外，DCPS 层能够将用户对资源的需求情况和资源的可用情况都转化为网络服务质量 QoS，通过提供二十余种 QoS 策略，应用开发者只需要指明想要什么样的 QoS 而不是怎样达到该 QoS。

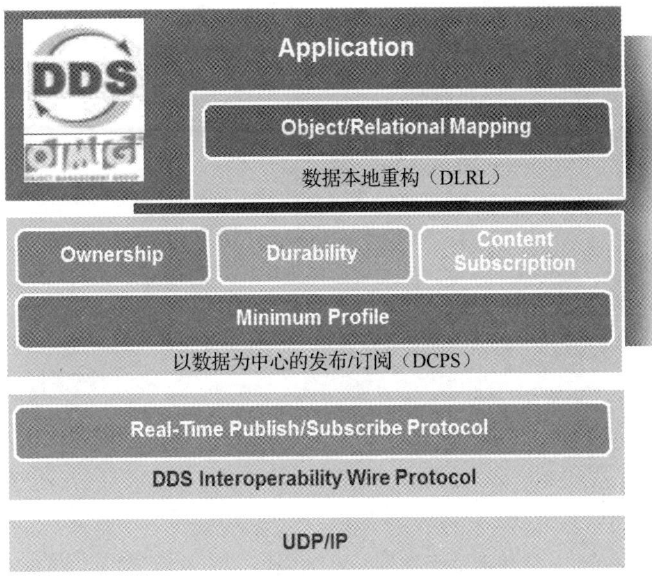

图 1-24 数据分发服务标准结构示意图

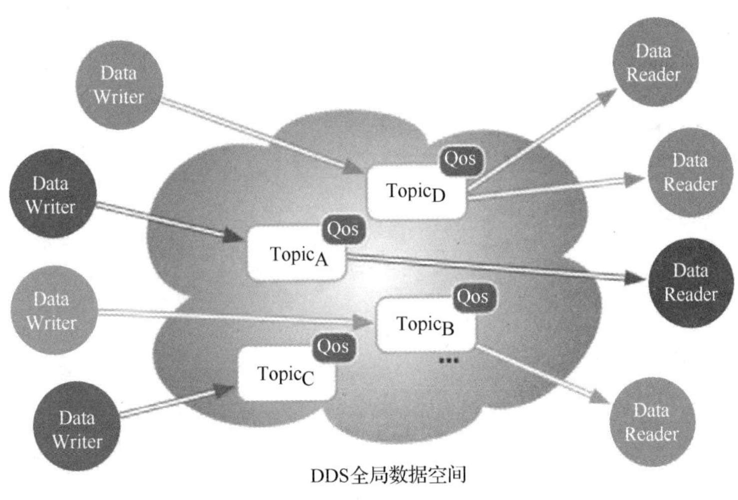

图 1-25 DCPS 层原理图

2. DLRL 层

在 DDS 的两层架构中，DLRL 层是可选层，它建立在下层 DCPS 基础之上，通过 DCPS 提供的服务简化了编程实现工作，把服务简单地整合到应用层，让用户能直接访问变更的数据，达到与本地语言结构无缝连接的目的。如图 1-26 所示，DLRL 层的具体实现机制是：将 DCPS 层提供的服务以类的形式进行封装，建立每个类与 DCPS 层相应服务的映射关系，然后在 DLRL 层用本地语言结构对该类进行操纵，让用户能够方便快捷地访问数据。简单地说，相当于在 DLRL 层建立了对 DCPS 层服务的一个索引表。DLRL 层可以将更新后的本地数据自动重组，然后中间件发消息给所有已经订阅过该数据的订阅者更新本地的复制信息。由于

DLRL 层非 DDS 规范的强制性内容，因此在许多软件中并未实现对 DLRL 层的支持。

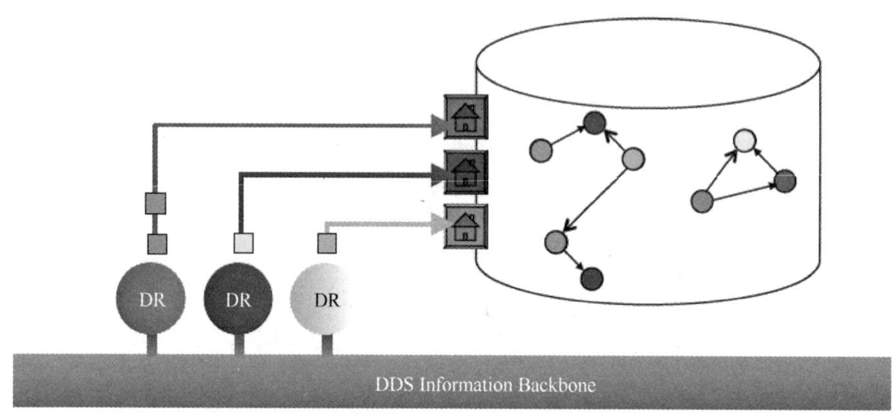

图 1-26　DLRL 层原理图

3. DDS-RTPS 协议

此外，为了使不同供应商所提供的 DDS 产品之间可以实现通信，OMG 组织提出了 DDS-RTPS 协议（The Real-time Publish-Subscribe Wire Protocol），它将 DDS 的底层实现细节进行了标准化，以使不同供应商实现的 DDS 产品具有可互操作性。该协议专门用于满足数据分发服务的特殊要求，其特性及内在的行为结构与 DDS 紧密配合。它不仅支持 DDS 规范中的服务质量策略 QoS 配置，还支持组播的、尽力的、无连接的传输模式，并优化了 DDS 的底层传输能力，满足在 DDS 规范中对数据交换的要求，而且使用有效的方法节约了发布订阅的信息开销，在较多的订阅者同时存在时，依然可实现强大的容错能力。

4. DDS 的主要特征

按照前述的分布式系统软件结构可知，分布式系统各个节点上的软件自下而上分为操作系统层、中间件层和应用程序层。如图 1-27 所示，传统的分布式系统中间件层仅提供数据层的连接传输功能，上层应用程序则需要实现节点发现、地址管理、网络服务质量、状态管理、数据类型系统和数据资源模型等复杂但又与数据通信密切相关的功能。由于应用程序通常由开发者编写，因此导致分布式系统的开发复杂度极高，严重影响了分布式系统的开发效率。数据分发服务 DDS 是从信息层实现了分布式系统所需要的数据通信服务，使开发人员能够从复杂的底层网络通信中解放出来，提升分布式系统构建的效率。

DDS 使用全局数据空间，它允许应用程序在完全控制可靠性和时间的情况下共享信息。DDS 中间件全面负责数据的分发（从生产者到消费者），以及数据的管理（如为后期加入的应用程序维护非易失性数据）。在分布式系统的整个生命周期中，降低复杂性的好处显而易见。

（1）简化建模与设计：在建模与设计过程中，DDS 允许使用主题和类型以结构化、标准化的方式捕获特定于数据域的信息，使用网络服务质量 QoS 策略对这些信息进行注释，这些策略是非功能性属性，定义了时间、紧急性、可靠性和持久性等特殊和临时属性。由此得到的 DDS 信息模型非常有价值，开发人员可以使用它来帮助构建可重用的软件组件，还可以使用它与最终用户共享系统属性和需求。

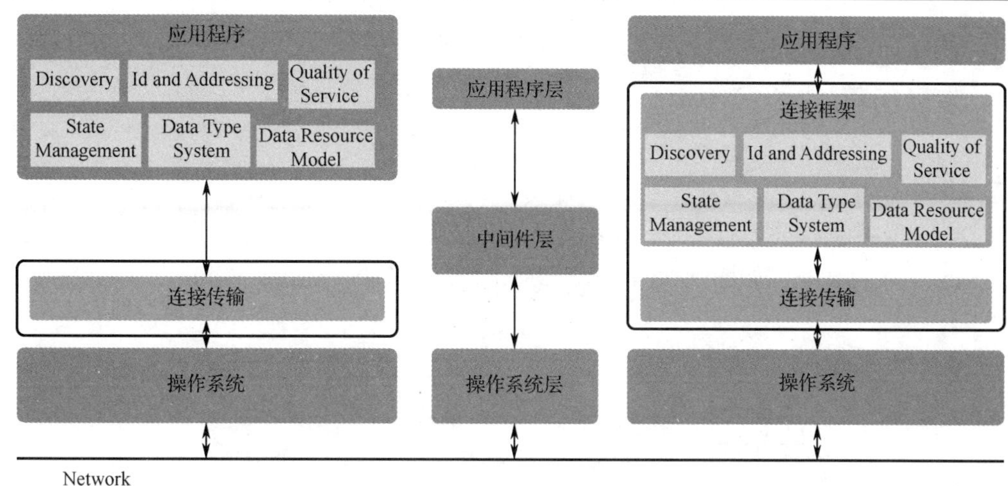

图 1-27　分布式系统开发的复杂度分析

（2）简化开发：在开发过程中，DDS 允许处理任何应用程序的数据输入和输出，让开发人员专注于业务逻辑，而不受输入提供者和输出使用者之间不必要的耦合（时间、位置、内容）的干扰；允许基于类型构造数据，让应用程序在所需数据中表达细粒度的兴趣（及时性、内容），从而解决传统的面向消息的中间件只处理不透明的消息、不能过滤数据的问题；允许以容错的方式管理非易失性数据，如果应用程序使用 DDS 发布其内部状态，那么它们很容易变得既可重新启动又可重新分配；允许在冗余发布服务器和冗余消费者之间进行无缝仲裁，这将有助于自动故障转移，同样不会增加应用程序的复杂性。在一般的分布式系统中，80% 的关于网络通信的应用程序代码专门用于处理数据选择和错误，DDS 通过将这种复杂性从应用程序代码中抽象出来，加速了开发速度。

（3）简化系统集成：系统集成取决于数据可用性，在此过程中，DDS 允许自动发现数据源和接收器，并确保数据生产者满足 QoS 要求，以便在适当的时间将正确的数据提供到正确的位置；允许使用配置和监视实用程序通过配置 DDS 逻辑属性（紧急性、重要性、分区）和物理属性（优先级通道、调度类、多播组）之间的（动态）映射来部署最佳的物理基础结构，而不会影响应用程序。系统集成本质上是 DDS 的巨大优势，无处不在的信息可用性允许自发集成，包括动态发现和相关的 QoS 匹配。

（4）简化系统部署与评估：当复杂系统同时集成新的和遗留的元素时，其部署过程面临着严峻的挑战。DDS 允许应用一种以数据为中心的方法，通过一个简单而强大的信息模型，唯一地将空间（位置）和时间（频率）依赖性解耦；允许在不影响现有数据模型的情况下，在运行时确认和集成新的和计划外的应用程序，以便能够自发地将新功能集成到系统中；允许识别和转换新旧版本和应用程序之间不匹配的数据类型，以支持大型分布式系统的增量升级。以数据为中心和共享数据模型所包含的抽象方法加速了开发过程，并支持动态部署和渐进升级。

（5）简化安全性：DDS 支持无缝安全连接，在正常操作期间，DDS 按名称或值查找数据并进行连接，它允许使用标准的 DDS API 重新连接并指定允许的数据流，以创建一个无须任何编码的安全系统；允许启用安全多播系统，因为 DDS 支持多对多会话；允许通过记录主题名称和关系（配置），并强制限定发布者和订阅者之间的数据流来实现访问控制。从原理上看，

DDS 控制数据本身，而不是用户、机器、端点或其他非以数据为中心的实体。

1.3.3　发展历程

1. DDS 规范

数据分发服务（DDS）自 2004 年提出 1.0 版本以来，经过十多年的完善与发展，已经形成相对完善的规范体系，如图 1-28 所示。OMG 组织的数据分发服务规范体系主要由以下几部分组成。

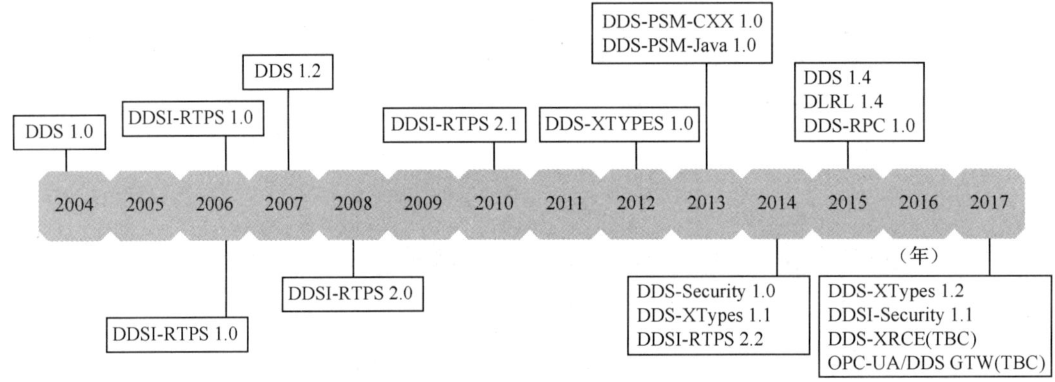

图 1-28　数据分发服务（DDS）发展历程

（1）核心部分

① DDS V1.4：描述一个以数据为中心的发布/订阅模型，该模式用于分布式应用通信和集成。

② DDS-RTPS V2.2：定义实时发布/订阅协议，该协议是数据分发服务的有线互操作协议。

③ DDS-XTypes V1.2：定义数据分发服务的类型系统，它是数据分发服务中数据实现序列化表示的基础。

④ DDS-Security V1.1：定义兼容各种数据分发服务实现的安全模型和服务插件接口。

⑤ Interface Definition Language（IDL）V4.2：描述接口定义语言，该语言以与具体编程语言无关的模式定义数据类型和接口。该规范不是数据分发服务所特有的，但是数据分发服务依赖于它。

（2）接口部分

① DDS C++ API（ISO/IEC C++ 2003 Language PSM for DDS）：定义数据分发服务中，以数据为中心的发布/订阅部分（DCPS）的 C++接口。

② DDS Java API（Java 5 Language PSM for DDS）：定义数据分发服务中，以数据为中心的发布/订阅部分（DCPS）的 Java 接口。

③ Other language APIs：定义 IDL 语言到相应编程语言的映射方法。

（3）扩展部分

① DDS-RPC V1.0：定义一个分布式服务框架，该框架能够提供独立于语言的服务定义，并使用数据分发服务实现服务/远程过程调用。支持自动发现、同步和异步调用及 QoS。

② DDS-XML V1.0：定义用于表示数据分发服务相关资源的 XML 语法，为数据分发服务

的 QoS、数据类型和实体（域参与者、发布者、订阅者、主题、数据写入者、数据读取者）提供 XSD 模式文档。

③ DDS-JSON V1.0 beta：定义用于表示数据分发服务相关资源的 JSON 语法，为数据分发服务的 QoS、数据类型和实体（域参与者、发布者、订阅者、主题、数据写入者、数据读取者）提供 JSON 模式文档。

（4）网关部分

① DDS-WEB V1.0：定义了一个独立于平台的抽象交互模型，该模型描述了 Web 客户机应该如何访问基于数据分发服务构建的系统，以及一组到特定 Web 平台的映射，这些映射根据标准的 Web 技术和协议实现了平台无关模型（PIM）。

② DDS-OPCUA V1.0：定义一个标准的、可配置的网关，该网关支持基于数据分发服务构建的系统和基于 OPC UA 构建的系统之间的互操作性和信息交换。

③ DDS-XRCE V1.0：定义资源受限的低功耗设备（客户端）用于向数据分发服务中的数据域发布和订阅数据的协议。XRCE 协议将 XRCE 客户端连接到充当数据分发服务中数据域网关的代理。

（5）未来计划部分

① DDS-TSN：定义在时间敏感网络（TSN）上部署和使用数据分发服务的机制，描述了 DDSI-RTPS 协议到 TSN 传输的映射。

② DDSI-RTPS TCP/IP PSM：定义 DDSI-RTPS 协议到 TCP/IP 传输的映射。

③ IDL-JAVA：更新 IDL 到 Java 语言的映射，以适应新的 Java 语言特性。

④ IDL-C#：定义 IDL 到 C#语言的映射。

⑤ DDS-C# API：定义数据分发服务中，以数据为中心的发布/订阅部分（DCPS）的 C# 接口。

2. DDS 中间件

虽然 DDS 已经形成了较为完整的规范体系，但是规范的目的只是制定构建分布式系统所使用的 API 接口以及优化系统性能的 QoS 策略，但并不约束实现各种接口和策略，以及管理 DDS 资源的方法。因此，各个开发商在遵循 DDS 规范的基础上，采用不同的技术手段开发了相应的 DDS 规范实现软件（DDS 中间件）。在已有 DDS 中间件中，RTI DDS、OpenSplice 和 OpenDDS 是目前应用最为广泛的。

（1）RTI DDS

RTI 公司开发的 RTI DDS 是第一个支持 DDS 规范的商业产品，它实现了完整 DCPS 层和部分 DLRL 层。RTI DDS 采用单播（默认方式）和多播传输模型，基于第三层网络接口（IP 组播和广播）来处理不同通信模型的网络传输。它采用了分布式体系结构，允许用户通过捆绑信息扩大同一个节点上应用程序的数量，简化同一个分布式系统内一组实体的配置策略，提供不同通信通道之间的优先级调度策略。但是 RTI DDS 配置步骤烦琐，存在节点失效问题。此外，用户必须通过额外的进程边界进行通信，会增加通信的时延和时延抖动。

（2）OpenSplice

OpenSplice 是符合 DDS 规范的发布/订阅中间件，采用多播和广播（默认方式）传输模型，基于第三层网络接口（IP 组播和广播）来处理不同通信模型的网络传输。它采用了联邦式体系结构，应用程序将配置和通信放在同一个进程内，但通过独立的线程去完成，由中间件去处理通信和 QoS。该结构的优点在于不需要通过专门的配置节点，时延和抖动会减小，也不存在节点失效的问题。但是指定的配置细节（如多播地址、端口和可靠性等）必须在应用层完成，这要求每个应用程序开发者去处理这些细节，这是非常烦琐的，并导致潜在的不可移植性问题。另外，该结构还存在同一节点上多个应用程序发送数据缓存困难的问题。

（3）OpenDDS

OpenDDS 是符合 DDS 规范的发布/订阅中间件，采用多播和广播（默认方式）传输模型，基于第三层网络接口（IP 组播和广播）来处理不同通信模型的网络传输。OpenDDS 支持集中式和分布式两种体系结构下的分布式系统运行。其中在集中式体系结构下，在一个节点上运行 OpenDDS 的 DCPS 信息仓库，用于存储管理主题和连接的控制信息，各个节点的控制和初始化（如数据类型注册、主题穿件、QoS 值设置、修改及匹配等）都需要与该信息仓库进行通信，但是在数据由发布者直接发送给订阅者时，不需要该信息仓库的转发。集中式体系结构的优点是由于所有的控制信息都在一个节点上，实现和配置简单，能够减少用户工作量；缺点则是 DCPS 信息仓库需要在单独的节点运行，可能发生节点失效，在系统规模较大时存在潜在的性能瓶颈问题。

在分布式体系结构下，每个应用程序都会在 DDS 中为其数据读取者和数据写入者激活 DDS-RTPS 发现机制；DDS 域参与者先发布读取数据和写入数据的可用性，使用默认或配置的端口创建网络端点；经过一段时间后，基于标准相互寻找的域参与者发现彼此，并通过配置的可插拔传输建立连接；在每个发布者的应用程序中，DDS 维护一个应用程序列表，该列表存储订阅同一主题的应用程序信息。分布式体系结构的优点是没有中央服务器和特权节点，因此系统更加稳健。但是，由于 DDS 域参与者的彼此发现需要基于 DDS-RTPS 进行相互寻找，因此系统一般需要较长的初始化时间才能建立数据分发的通信链路。

1.3.4 应用领域

目前，数据分发服务 DDS 已经广泛应用于交通、医疗、军事、航空、航天等领域。

1. 交通运输

DDS 提供了一种独特的能力来满足大规模、复杂的运输管理系统的实时数据分发需求。它能够实时协调遥测数据与其他传感器数据，优化复杂的铁路、卡车运输和车队运营。通过综合利用多种信息，DDS 使用户能够以较低的成本按时交付更多的货物，提高服务质量，降低供应链成本。

荷兰的铁路系统是欧洲最繁忙的铁路系统之一，每天有超过 6000 列客运列车运行和 120 万乘客乘坐。DDS 为荷兰 ProRail 公司提供了一个可靠、实时和容错的数据共享平台，用于管理荷兰铁路网内的关键信息。大众（Volkswagen）汽车的驾驶员辅助和综合安全系统使用 DDS 结合雷达、激光测距仪和视频来辅助安全操作，它跟踪司机的眼睛以检测睡意，还可以检测车道偏离，避免碰撞，并帮助车辆保持在其行驶的车道上。Coflight 正在开发世界上最先进的飞行数据处理器（FDP），其基于 DDS 的体系结构有助于确保用于优化空域使用的空中交通管理（ATM）系统的可扩展性和可用性，减少航空对环境的影响，提高飞行成本效益。加拿大自动空中交通系统（NAVCANtrac）系统管理着超过 1800 万平方千米区域内的 330 万次航班，是世界上第二大航空导航服务提供商。自 2014 年以来，它使用 DDS 来管理、自动控制和集成加拿大导航局空中交通管制的设施、监视源和外部系统之间的飞行数据，该系统安全、可靠且全天候运行。

2. 智能能源

DDS 满足了下一代分布式电源管理系统对实时数据共享的需求。通过实现高质量、可扩展、低延迟、实时的信息基础设施，DDS 为智能能源提供了一个行之有效的解决方案，这有助于提高性能、数据质量、数据遵从性，并节约成本。

如图 1-29 所示，部署在多伦多水电的 LocalGrid 微电网连接发电、负荷和存储等单元以优化能源使用，它通过 DDS 无缝集成应用程序，加强安全性，并将 NI LabVIEW 与 LocalGrid 微网格相结合。DDS 为 Culham 中心聚变能源（CCFE）远程处理系统提供所需的可扩展性、服务质量和快速集成能力，以支持用于维修和配置聚变研究反应堆内部件、仪表的监控和数据采集系统。杜克能源公司（Duke Energy）的分布式智能平台基于 DDS 实现能源调度的精确控制，缓解分布式能源资源的间歇性问题，提供根据需要独立扩展的能力，通过减少集成时间和精力来降低业务成本。

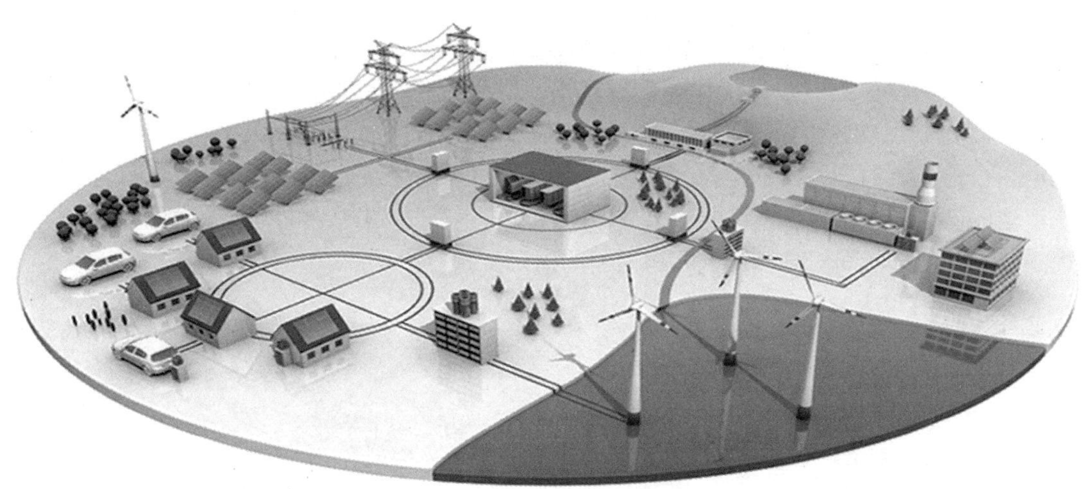

图 1-29　基于 DDS 的 LocalGrid 微电网

3. 医疗设备

智能医疗设备的激增为设备网络带来了新的集成挑战。DDS 安全地共享患者和设备数据，以构建更智能的临床信息系统。该系统连接了病房内的设备，集成了整个医院信息，并连接到云和移动技术。DDS 为临床环境中医疗设备和其他信息系统之间的实时数据安全传输提供了一个行之有效的解决方案。

医疗设备即插即用（MD-PnP）互操作性计划在其集成临床环境（ICE）的参考实现中使用 DDS，以实现设备的集成和设备与其他临床信息系统之间关于实时患者数据的共享。医学成像系统需要大量的数据流和快速的性能，DDS 可以控制和优化网络使用，以处理兆字节的负载而不丢失数据。

4．工业自动化

DDS 提供了集成性、可扩展性和灵活性，以支持高度复杂和分布式的实时控制系统。基于 Internet 协议的体系结构为监控和数据采集（SCADA）应用程序带来模块化的解决方案，使系统更加灵活和易于更新。

DDS 提供了快速的数据可用性，帮助控制 Komatsu 公司的 14 厘米连续采煤机系统，并将数据传送到井下进行实时地表监测。DDS 正被用作 Atlas Copco 在整个产品线上部署的通用软件平台的数据共享基础，为 Atlas Copco 提供了平台所需的卓越性能、可扩展性、可靠性和操作系统可用性。

5．仿真与试验

装备的飞速发展使得对建模、仿真和测试环境的要求越来越高。DDS 提供了高吞吐量、低延迟、实时的数据连接能力，能够支持日益变化和大规模复杂场景，使模型和模拟器之间的可重用性和互操作性在虚拟构造仿真中得以实现。

DDS 为美国国防部（DoD）导弹防御局（MDA）目标仿真框架（OSF）提供可靠、高度可扩展、实时的数据共享能力，该框架由 Teledyne Brown Engineering 开发。如图 1-30 所示，奥迪（Audi）公司使用硬件在环（HIL）模拟将真实的数据提供给测试实验室中的设备，通过使用 DDS 中间件建立一个模块化的测试环境，并可以扩展到数百个设备。CAE 在高带宽 IEEE-1394 上使用 DDS 为下一代全飞行模拟器提供数据分发能力。美国宇航局（NASA）正在利用当今最先进的技术建立全息甲板模拟系统，使其能够为兵力的远程存在、任务规划和训练活动提供帮助。作为该项目的一部分，NASA 使用基于 DDS 中间件的解决方案，该方案允许系统不同部分之间实时、可扩展和健壮的信息交换。

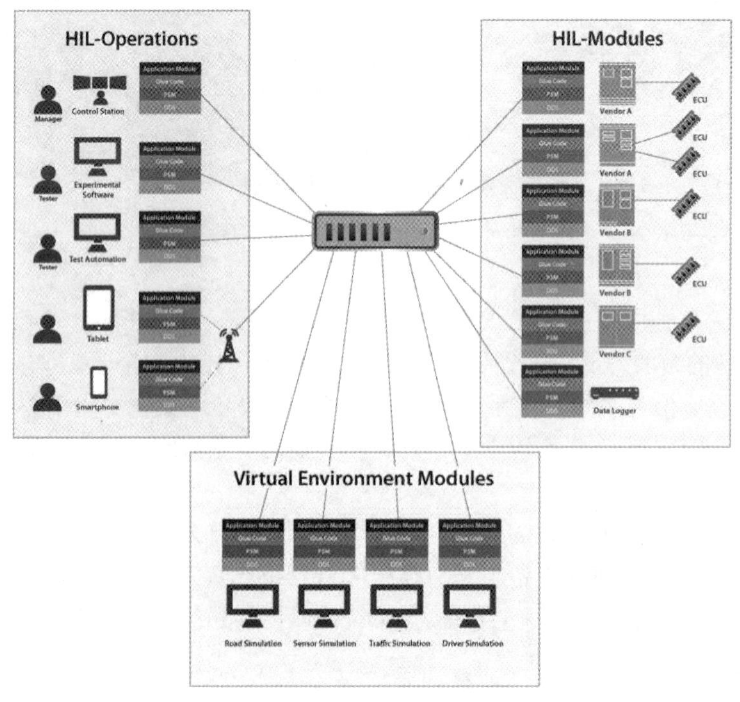

图 1-30　基于 DDS 的硬件在环测试实验室

6. 智慧城市

DDS 满足城市空间实时管理的多方面要求，有助于从各种传感器获取无处不在的实时数据，使城市的各个方面都能被监控、控制和分析。丰富的信息可用性有助于推动服务创新，提高居民的生活质量，为企业营造一个富有成效的环境。

在法国尼斯市，DDS 被用作实时信息主干设施，提供新的智能解决方案以协调和连接所有停车服务和交通，并改善城市环境质量。

7. 军事与航空航天

DDS 将军事和航空航天系统的性能、可靠性、可扩展性、互操作性和容错性提高到了新的水平。DDS 通过满足雷达处理器、海战管理系统、陆地系统和下一代网络中心系统等应用在不同时间和地理尺度上的一系列需求，解决军事和航空航天系统领域的实时数据分发问题。

美国宇航局（NASA）在 KSC 的发射控制系统是世界上最大的 SCADA 系统之一，有超过 40 万个控制点。基于 DDS 的 SCADA 系统在猎户座飞船首次成功发射时使用，该系统能够智能地分发来自数千个传感器的更新数据，存储所有数据以备日后分析，并允许在控制室的 HMI 站上查看所有信息（降采样后）。洛克希德德宙斯盾、雷神 DDG1000、雷神固态硬盘、LCS（洛克希德和 GDAIS）、雷神 LPD-17 等装备大量应用了 DDS，这种基于标准的高性能中间件打破了供应商的限制，推动了互操作性，并证明了未来体系结构设计的可行性。罗克韦尔•柯林斯公司选择 DDS 来支持其最新的网络化联合火力（NJF）软件，该软件提供了现代化的、以任务为中心的图形用户界面、更新的信息交换能力，以及美国和国际军事力量的集成能力。DDS 是泰利斯作战管理系统和海军应用的基础，为其旗舰战术网络中心的建设提供了解决方案。

第 2 章　以数据为中心的发布/订阅

数据分发服务（DDS）规范定义了以数据为中心的发布/订阅（DCPS）模型。虽然 DDS 规范由 DCPS 层和 DLRL 层组成，但是 DLRL 层是构建在 DCPS 层之上的非强制性标准，因此大部分 DDS 软件都是仅实现了 DCPS 层。

DCPS 定义了应用程序用于发布和订阅数据对象的功能，它允许发布端应用程序先标识要发布的数据对象，然后为这些对象提供数据值；允许订阅端应用程序标识感兴趣的数据对象，访问它们的数据值。同时，DDS 支持应用程序定义主题，并将数据类型信息附加到主题；支持创建发布者和订阅者等实体，将 QoS 策略附加到所有这些实体，并支持这些实体的运行。

为了提高分布式系统的构建效率，规范分布式系统的构建流程，OMG 组织按照模型驱动框架（Model Driven Architecture，MDA）的思想为 DCPS 定义了一个平台无关模型（Platform Independent Model，PIM）和一个把 PIM 映射到 CORBA IDL 实现上的平台相关模型（Platform Specifi Model，PSM）。

本章首先从概念模型入手，介绍 DCPS 五大组成模块及主要功能实体类，概述 DCPS 提供的 QoS 策略；然后介绍 DCPS 中与数据发送与接收功能相关的监听、状态、条件和等待等辅助功能类，并对 DDS 中的内置主题类型进行总结；最后介绍 DDS 发布端应用程序和订阅端应用程序的交互模型。

2.1　概念模型

DCPS 总体视图如图 2-1 所示，从信息的流向上看，发布端应用程序使用发布者（Publisher）和数据写入者（DataWriter），订阅端应用程序使用订阅者（Subscriber）和数据读取者（DataReader）。

（1）发布者是一种负责数据分发的对象，它能够发布不同类型的数据。数据写入者是发布者的特定类型访问器，它可以向发布者传递特定类型的数据对象的存在性和值。当数据对象的值已通过适当的数据写入者传递给发布者时，发布者负责执行分发（发布者将根据自己的 QoS 或附加到相应数据写入者的 QoS 来执行分发）。一条发布由数据写入者与发布者的关联定义，此关联表示应用程序在发布者提供的上下文中发布由数据写入者描述的数据的意图，也称为将数据写入者附加到发布者上。

（2）订阅者负责接收已发布数据，并使其成为订阅端应用程序使用的对象，它可以接收不同类型的数据。为了读取接收的数据，应用程序必须使用附加到订阅者的特定类型的数据读取者。一条订阅由数据读取者与订阅者的关联定义，此关联表示应用程序在订阅者提供的上下文中订阅由数据读取者描述的数据的意图，也称为将数据读取者附加到订阅者上。

（3）主题（Topic）用于适配发布和订阅关系，它需要包含三要素：名称（数据域内具有唯一性）、数据类型和与数据本身相关的 QoS。除了主题的 QoS，与主题相关联的数据写入者，以及与数据写入者相关联的发布者的 QoS 都会影响发布端传输数据的行为。与之相对应地，主题、与主题相关联的数据读取者，以及与数据读取者相关联的订阅者的 QoS 都会影响订阅端传输数据的行为。

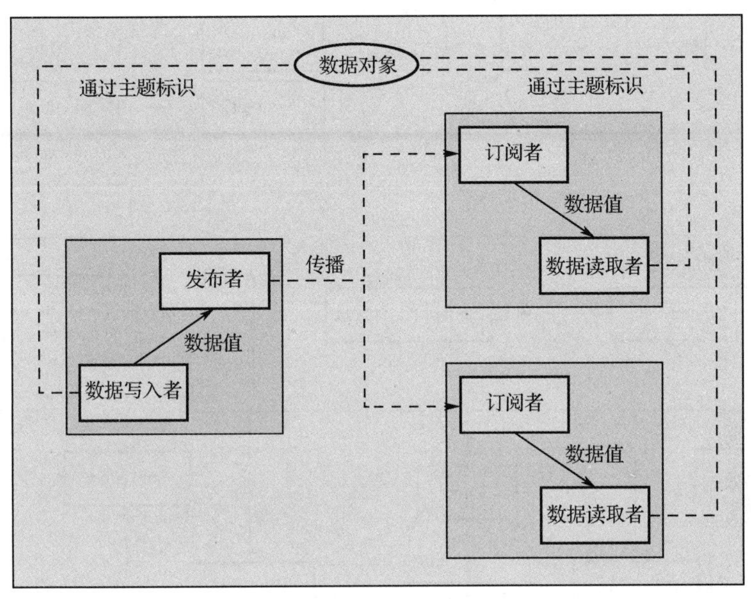

图 2-1　DCPS 总体视图

（4）当应用程序希望发布特定类型的数据时，它必须创建具有所需发布数据的所有特征的发布者（或重用已创建的发布者）和数据写入者。类似地，当应用程序希望接收数据时，它必须创建订阅者（或重用已创建的订阅者）和数据读取者来定义订阅。

DCPS 概念模型如图 2-2 所示，所有 DCPS 的实体（Entity）都附加到一个域参与者（DomainParticipant）之上。数据域（Domain）是一个分布式概念，它将所有能够相互通信的应用程序连接起来，从逻辑上看数据域表示一个通信平面，只有连接到同一数据域的发布者和订阅者才可以交互，如图 2-3 所示。域参与者表示应用程序在数据域中的本地成员身份。

在 DCPS 层面，数据类型的独特性显示出系统是以不可分割的原子方式发送信息的。默认情况下，每个数据修改都是单独地、独立地传播的，并且与其他修改不相关。然而，应用程序可以请求将多个修改作为一个整体发送并在接收方同时对其进行解释。上述功能以发布者/订阅者为整体单位提供，即这些关系只能在附加到同一发布者的所有数据写入者之间指定，并在附加到同一订阅者的数据读取者之间取回。

主题对应于单个数据类型，多个主题可能使用同一数据类型。因此，主题可以标识单个类型的数据，其范围从单个实例到给定类型的所有实例集合。如果在同一主题拥有了多个实例，则必须通过数据类型中某些字段的取值来区分不同的实例，该数据字段形成对该数据集的键。具有相同键值的不同数据值表示同一实例的数据样本，而具有不同键值的不同数据值表示不同实例。如果没有提供键，则与主题关联的数据集将被限制为单个实例。在传输数据之前，主题的数据类型必须向 DDS 中间件注册，并使用域参与者的创建操作来实现主题的创建。

在数据发布端，当应用程序决定要使数据可用于发布时，它会在相关的数据写入者上调用适当的操作（这反过来将触发其发布者）。在数据订阅端，由于相关数据可能会在应用程序繁忙时或当应用程序正在等待该信息时到达，因此，应用程序可以选择异步通知或同步访问的方式处理数据接收。从技术上看，监听器（Listener）用于处理异步通知方式，而与一个或多个条件（Condition）关联的等待集（WaitSet）则用于处理同步数据访问。

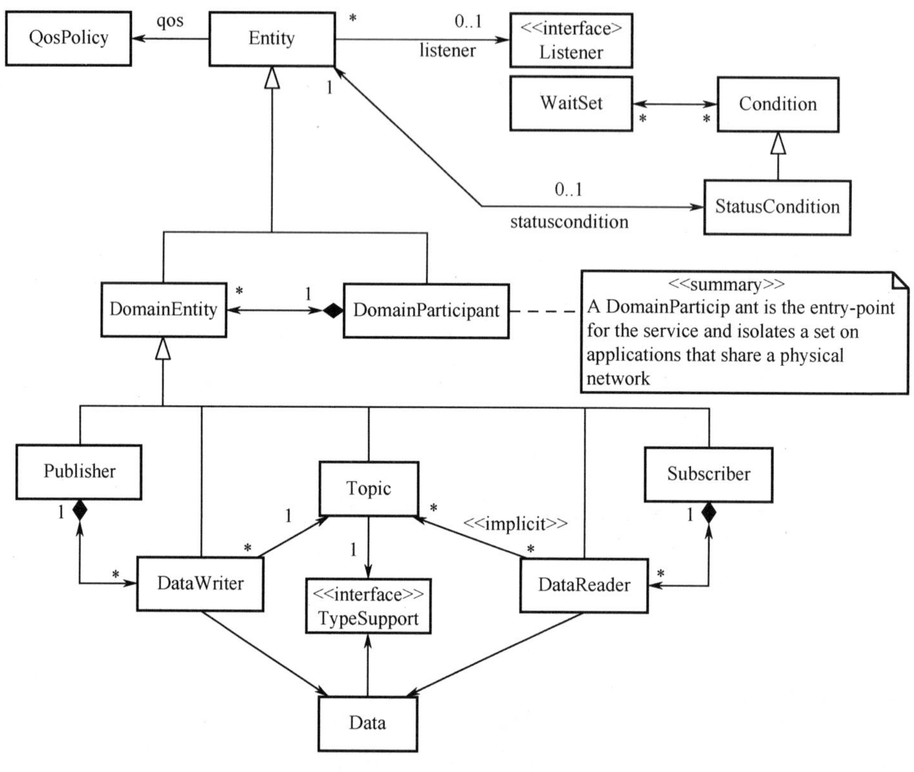

图 2-2 DCPS 概念模型

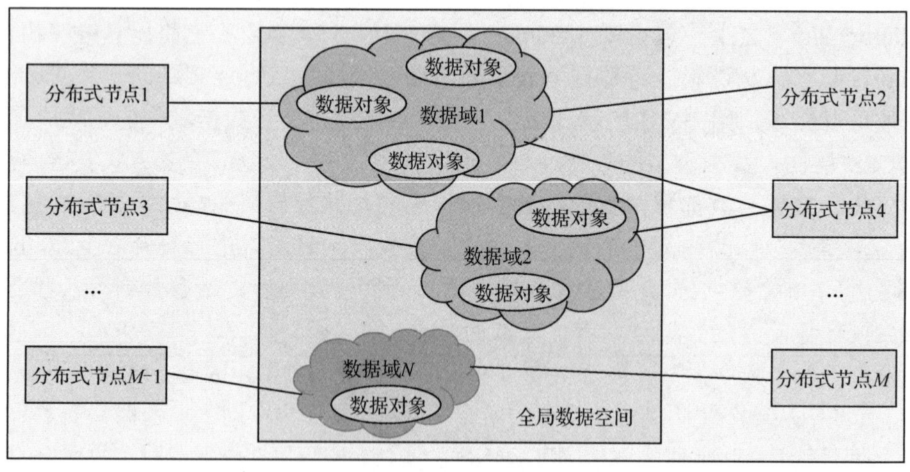

图 2-3 数据域的概念

2.2 组成模块

如图 2-4 所示，DCPS 层由五大模块组成，分别为基础设施模块、域模块、主题模块、发布模块和订阅模块。

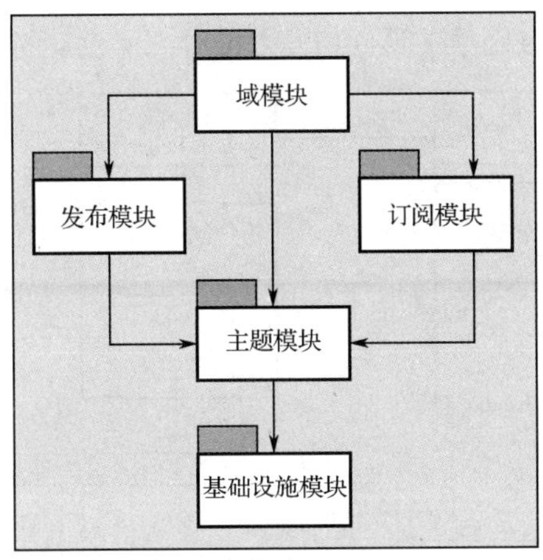

图 2-4　DCPS 组成模块

（1）基础设施模块：定义抽象类和由其他模块实现的接口。此外，它还提供了对 DDS 中间件的两种交互样式（基于通知和基于等待）的支持。

（2）域模块：包含域参与者（DomainParticipant）类，该类是应用程序的入口，承担 DCPS 中其他类的工厂功能，域参与者也是其他实体的容器。

（3）主题模块：包含主题（Topic）类、内容过滤主题（ContentFilteredTopic）类、多重主题（MultiTopic）类和主题监听器（TopicListener）接口。应用程序可以使用上述类创建主题，并将 QoS 附加到相应的主题上。

（4）发布模块：包含发布者（Publisher）类、数据写入者（DataWriter）类，以及发布者监听器（PublisherListener）接口和数据写入者监听器（DataWriterListener）接口。发布端应用程序可以使用上述类执行数据发送服务。

（5）订阅模块：包含订阅者（Subscriber）类、数据读取者（DataReader）类、读条件（ReadCondition）类、查询条件（QueryCondition）类，以及订阅者监听器（SubscriberListener）接口和数据读取者监听器（DataReaderListener）接口。订阅端应用程序可以使用上述类执行数据接收服务。

2.2.1　基础设施模块

DCPS 基础设施模块主要包括实体（Entity）、域实体（DomainEntity）、QoS 策略（QosPolicy）、监听器（Listener）、状态（Status）、等待集（WaitSet）、条件（Condition）、保障条件（GuardCondition）、状态条件（StatusCondition）等类，其结构如图 2-5 所示。

1. 实体类

实体（Entity）类是一个抽象基类，从该类派生出的 DCPS 子类支持 QoS 策略，且具有监听器和状态条件。实体类没有属性（attributes），其操作（operations）的信息如表 2-1 所示，主要操作描述如下。

（1）set_qos：用于设置实体的 QoS 策略，该操作必须由 DCPS 中每个派生实体类（域参与者、主题、发布者、数据写入者、订阅者、数据读取者）实现，以便设置对每个实体有意义的策略。如果应用程序设置的 QoS 策略是实体不支持的，那么该函数将返回

UNSUPPORTED。当且仅当该函数的返回值是 OK 时，所设置的实体的 QoS 策略才会生效。

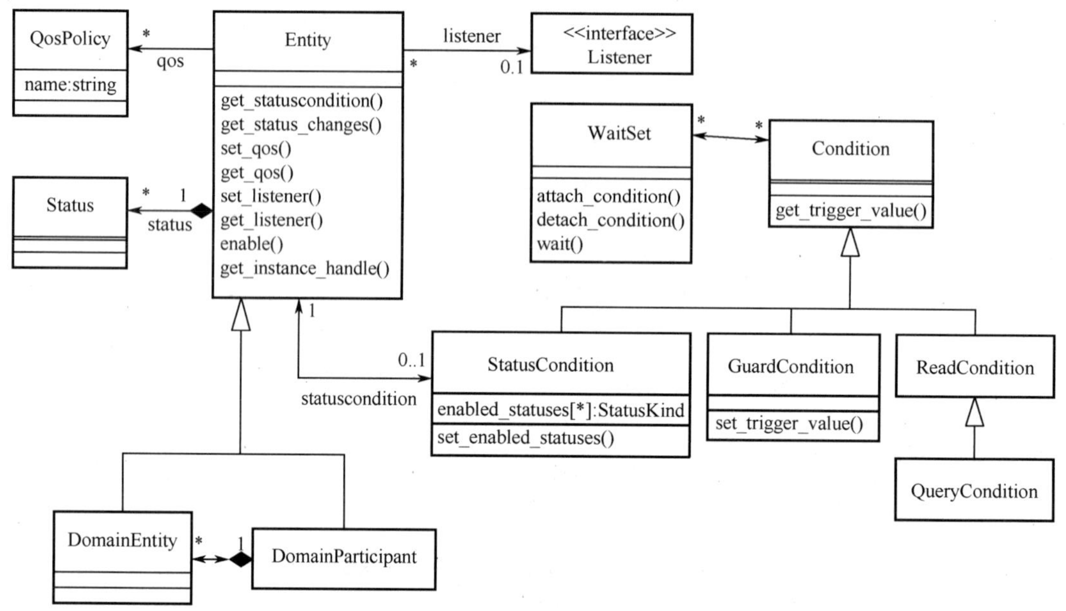

图 2-5 基础设施模块结构

表 2-1 实体类的操作

操作名称	返回值类型	参数名称	参数类型
set_qos	ReturnCode_t	qos_list	QosPolicy []
get_qos	ReturnCode_t	out: qos_list	QosPolicy []
set_listener	ReturnCode_t	a_listener	Listener
		mask	StatusKind []
get_listener	Listener		
get_statuscondition	StatusCondition		
get_status_changes	StatusKind []		
enable	ReturnCode_t		
get_instance_handle	InstanceHandle_t		

（2）get_qos：用于获取实体的 QoS 策略，该操作必须由 DCPS 中每个派生实体类实现，以便可以返回每个实体当前的 QoS 策略。

（3）set_listener：用于为实体关联一个监听器，该监听器将在通信状态（通过掩码指定）发生更改时被唤醒。当应用程序为参数 listener 指定空值（nil）时，监听器将不会对任何通信状态的更改做出反应。一个实体只能关联一个监听器，新设置的监听器会取代之前实体所关联的监听器。该操作必须由 DCPS 各派生实体类实现，以便为每个实体都能设置相应的监听器。

（4）get_listener：用于获取实体所关联的监听器，该操作必须由 DCPS 各派生实体类实现，以便可以返回对每个实体当前关联的监听器。

（5）get_statuscondition：用于获取实体所关联的状态条件，通过将状态条件添加到等待集中可以让应用程序等待影响实体的特定状态更改事件。

（6）get_status_changes：用于获取实体已出发的通信状态更改列表，也就是自应用程序上次读取状态以来其值发生更改的状态列表。

（7）enable：用于使能实体。创建实体时，可以通过设置 ENTITY_FACTORY 的 QoS 策略取值来控制实体处于使能或者非使能状态。

如表 2-2 所示，对于每个派生实体类，DDS 都提供默认的 QoS 策略。

表 2-2　派生实体类的默认 QoS 策略

派生实体类	默认 QoS 策略
DomainParticipant	PARTICIPANT_QOS_DEFAULT
Topic	TOPIC_QOS_DEFAULT
Publisher	PUBLISHER_QOS_DEFAULT
DataWriter	DATAWRITER_QOS_DEFAULT
Subscriber	SUBSCRIBER_QOS_DEFAULT
DataReader	DATAREADER_QOS_DEFAULT

2．域实体类

域实体（DomainEntity）类是除域参与者外所有 DCPS 实体的抽象基类，它的唯一目的是表达域参与者是一种特殊的实体，它充当所有其他实体的容器，但它本身不能包含其他域参与者。

3．QoS 策略类

DDS 所提供的所有 QoS 策略都是从 QoS 策略（QosPolicy）类派生而来的，它为应用程序提供了指定服务质量参数 QoS 的基本机制。该类拥有一个可以唯一标识每个 QoS 策略的属性名。

QoS 策略可以是原子类型，如整数或浮点数，也可以是复合类型。当某个 QoS 策略的多个参数取值具有相关性或者约束性时，其 QoS 策略的类型就是复合类型。每个实体都具有一个可以配置的 QoS 策略列表，但是任何实体都不能支持所有的 QoS 策略。例如，域参与者支持的 QoS 策略不同于主题或发布者。

实体的 QoS 策略可以在创建实体时设置，也可以在实体创建后使用 set_qos 操作修改。实体 QoS 策略列表中的每个 QoS 策略都独立于其他的 QoS 策略，这种机制使得 QoS 的可扩展性很强。但是，由于可能会出现一些 QoS 策略冲突的情况，因此每次通过 set_qos 操作修改 QoS 策略时，都会执行一致性检查。

当 QoS 策略通过 set_qos 操作更改为特定值后，应用程序可以不立即应用新更改后的值，而是可以在服务状态发生更改后再启动。此外，一些 QoS 策略具有不可变语义，这意味着它们只能在实体创建时指定，或者在对实体调用 enable 操作之前指定。

4．监听器接口

监听器（Listener）接口是所有派生监听器接口的抽象根，所有 DDS 支持的具体监听器接口（域参与者、主题、发布者、数据写入者、订阅者和数据读取者）都派生自这个根，并添加依赖于具体监听器的操作。

5. 状态类

状态（Status）类是所有通信状态的抽象基类。每个派生实体都与一组状态相关联，这些状态值表示该实体的通信状态，可以使用实体上的相应操作访问这些状态值。对这些状态值所做的更改既会激活相应的状态条件，也会触发相应状态回调操作的调用，以异步方式通知应用程序。

6. 等待集类

等待集（WaitSet）允许应用程序等待一个或多个附加到其上的条件的触发值（trigger_value）为 TRUE 或直到超时过期。

等待集没有工厂，它是由自然语言在每个语言绑定中直接创建的对象（如在 C++或 java 中使用 new 操作符）。这是因为它不一定与单个域参与者关联，可以用来等待与不同域参与者关联的条件。等待集类的操作信息如表 2-3 所示，主要操作描述如下。

表 2-3 等待集类的操作

操作名称	返回值类型	参数名称	参数类型
attach_condition	ReturnCode_t	a_condition	Condition
detach_condition	ReturnCode_t	a_condition	Condition
wait	ReturnCode_t	inout: active_conditions	Condition []
		timeout	Durations_t
get_conditions	ReturnCode_t	inout: attached_conditions	Condition []

（1）attach_condition：用于将条件附加到等待集上。可以对当前正在等待的等待集附加一个条件（通过 wait 操作），在这种情况下，如果条件的 trigger_value 为 TRUE，那么附加的条件将不再阻塞等待集。

（2）detach_condition：用于分离条件与等待集。如果指定的条件未附加到等待集上，返回 PRECONDITION_NOT_MET。

（3）wait：此操作允许应用程序线程等待特定条件的发生。如果附加到等待集的所有条件都没有 trigger_value 为 TRUE，则 wait 操作将阻止并挂起调用线程。wait 操作接受一个 timeout 参数，该参数指定等待的最长持续时间。如果超过了这个持续时间，并且没有附加的条件为 TRUE，wait 将返回错误代码 TIMEOUT。DDS 不允许多个应用程序线程在同一等待集上等待，如果在已经有线程阻塞的等待集上调用 wait 操作，则该操作将立即返回 PRECONDITION_NOT_MET。

（4）get_conditions：用于返回附加到该等待集的条件列表。

7. 条件类

条件（Condition）类是所有能够附加到等待集上的派生条件类（保障条件、状态条件和读取条件）的基类。条件有一个触发值（trigger_value），其取值由 DDS 自动设置为 TRUE 或 FALSE。条件有一个名为 get_trigger_value 的操作，该操作可以返回条件的 trigger_value。

8．保障条件类

保障条件（GuardCondition）是一类特殊的条件，它的 trigger_value 完全由应用程序控制。保障条件没有工厂，它是由自然语言在每个语言绑定中直接创建的对象（如在 C++或 java 中使用 new 操作符）。当创建保障条件时，其 trigger_value 的值设置为 FALSE。保障条件的目的是为应用程序提供手动唤醒等待集的方法，这是通过将保障条件附加到等待集，然后通过 set_trigger_value 操作设置 trigger_value 来实现的。

9．状态条件类

状态条件（StatusCondition）是与每个实体关联的特殊条件，状态条件的触发值（trigger_value）取决于与之关联的实体的通信状态（如数据到达、信息丢失等），并由状态条件上使能的状态列表（enabled_statuses）过滤。状态条件类的主要操作如下。

（1）set_enabled_statuses：此操作定义用于设定能够决定状态条件 trigger_value 的通信状态列表，此操作可能会更改状态条件的 trigger_value。等待集的行为取决于其附加条件的 trigger_value 的更改。因此，状态条件附加到的任何等待集都可能受到此操作的影响。

（2）get_enabled_statuses：此操作用于返回能够决定状态条件 trigger_value 的通信状态列表。

（3）get_entity：此操作用于返回与状态条件关联的实体，每个状态条件只关联一个实体。

10．读取条件类

读取条件（ReadCondition）是专门用于读取操作并附加到一个数据读取者的条件，其具体功能将在后续章节中介绍。

2.2.2　域模块

DCPS 域模块包括三种类型，分别是域参与者工厂（DomainParticipantFactory）、域参与者（DomainParticipant）和域参与者监听器（DomainParticipantListener），其结构如图 2-6 所示。

1．域参与者类

域参与者（DomainParticipant）承担以下几个角色。

① 充当所有其他实体的容器。

② 充当发布者、订阅者、主题和多重主题等实体的工厂。

③ 表示应用程序对某个通信平面的参与情况。这里通信平面的作用是将运行在同一组物理计算机上的应用彼此隔离。数据域建立一个虚拟网络，将共享同一域 ID（domainId）的所有应用程序连接起来，并将它们与运行在不同数据域上的应用程序隔离开来。通过这种方式，几个独立的分布式应用程序可以在同一物理网络中共存，而不会相互干扰，甚至不会相互察觉。

④ 提供数据域的管理服务，允许应用程序在本地忽略特定的域参与者（ignore_participant）、发布（ignore_publication）、订阅（ignore_subscription）或主题（ignore_topic）的信息。域参与者类的操作信息如表 2-4 所示。

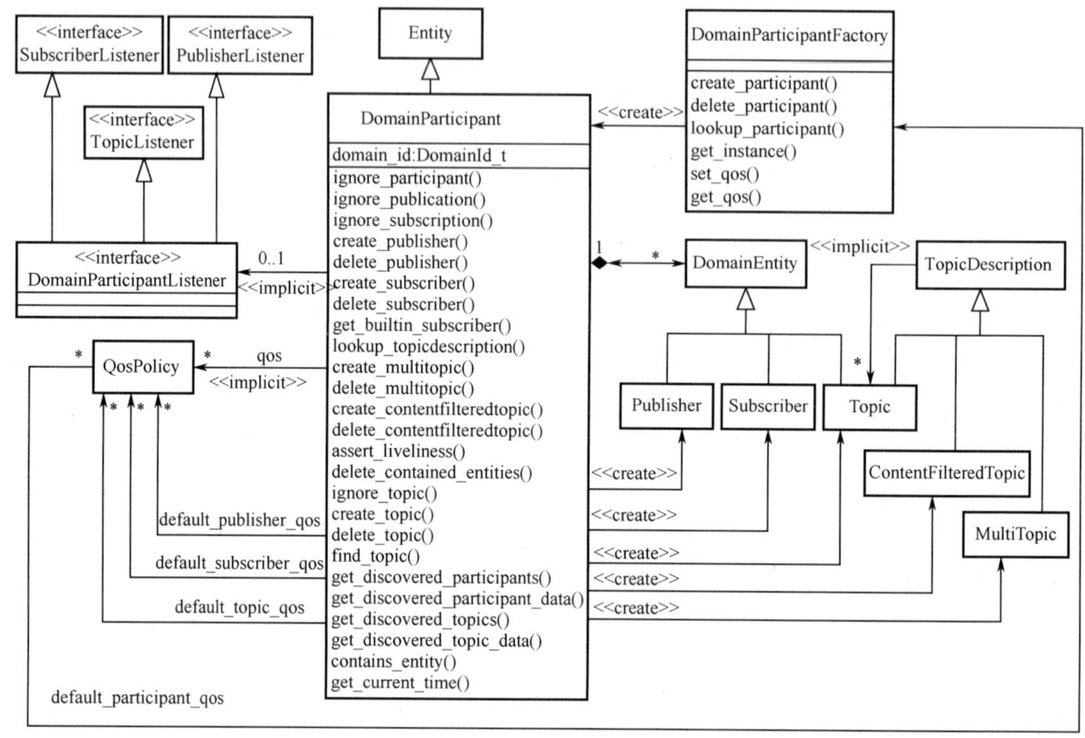

图 2-6 域模块结构

表 2-4 域参与者类的操作

操 作 名 称	返回值类型	参 数 名 称	参 数 类 型
(inherited) get_qos	ReturnCode_t	out: qos_list	QosPolicy []
(inherited) set_qos	ReturnCode_t	qos_list	QosPolicy []
(inherited) get_listener	Listener		
(inherited) set_listener	ReturnCode_t	a_listener	Listener
		mask	StatusKind []
create_publisher	Publisher	qos_list	QosPolicy []
		a_listener	PublisherListener
		mask	StatusKind []
delete_publisher	ReturnCode_t	a_publisher	Publisher
create_subscriber	Subscriber	qos_list	QosPolicy []
		a_listener	SubscriberListener
		mask	StatusKind []
delete_subscriber	ReturnCode_t	a_subscriber	Subscriber
create_topic	Topic	topic_name	string
		type_name	string
		qos_list	QosPolicy []
		a_listener	TopicListener
		mask	StatusKind []

续表

操作名称	返回值类型	参数名称	参数类型
delete_topic	ReturnCode_t	a_topic	Topic
create_contentfilteredtopic	ContentFilteredTopic	name	string
		related_topic	Topic
		filter_expression	string
		expression_parameters	string
delete_contentfilteredtopic	ReturnCode_t	a_contentfilteredtopic	ContentFilteredTopic
create_multitopic	MultiTopic	name	string
		type_name	string
		subscription_expression	string
		expression_parameters	string []
delete_multitopic	ReturnCode_t	a_multitopic	MultiTopic
find_topic	Topic	topic_name	string
		timeout	Duration_t
lookup_topicdescription	TopicDescription	name	string
get_builtin_subscriber	Subscriber		
ignore_participant	ReturnCode_t	handle	InstanceHandle_t
ignore_topic	ReturnCode_t	handle	InstanceHandle_t
ignore_publication	ReturnCode_t	handle	InstanceHandle_t
ignore_subscription	ReturnCode_t	handle	InstanceHandle_t
get_domain_id	DomainId_t		
delete_contained_entities	ReturnCode_t		
assert_liveliness	ReturnCode_t		
set_default_publisher_qos	ReturnCode_t	qos_list	QosPolicy []
get_default_publisher_qos	ReturnCode_t	out: qos_list	QosPolicy []
set_default_subscriber_qos	ReturnCode_t	qos_list	QosPolicy []
get_default_subscriber_qos	ReturnCode_t	out: qos_list	QosPolicy []
set_default_topic_qos	ReturnCode_t	qos_list	QosPolicy []
get_default_topic_qos	ReturnCode_t	out: qos_list	QosPolicy []
get_discovered_participants	ReturnCode_t	inout: participant_handles	InstanceHandle_t []
get_discovered_participant_data	ReturnCode_t	inout: participant_data	ParticipantBuiltin-TopicData
		participant_handle	InstanceHandle_t
get_discovered_topics	ReturnCode_t	inout: topic_handles	InstanceHandle_t []
get_discovered_topic_data	ReturnCode_t	inout: topic_data	TopicBuiltinTopicData
		topic_handle	InstanceHandle_t
contains_entity	boolean	a_handle	InstanceHandle_t
get_current_time	ReturnCode_t	inout: current_time	Time_t

2. 域参与者工厂类

域参与者工厂（DomainParticipantFactory）的唯一目的是允许创建和销毁域参与者。域参与者工厂本身没有工厂，它是一个预先存在的单实例对象，可以通过在域参与者工厂类上直接执行 get_instance 操作获取该对象。域参与者工厂类的操作信息如表 2-5 所示。

表 2-5 域参与者工厂类的操作

操作名称	返回值类型	参数名称	参数类型
create_participant	DomainParticipant	domain_id	DomainId_t
		qos_list	QosPolicy []
		a_listener	DomainParticipantListener
		mask	StatusKind []
delete_participant	ReturnCode_t	a_participant	DomainParticipant
(static) get_instance	DomainParticipantFactory		
lookup_participant	DomainParticipant	domain_id	DomainId_t
set_default_participant_qos	ReturnCode_t	qos_list	QosPolicy []
get_default_participant_qos	ReturnCode_t	out: qos_list	QosPolicy []
get_qos	ReturnCode_t	out: qos_list	QosPolicy []

3. 域参与者监听器接口

域参与者监听器（DomainParticipantListener）接口由应用程序提供的类实现，然后注册到域参与者中，这样 DDS 中间件就可以通知应用程序相关的状态更改事件。域参与者监听器的接口都继承自基础设施模块中的监听器。

域参与者监听器的用途是作为底层的监听器，捕获那些未被其他监听器（域参与者监听器关联的域参与者所包含的实体的监听器）所捕获的状态更改事件。当发生相关状态更改时，DDS 中间件将首先尝试通知相应的实体监听器（如果关联了监听器）；否则，DDS 中间件将通知域参与者监听器。域参与者监听器接口的操作信息如表 2-6 所示。

表 2-6 域参与者监听器接口的操作

操作名称	返回值类型	参数名称	参数类型
on_inconsistent_topic	void	the_topic	Topic
		status	InconsistentTopicStatus
on_liveliness_lost	void	the_writer	DataWriter
		status	LivelinessLostStatus
on_offered_deadline_missed	void	the_writer	DataWriter
		status	OfferedDeadlineMissedStatus
on_offered_incompatible_qos	void	the_writer	DataWriter
		status	OfferedIncompatibleQosStatus
on_data_on_readers	void	the_subscriber	Subscriber

续表

操 作 名 称	返回值类型	参 数 名 称	参 数 类 型
on_sample_lost	void	the_reader	DataReader
		status	SampleLostStatus
on_data_available	void	the_reader	DataReader
on_sample_rejected	void	the_reader	DataReader
		status	SampleRejectedStatus
on_liveliness_changed	void	the_reader	DataReader
		status	LivelinessChangedStatus
on_requested_deadline_missed	void	the_reader	DataReader
		status	RequestedDeadlineMissedStatus
on_requested_incompatible_qos	void	the_reader	DataReader
		status	RequestedIncompatibleQosStatus
on_publication_matched	void	the_writer	DataWriter
		status	PublicationMatchedStatus
on_subscription_matched	void	the_reader	DataReader
		status	SubscriptionMatchedStatus

2.2.3　主题模块

DCPS 主题模块包括主题描述（TopicDescription）、主题（Topic）、内容过滤主题（ContentFilteredTopic）、多重主题（MultiTopic）、主题监听器（TopicListener）、类型支持（TypeSupport）等类，其结构如图 2-7 所示。

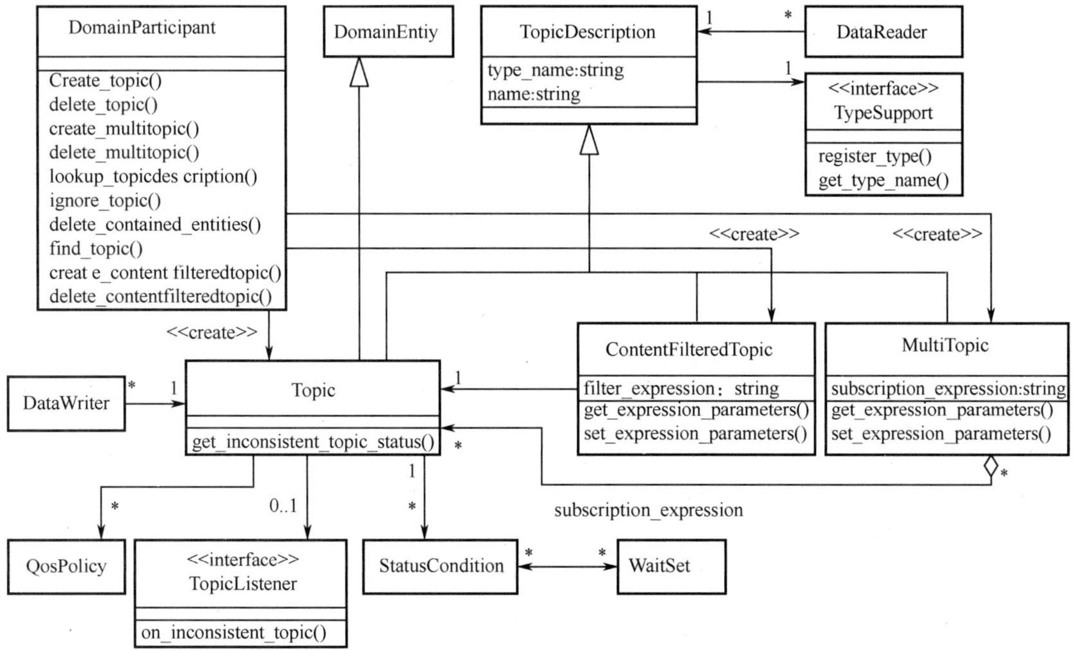

图 2-7　主题模块结构

1. 主题描述类

主题描述（TopicDescription）类是一个抽象类，它是主题类、内容过滤主题类和多重主题类的基类。主题描述表示发布和订阅都绑定到某数据类型，其属性 type_name 为发布或订阅定义了唯一结果类型，因此创建了与类型支持（TypeSupport）的隐式关联。此外，主题描述类还有一个允许在本地检索的名称。主题描述类的属性信息如表 2-7 所示，操作信息如表 2-8 所示。

表 2-7 主题描述类的属性

属性名称	属性类型
readonly: name	string
readonly: type_name	string

表 2-8 主题描述类的操作

操作名称	返回值类型	参数名称	参数类型
get_participant	DomainParticipant		
get_type_name	string		
get_name	string		

2. 主题类

主题（Topic）是对要发布和订阅的数据最基本的描述。主题由其名称标识，该名称在整个数据域中必须是唯一的。此外，通过对主题描述类的扩展，主题类完全确定发布或订阅主题时可以通信的数据类型，它是唯一可用于发布并与数据写入者关联的主题描述类。主题类的操作信息如表 2-9 所示。

表 2-9 主题类的操作

操作名称	返回值类型	参数名称	参数类型
(inherited) get_qos	ReturnCode_t	out: qos_list	QosPolicy []
(inherited) set_qos	ReturnCode_t	qos_list	QosPolicy []
(inherited) get_listener	Listener		
(inherited) set_listener	ReturnCode_t	a_listener	Listener
		mask	StatusKind []
get_inconsistent_topic_status	ReturnCode_t	out: status	InconsistentTopicStatus

3. 内容过滤主题类

内容过滤主题（ContentFilteredTopic）是一种特殊的主题描述类，它描述了一个更复杂的订阅，它表示订阅者不希望看到在该主题下发布的每个实例的所有数据样本。相反，它只希望看到内容满足特定条件的数据样本。因此，该类可用于应用程序请求基于内容的订阅。内容的过滤是使用表达式 filter_expression 和参数 expression_parameters 完成的。

filter_expression 属性是一个字符串，用于指定选择感兴趣的数据样本的条件，它类似于

SQL 子句的 WHERE 部分。expression_parameters 属性是一个字符串序列，为 filter_expression 中的 parameters（“%n”标记）提供值，所提供的参数必须与 filter_expression 中所需的相匹配。内容过滤主题类的属性信息如表 2-10 所示，操作信息如表 2-11 所示。

表 2-10　内容过滤主题类的属性

属 性 名 称	属 性 类 型
readonly: filter_expression	string

表 2-11　内容过滤主题类的操作

操 作 名 称	返回值类型	参 数 名 称	参 数 类 型
get_related_topic	Topic		
get_expression_parameters	ReturnCode_t	out: expression_parameters	string []
set_expression_parameters	ReturnCode_t	expression_parameters	string []

4. 多重主题类

多重主题（MultiTopic）类是一种特殊的主题描述类，它允许订阅合并/过滤/重新排列来自多个主题的数据。多重主题允许更复杂的订阅，它可以选择从多个主题接收的数据并将其组合成一个结果类型（由继承的 type_name 指定）。在多重主题下，数据将根据表达式 subscription_expression 和参数 expression_parameters 进行过滤（选择）甚至重新排列（聚合/投影）。多重主题类的属性信息如表 2-12 所示，操作信息如表 2-13 所示。

表 2-12　多重主题类的属性

属 性 名 称	属 性 类 型
readonly: subscription_expression	string

表 2-13　多重主题类的操作

操 作 名 称	返回值类型	参 数 名 称	参 数 类 型
get_expression_parameters	ReturnCode_t	out: expression_parameters	string []
set_expression_parameters	ReturnCode_t	expression_parameters	string []

subscription_expression 表达式是一个字符串，用于标识从相关主题中选择和重新排列的数据。它类似于 SQL 子句，其中 SELECT 部分提供要保留的字段，FROM 部分提供搜索这些字段的主题名称，WHERE 子句提供内容过滤器。组合后的主题可能具有不同的类型，但它的类型也是受到限制的，因为用于自然连接（NATURAL JOIN）操作的字段类型必须相同。expression_parameters 属性是一个字符串序列，为 subscription_expression 中的 parameters（“%n”标记）提供值，所提供的参数必须与 subscription_expression 中所需的相匹配。

当与多重主题相关的任何主题的数据发生更新时，通过监听器或条件机制将向与多重主题关联的数据读取者发出提示。与多重主题关联的数据读取者可以在订阅端访问多重主题的实例，该实例的值由多个数据写入者所产生的子实例来构造。当构成多重主题的所有子主题的实例都存在时，该多重主题的实例开始存在。

5. 主题监听器接口

因为主题是一种实体，它有能力拥有一个关联的监听器，而关联的监听器应该是具体类型的主题监听器（TopicListener）。主题监听器接口的操作信息如表 2-14 所示。

表 2-14 主题监听器接口的操作

操作名称	返回值类型	参数名称	参数类型
on_inconsistent_topic	void	the_topic	Topic
		status	InconsistentTopicStatus

6. 类型支持接口

类型支持（TypeSupport）接口是一个抽象接口，每个应用程序都应该提供该接口的实现。DDS 规范要求每种 DDS 中间件提供一种根据类型的描述（如 OMG IDL）生成特定于类型的类（如 C++、JAVA）的自动化方法。应用程序必须首先使用所生成类的 register_type 操作进行注册，然后才能创建该类型的主题。类型支持接口的操作信息如表 2-15 所示。

表 2-15 类型支持接口的操作

操作名称	返回值类型	参数名称	参数类型
register_type	ReturnCode_t	participant	DomainParticipant
		type_name	string
get_type_name	string		

register_type 操作用于应用程序向 DDS 中间件通知特定数据类型的存在，该操作所对应的生成实现嵌入了与 DDS 中间件通信所需的所有信息，以便于 DDS 中间件能够管理该数据类型的数据内容。特别是包括使得 DDS 中间件能够区分同一主题的不同实例的键（key）的定义。

需要注意的是，使用相同的 type_name 向同一个域参与者注册两个不同的类型支持是错误的。如果应用程序尝试这样做，register_type 操作将失败并返回错误代码 PRECONDITION_NOT_MET。DDS 中间件允许使用相同或不同的 type_name 向同一个域参与者多次注册相同的类型支持。此外，如果使用相同的域参与者和 type_name 在同一类型支持上多次调用 register_type，则忽略后续注册。

2.2.4 发布模块

DCPS 发布模块主要包括发布者（Publisher）、数据写入者（DataWriter）、发布者监听器（PublisherListener）、数据写入者监听器（DataWriterListener）等类，其结构如图 2-8 所示。

1. 发布者类

发布者（Publisher）类是负责实际数据传播的对象。发布者包含一个或多个数据写入者，当发布者相关联的数据写入者的数据发生更新时，它将决定实际发送数据更新消息的合适时间。在发布者做出发送数据的决定时，它需要综合考虑数据附带的所有额外信息（如时间戳、数据写入者等），以及发布者和数据写入者的 QoS 策略。发布者类的操作信息如表 2-16 所示。

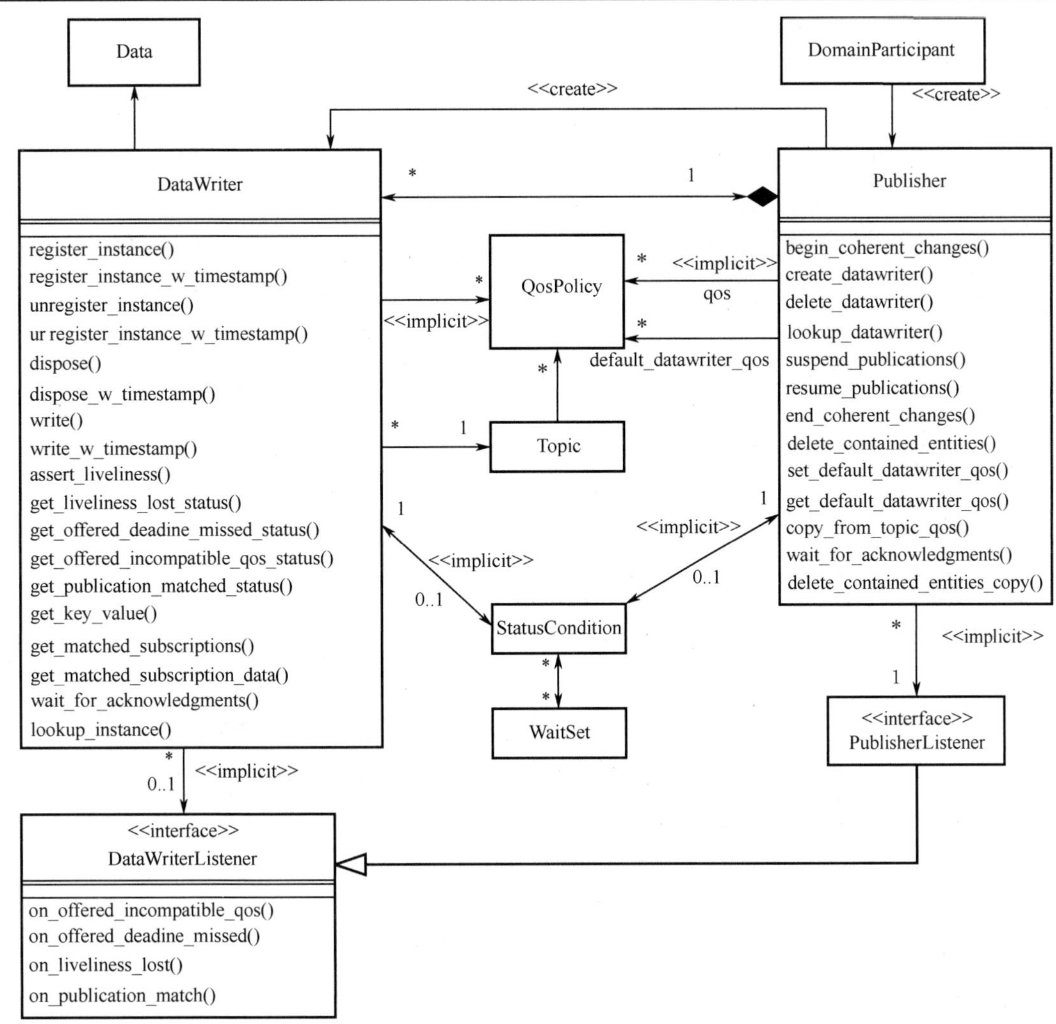

图 2-8 发布模块的结构

表 2-16 发布者类的操作

操作名称	返回值类型	参数名称	参数类型
(inherited) get_qos	ReturnCode_t	out: qos_list	QosPolicy []
(inherited) set_qos	ReturnCode_t	qos_list	QosPolicy []
(inherited) get_listener	Listener		
(inherited) set_listener	ReturnCode_t	a_listener	Listener
		mask	StatusKind []
create_datawriter	DataWriter	a_topic	Topic
		qos	QosPolicy []
		a_listener	DataWriterListener
		mask	StatusKind []
delete_datawriter	ReturnCode_t	a_datawriter	DataWriter
lookup_datawriter	DataWriter	topic_name	string

续表

操作名称	返回值类型	参数名称	参数类型
suspend_publications	ReturnCode_t		
resume_publications	ReturnCode_t		
begin_coherent_changes	ReturnCode_t		
end_coherent_changes	ReturnCode_t		
wait_for_acknowledgments	ReturnCode_t	max_wait	Duration_t
get_participant	DomainParticipant		
delete_contained_entities	ReturnCode_t		
set_default_datawriter_qos	ReturnCode_t	qos_list	QosPolicy []
get_default_datawriter_qos	ReturnCode_t	out: qos_list	QosPolicy []
copy_from_topic_qos	ReturnCode_t	inout: a_datawriter_qos	QosPolicy []
		a_topic_qos	QosPolicy []

2. 数据写入者类

数据写入者（DataWriter）类允许应用程序设置特定主题下发布的数据值，数据写入者类通常被关联到一个发布者，该发布者也称为数据写入者的工厂。数据写入者类只绑定到一个主题，因此只绑定到一种数据类型，该主题必须在创建数据写入者之前存在。数据写入者类是一个抽象类，需要应用程序根据具体的数据类型进行实现。数据写入者类的操作信息如表 2-17 所示。

表 2-17 数据写入者类的操作

操作名称	返回值类型	参数名称	参数类型
(inherited) get_qos	ReturnCode_t	out: qos_list	QosPolicy []
(inherited) set_qos	ReturnCode_t	qos_list	QosPolicy []
(inherited) get_listener	Listener		
(inherited) set_listener	ReturnCode_t	a_listener	Listener
		mask	StatusKind []
register_instance	InstanceHandle_t	instance	Data
register_instance_w_timestamp	InstanceHandle_t	instance	Data
		timestamp	Time_t
unregister_instance	ReturnCode_t	instance	Data
		handle	InstanceHandle_t
unregister_instance_w_timestamp	ReturnCode_t	instance	Data
		handle	InstanceHandle_t
		timestamp	Time_t
get_key_value	ReturnCode_t	inout: key_holder	Data
		handle	InstanceHandle_t
lookup_instance	InstanceHandle_t	instance	Data

续表

操 作 名 称	返回值类型	参 数 名 称	参 数 类 型
write	ReturnCode_t	data	Data
		handle	InstanceHandle_t
write_w_timestamp	ReturnCode_t	data	Data
		handle	InstanceHandle_t
		timestamp	Time_t
dispose	ReturnCode_t	data	Data
		handle	InstanceHandle_t
dispose_w_timestamp	ReturnCode_t	data	Data
		handle	InstanceHandle_t
		timestamp	Time_t
wait_for_acknowledgments	ReturnCode_t	max_wait	Duration_t
get_liveliness_lost_status	ReturnCode_t	out: status	LivelinessLostStatus
get_offered_deadline_missed_status	ReturnCode_t	out: status	OfferedDeadlineMissedStatus
get_offered_incompatible_qos_status	ReturnCode_t	out: status	OfferedIncompatibleQosStatus
get_publication_matched_status	ReturnCode_t	out: status	PublicationMatchedStatus
get_topic	Topic		
get_publisher	Publisher		
assert_liveliness	ReturnCode_t		
get_matched_subscription_data	ReturnCode_t	inout: subscription_data	SubscriptionBuiltinTopicData
		subscription_handle	InstanceHandle_t
get_matched_subscriptions	ReturnCode_t	inout: subscription_handles	InstanceHandle_t []

3．发布者监听器接口

因为发布者是一种实体，它有能力拥有一个关联的监听器，而关联的监听器应该是具体类型的发布者监听器（PublisherListener）。发布者监听器接口从监听器接口派生，但并未扩展新的属性和方法。

4．数据写入者监听器接口

因为数据写入者是一种实体，它有能力拥有一个关联的监听器，而关联的监听器应该是具体类型的数据写入者监听器（DataWriterListener）。数据写入者监听器接口从监听器接口派生。数据写入者监听器接口的操作信息如表 2-18 所示。

表 2-18　数据写入者监听器接口的操作

操 作 名 称	返回值类型	参 数 名 称	参 数 类 型
on_liveliness_lost	void	the_writer	DataWriter
		status	LivelinessLostStatus
on_offered_deadline_missed	void	the_writer	DataWriter
		status	OfferedDeadlineMissedStatus

续表

操作名称	返回值类型	参数名称	参数类型
on_offered_incompatible_qos	void	the_writer	DataWriter
		status	OfferedIncompatibleQosStatus
on_publication_matched	void	the_writer	DataWriter
		status	PublicationMatchedStatus

2.2.5 订阅模块

DCPS 订阅模块主要包括订阅者（Subscriber）、数据读取者（DataReader）、数据样本（DataSample）、样本信息（SampleInfo）、订阅者监听器（SubscriberListener）、数据读取者监听器（DataReaderListener）、读取条件（ReadCondition）和查询条件（QueryCondition）等类，其结构如图 2-9 所示。

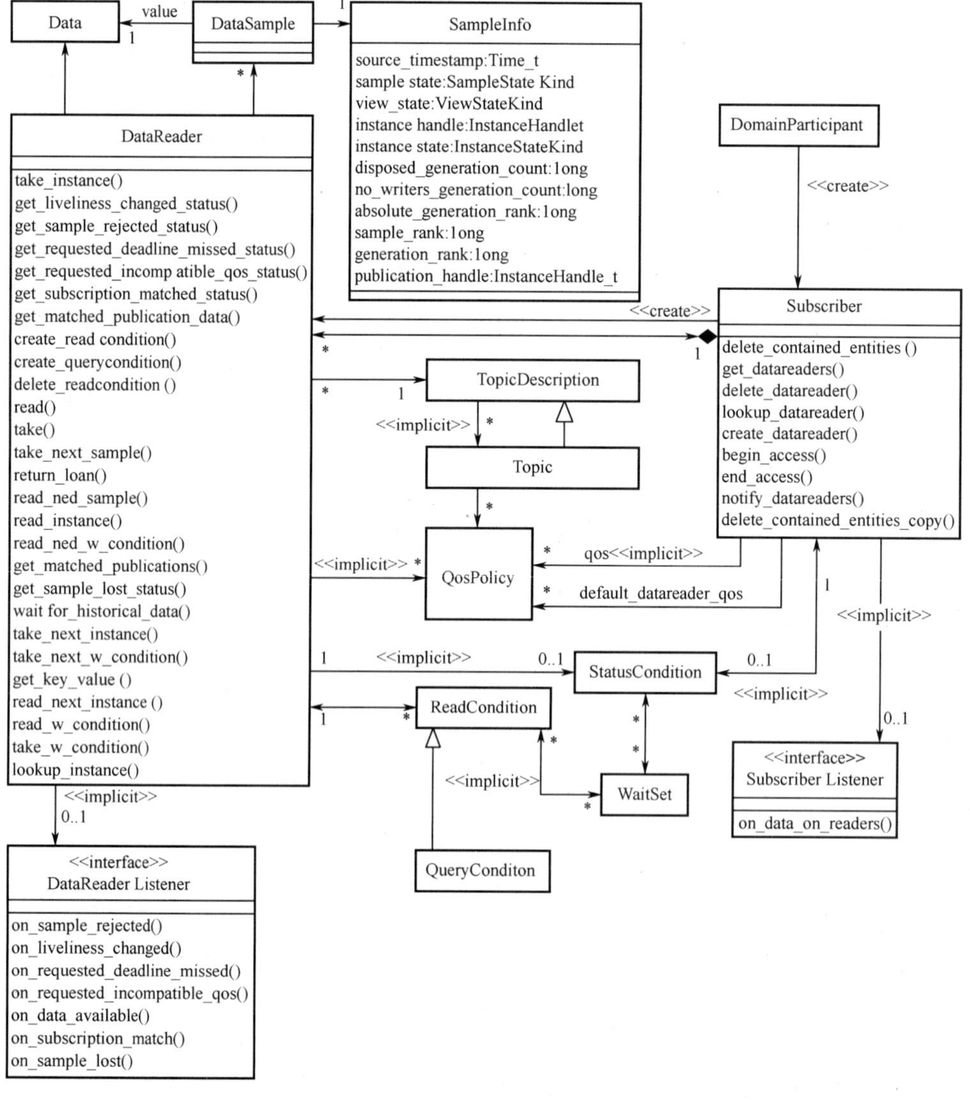

图 2-9 订阅模块的结构

订阅端应用程序接收数据的方式是使用数据读取者的 read、read_w_condition，take 和 take_w_condition 等操作。其中，read 操作是读取相应的数据，被读取的数据仍然存储在 DDS 中间件中，应用程序可以再次读取它。take 操作是应用程序拿走相应数据的所有权，数据读取者将不能再继续访问这些数据。因此，数据读取者可以多次访问同一个样本，前提是每次访问该样本都执行了 read 操作。

上述操作都返回一个有序的数据值集合和相关的样本信息对象集合。每个数据值代表一个数据信息原子（一个实例的数据样本）。返回的数据值集合可能包含相同或不同实例（由键标识）的样本。如果 HISTROY（一种 QoS 策略）的设置允许，一个实例可以同时拥有多个样本。

1. 订阅者类

订阅者（Subscriber）类是负责实际接收由其订阅产生的数据的对象。订阅者包含一个或多个数据读取者。当（从系统的其他部分）接收数据时，它将构建相关的数据读取者的列表，然后通过它的监听器或启用相关条件向应用程序指示数据可用。应用程序可以通过 get_datareaders 操作访问相关数据读取者的列表，然后通过数据读取者上的操作访问可用的数据。订阅者类的操作信息如表 2-19 所示。

表 2-19　订阅者类的操作

操作名称	返回值类型	参数名称	参数类型
(inherited) get_qos	ReturnCode_t	out: qos_list	QosPolicy []
(inherited) set_qos	ReturnCode_t	qos_list	QosPolicy []
(inherited) get_listener	Listener		
(inherited) set_listener	ReturnCode_t	a_listener	Listener
		mask	StatusKind []
create_datareader	DataReader	a_topic	Topic
		qos	QosPolicy []
		a_listener	DataReaderListener
		mask	StatusKind []
delete_datareader	ReturnCode_t	a_datareader	DataReader
lookup_datareader	DataReader	topic_name	string
begin_access	ReturnCode_t		
end_access	ReturnCode_t		
get_datareaders	ReturnCode_t	out: readers	DataReader []
		sample_states	SampleStateKind []
		view_states	ViewStateKind []
		instance_states	InstanceStateKind []
notify_datareaders	ReturnCode_t		
get_participant	DomainParticipant		
delete_contained_entities	ReturnCode_t		
set_default_datareader_qos	ReturnCode_t	qos_list	QosPolicy []
get_default_datareader_qos	ReturnCode_t	out: qos_list	QosPolicy []
copy_from_topic_qos	ReturnCode_t	inout: a_datareader_qos	QosPolicy []
		a_topic_qos	QosPolicy []

2. 数据读取者类

应用程序使用数据读取者（DataReader）类声明它希望接收的数据（订阅），并访问由其所关联的订阅者接收的数据。数据读取者只与一个能标识其要读取数据的主题描述（主题、内容过滤主题或多重主题）相关联。订阅具有唯一的结果类型，数据读取者可以访问结果类型的多个实例，不同的实例通过它们的键值进行区分。数据读取者是一个抽象类，需要应用程序根据具体数据类型而进行实现。数据读取者类的操作信息如表 2-20 所示。

表 2-20 数据读取者类的操作

操作名称	返回值类型	参数名称	参数类型
(inherited) get_qos	ReturnCode_t	out: qos_list	QosPolicy []
(inherited) set_qos	ReturnCode_t	qos_list	QosPolicy []
(inherited) get_listener	Listener		
(inherited) set_listener	ReturnCode_t	a_listener	Listener
		mask	StatusKind []
read	ReturnCode_t	inout: data_values	Data []
		inout: sample_infos	SampleInfo []
		max_samples	long
		sample_states	SampleStateKind []
		view_states	ViewStateKind []
		instance_states	InstanceStateKind []
take	ReturnCode_t	inout: data_values	Data []
		inout: sample_infos	SampleInfo []
		max_samples	long
		sample_states	SampleStateKind []
		view_states	ViewStateKind []
		instance_states	InstanceStateKind []
read_w_condition	ReturnCode_t	inout: data_values	Data []
		inout: sample_infos	SampleInfo []
		max_samples	long
		a_condition	ReadCondition
take_w_condition	ReturnCode_t	inout: data_values	Data []
		inout: sample_infos	SampleInfo []
		max_samples	long
		a_condition	ReadCondition
read_next_sample	ReturnCode_t	inout: data_value	Data
		inout: sample_info	SampleInfo
take_next_sample	ReturnCode_t	inout: data_value	Data
		inout: sample_info	SampleInfo

续表

操作名称	返回值类型	参数名称	参数类型
read_instance	ReturnCode_t	inout: data_value	Data
		inout: sample_infos	SampleInfo []
		max_samples	long
		a_handle	InstanceHandle_t
		sample_states	SampleStateKind []
		view_states	ViewStateKind []
		instance_states	InstanceStateKind []
take_instance	ReturnCode_t	inout: data_value	Data
		inout: sample_infos	SampleInfo []
		max_samples	long
		a_handle	InstanceHandle_t
		sample_states	SampleStateKind []
		view_states	ViewStateKind []
		instance_states	InstanceStateKind []
read_next_instance	ReturnCode_t	inout: data_value	Data
		inout: sample_infos	SampleInfo []
		max_samples	long
		previous_handle	InstanceHandle_t
		sample_states	SampleStateKind []
		view_states	ViewStateKind []
		instance_states	InstanceStateKind []
take_next_instance	ReturnCode_t	inout: data_value	Data
		inout: sample_infos	SampleInfo []
		max_samples	long
		previous_handle	InstanceHandle_t
		sample_states	SampleStateKind []
		view_states	ViewStateKind []
		instance_states	InstanceStateKind []
read_next_instance_w_condition	ReturnCode_t	inout: data_value	Data
		inout: sample_infos	SampleInfo []
		max_samples	long
		previous_handle	InstanceHandle_t
		a_condition	ReadCondition
take_next_instance_w_condition	ReturnCode_t	inout: data_value	Data
		inout: sample_infos	SampleInfo []
		max_samples	long

续表

操作名称	返回值类型	参数名称	参数类型
take_next_instance_w_condition	ReturnCode_t	previous_handle	InstanceHandle_t
		a_condition	ReadCondition
return_loan	ReturnCode_t	inout: data_value	Data
		inout: sample_infos	SampleInfo []
get_key_value	ReturnCode_t	inout: key_holder	Data
		handle	InstanceHandle_t
lookup_instance	InstanceHandle_t	instance	Data
create_readcondition	ReadCondition	sample_states	SampleStateKind []
		view_states	ViewStateKind []
		instance_states	InstanceStateKind []
create_querycondition	QueryCondition	sample_states	SampleStateKind []
		view_states	ViewStateKind []
		instance_states	InstanceStateKind []
		query_expression	string
		query_parameters	string []
delete_readcondition	ReturnCode_t	a_condition	ReadCondition
get_liveliness_changed_status	ReturnCode_t	out: status	LivelinessChangedStatus
get_requested_deadline_missed_status	ReturnCode_t	out: status	RequestedDeadlineMissedStatus
get_requested_incompatible_qos_status	ReturnCode_t	out: status	RequestedIncompatibleQosStatus
get_sample_lost_status	ReturnCode_t	out: status	SampleLostStatus
get_sample_rejected_status	ReturnCode_t	out: status	SampleRejectedStatus
get_subscription_matched_status	ReturnCode_t	out: status	SubscriptionMatchedStatus
get_topicdescription	TopicDescription		
get_subscriber	Subscriber		
delete_contained_entities	ReturnCode_t		
wait_for_historical_data	ReturnCode_t	max_wait	Duration_t
get_matched_publication_data	ReturnCode_t	inout: publication_data	PublicationBuiltinTopicData
		publication_handle	InstanceHandle_t
get_matched_publications	ReturnCode_t	inout: publication_handles	InstanceHandle_t []

3．数据样本类

数据样本（DataSample）类表示由数据读取者的 read/take 操作返回的数据信息原子（一个实例的一个值），它由两部分组成：样本信息（SampleInfo）和数据（Data）。

4．样本信息类

样本信息（SampleInfo）类是应用程序调用数据读取者的 read/take 操作获取的每个样本所附带的信息，它包含以下信息。

① sample_state：相应的数据样本是否已经读取。

② view_state：数据读取者是否已看到相关实例的最新样本。

③ instance_state：实例当前是否存在，如果实例已被释放，则说明释放该实例的原因。

④ disposed_generation_count：实例在被数据写入者显式释放后，再接收实例时该实例变为活动的次数。

⑤ no_writers_generation_count：在接收样本时，由于没有写入程序而被释放后实例变为活动的次数。

⑥ sample_rank：read 或 take 返回的集合中与同一实例相关的样本数。

⑦ generation_rank：当前样本接收次数与同一实例的样本集合中最近样本接收次数的差值（实例被释放并重新变为活动的次数）。

⑧ absolute_generation_rank：当前样本接收次数与同一实例最新样本（可能不在返回的集合中）接收次数的差值（实例被释放并重新变为活动的次数）。

⑨ source_timestamp：写入样本时数据写入者所提供的时间。

⑩ instance_handle：在本地标识的相应实例。

⑪ publication_handle：在本地标识的修改实例的数据写入者。

⑫ valid_data：DataSample 是否包含数据，或用于传递实例 instance_state。

样本信息类的属性信息如表 2-21 所示。

表 2-21　样本信息类的属性

属 性 名 称	属 性 类 型
sample_state	SampleStateKind
view_state	ViewStateKind
instance_state	InstanceStateKind
disposed_generation_count	long
no_writers_generation_count	long
sample_rank	long
generation_rank	long
absolute_generation_rank	long
source_timestamp	Time_t
instance_handle	InstanceHandle_t
publication_handle	InstanceHandle_t
valid_data	boolean

5．订阅者监听器接口

因为订阅者是一种实体，它有能力拥有一个关联的监听器，而关联的监听器应该是具体类型的订阅者监听器（SubscriberListener）。订阅者监听器接口的操作信息如表 2-22 所示。

表 2-22　订阅者监听器接口的操作

操 作 名 称	返回值类型	参 数 名 称	参 数 类 型
on_data_on_readers	void	the_subscriber	Subscriber

6．数据读取者监听器接口

因为数据读取者是一种实体，它有能力拥有一个关联的监听器，而关联的监听器应该是具体类型的数据读取者监听器（DataReaderListener）。其中，on_subscription_matched 通知应用程序发现与数据读取者匹配的数据写入者。数据读取者监听器接口的操作信息如表 2-23 所示。

表 2-23　数据读取者监听器接口的操作

操 作 名 称	返回值类型	参 数 名 称	参 数 类 型
on_data_available	void	the_reader	DataReader
on_sample_rejected	void	the_reader	DataReader
		status	SampleRejectedStatus
on_liveliness_changed	void	the_reader	DataReader
		status	LivelinessChangedStatus
on_requested_deadline_missed	void	the_reader	DataReader
		status	RequestedDeadlineMissedStatus
on_requested_incompatible_qos	void	the_reader	DataReader
		status	RequestedIncompatibleQosStatus
on_subscription_matched	void	the_reader	DataReader
		status	SubscriptionMatchedStatus
on_sample_lost	void	the_reader	DataReader
		status	SampleLostStatus

7．读取条件类

读取条件（ReadCondition）类是专门用于读取操作并附加到一个数据读取者的条件。读取条件允许应用程序指定它感兴趣的数据样本（通过指定所需的 samplestates，view-states 和 instance-states），DDS 中间件可以仅在适当的信息可用时启用该条件。在正常情况下，读取条件将与等待集一起使用，同一个数据读取者可以附加多个读取条件。读取条件类的操作信息如表 2-24 所示。

表 2-24　读取条件类的操作

操 作 名 称	返回值类型	参 数 名 称	参 数 类 型
get_datareader	DataReader		
get_sample_state_mask	SampleStateKind []		
get_view_state_mask	ViewStateKind []		
get_instance_state_mask	InstanceStateKind []		

8. 查询条件类

查询条件（QueryCondition）类是读取条件类的派生类，它允许应用程序在本地可用数据上指定筛选器。其中，查询（query_expression）类似于 SQL 语言中的 WHERE 子句，可以通过 set_query_parameters 操作动态更改查询条件。查询条件类的操作信息如表 2-25 所示。

表 2-25　查询条件类的操作

操 作 名 称	返回值类型	参 数 名 称	参 数 类 型
get_query_expression	string		
get_query_parameters	ReturnCode_t	out: query_parameters	string []
set_query_parameters	ReturnCode_t	query_parameters	string []

2.3　实体关系

在基于 DDS 构建的分布式系统中，各类实体（域参与者、主题、发布者、数据写入者、订阅者、数据读取者）是实现数据分发的主体。各类实体都从 DCPS 中的实体类派生，其关系如图 2-10 所示。

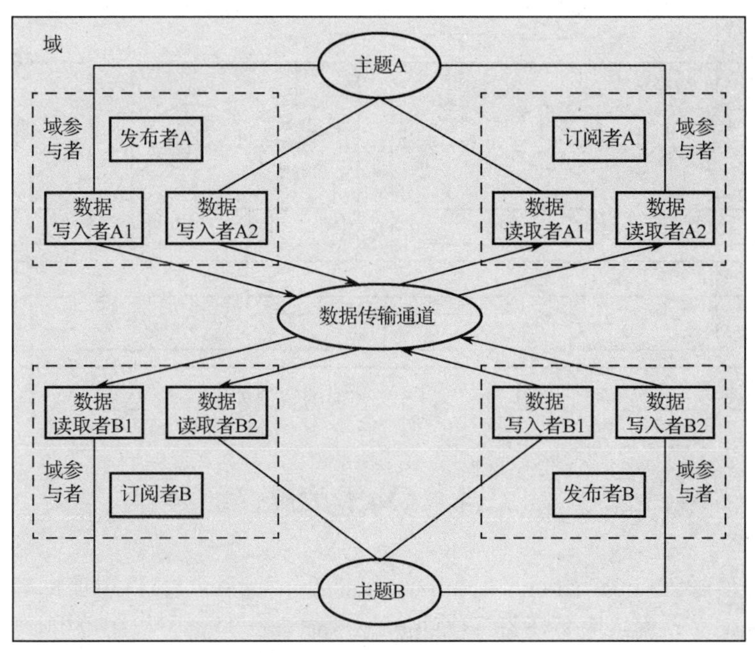

图 2-10　DCPS 实体关系图

（1）应用程序之间的数据传输都是在数据域中开展的，数据域代表逻辑上隔离的通信网络，不同数据域的实体永远不会交换数据。

（2）应用程序首先创建特定数据域的索引——域参与者，域参与者拥有主题、发布者和订阅者，从而进一步拥有数据写入者和数据读取者。

（3）应用程序之间传输的数据必须使用主题进行定义。

（4）应用程序使用数据写入者发送数据，每个应用程序可以拥有多个数据写入者和主题。

一个数据写入者只能与一个主题相关联，但是同一个主题可以拥有多个数据写入者。

（5）发布者是负责实际数据发送的实体，每个发布者可以拥有和管理数据写入者。一个数据写入者只能被一个发布者拥有，但是同一个发布者可以拥有多个数据写入者。因此，一个发布者可以为不同数据类型的多个不同的主题发送数据。当应用程序在数据写入者上调用write方法时，执行数据实际分发的发布者将数据样本传送至网络上。

（6）应用程序使用数据读取者访问其要接收的数据，每个应用程序可以拥有多个数据读取者和主题。一个数据读取者只能与一个主题相关联，但是同一个主题可以拥有多个数据读取者。

（7）订阅者是负责实际数据接收的实体，每个订阅者可以拥有和管理数据读取者。一个数据读取者只能被一个订阅者拥有，但是同一个订阅者可以拥有多个数据读取者。因此，一个订阅者可以为不同数据类型的多个不同的主题接收数据。当数据被发送至订阅端时，它首先由订阅者处理，数据样本随后被存储在相应的数据读取者中。应用程序可以注册一个在新数据到达时调用的监听器，或使用read和take方法积极轮询数据读取者的新数据。

图2-11所示是DCPS实体间的通信关系，数据在相同的数据域内基于相同的主题进行传输，传输的方向是由发布者到订阅者。

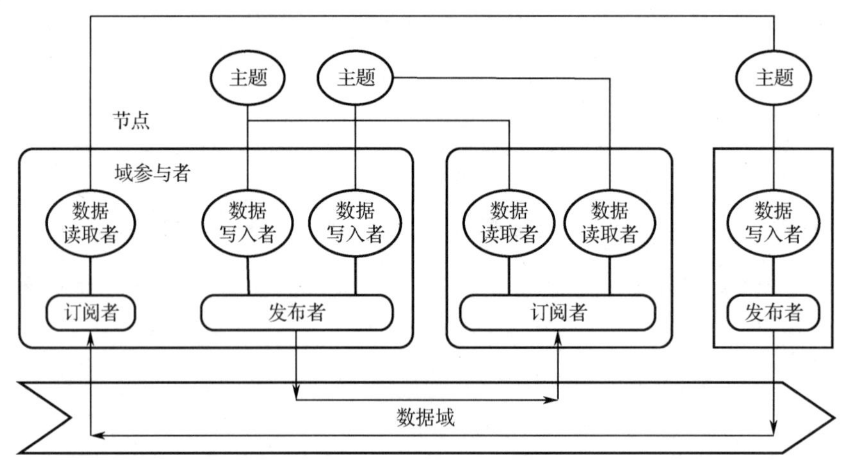

图2-11 DCPS实体间的通信关系

2.4 QoS策略

根据国际电信联盟（International Telecommunication Union，ITU）电信标准化部门在E.800建议书中给出的定义，网络服务质量（Quality of Service，QoS）是衡量用户对服务满意程度的综合性能指标，其意义在于保证用户能够得到对于服务的最佳体验效果。QoS 主要有两方面的作用：从服务的使用者来看，QoS 是衡量网络服务能力的体现，就是用户对于网络的满意程度；从服务的提供者来看，QoS可以为业务的差异性管理提供机制。

为了优化分布式实时系统的性能，DDS规范定义了多个QoS策略，控制应用程序之间传输数据的各个方面，应用程序可以使用这些策略制定对网络服务质量的具体要求。如图2-12所示，QoS策略应用于各个DCPS实体（域参与者、主题、发布者、数据写入者、订阅者、数据读取者）之上。

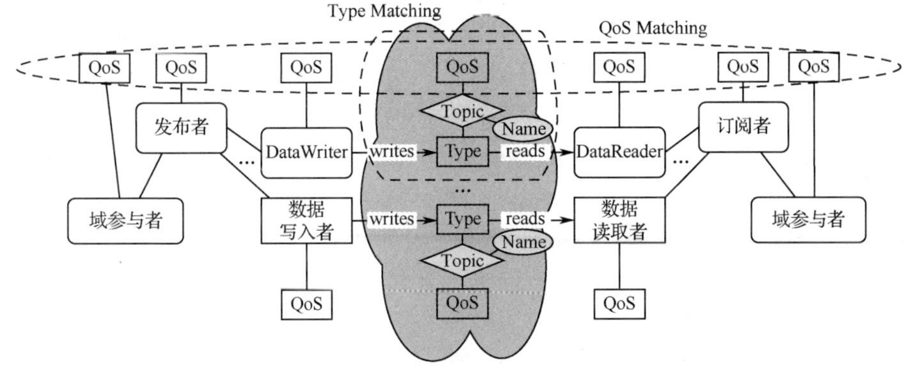

图 2-12　DCPS 实体的 QoS 策略

在发布端，主题、数据写入者和发布者的 QoS 策略都可以控制数据样本如何以及何时被发送。相似地，主题、数据读取者和订阅者的 QoS 策略则被用于在订阅端控制数据的传输行为。DDS 规范中支持的 QoS 策略如图 2-13 所示。

QosPolicy
name:string

HistoryQosPolicy
kind:HistoryQosKind
depth:long

LifespanQosPolicy
duration:Duration_t

OwnershipQosPolicy
kind:OwnershipQosKind

OwnershipStrengthQosPolicy
value:long

WriterDataLifecycleQosPolicy
autodispose_unregistered_instances:boolean

ReaderDataLifecycleQosPolicy
autopurge_nowriter_samples_delay:Duration_t
autopurge_disposed_samples_delay:Duration_t

PresentationQosPolicy
access_scope:PresentationQosAccessScopeKind
coherent_access:boolean
ordered_access:boolean

TransportPriorityQosPolicy
value:long

UserDataQosPolicy
value[*]:char

TopicDataQosPolicy
value[*]:char

GroupDataQosPolicy
datavalue[*]:char

LatencyBudgetQosPolicy
duration:Duration_t

DeadlineQosPolicy
period:Duration_t

TimeBasedFilterQosPolicy
minimum_separation:Duration_t

EntityFactoryQosPolicy
autoenable_created_entities:boolean

PartitionQosPolicy
name[*]:string

ReliabilityQosPolicy
kind:ReliabilityQosKind
max_blocking_time:Duration_t

LivelinessQosPolicy
lease_duration:Duration_t
kind:LivelinessQosKind

DurabilityQosPolicy
kind:DurabilityQosKind

ResourceLimitsQosPolicy
max_samples:long
max_instances:long
max_samples_per_instance:long

DurabilityServiceQosPolicy
service_cleanup_delay:Duration_t
history_kind:HistoryQosKind
history_depth:long
max_samples:long
max_instances:long
max_samples_per_instance:long

DestinationOrderQosPolicy
kind:DestinationOrderQosKind

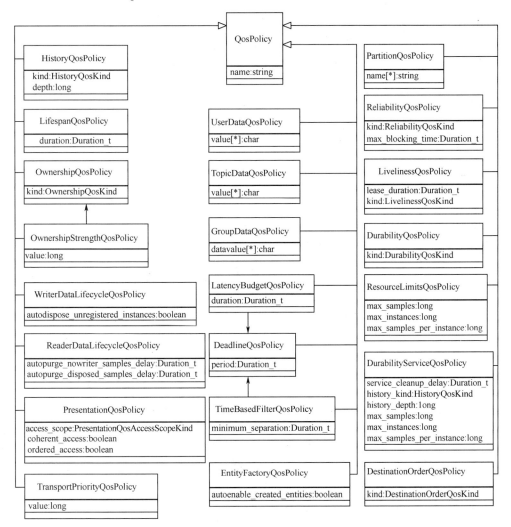

图 2-13　DDS 支持的 QoS 策略

在某些情况下，为了使通信正常（或高效地）发生，发布端的 QoS 策略必须与订阅端的相应策略兼容。例如，如果订阅者请求可靠地（reliable）接收数据，而相应的发布者定义了一个尽力而为（best-effort）的策略，则通信将不会按请求发生。为了在保持发布和订阅的解耦合的前提下解决上述问题，DDS 规范中的 QoS 策略遵循一种订阅者请求、发布者提供的模式。

如图 2-14 所示，订阅者可以为特定 QoS 策略指定一个请求（requested）值，发布者为该 QoS 策略指定一个提供（offered）值，由 DDS 中间件来决定订阅者请求的值是否与发布者提供的值兼容。如果两端的 QoS 策略兼容，则建立通信；否则将不会为两个实体建立通信链路，并通过 OFFERED_INCOMPATIBLE_QOS 和 REQUESTED_INCOMPATIBLE_QOS 记录该不兼容的事件。

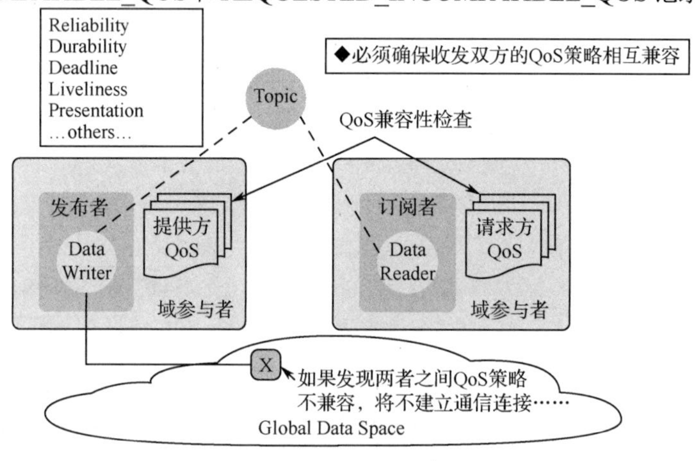

图 2-14 QoS 策略兼容性检查

为了便于开发者使用，DDS 规范规定需要在发布端和订阅端之间以兼容方式设置的 QoS 策略由其 RxO 属性的指示。

（1）RxO 设置为 Yes，表示可以在发布端和订阅端设置该策略的值，且两端所设置的策略必须符合兼容性。在这种情况下，兼容性是显式定义的。

（2）RxO 设置为 No，表示可以在发布端和订阅端设置该策略的值，且两端所设置的策略是相互独立的。在这种情况下，所有值的组合都符合兼容性。

（3）RxO 设置为 N/A，表示只能在发布端或订阅端设置该策略的值，但不能在两端同时设置。在这种情况下，兼容性不适用。

QoS 策略的 changeable 属性用于表明实体使能后是否可以更改其 QoS 策略。换句话说，changeable 设置为 No 的策略被认为是不可变的，只能在实体创建时指定，或者在实体上调用 enable 操作之前指定。

表 2-26 描述了 DDS 提供的各种 QoS 策略的属性信息。

表 2-26 QoS 策略的属性信息

QoS 策略	实　体	RxO	changeable
USER_DATA	DomainParticipant DataReader DataWriter	No	Yes

续表

QoS 策略	实　　体	RxO	changeable
TOPIC_DATA	Topic	No	Yes
GROUP_DATA	Publisher Subscriber	No	Yes
DURABILITY	Topic DataReader DataWriter	Yes	No
DURABILITY_SERVICE	Topic DataWriter	No	No
PRESENTATION	Publisher Subscriber	Yes	No
DEADLINE	Topic DataReader DataWriter	Yes	Yes
LATENCY_BUDGET	Topic DataReader DataWriter	Yes	Yes
OWNERSHIP	Topic DataReader DataWriter	Yes	No
OWNERSHIP_STRENGTH	DataWriter	N/A	Yes
LIVELINESS	Topic DataReader DataWriter	Yes	No
TIME_BASED_FILTER	DataReader	N/A	Yes
PARTITION	Publisher Subscriber	No	Yes
RELIABILITY	Topic DataReader DataWriter	Yes	No
TRANSPORT_PRIORITY	Topic DataWriter	N/A	Yes
LIFESPAN	Topic DataWriter	N/A	Yes
DESTINATION_ORDER	Topic DataReader DataWriter	Yes	No
HISTORY	Topic DataReader DataWriter	No	No

续表

QoS 策略	实　　体	RxO	changeable
RESOURCE_LIMITS	Topic DataReader DataWriter	No	No
ENTITY_FACTORY	DomainParticipantFactory DomainParticipant Publisher Subscriber	No	Yes
WRITER_DATA_LIFECYCLE	DataWriter	N/A	Yes
READER_DATA_LIFECYCLE	DataReader	N/A	Yes

2.5 监听、状态、条件与等待集

监听器（Listener）和条件（Condition）是 DCPS 提供的两种可选机制，用于允许应用程序及时了解 DCPS 通信状态的更改。

2.5.1 通信状态及状态更改

不同的实体可以向应用程序传递不同的通信状态，具体如表 2-27 所示。每种状态的取值如图 2-15 所示。

表 2-27 实体与通信状态

实　　体	状 态 名 称	含　　义
Topic	INCONSISTENT_TOPIC	存在另一个有相同的名称但不同的属性的主题
Subscriber	DATA_ON_READERS	新数据可用
DataReader	SAMPLE_REJECTED	一个样本被拒收
	LIVELINESS_CHANGED	正在向数据读取者传输数据的一个或多个数据写入者发生了更改，可能是由于某些数据写入者的状态变为了活跃或者不活跃
	REQUESTED_DEADLINE_MISSED	特定实例没有遵守数据读取者所指定的 DEADLINE 策略
	REQUESTED_INCOMPATIBLE_QOS	请求的 QoS 策略不兼容
	DATA_AVAILABLE	没有可用的新数据
	SAMPLE_LOST	样本丢失
	SUBSCRIPTION_MATCHED	数据读取者已找到与主题匹配且具有兼容 QoS 的数据写入者，或者已不再与以前认为匹配的数据写入者匹配
DataWriter	LIVELINESS_LOST	数据写入者通过其 LIVELINESS 策略所承诺的活跃性没有得到遵守，数据读取者实体将认为数据写入者不再是活跃的
	OFFERED_DEADLINE_MISSED	特定实例没有遵守数据写入者指定的 DEADLINE 策略
	OFFERED_INCOMPATIBLE_QOS	提供的 QoS 策略不兼容
	PUBLICATION_MATCHED	数据写入者已找到与主题匹配且具有兼容 QoS 的数据读取者，或者已不再与以前认为匹配的数据读取者匹配

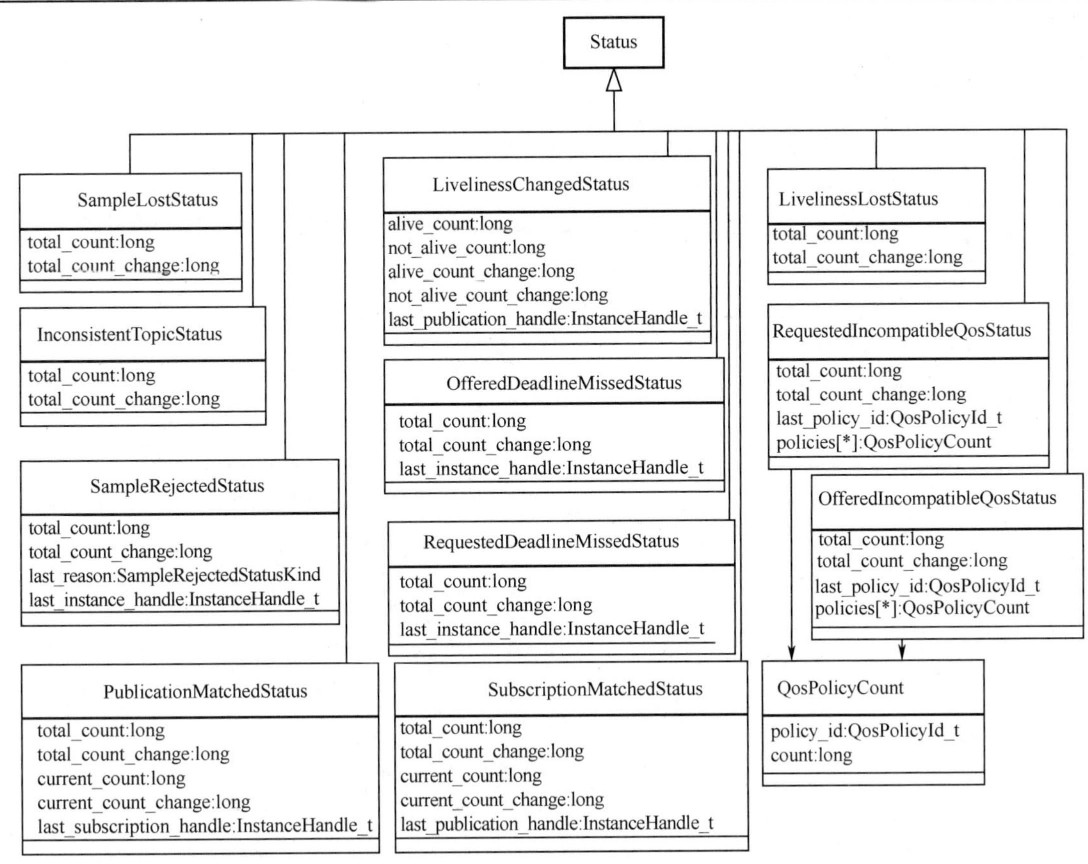

图 2-15　DDS 中的状态值

上述状态可以分为两类。

（1）读取通信状态：与数据到达相关的状态，如 DATA_ON_READERS 和 DATA_AVAILABLE 等。

（2）普通通信状态：除读取通信状态外的其他状态。

读取通信状态的处理方式与普通通信状态的不同之处在于它们不会独立改变，即至少两个更改将同时出现（如 DATA_ON_READERS+DATA_AVAILABLE）。对于每个普通通信状态，都有一个相应的结构来保存状态值。这些值包含与状态更改相关的信息，以及与状态本身相关的信息（如累计计数）。

表 2-28 提供了每个状态值的属性解释。

表 2-28　状态值的属性解释

状态值及其属性	属性解释
SampleLostStatus	
total_count	在主题下发布的实例中丢失的所有样本的累计总数
total_count_change	自上次调用监听器或读取状态以来，丢失的样本数的增量
SampleRejectedStatus	
total_count	数据读取者拒收的样本的累计总数

续表

状态值及其属性	属 性 解 释
total_count_change	自上次调用监听器或读取状态以来，拒收的样本数的增量
last_reason	拒收最后一个样本的原因
last_instance_handle	被拒收的最后一个样本正在更新的实例的句柄
InconsistentTopicStatus	
total_count	已发现的名称与此状态所属的主题匹配，但类型不一致的主题的累计总数
total_count_change	自上次调用监听器或读取状态以来，发现的不一致主题数的增量
LivelinessChangedStatus	
alive_count	数据读取者读取的主题所关联的当前活跃数据写入者的总数。当新匹配的数据写入者第一次声明其活跃性时，或者当以前认为不活跃的数据写入者重新声明其活跃性时，此计数会增加。当被视为活跃的数据写入者无法断言其活跃性并变为不活跃时（无论是因为正常删除还是由于其他原因），计数都会减少
not_alive_count	与当前数据读取者读取的主题相关联的，且不再声明其活跃性的数据写入者的总数。当一个被认为是活跃的数据写入者未能断言其活跃性，并且由于非该数据写入者的正常删除而变得不活跃时，此计数会增加。当以前不活动的数据写入者重新声明其活跃性或被正常删除时，它会减少
alive_count_change	自上一次调用监听器或读取状态以来，alive_count 的变化
not_alive_count_change	自上一次调用监听器或读取状态以来，not_alive_count 的变化
last_publication_handle	由于活跃性的变化导致状态发生更改的最后一个数据写入者的句柄
RequestedDeadlineMissedStatus	
total_count	数据读取者读到的错过截止时间的所有实例的累计总数
total_count_change	自上次调用监听器或读取状态以来，检测到的错过截止时间的增量
last_instance_handle	数据读取者检测到截止时间的最后一个实例的句柄
RequestedIncompatibleQosStatus	
total_count	数据读取者发现的同一主题下 QoS 策略不兼容的数据写入者的累计总数
total_count_change	自上一次调用监听器或读取状态以来，total_count 的变化
last_policy_id	最后一次检测到不兼容时的 QoS 策略的 Id
policies	是一个包含每个 QoS 策略的列表，列表中记录的是针对每种 QoS 策略，数据读取者发现的同一主题下 QoS 策略不兼容的数据写入者的总数
LivelinessLostStatus	
total_count	以前活跃的数据写入者由于未能在其提供的活跃期内主动发出其活跃性的信号而变为不活动的总累计次数。当一个已经不活跃的数据写入者仅仅在另一个活跃期内保持不活跃时，这个计数不会改变
total_count_change	自上一次调用监听器或读取状态以来，total_count 的变化
OfferedDeadlineMissedStatus	
total_count	数据写入者无法提供数据的时间段所覆盖的截止时间的累计总数
total_count_change	自上一次调用监听器或读取状态以来，total_count 的变化
last_instance_handle	数据写入者中错过截止时间的最后一个实例的句柄

续表

状态值及其属性	属 性 解 释
OfferedIncompatibleQosStatus	
total_count	数据写入者发现的同一主题下 QoS 策略不兼容的数据读取者的累计总数
total_count_change	自上一次调用监听器或读取状态以来，total_count 的变化
last_policy_id	最后一次检测到不兼容时的 QoS 策略的 Id
policies	是一个包含每个 QoS 策略的列表，列表中记录的是针对每种 QoS 策略，数据写入者发现的同一主题下 QoS 策略不兼容的数据读取者的总数
PublicationMatchedStatus	
total_count	数据写入者发现的同一主题下 QoS 策略兼容的数据读取者的累计总数
total_count_change	自上一次调用监听器或读取状态以来，total_count 的变化
last_subscription_handle	与数据写入者匹配后导致状态发生更改的最后一个数据读取者的句柄
current_count	当前与数据写入者匹配的数据读取者的总数
current_count_change	自上一次调用监听器或读取状态以来，current_count 的变化
SubscriptionMatchedStatus	
total_count	数据读取者发现的同一主题下 QoS 策略兼容的数据写入者的累计总数
total_count_change	自上一次调用监听器或读取状态以来，total_count 的变化
last_publication_handle	与数据读取者匹配后导致状态发生更改的最后一个数据写入者的句柄
current_count	当前与数据读取者匹配的数据写入者的总数
current_count_change	自上一次调用监听器或读取状态以来，current_count 的变化

与每个实体的通信状态相关联的是一个逻辑标志 StatusChangedFlag，此标志指示自应用程序上次读取状态后，特定通信状态是否已更改。对于普通通信状态和读取通信状态，状态更改的方式略有不同。

对于普通通信状态，StatusChangedFlag 标志最初设置为 FALSE。当普通通信状态更改时，它变为 TRUE，并且每当应用程序通过实体上正确的 get_<plain communication status>操作访问普通通信状态时，它被重置为 FALSE。每当调用关联的监听器操作时，通信状态也会重置为 FALSE，这是因为监听器会隐式访问被当作参数传递给操作的状态。在调用监听器之前，状态是重置的，这意味着如果应用程序从监听器内部调用 get_<plain communication status>，它将看到已经重置的状态。

对于读取通信状态，StatusChangedFlag 标志最初设置为 FALSE。当数据样本到达或任何现有样本的 ViewState、SampleState 或 InstanceState 等属性因调用 read、take 操作或其变体之外的任何原因发生更改时，StatusChangedFlag 将变为 TRUE。特别是以下任何事件都将导致 StatusChangedFlag 变为 TRUE。

（1）新数据的到达。

（2）所包含实例的 InstanceState 属性的更改，这可能是由以下原因引起的：

① 新通知到达，通知的内容是：

- 实例被拥有它的数据写入者丢弃，且数据写入者的 OWNERSHIP 策略取值为 EXLUSIVE；

- 实例被任意数据写入者丢弃，且数据写入者的 OWNERSHIP 策略取值为 SHARED。

② 拥有实例的数据写入者失去活跃性，且当前已无其他数据写入者。

③ 新通知到达，通知的内容是实例已被唯一已知写入该实例的数据写入者注销。

根据 StatusChangedFlag 的类型，该标志将在以下情况下再次转换为 FALSE。

（1）当相应监听器操作（on_data_on_readers）被调用。

（2）当相应监听器操作（on_data_available）被订阅者的任意数据读取者调用。

（3）当 read 或 take 操作（或其变体）被订阅者的任意数据读取者调用。

2.5.2 基于监听器获取状态

监听器（Listener）为中间件提供了一种机制，以便在发生相关状态更改时向应用程序发出异步警报。DCPS 中的所有实体都可以安装一个监听器，监听器的类型与实体类型相关（如数据读取者的数据读取者监听器）。监听器是应用程序必须实现的接口，每个专用监听器都具有一个与相关通信状态更改（应用程序可能会做出反应）相对应的操作列表。DCPS 支持的监听器类型如图 2-16 所示。

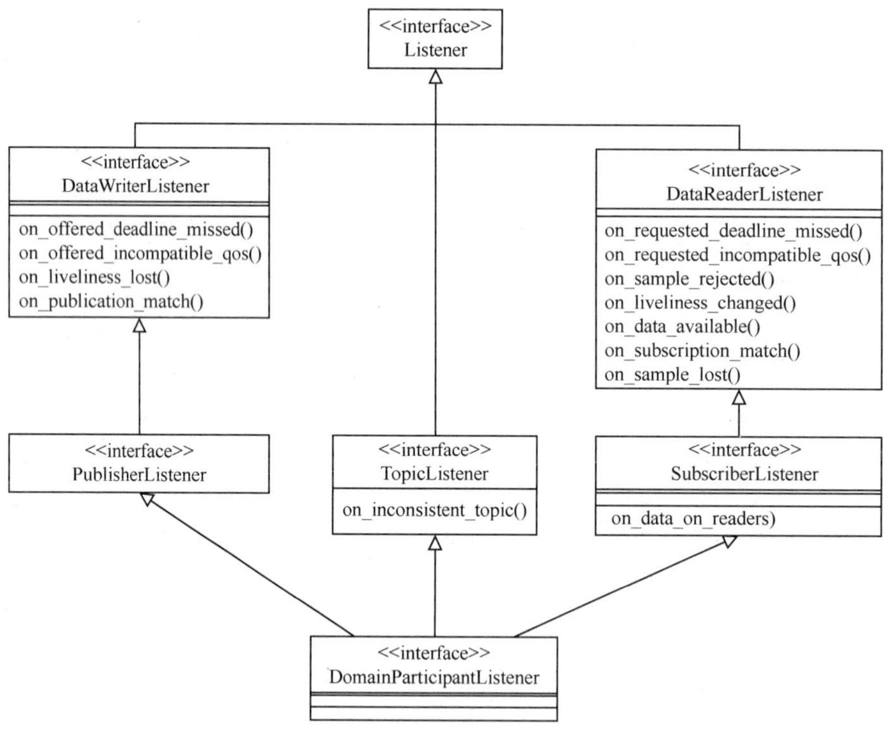

图 2-16 DCPS 支持的监听器类型

所有的监听器都是无状态的，因此可以在所有数据读取者之间共享相同的数据读取者监听器（假设它们将对类似的状态更改做出类似的反应）。因此，DDS 中间件在通知应用程序时需要将实际实体的引用作为参数提供。

普通通信状态与监听器操作之间的映射关系描述如下。

（1）对于每个通信状态，都有一个名称为 on_<communication_status>的相应操作，它采用表 2-24 中列出的<communication_status>类型的参数。

（2）on<communication_status>在相关实体以及嵌入它的实体上可用。

（3）当应用程序在实体上附加一个监听器时，它必须设置一个掩码，指示 DDS 中间件在这个监听器中启用了哪些操作（参见 Entity::set_listener）。

（4）当普通通信状态发生更改时，DDS 中间件触发最具体相关的监听器的操作。如果最具体相关的监听器的操作对应于应用程序安装的空监听器（nil），则该操作将被视为无须（NO-OP）操作处理。

对于读取通信状态而言，每次状态更改时其处理规则如下。

（1）DDS 中间件首先会尝试用相关订阅者作为参数，触发订阅者监听器的 on_data_on_readers 操作。

（2）如果此操作没有成功（没有监听器或未启用操作），它将尝试在所有相关数据读取者监听器上触发 on_data_available，并将相关的数据读取者作为参数。

如果应用程序对数据到达之间的关系感兴趣，那么就必须使用第（1）条规则，随后在相关订阅者上调用 get_datareaders 获取相应的数据读取者，最后通过对返回的数据读取者调用 read/take 操作来获取数据。如果应用程序想完全独立地处理每个数据读取者接收的数据，那么就需要使用第（2）条规则，然后通过对相关数据读取者调用 read/take 操作来获取数据。

需要注意的是，如果 on_data_on_readers 被调用，则 DDS 中间件将不会继续尝试调用 on_data_available。但是，应用程序可以通过 notify_datareaders 操作来强制调用数据读取者（具有数据的）的 on_data_available 操作。

在监听器的调用中不存在隐含的事件队列，即如果同一类状态的多个更改顺序发生，则 DDS 中间件不必为每个单元更改传递一个监听器回调。例如，DDS 中间件可能会发现数据读取者的活跃性在出现多个匹配的数据写入者时发生了变化，在这种情况下，只要提供给监听器的 livelinessChangedStatus 与最新的 livelinessChangedStatus 相对应，DDS 中间件可以选择在数据读取者监听器上只调用一次 on_liveliness_changed 操作。

2.5.3　基于条件和等待集获取状态

条件（Condition）与等待集（WaitSet）组合在一起提供了另一种允许 DDS 中间件将通信状态更改（包括数据到达）传递给应用程序的机制。图 2-17 给出了 DCPS 支持的条件和等待集类型。

基于条件和等待集获取状态是一种等待机制，其使用模式如下。

（1）应用程序创建各种相应的条件（状态条件、读取条件或查询条件），并将它们附加到等待集来指示它想要获取哪些相关信息。

（2）应用程序等待该等待集，直到一个或多个条件的 trigger_value 变为 TRUE。

（3）应用程序使用等待的结果（trigger_value 取值为 TRUE 的条件列表），通过以下方法来实际获取信息：

① 在相关实体上调用 get_status_changes 和 get_<communication_status>操作，如果条件为状态条件且状态发生更改，请参阅普通通信状态；

② 在相关订阅者上调用 get_status_changes 和 get_datareaders 操作，如果条件为状态条件且状态发生更改，请参阅表 2-24 中的 DATA_ON_READERS；

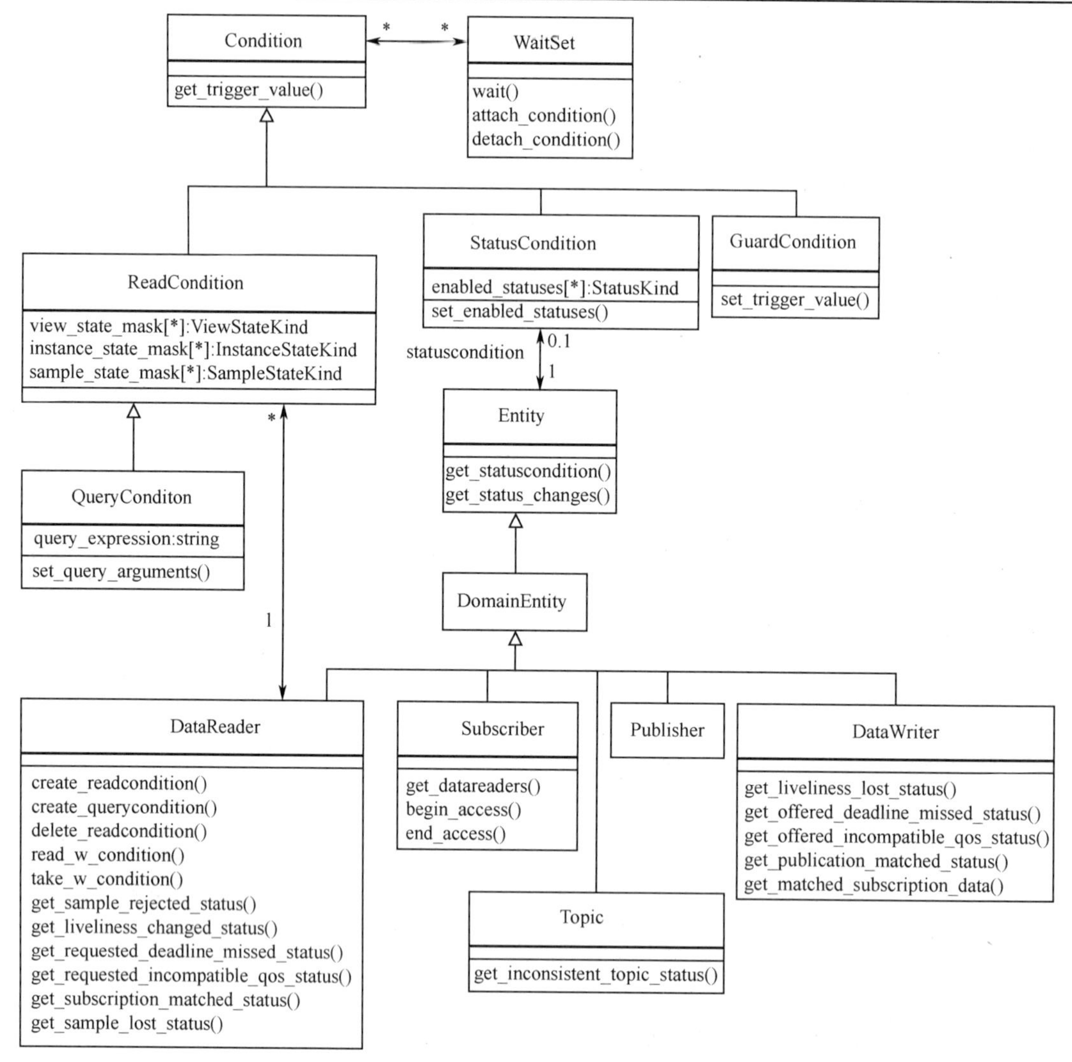

图 2-17 DCPS 支持的条件和等待集类型

③ 在相关数据读取者上调用 read/take 操作，如果条件为状态条件且状态发生更改，请参阅表 2-24 中的 DATA_AVAILABLE；

④ 如果条件为读取条件或者查询条件，在相关数据读取者上直接调用 read_w_condition/take_w_condition 操作，将条件作为参数传递。

通常情况下，第（1）步是在初始化阶段完成的，而其他步骤则放在应用程序主循环中。由于在等待返回时没有额外的信息从 DDS 中间件传递到应用程序（只有触发的条件列表），所以条件需要嵌入所有需要的信息，以便在启用时正确地做出反应。需要注意的是，一个条件只与一个实体相关，不能在多个实体间共享。

等待集的阻塞行为如图 2-18 所示，wait 操作的结果取决于等待集的状态，而等待集又取决于是否至少有一个附加条件的 trigger_value 为 TRUE。如果 wait 操作在处于 BLOCKED 状态的等待集上被调用，它将阻塞调用线程。如果对状态为 UNBLOCKED 的等待集调用 wait，它将立即返回。此外，当等待集从 BLOCKED 转换到 UNBLOCKED 时，它会唤醒所有调用 wait 的线程。

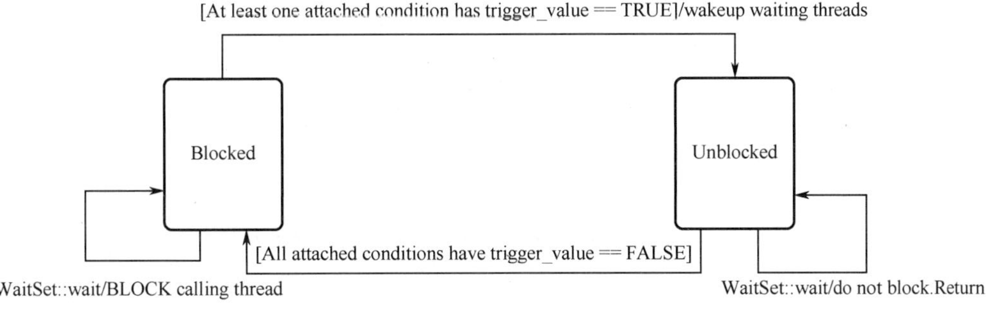

图 2-18　等待集的阻塞行为

与监听器的调用类似，在等待集的唤醒过程中没有隐含的事件队列，即如果附加到等待集的多个条件的 trigger_value 依次转换为 TRUE，则 DDS 中间件只需取消阻止等待集一次。

条件/等待集机制的一个关键方面是设置每个条件的 trigger_value，对于每种类型的条件，其规则如下。

（1）状态条件：状态条件的 trigger_value 是其敏感的所有通信状态的 ChangedStatusFlag 的布尔值或。也就是说，当且仅当所有 ChangedStatusFlags 的值都为 FALSE 时，trigger_value 的取值才能为 FALSE。状态条件对特定通信状态的敏感性是由 set_enabled_status 操作所设置的启用状态列表控制的。

（2）读取条件：与状态条件类似，读取条件也具有一个 trigger_value，该属性值用于确定附加的等待集是否被阻止。与状态条件不同，读取条件的 trigger_value 与 DDS 中间件通过 SampleState、ViewState、InstanceState 等属性匹配的至少一个样本的出现有关。此外，要使查询条件的 trigger_value 取值为 TRUE，与样本关联的数据必须满足使 query_expression 的计算结果为 TRUE。

读取条件的 trigger_value 取决于其所关联的数据读取者上是否存在样本，这意味着单个 take 操作可能会更改多个读取条件或查询条件的 trigger_value。如果取走了所有样本，则与之前 trigger_value 取值为 TRUE 的数据读取者相关联的任何读取条件和查询条件的 trigger_value 都将更改为 FALSE。注意，这并不保证单独附加到这些条件的等待集不会被唤醒，一旦在某个条件下 trigger_value 取值为 TRUE，它可能会唤醒附加的等待集。如果多个线程同时等待不同的等待集并获取与同一个数据读取者关联的数据，在等待集上被阻塞的应用程序可能会从 wait 返回一个条件列表，而其中一些条件将不再活跃。

举例来看，当一个新的样本到达时，具有掩码 sample_state_mask={NOT_READ}的读取条件的 trigger_value 将变为 TRUE，并且在所有新到达的样本被读取（样本的状态变为 READ）或被提取（样本不再由 DDS 中间件管理）时，它将转换为 FALSE。但是，如果一个读取条件具有 sample_state_mask={READ，NOT_READ}，那么 trigger_value 只会在所有新到达的样本被提取（take）之后变为 FALSE。这是因此读取（read）操作只会将 SampleState 更改为 READ，而这与读取条件的 sample_state_mask 重叠。

（3）保障条件：保障条件的 trigger_value 完全由应用程序通过操作 set_trigger_value 来控制。

2.6 内置主题

DDS 中间件必须发现并可能跟踪远程实体（如数据域中新的域参与者）的存在。此信息对应用程序也可能很重要，应用程序可能希望对此发现做出反应，或者按需访问它。

为了使应用程序能够访问这些信息，DCPS 引入了一组内置主题（Built-in Topic）和相应的数据读取者，应用程序可以使用这些实体。应用程序访问这些信息，就好像它是正常的应用程序数据一样。这种方法避免了引入新的 API 来访问这些信息，并允许应用程序通过监听器、条件和等待集来了解这些值的任何更改。

内置数据读取者都属于内置订阅者，应用程序可以使用域参与者提供的 get_builtin_subscriber 方法检索此订阅者。内置数据读取者可以将订阅者和主题名称作为参数，通过 lookup_datareader 操作来检索。表 2-29 总结了 DCPS 的相关内置主题信息。

表 2-29 DCPS 内置主题信息

主题名称	属 性	类 型	含 义
DCPSParticipant	key	BuiltinTopicKey_t	区分实体用的 DCPS 键
	user_data	UserDataQosPolicy	相关域参与者的 QoS 策略
DCPSTopic	key	BuiltinTopicKey_t	区分实体用的 DCPS 键
	name	string	主题的名称
	type_name	string	主题的类型
	durability	DurabilityQosPolicy	相应主题的 QoS 策略
	durability_service	DurabilityServiceQosPolicy	相应主题的 QoS 策略
	deadline	DeadlineQosPolicy	相应主题的 QoS 策略
	latency_budget	LatencyBudgetQosPolicy	相应主题的 QoS 策略
	liveliness	LivelinessQosPolicy	相应主题的 QoS 策略
	reliability	ReliabilityQosPolicy	相应主题的 QoS 策略
	transport_priority	TransportPriorityQosPolicy	相应主题的 QoS 策略
	lifespan	LifespanQosPolicy	相应主题的 QoS 策略
	destination_order	DestinationOrderQosPolicy	相应主题的 QoS 策略
	history	HistoryQosPolicy	相应主题的 QoS 策略
	resource_limits	ResourceLimitsQosPolicy	相应主题的 QoS 策略
	ownership	OwnershipQosPolicy	相应主题的 QoS 策略
	topic_data	TopicDataQosPolicy	相应主题的 QoS 策略
DCPSPublication	key	BuiltinTopicKey_t	区分实体用的 DCPS 键
	participant_key	BuiltinTopicKey_t	数据写入者所属的域参与者的 DCPS 键
	topic_name	string	相关主题的名称
	type_name	string	相关主题的类型
	durability	DurabilityQosPolicy	相应数据写入者的 QoS 策略

续表

主题名称	属　性	类　型	含　义
DCPSPublication	durability_service	DurabilityServiceQosPolicy	相应数据写入者的 QoS 策略
	deadline	DeadlineQosPolicy	相应数据写入者的 QoS 策略
	latency_budget	LatencyBudgetQosPolicy	相应数据写入者的 QoS 策略
	liveliness	LivelinessQosPolicy	相应数据写入者的 QoS 策略
	reliability	ReliabilityQosPolicy	相应数据写入者的 QoS 策略
	lifespan	LifespanQosPolicy	相应数据写入者的 QoS 策略
	user_data	UserDataQosPolicy	相应数据写入者的 QoS 策略
	ownership	OwnershipQosPolicy	相应数据写入者的 QoS 策略
	ownership_strength	OwnershipStrengthQosPolicy	相应数据写入者的 QoS 策略
	destination_order	DestinationOrderQosPolicy	相应数据写入者的 QoS 策略
	presentation	PresentationQosPolicy	相应数据写入者的 QoS 策略
	partition	PartitionQosPolicy	相应数据写入者的 QoS 策略
	topic_data	TopicDataQosPolicy	相应数据写入者的 QoS 策略
	group_data	GroupDataQosPolicy	相应数据写入者的 QoS 策略
DCPSSubscription	key	BuiltinTopicKey_t	区分实体用的 DCPS 键
	participant_key	BuiltinTopicKey_t	数据读取者所属的域参与者的 DCPS 键
	topic_name	string	相关主题的名称
	type_name	string	相关主题的类型
	durability	DurabilityQosPolicy	相应数据读取者的 QoS 策略
	deadline	DeadlineQosPolicy	相应数据读取者的 QoS 策略
	latency_budget	LatencyBudgetQosPolicy	相应数据读取者的 QoS 策略
	liveliness	LivelinessQosPolicy	相应数据读取者的 QoS 策略
	reliability	ReliabilityQosPolicy	相应数据读取者的 QoS 策略
	ownership	OwnershipQosPolicy	相应数据读取者的 QoS 策略
	destination_order	DestinationOrderQosPolicy	相应数据读取者的 QoS 策略
	user_data	UserDataQosPolicy	相应数据读取者的 QoS 策略
	time_based_filter	TimeBasedFilterQosPolicy	相应数据读取者的 QoS 策略
	presentation	PresentationQosPolicy	相应数据读取者的 QoS 策略
	partition	PartitionQosPolicy	相应数据读取者的 QoS 策略
	topic_data	TopicDataQosPolicy	相应数据读取者的 QoS 策略
	group_data	GroupDataQosPolicy	相应数据读取者的 QoS 策略

第3章　数据域和域参与者

数据分发服务（DDS）的核心理念之一就是提出了全局数据空间的概念，实现分布式系统内部通信过程的时间解耦和空间解耦。在分布式系统中，多个独立的应用程序可能运行在相同的一组计算机中，应用程序之间的按需隔离就成为保障分布式系统正常通信过程及数据安全性的必要条件。因此，DDS 规范提出了数据域的概念，通过使用不同的数据域，同一组计算机或者相同的计算机组上运行的多个应用程序可以彼此隔离，所有的通信过程都在相同的数据域中进行，属于不同数据域的实体之间永远不会交换数据。

本章将从数据域和域参与者的关系入手，详细介绍域参与者工厂和域参与者的使用方法，同时帮助用户熟悉构建 DDS 应用程序所需的各种实体及其功能。

3.1　数据域和域参与者的关系

数据域（Domain），简称域，是一个分布式概念，代表逻辑上隔离的通信网络，它的设计目标是将应用程序联系在一起进行通信的同时，保障不受其他无关应用程序的影响。数据域是对 DDS 中全局数据空间的进一步划分，DDS 中的所有数据都生存在特定的数据域中，数据域具有唯一的 ID（domainId），采用非负整数进行标识，如 1，3，31，编号为 0 的数据域为默认数据域。希望使用 DDS 进行交换的应用程序必须属于相同的数据域。

应用程序和数据域存在多对多的映射关系，一个应用程序可以参与多个不同的数据域，一个数据域也可以容纳多个不同的应用程序进行通信。如图 3-1 所示，系统中存在三个数据域：数据域 0、数据域 1 和数据域 2，它们之间不会共享数据。从数据域的角度看，数据域 0 中同时容纳应用程序 1、应用程序 2 和应用程序 3 进行通信，数据域 1 中同时容纳应用程序 4、应用程序 5 和应用程序 6 进行通信，数据域 2 中同时容纳应用程序 1、应用程序 2、应用程序 3、应用程序 4、应用程序 5 进行通信。从应用程序的角度看，应用程序 1、应用程序 2 和应用程序 3 同时参与数据域 0 和数据域 2，应用程序 4 和应用程序 5 同时参与数据域 1 和数据域 2，应用程序 6 仅参与数据域 1。

为了保证同一个数据域容纳多个应用程序以及同一个应用程序参与多个数据域时通信过程的正确性和安全性，DDS 定义了专门应用于数据域索引的实体——域参与者（DomainParticipant）。应用程序想要参与某个数据域的通信时，它必须使用 DDS 提供的功能创建一个对应于该数据域的域参与者。如果应用程序想要同时参与多个数据域的通信，则需要为每个数据域都创建一个相应的域参与者，同时在创建域参与者时需要为其指定希望参与的数据域的 ID，每个域参与者仅负责应用程序在相应数据域的通信过程。

如图 3-2 所示，应用程序 1 和应用程序 5 同时参与数据域 1 和数据域 2，因此这两个应用程序需要分别创建两个域参与者。其他的应用程序仅参与一个数据域的通信，因此创建一个域参与者。需要注意的是，应用程序 1（或应用程序 5）创建的两个域参与者之间也不会彼此交换信息，因为它们属于不同的数据域。

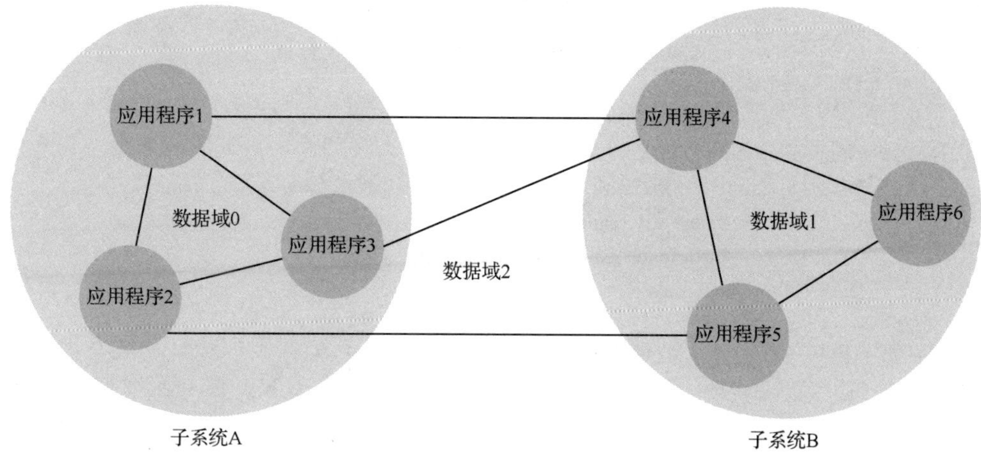

图 3-1　数据域与应用程序的关系

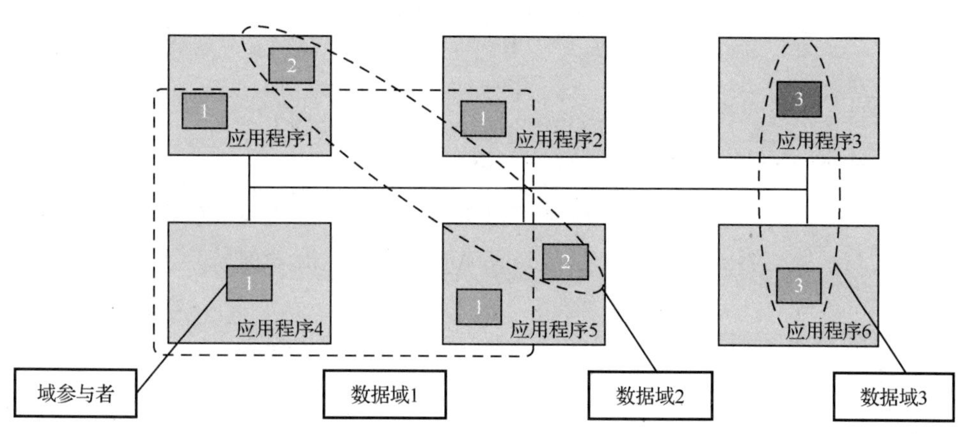

图 3-2　数据域与域参与者的关系

如 2.2.2 节所述，域参与者是其他所有 DCPS 实体的容器，也是发布者、订阅者和主题等实体的工厂（发布者是数据写入者的工厂，订阅者是数据读取者的工厂）。由于数据域的隔离性，一个域参与者不能包含其他的域参与者。

与其他的 DCPS 实体一样，域参与者拥有 QoS 策略和监听器，域参与者也允许应用程序将它的 QoS 策略设置为所有由它创建的实体（发布者、订阅者、主题、数据写入者和数据读取者）的默认 QoS 策略。

3.2　域参与者工厂

域参与者工厂（DomainParticipantFactory）的主要作用是创建和管理域参与者。从 C++ 语言角度来看，域参与者工厂是一个单实例类，即一个应用程序中仅能拥有一个该类的对象。

初始化域参与者工厂可通过预定义的宏 TheParticipantFactoryWithArgs 实现。不同于其他的 DCPS 实体，域参与者工厂没有相关的监听器，但是它拥有相关的 QoS 策略。应用程序可以通过 get_qos 和 set_qos 操作获取和修改它们。当创建域参与者工厂时，它也将存储创建时可用的默认 QoS 策略，这些默认值可以被更改。

当应用程序成功获得了域参与者工厂，就可以使用它来实现创建和管理域参与者的功能。

3.2.1 创建与删除域参与者

```
::DDS::DomainParticipant_ptr create_participant (
    ::DDS::DomainId_t domainId,
    const::DDS::DomainParticipantQos & qos,
    ::DDS::DomainParticipantListener_ptr a_listener,
    ::DDS::StatusMask mask);
```

create_participant 操作用于创建域参与者，该创建过程表示应用程序打算加入由 domainId（第一个参数）标识的数据域。如果指定的 QoS 策略（第二个参数）值与域参与者的 QoS 策略类型不一致，则操作将失败，并且不会创建域参与者。

当第二个参数 qos 所设置的值为默认类型 PARTICIPANT_QOS_DEFAULT 时，用于指示 DDS 中间件使用工厂中设置的默认域参与者 QoS 策略来创建域参与者。此时该操作相当于应用程序通过 get_default_participant_qos 操作来获取默认域参与者 QoS 策略，并使用获取的 QoS 策略创建域参与者。

第三个参数 a_listener 用于指定所创建的域参与者应关联的专用监听器，监听器是回调线程，DDS 使用它们将发生的具体状态更改事件通知应用程序。如果应用程序不希望安装监听器，该参数可以被设置为空指针（nil）。如 2.2.2 节所述，域参与者监听器是其所包含的实体的所有状态更改事件的容器，如果被包含的实体的监听器未能处理某个状态更改事件，那么域参与者监听器就会被调用来处理该事件。

第四个参数 mask 用于向 DDS 中间件表明哪些状态更改可以通过调用域参与者监听器通知应用程序。如果应用程序将域参与者监听器设置为空指针，该参数使用 NO_STATUS_MASK；如果应用程序希望域参与者监听器执行所有回调，那么该参数使用 ALL_STATUS_MASK。

如果该操作执行失败，则返回的域参与者指针为空（nil）。

```
::DDS::ReturnCode_t delete_participant (
    ::DDS::DomainParticipant_ptr a_participant);
```

delete_participant 操作用于删除一个已创建的域参与者，该删除过程表示应用程序打算退出之前参与的数据域的通信过程。域参与者删除成功后，应用程序将不再接收该数据域的任何数据。只有当属于域参与者的所有实体（发布者、订阅者、主题、数据写入者、数据读取者等）都已被删除时，才能调用此操作；否则该操作会返回错误代码 PRECONDITION_NOT_MET。

需要注意的是，在域参与者被删除后，其内部所有 DDS 线程和分配的内存将被删除，应用程序仅能在域参与者被删除后才能删除其所关联的域参与者监听器。

3.2.2 获取域参与者工厂实例

```
::DDS::DomainParticipantFactory_ptr get_instance();
```

get_instance 操作用于返回应用程序的域参与者工厂，由于每个应用程序仅能有一个域参与者工厂对象，因此多次反复调用该操作返回的结果是相同的。

从实现上看，get_instance 操作是使用本地语言语法实现的静态操作，因此无法在 IDL 的 PSM 模型中表示。

3.2.3　查询域参与者

```
::DDS::DomainParticipant_ptr lookup_participant (
        ::DDS::DomainId_t domainId);
```

lookup_participant 操作用于检索已经创建的属于特定数据域（由 domainId 参数指定）的域参与者。如果 DDS 中间件中不存在属于该数据域的域参与者，则该操作将返回空指针。

如果存在属于该数据域的多个域参与者，该操作将返回其中任意一个。

3.2.4　设置与获取域参与者默认 QoS 策略

```
::DDS::ReturnCode_t set_default_participant_qos (
        const ::DDS::DomainParticipantQos & qos);
```

如果要设置用于新创建的域参与者的默认 QoS 策略，那么应用程序可以使用 set_default_participant_qos 操作。上述操作执行成功后，如果应用程序在调用 create_participant 操作创建域参与者时，为该操作的 qos 参数指定默认类型 PARTICIPANT_QOS_DEFAULT，则所设置的默认 QoS 策略将在新创建的域参与者中生效。

```
::DDS::ReturnCode_t get_default_participant_qos (
        ::DDS::DomainParticipantQos & qos);
```

如果以 PARTICIPANT_QOS_DEFAULT 作为 qos 参数调用 create_participant 操作，首先需要使用 get_default_participant_qos 操作获取用于创建新的域参与者所需要的默认 QoS 策略。

该操作获取的默认 QoS 策略是上一次成功调用 set_default_participant_qos 所设置的。如果应用程序从来未执行过 set_default_participant_qos 操作，则使用 DCPS 中指定的域参与者默认 QoS 策略。表 3-1 描述了域参与者适用的 QoS 策略。

表 3-1　域参与者适用的 QoS 策略

QoS 策略	描　述
USER_DATA	实体所携带的附加信息，用于建立实体间连接关系的证明
ENTITY_FACTORY	用于控制是否以启用状态创建子实体

DCPS 中指定的域参与者默认 QoS 策略如表 3-2 所示。

表 3-2　DCPS 中指定的域参与者默认 QoS 策略

QoS 策略	属　性	默 认 值
USER_DATA	value	未设置
ENTITY_FACTORY	autoenable_created_entities	true

3.2.5　设置与获取域参与者工厂 QoS 策略

```
::DDS::ReturnCode_t set_qos (
        const ::DDS::DomainParticipantFactoryQos & qos);
```

set_qos 操作用于设置域参与者工厂的 QoS 策略，这些策略能够控制实体工厂的行为。虽然域参与者工厂具有 QoS 策略，但它不是 DCPS 定义的实体。

set_qos 操作中将检查新设置的 QoS 策略与域参与者工厂的 QoS 策略类型是否一致；如果不一致，则该操作将无效，并返回错误代码 INCONSISTENT_POLICY。

```
::DDS::ReturnCode_t get_qos (
        ::DDS::DomainParticipantFactoryQos & qos);
```

get_qos 操作用于获取域参与者工厂的当前 QoS 策略。

3.3 域参与者

域参与者是所有属于相同数据域的实体的容器，承担发布者、订阅者和主题等实体的创建及管理功能。每个域参与者都具有自身的内部线程和内部数据结构，用于保持由其自身和由相同数据域中其他域参与者所创建的实体信息。域参与者由域参与者工厂创建之后，应用程序就可以根据需要创建和管理其他的实体。

3.3.1 创建与删除发布者

```
::DDS::Publisher_ptr create_publisher (
        const ::DDS::PublisherQos & qos,
        ::DDS::PublisherListener_ptr a_listener,
        ::DDS::StatusMask mask);
```

create_publisher 操作用于根据指定的 QoS 策略创建一个发布者，并将其与指定的发布者监听器相关联。如果指定的 QoS 策略与发布者的 QoS 策略类型不一致，则操作将失败，并且不会创建发布者。

当第一个参数 qos 所设置的值为默认类型 PUBLISHER_QOS_DEFAULT 时，用于指示应使用工厂中设置的默认发布者 QoS 策略来创建发布者。此值的使用相当于应用程序通过 get_default_publisher_qos 操作来获取默认发布者 QoS 策略，并使用获取的 QoS 策略创建发布者。新创建的发布者归属于创建它的域参与者。

第二个参数 a_listener 是创建的发布者所关联的专用监听器。监听器是回调线程，当发布者或者由发布者所创建的数据写入者产生状态更改事件时，DDS 中间件使用它们将发生的具体状态更改事件通知应用程序。如果应用程序不希望安装监听器，该参数可以被设置为空指针，此时相应的域参与者监听器就会被调用来处理该事件。

第三个参数 mask 用于向 DDS 中间件表明哪些状态更改可以通过调用发布者监听器通知应用程序。如果应用程序将发布者监听器设置为空指针，该参数使用 NO_STATUS_MASK；如果应用程序希望发布者监听器执行所有回调，那么该参数使用 ALL_STATUS_MASK。

如果该操作执行失败，则返回的发布者指针为空（nil）。

```
::DDS::ReturnCode_t delete_publisher (
        ::DDS::Publisher_ptr p);
```

delete_publisher 操作用于删除一个已创建的发布者。只有当发布者所创建的所有数据写入者都已被删除时，才能调用此操作；否则该操作会返回错误代码 PRECONDITION_NOT_

MET。如果想删除一个发布者创建的所有数据写入者，可以采用发布者的 delete_datawriter 操作每次删除一个，也可以采用发布者的 delete_contained_entities 操作同时删除全部。

值得注意的是，调用 delete_publisher 操作删除某个发布者时，使用的域参与者必须与创建该发布者时使用的是同一个。如果使用另外一个域参与者来执行 delete_publisher 操作不会起作用，并将返回错误代码 PRECONDITION_NOT_MET。

3.3.2　创建与删除订阅者

```
::DDS::Subscriber_ptr create_subscriber (
        const ::DDS::SubscriberQos & qos,
        ::DDS::SubscriberListener_ptr a_listener,
        ::DDS::StatusMask mask);
```

create_subscriber 操作用于根据指定的 QoS 策略创建一个订阅者，并将其与指定的订阅者监听器相关联。如果指定的 QoS 策略与订阅者的 QoS 策略类型不一致，则操作将失败，并且不会创建订阅者。

当第一个参数 qos 所设置的值为默认类型 SUBSCRIBER_QOS_DEFAULT 时，用于指示应使用工厂中设置的默认订阅者 QoS 策略来创建订阅者。此值的使用相当于应用程序通过 get_default_subscriber_qos 操作来获取默认订阅者 QoS 策略，并使用获取的 QoS 策略创建订阅者。新创建的订阅者归属于创建它的域参与者。

第二个参数 a_listener 是创建的订阅者所关联的专用监听器。监听器是回调线程，当订阅者或者由订阅者所创建的数据读取者产生状态更改事件时（如新数据样本到达），DDS 中间件使用它们将发生的具体状态更改事件通知应用程序。如果应用程序不希望安装监听器，该参数可以被设置为空指针，此时相应的域参与者监听器就会被调用来处理该事件。

第三个参数 mask 用于向 DDS 中间件表明哪些状态更改可以通过调用订阅者监听器通知应用程序。如果应用程序将订阅者监听器设置为空指针，该参数使用 NO_STATUS_MASK；如果应用程序希望订阅者监听器执行所有回调，那么该参数使用 ALL_STATUS_MASK。

如果该操作执行失败，则返回的订阅者指针为空（nil）。

```
::DDS::ReturnCode_t delete_subscriber (
        ::DDS::Subscriber_ptr s);
```

delete_subscriber 操作用于删除一个已创建的订阅者。只有当订阅者所创建的所有数据读取者都已被删除时，才能调用此操作；否则该操作会返回错误代码 PRECONDITION_NOT_MET。如果想删除一个订阅者创建的所有数据读取者，可以采用订阅者的 delete_datareader 操作每次删除一个，也可以采用订阅者的 delete_contained_entities 操作同时删除全部。

值得注意的是，调用 delete_subscriber 操作删除某个订阅者时，使用的域参与者必须与创建该订阅者时使用的是同一个。如果使用另外一个域参与者来执行 delete_subscriber 操作不会起作用，并返回错误代码 PRECONDITION_NOT_MET。

3.3.3　创建与删除主题

```
::DDS::Topic_ptr create_topic (
        const char * topic_name,
```

```
        const char * type_name,
        const ::DDS::TopicQos & qos,
        ::DDS::TopicListener_ptr a_listener,
        ::DDS::StatusMask mask);
```

create_topic 操作用于根据指定的 QoS 策略创建一个主题，并将其与指定的主题监听器相关联。如果指定 QoS 策略与主题的 QoS 策略类型不一致，则操作将失败，并且不会创建主题。

第一个参数 topic_name 用于指定主题的名称，它是主题的唯一标识。在 DDS 规范中规定主题的名称不能超过 255 个字符。

第二个参数 type_name 用于指定主题的数据类型名称，在创建主题之前必须使用域参与者执行 register_type 操作，以完成相应数据类型在当前数据域中的注册。

当第三个参数 qos 所设置的值为默认类型 TOPIC_QOS_DEFAULT 时，用于指示应使用工厂中设置的默认主题 QoS 策略来创建主题。此值的使用相当于应用程序通过 get_default_topic_qos 操作来获取默认主题 QoS 策略，并使用获取的 QoS 策略创建主题。新创建的主题归属于创建它的域参与者。

第四个参数 a_listener 是创建的主题所关联的专用监听器。监听器是回调线程，当主题产生状态更改事件时，DDS 中间件使用它们将发生的具体状态更改事件通知应用程序。如果应用程序不希望安装监听器，该参数可以被设置为空指针，此时相应的域参与者监听器就会被调用来处理该事件。

第五个参数 mask 用于向 DDS 中间件表明哪些状态更改可以通过调用主题监听器通知应用程序。如果应用程序将主题监听器设置为空指针，该参数使用 NO_STATUS_MASK；如果应用程序希望主题监听器执行所有回调，那么该参数使用 ALL_STATUS_MASK。

如果该操作执行失败，则返回的主题指针为空（nil）。

```
::DDS::ReturnCode_t delete_topic (
        ::DDS::Topic_ptr a_topic);
```

delete_topic 操作用于删除一个已创建的主题。只有当所有使用该主题的数据读取者、数据写入者、内容过滤主题和多重主题等对象都被删除以后，才能调用此操作；否则该操作会返回错误代码 PRECONDITION_NOT_MET。

值得注意的是，调用 delete_topic 操作删除某个主题时，使用的域参与者必须与创建该主题时使用的是同一个。如果使用另外一个域参与者来执行 delete_topic 操作不会起作用，并将返回错误代码 PRECONDITION_NOT_MET。

3.3.4 创建与删除内容过滤主题

```
::DDS::ContentFilteredTopic_ptr create_contentfilteredtopic (
        const char * name,
        ::DDS::Topic_ptr related_topic,
        const char * filter_expression,
        const ::DDS::StringSeq & expression_parameters);
```

create_contentfilteredtopic 操作用于创建内容过滤主题，如 2.2.3 节所述，内容过滤主题用于实现基于内容的订阅。内容过滤主题的相关主题是通过 related_topic 参数指定的，它仅与该主题下发布的数据样本相关，并根据内容进行数据样本过滤。数据样本过滤是通过计算包含数据样本中某些数据字段值的逻辑表达式来完成的，逻辑表达式由 filter_expression 和 expression_parameters 参数来决定。

第一个参数 name 用于指定内容过滤主题的名称。在同一个数据域中，内容过滤主题的名称可以与主题的名称相同，但是不能具有两个相同名称的内容过滤主题。在 DDS 中规定内容过滤主题的名称不能超过 255 个字符。

第二个参数 related_topic 用于指定内容过滤主题的相关主题，相关主题与内容过滤主题必须在同一个数据域中。主题和内容过滤主题是一对多的关系，同一个主题可以有多个内容过滤主题与其相关联。

第三个参数 filter_expression 是主题上执行内容过滤的逻辑表达式。如果逻辑表达式的运算结果为 TRUE，则当前数据样本被接收；否则将被抛弃。一旦内容过滤主题被创建，该参数的内容是不能被修改的。值得注意的是，该逻辑表达式可以包含占位符，占位符所代表的形参由第四个参数作为实参来确定。

第四个参数 expression_parameters 是逻辑表达式参数的字符串序列。序列中每个元素对应逻辑表达式中的一个占位符，元素 0 对应占位符 0，元素 1 对应占位符 1，以此类推。该逻辑表达式参数可以通过内容过滤主题的 set_expression_parameters 操作进行修改。

如果该操作执行失败，则返回的内容过滤主题指针为空（nil）。

```
::DDS::ReturnCode_t delete_contentfilteredtopic (
        ::DDS::ContentFilteredTopic_ptr a_contentfilteredtopic);
```

delete_contentfilteredtopic 操作用于删除一个已创建的内容过滤主题。只有当所有使用该内容过滤主题的数据读取者被删除以后，才能调用此操作；否则该操作会返回错误代码 PRECONDITION_NOT_MET。

值得注意的是，调用 delete_contentfilteredtopic 操作删除某个内容过滤主题时，使用的域参与者必须与创建该内容过滤主题时使用的是同一个。如果使用另外一个域参与者来执行 delete_contentfilteredtopic 不会起作用，并将返回错误代码 PRECONDITION_NOT_MET。

3.3.5 创建与删除多重主题

```
::DDS::MultiTopic_ptr create_multitopic (
        const char * name,
        const char * type_name,
        const char * subscription_expression,
        const ::DDS::StringSeq & expression_parameters);
```

create_multitopic 操作用于创建多重主题，如 2.2.3 节所述，多重主题可用于订阅多个主题，并将接收到的数据组合/过滤为结果类型，多重主题可以用于实现基于内容的订阅。

第一个参数 name 用于指定多重主题的名称。在同一个数据域中，多重主题的名称可以与主题的名称相同，但是不能具有两个相同名称的多重主题。在 DDS 中规定多重主题的名称不能超过 255 个字符。

第二个参数 type_name 用于指定多重主题的数据类型名称，在创建多重主题之前必须使用域参与者执行 register_type 操作，以完成该数据类型在当前数据域中的注册。

第三个参数 subscription_expression 是多重主题上组合/过滤的逻辑表达式，用于从多个主题中提取信息并经过组合/过滤操作生成多重主题所需要的数据。该逻辑表达式可以包含占位符，占位符所代表的形参由第四个参数作为实参来确定。

第四个参数 expression_parameters 是逻辑表达式参数的字符串序列。每个参数对应逻辑表达式中的一个占位符，元素 0 对应占位符 0，元素 1 对应占位符 1，以此类推。该逻辑表达式参数可以通过多重主题的 set_expression_parameters 操作进行修改。

如果该操作执行失败，则返回的多重主题指针为空（nil）。

```
::DDS::ReturnCode_t delete_multitopic (
        ::DDS::MultiTopic_ptr a_multitopic);
```

delete_multitopic 操作用于删除一个已创建的多重主题。只有当所有使用该多重主题的数据读取者被删除以后，才能调用此操作；否则该操作会返回错误代码 PRECONDITION_NOT_MET。

值得注意的是，调用 delete_multitopic 操作删除某个多重主题时，使用的域参与者必须与创建该多重主题时使用的是同一个。如果使用另外一个域参与者来执行 delete_multitopic 不会起作用，并将返回错误代码 PRECONDITION_NOT_MET。

3.3.6 查找主题与主题描述

```
::DDS::Topic_ptr find_topic (
        const char * topic_name,
        const ::DDS::Duration_t & timeout);
```

find_topic 操作用于按照主题名称查找已经存在的主题，该操作具有两个参数，分别是主题名称和超时时间。

如果主题已经存在，该操作将提供对它的访问权，否则它会等待（阻止调用方）直到它被创建（或发生指定的超时）。需要注意的是，该操作返回的是一个本地主题对象，它充当所在数据域中全局主题对象的一个代理，DDS 中间件可以选择传播主题以使得远程创建的主题在本地可用。

通过 find_topic 操作获得的主题也必须通过 delete_topic 操作删除，以便释放本地资源。如果通过 find_topic 或 create_topic 操作多次获取同一个主题，则必须使用 delete_topic 删除相同次数的主题。无论 DDS 中间件是否选择传播主题，delete_topic 操作只删除主题的本地代理。

如果该操作超时，则返回的主题指针为空（nil）。

```
::DDS::TopicDescription_ptr lookup_topicdescription (
        const char * name);
```

lookup_topicdescription 操作可根据名称访问本地创建的主题描述，该操作将主题描述的名称作为参数。如果主题描述已经存在，该操作将提供对它的访问权，否则它将返回一个空指针。与 find_topic 的不同之处在于 lookup_topicdescription 操作不需要等待。由于主题描述类是主题类、内容过滤主题类、多重主题类的基类，因此 lookup_topicdescription 可用于定位任何本地创建的上述对象。

与 find_topic 操作的另一个不同之处在于，lookup_topicdescription 操作只在本地创建的主题描述中搜索，它不会创建新的主题描述。虽然 lookup_topicdescription 返回的 TopicDescription 不需要额外删除，但是应用程序仍然可以删除它返回的主题描述，前提是数据域中已经没有使用该主题描述的数据读取者和数据写入者。一旦主题描述被删除了，随后对它的查找操作将会失败，即返回空指针。

3.3.7 获取内置订阅者

```
::DDS::Subscriber_ptr get_builtin_subscriber (void);
```

get_builtin_subscriber 操作允许应用程序访问内置订阅者。每个域参与者包含若干内置的主题以及数据读取者来访问相应的主题，所有这些数据读取者都属于一个内置订阅者。

内置主题用于传递有关其他域参与者、主题、数据读取者和数据写入者的信息，这些内置对象在 2.6 节内置主题中进行描述。

3.3.8 忽略域参与者、主题、发布与订阅

```
::DDS::ReturnCode_t ignore_participant (
        ::DDS::InstanceHandle_t handle);
```

ignore_participant 操作允许应用程序指示 DDS 中间件在本地忽略远程的某个域参与者。从调用该操作开始，DDS 中间件在本地运行过程就好像远程参与者不存在一样，它将忽略由该远程域参与者创建的任何主题、发布或订阅。

该操作可与 DCPSParticipant 内置主题一起使用，以实现访问控制。应用程序数据可以通过 USER_DATA 策略与域参与者建立关联，此后 USER_DATA 作为内置主题中的字段传播，并可通过应用程序用于实现其自身的访问控制策略。有关内置主题的更多详细信息，请参见 2.6 节内置主题。

要忽略的域参与者由 handle 参数标识，此句柄由 DCPSParticipant 内置主题的数据读取者读取可用数据样本时获得。内置数据读取者使用与其他数据读取者相同的 read/take 操作读取数据样本，这些数据访问操作已在 2.2.5 节中描述。

```
::DDS::ReturnCode_t ignore_topic (
        ::DDS::InstanceHandle_t handle);
```

ignore_topic 操作允许应用程序指示 DDS 中间件在本地忽略某个主题。从调用该操作开始，DDS 中间件在本地运行过程就好像该主题不存在一样，它将忽略与该主题相关的所有发布或订阅。当应用程序知道它永远不会发布或订阅某些主题下的数据时，它可使用本操作来保存本地资源。

要忽略的主题由 handle 参数标识，此句柄由 DCPSTopic 内置主题的数据读取者读取可用数据样本时获得。

```
::DDS::ReturnCode_t ignore_publication (
        ::DDS::InstanceHandle_t handle);
```

ignore_publication 操作允许应用程序指示 DDS 中间件在本地忽略某个远程发布，一条发布代表主题名称和发布者上用户数据及分区集的关联（请参阅 2.6 中的 DCPSPublication 内置主题）。从调用该操作开始，与该发布相关的任何写入数据都将被忽略。

要忽略的数据写入者由 handle 参数标识，此句柄由 DCPSPublication 内置主题的数据读取者读取可用数据样本时获得。

```
::DDS::ReturnCode_t ignore_subscription (
        ::DDS::InstanceHandle_t handle);
```

ignore_subscription 操作允许应用程序指示 DDS 中间件在本地忽略某个远程订阅，一条订阅代表主题名称和订阅者上 USER_DATA 及 Partition 的关联（请参阅 2.6 节中的 DCPSSubscription 内置主题）。从调用该操作开始，与该订阅相关的任何接收数据都将被忽略。

要忽略的数据读取者由 handle 参数标识，此句柄由 DCPSSubscription 内置主题的数据读取者读取可用数据样本时获得。

3.3.9 删除包含的所有实体

```
::DDS::ReturnCode_t delete_contained_entities (void);
```

应用程序调用某个域参与者的 delete_contained_entities 操作，用于删除由该域参与者所创建的所有实体（包括发布者、订阅者、主题、内容过滤主题和多重主题）。

在删除域参与者所包含的实体之前，该操作会在每个它包含的实体上递归地调用 delete_contained_entities 操作。该模式是递归应用的，因此域参与者上调用 delete_contained_entities 将删除通过递归关系归属于该域参与者的所有实体（包括数据写入者、数据读取者、查询条件、读取条件等）。

3.3.10 断言活跃度

```
::DDS::ReturnCode_t assert_liveliness (void);
```

assert_liveliness 操作用于手动方式断言域参与者的活跃性，该操作可以与 LIVELINESS 策略结合使用，以向 DDS 中间件指示实体仍然处于活动状态。需要注意的是，只有当域参与者包含的数据写入者实体的 LIVELINESS 策略被设置为 MANUAL_BY_PARTICIPANT 时，才需要使用此操作，并且该操作只影响数据写入者的活跃度。

通过对数据写入者的 write 操作写入数据可以断言数据写入者本身及其所属的域参与者的活跃性。因此，只有当应用程序没有按照约定时间写入数据时，才需要使用该操作。

3.3.11 设置与获取发布者默认 QoS 策略

```
::DDS::ReturnCode_t set_default_publisher_qos (
        const ::DDS::PublisherQos & qos);
```

set_default_publisher_qos 操作用于设置发布者的默认 QoS 策略，如果在创建发布者 create_publisher 操作中选择了使用默认 QoS 策略，则该策略将用于新创建的发布者。

该操作将检查所传入的 QoS 策略与发布者的 QoS 策略类型是否一致，如果不一致则操作将失败，发布者的默认 QoS 策略不会发生改变。应用程序使用该操作时，可以将 DDS 中定义的发布者的默认 QoS 策略 PUBLISHER_QOS_DEFAULT 作为参数值，以将默认 QoS 策略重置回工厂使用的初始值。

```
::DDS::ReturnCode_t get_default_publisher_qos (
        ::DDS::PublisherQos & qos);
```

此操作用于获取发布者 QoS 策略的默认值，即在创建发布者操作中默认 QoS 策略的情况下，将用于创建新的发布者的 QoS 策略。

该操作获取的默认 QoS 策略是上一次成功调用 set_default_publisher_qos 操作所设置的。如果应用程序从来未执行过 set_default_publisher_qos 操作，则使用 DCPS 中指定的发布者默认 QoS 策略。表 3-3 描述了发布者适用的 QoS 策略。

表 3-3　发布者适用的 QoS 策略

QoS 策略	描　述
PARTITION	实体所携带的附加信息，用于建立实体间连接关系的证明
PRESENTATION	用于控制 DDS 如何将接收的数据递交给相应的数据读取者
GROUP_DATA	用于识别数据关联的发布者和订阅者
ENTITY_FACTORY	用于控制是否以启用状态创建子实体

DCPS 中指定的发布者默认 QoS 策略如表 3-4 所示。

表 3-4　DCPS 中指定的发布者默认 QoS 策略

QoS 策略	属　性	默 认 值
PARTITION	name	空序列
PRESENTATION	access_scope coherent_access ordered_access	INSTANCE_PRESENTATION_QOS 0 0
GROUP_DATA	value	未设置
ENTITY_FACTORY	autoenable_created_entities	True

3.3.12　设置与获取订阅者默认 QoS 策略

```
::DDS::ReturnCode_t set_default_subscriber_qos (
        const::DDS::SubscriberQos & qos);
```

set_default_subscriber_qos 操作用于设置订阅者 QoS 策略的默认值，如果在创建订阅者 create_subscriber 操作中选择了使用默认 QoS 策略，则该策略将用于新创建的订阅者。

该操作将检查所传入的 QoS 策略与订阅者的 QoS 策略类型是否一致，如果不一致，则操作将失败，订阅者的默认 QoS 策略不会发生改变。应用程序使用该操作时，可以将 DDS 中定义的订阅者的默认 QoS 策略 SUBSCRIBER_QOS_DEFAULT 作为参数值，以将默认 QoS 策略重置回工厂使用的初始值。

```
::DDS::ReturnCode_t get_default_subscriber_qos (
        ::DDS::SubscriberQos & qos);
```

此操作用于获取订阅者 QoS 策略的默认值，即在创建订阅者操作中默认 QoS 策略的情况下，将用于创建新的订阅者的 QoS 策略。

该操作获取的默认 QoS 策略是上一次成功调用 set_default_subscriber_qos 操作所设置的。如果应用程序从来未执行过 set_default_subscriber_qos 操作，则使用 DCPS 中指定的订阅者默认 QoS 策略。表 3-5 描述了订阅者适用的 QoS 策略。

表 3-5 订阅者适用的 QoS 策略

QoS 策略	描　述
PARTITION	实体所携带的附加信息，用于建立实体间连接关系的证明
PRESENTATION	用于控制 DDS 如何将接收的数据递交给相应的数据读取者
GROUP_DATA	用于识别数据关联的发布者和订阅者
ENTITY_FACTORY	用于控制是否以启用状态创建子实体

DCPS 中指定的订阅者默认 QoS 策略如表 3-6 所示。

表 3-6 DCPS 中指定的订阅者默认 QoS 策略

QoS 策略	属　性	默 认 值
PARTITION	name	空序列
PRESENTATION	access_scope coherent_access ordered_access	INSTANCE_PRESENTATION_QOS 0 0
GROUP_DATA	value	未设置
ENTITY_FACTORY	autoenable_created_entities	True

3.3.13 设置与获取主题默认 QoS 策略

```
::DDS::ReturnCode_t set_default_topic_qos (
        const ::DDS::TopicQos & qos);
```

set_default_topic_qos 操作用于设置主题 QoS 策略的默认值，如果在创建主题 create_topic 操作中选择了使用默认 QoS 策略，则该策略将用于新创建的主题。

该操作将检查所传入的 QoS 策略与主题的 QoS 策略类型是否一致，如果不一致，则操作将失败，主题的默认 QoS 策略不会发生改变。应用程序使用该操作时，可以将 DDS 中定义的主题的默认 QoS 策略 TOPIC_QOS_DEFAULT 作为参数值，以将默认 QoS 策略重置回工厂使用的初始值。

```
::DDS::ReturnCode_t get_default_topic_qos (
        ::DDS::TopicQos & qos);
```

此操作用于获取主题 QoS 的默认值，即在创建主题操作中默认 QoS 策略的情况下，将用于创建新的主题的 QoS 策略。

该操作获取的默认 QoS 策略是上一次成功调用 set_default_topic_qos 操作所设置的。如果应用程序从来未执行过 set_default_topic_qos 操作，则使用 DCPS 中指定的主题默认 QoS 策略。表 3-7 描述了主题适用的 QoS 策略。

表 3-7　主题适用的 QoS 策略

QoS 策略	描　述
DURABILITY	用于控制 DDS 是否传送之前的数据样本到新的数据读取者
DURABILITY_SERVICE	用于控制短暂或者永久性地删除缓存中的数据样本
HISTORY	用于控制 DDS 为数据读取者和数据写入者存储多少数据样本
LIFESPAN	指定 DDS 会在多长时间内认为发送的数据是有效的
DESTINATION_ORDER	指定 DDS 中多个数据写入者为相同主题发送数据时的顺序
RELIABILITY	指定 DDS 是否可靠地传输数据
TOPIC_DATA	与 GROUP_DATA 和 USER_DATA 一起用于将字节缓存附加到 DDS 的发现元数据
LIVELINESS	用于指定数据读取者判定数据写入者何时变为不活跃的机制
OWNERSHIP	与 OWNERSHIP_STRENGH 一起指定数据读取者能否从多个数据写入者接收数据
DEADLINE	对于数据读取者，指定到达数据样本预期的最大传输时间；对于数据写入者，指定在它们之间发布数据样本的时间不大于传输时间的承诺
LANTENCY_BUDGET	指定允许 DDS 传输数据时延的建议
TRANSPORT_PRIORITY	用于指定主题数据的传输优先级
RESOURCE_LIMITS	用于控制为实体分配的物理内存的数量及它们如何发生

DCPS 中指定的主题默认 QoS 策略如表 3-8 所示。

表 3-8　DCPS 中指定的主题默认 QoS 策略

QoS 策略	属　性	默 认 值
DURABILITY	kind service_cleanup_delay.sec service_cleanup_dealy.nanosec	VOLATILE_DURABILITY_QOS DURATION_ZERO_SEC DURATION_ZERO_NSEC
DURABILITY_SERVICE	service_cleanup_delay.sec service_cleanup_dealy.nanosec history_kind history_depth max_samples max_instances max_samples_per_instance	DURATION_ZERO_SEC DURATION_ZERO_NSEC KEEP_LAST_HISTORY_QOS 1 LENGTH_UNLIMITED LENGTH_UNLIMITED LENGTH_UNLIMITED
HISTORY	kind depth	KEEP_LAST_HISTORY_QOS 1
LIFESPAN	duration.sec duration.nanosec	DURATION_INFINITY_SEC DURATION_INFINITY_NSEC
DESTINATION_ORDER	kind	BY_RECEPTION_TIMESTAMP_ DESTINATIONORDER_QOS
RELIABILITY	kind max_blocking_time.sec max_blocking_time.nanosec	BEST_EFFORT_RELIABILITY_QOS DURATION_INFINITY_SEC DURATION_INFINITY_NSEC
TOPIC_DATA	value	未设置

续表

QoS 策略	属　性	默　认　值
LIVELINESS	kind lease_blocking_time.sec lease_blocking_time.nanosec	AUTOMATIC_LIVELINESS_QOS DURATION_INFINITY_SEC DURATION_INFINITY_NSEC
OWNERSHIP	kind	SHARED_OWNERSHIP_QOS
DEADLINE	period.sec period.nanosec	DURATION_INFINITY_SEC DURATION_INFINITY_NSEC
LANTENCY_BUDGET	duration.sec duration.nanosec	DURATION_ZERO_SEC DURATION_ZERO_NSEC
TRANSPORT_PRIORITY	value	0
RESOURCE_LIMITS	max_samples max_instances max_samples_per_instance	LENGTH_UNLIMITED LENGTH_UNLIMITED LENGTH_UNLIMITED

3.3.14 获取数据域唯一标识

```
::DDS::DomainId_t get_domain_id (void);
```

此操作用于检索创建域参与者的 domainId。domainId 标识域参与者所属的数据域，每个数据域代表一个与其他数据域隔离的独立数据通信平面。

3.3.15 获取已发现的所有域参与者

```
::DDS::ReturnCode_t get_discovered_participants (
        ::DDS::InstanceHandleSeq & participant_handles);
```

此操作用于检索已在数据域中发现的域参与者的列表，该列表中包含的是应用程序未指明通过 ignore_participant 操作忽略的域参与者。

3.3.16 获取已发现的域参与者数据

```
::DDS::ReturnCode_t get_discovered_participant_data (
        ::DDS::ParticipantBuiltinTopicData & participant_data,
        ::DDS::InstanceHandle_t participant_handle);
```

此操作用于检索在网络上发现的域参与者的信息，被检索的域参与者必须与调用此操作的域参与者位于同一个数据域中，并且不能通过 ignore_participant 操作被忽略。

该操作可以与 get_discovered_participants 配合使用，首先获取到已发现的域参与者列表，然后以域参与者的句柄为参数，调用 get_discovered_participant_data 操作获取该域参与者的信息。需要注意的是，参数 participant_handle 必须对应已存在的域参与者；否则操作将失败并返回错误代码 PRECONDITION_NOT_MET。

3.3.17 获取已发现的所有主题

```
::DDS::ReturnCode_t get_discovered_topics (
        ::DDS::InstanceHandleSeq & topic_handles);
```

此操作用于检索已在数据域中发现的主题列表，该列表中包含的是应用程序未指明通过 ignore_topic 操作忽略的主题。

3.3.18　获取已发现的主题数据

```
::DDS::ReturnCode_t get_discovered_topic_data (
        ::DDS::TopicBuiltinTopicData & topic_data,
        ::DDS::InstanceHandle_t topic_handle);
```

此操作用于检索在网络上发现的主题的信息，创建该被检索主题的域参与者必须与调用此操作的域参与者位于同一个数据域中，并且不能通过 ignore_topic 操作被忽略。

该操作可以与 get_discovered_topics 配合使用，首先获取到已发现的主题列表，然后以主题的句柄为参数，调用 get_discovered_topic_data 操作获取该主题的信息。需要注意的是，参数 topic_handle 必须对应于已存在的主题；否则操作将失败并返回错误代码 PRECONDITION_NOT_MET。

3.3.19　判断是否包含实体

```
::CORBA::Boolean contains_entity (
        ::DDS::InstanceHandle_t a_handle);
```

contains_entity 操作用于检查给定的 a_handle 句柄是否代表由域参与者所创建的实体。该操作中对于包含关系的判断是递归应用的，也就是说，它既适用于直接判断是否为域参与者创建的实体（主题描述、发布者或订阅者），也适用于判断是否为发布者或订阅者作为工厂创建的实体（数据读取者、数据写入者）。

该操作中的参数为实体的句柄，该句柄可以从内置的主题数据、各种状态或实体的 get_instance_handle 操作中获取。

3.3.20　获取当前时间

```
::DDS::ReturnCode_t get_current_time (
        ::DDS::Time_t & current_time);
```

此操作用于返回 DDS 中间件为写入数据和接收数据标记时间戳的当前时间。

3.4　域参与者监听器

域参与者监听器是其所包含的实体的所有状态更改事件的容器，如果被域参与者包含的实体的监听器未能处理某个状态更改事件，那么域参与者监听器就会被调用来处理该事件。因此，域参与者监听器应当具备 2.5.1 节中所述的所有实体通信状态的回调处理能力。

```
virtual void on_inconsistent_topic (
        ::DDS::Topic_ptr the_topic,
        const::DDS::InconsistentTopicStatus & status);

virtual void on_data_on_readers (
        ::DDS::Subscriber_ptr subs);
```

```
virtual void on_offered_deadline_missed (
        ::DDS::DataWriter_ptr writer,
        const::DDS::OfferedDeadlineMissedStatus & status);

virtual void on_offered_incompatible_qos (
        ::DDS::DataWriter_ptr writer,
        const::DDS::OfferedIncompatibleQosStatus & status);

virtual void on_liveliness_lost (
        ::DDS::DataWriter_ptr writer,
        const::DDS::LivelinessLostStatus & status);

virtual void on_publication_matched (
        ::DDS::DataWriter_ptr writer,
        const::DDS::PublicationMatchedStatus & status);

virtual void on_requested_deadline_missed (
        ::DDS::DataReader_ptr reader,
        const::DDS::RequestedDeadlineMissedStatus & status);

virtual void on_requested_incompatible_qos (
        ::DDS::DataReader_ptr reader,
        const::DDS::RequestedIncompatibleQosStatus & status);

virtual void on_sample_rejected (
        ::DDS::DataReader_ptr reader,
        const::DDS::SampleRejectedStatus & status);

virtual void on_liveliness_changed (
        ::DDS::DataReader_ptr reader,
        const::DDS::LivelinessChangedStatus & status);

virtual void on_data_available (
        ::DDS::DataReader_ptr reader);

virtual void on_subscription_matched (
        ::DDS::DataReader_ptr reader,
        const::DDS::SubscriptionMatchedStatus & status);

virtual void on_sample_lost (
        ::DDS::DataReader_ptr reader,
        const::DDS::SampleLostStatus & status);
```

第 4 章　主题、内容过滤主题与多重主题

为了规范数据传输过程，真正地实现以数据为中心，数据分发服务（DDS）规定了发布者和订阅者之间的通信必须使用相同的主题。主题由三个要素组成：主题名称（主题的唯一标识）、主题类型（与之关联的且已经在数据域中注册的数据类型）和主题 QoS 策略（用于控制主题下数据样本的传输过程）。通常来说，主题名称用于分布式系统不同应用程序之间的互相发现，主题是以相同数据类型命名的数据流，数据写入者将数据样本发送至数据流，数据读取者从数据流订阅样本。多个主题可以使用相同的数据类型，但是每个主题却只有一个唯一的名称。主题、数据写入者和数据读取者的关系如下：

① 每个主题可以拥有多个数据写入者；

② 每个主题可以拥有多个数据读取者；

③ 数据读取者和数据写入者必须与相同的主题关联，以便进行数据传输；

④ 主题由域参与者创建和删除，是域参与者包含的实体之一。

本章将从主题描述和主题的概念入手，着重介绍内容过滤主题和多重主题的使用方法，帮助用户掌握如何实现基于内容的订阅。

4.1　主题描述

主题描述（TopicDescription）类是一个抽象类，它是主题类、内容过滤主题类和多重主题类的基类。主题描述表示发布和订阅都将绑定到某个数据类型，其属性 type_name 为发布或订阅定义了唯一的结果类型，因此创建了与类型支持（TypeSupport）的隐式关联。

4.1.1　获取所属域参与者

```
::DDS::DomainParticipant_ptr get_participant (void);
```

该操作用于返回主题所属（也就是创建它）的域参与者。

4.1.2　获取类型名称

```
char * get_type_name (void);
```

该操作用于返回创建主题时所用的数据类型名称。

4.1.3　获取名称

```
char * get_name (void);
```

该操作用于返回创建主题时所用的主题名称。

4.2　主题

主题是特定数据域范围内的信息格式，用于描述发布者与订阅者之间交换的数据单元。

如图 4-1 所示，主题由三个基本要素组成：

① 主题名称（Name）：数据域内主题的唯一标识；

② 主题类型（Type）：编程语言定义的数据格式；

③ 主题网络服务质量策略（QoS）：主题下数据的传输方式。

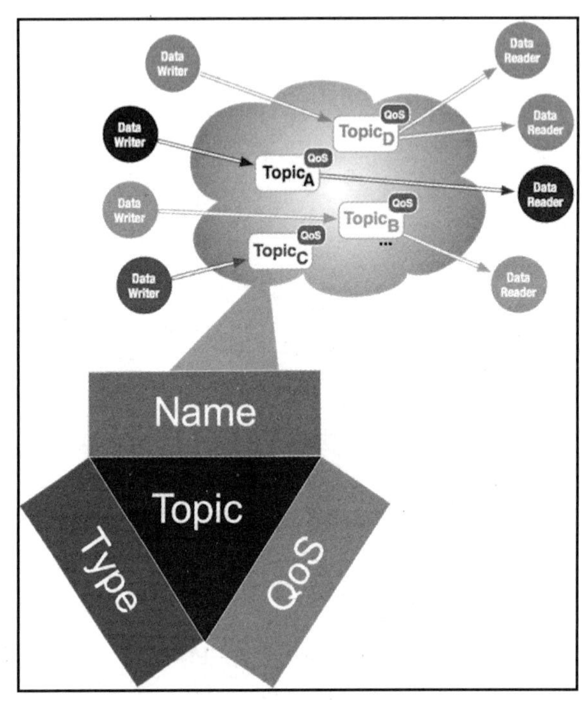

图 4-1　主题基本要素

主题类型描述了与数据相关的多个主题，它可以将所包含的任意数量的属性定义为键（Key），每个键值标识一个唯一的主题实例（Instance）。主题类型通常采用 IDL 或者 XML 描述，下面给出了一个 IDL 描述的主题类型示例。

```
module Messenger {
#pragma DCPS_DATA_TYPE "Messenger::Message"
#pragma DCPS_DATA_KEY "Messenger::Message subject_id"
struct Message {
      string from;
      string subject;
      long subject_id;
      string text;
      long count;
};
};
```

DCPS_DATA_TYPE 关键词用于指定一个主题的数据类型。一般来说，主题的数据类型是一个结构，该结构中的字段可以是数值类型（短整型、长整型、浮点型等）、枚举类型、字符串类型、序列类型、数组类型、结构类型，以及它们的组合。在该示例中，Messenger 模块中定义了一个名为 Message 的主题数据类型，该数据类型中包括 5 个字段。

DCPS_DATA_KEY 关键词用于指示主题数据类型的键。数据类型中可能有 1 个或者更多个键，这些键用于识别主题中的不同实例。每个键的类型应该是数值类型、枚举类型、字符串类型。在该示例中，Message 的 subject_id 字段被定义为一个键，利用不同的 subject_id 值所发布的每个数据样本将会被认为是相同主题下的不同实例。如果使用默认 QoS 策略（HISTORY 策略的取值为 Keep_Last），则带有相同 subject_id 值的后续数据样本将会替换之前的数据样本。

4.2.1　获取主题不兼容状态

```
::DDS::ReturnCode_t get_inconsistent_topic_status (
        DDS::InconsistentTopicStatus & a_status);
```

此操作允许应用程序检索主题上发生的 INCONSISTENT_TOPIC 的状态。每个实体都有一组相关的通信状态，状态的更改会调用相应的监听器，也可以通过关联的状态条件进行监视。

4.2.2　主题、实例和样本的区别与联系

如前所述，主题是发布和订阅应用程序之间传输数据的基本途径，它在发布者和订阅者之间提供了连接点。在具体实现上，发布者和订阅者分别通过数据写入者和数据读取者建立与相应主题的关联，在同一个主题下的数据写入者可以向 DDS 中间件发送主题的数据，数据读取者可以从 DDS 中间件接收主题的数据。

以图 4-2 所示的分布式系统为例，雷达节点探测到目标位置信息后将其传送到态势节点上进行显示，因此该系统传输数据的主题就是目标位置信息。在基于 DDS 进行上述分布式系统构建时，首先需要定义主题的数据类型 Position：

```
struct Position {
    unsigned long ID;
    float Lat;
    float Lon;
    float Alt;
};
#pragma DCPS_DATA_TYPE "Position"
```

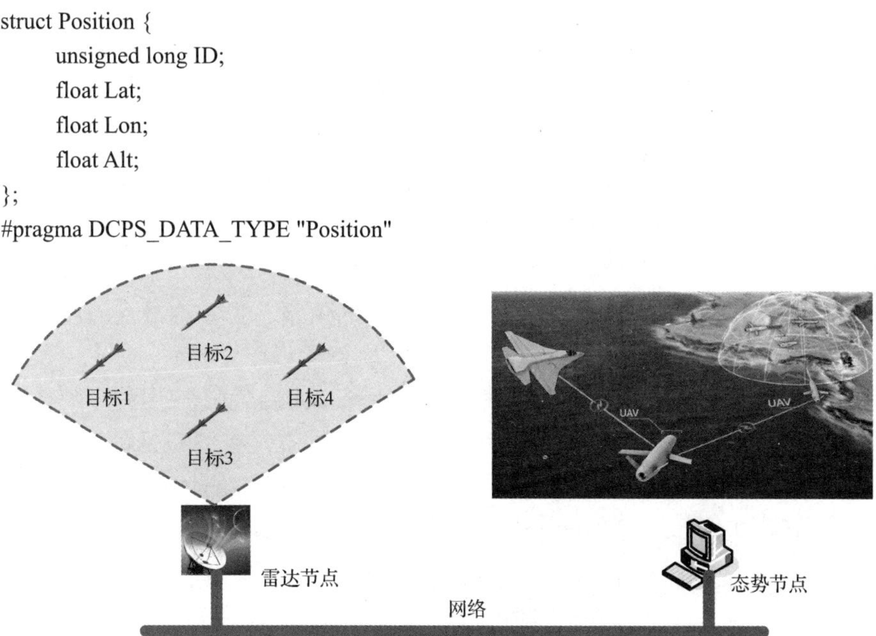

图 4-2　分布式系统示例

在没有定义数据类型的键值之前，雷达节点需要为其探测到的每个目标位置信息建立一个类型为 Position 且名称唯一的主题，并为每个主题关联相应的数据写入者；态势节点也需要为每个主题关联相应的数据读取者。假定雷达节点探测到了 4 个目标，则需要定义的主题如下：

```
Topic<Position, YJ12Position, QoS> //主题名称 YJ12Position
Topic<Position, YJ18Position, QoS> //主题名称 YJ18Position
Topic<Position, YJ62Position, QoS> //主题名称 YJ62Position
Topic<Position, YJ83Position, QoS> //主题名称 YJ83Position
```

虽然上述所有主题的数据类型都是相同的，但是由于雷达探测目标的数量是动态变化的，采用上述方式构建分布式系统需要建立大量的主题、数据写入者和数据读取者对象，不但增加了系统的开销，而且使得发布端和接收端的应用程序编写极为冗余烦琐。

为了解决上述问题，DDS 支持在主题类型的定义中，选择一个或者多个字段作为该数据类型的键，键可以被看作是相同主题的数据进行分类的依据。DDS 中间件会用这些键的不同取值来区分不同的数据，相同键值的数据的模板称为实例（Instance）。实例的生存期由 DDS 中间件管理，应用程序从 DDS 中间件中可以随时取回每个实例的数据。需要注意的是，并非所有的数据类型都需要定义键，如果主题所对应的数据类型没有键，那么该主题只能拥有一个实例；反之，键的唯一值确定主题的唯一实例。

在上述示例中，雷达节点会为每个探测到的目标设定一个唯一的标识 ID，因此采用如下方式定义 ID 为主题类型的键：

```
#pragma DCPS_DATA_KEY "Position::ID"
```

在定义数据类型的键之后，该分布式系统仅需要定义一个主题：

```
Topic<Position, MissilePosition, QoS> //主题名称 MissilePosition
```

通过使用不同的键值，可以将雷达节点探测到的不同目标视为 MissilePosition 下的不同实例：

```
MissilePosition    YJ12Position (ID=12) // MissilePosition 的实例（ID 为 12）
MissilePosition    YJ18Position (ID=18) // MissilePosition 的实例（ID 为 18）
MissilePosition    YJ62Position (ID=62) // MissilePosition 的实例（ID 为 62）
MissilePosition    YJ83Position (ID=83) // MissilePosition 的实例（ID 为 83）
```

即使雷达节点探测到新的目标，也无须再创建新的主题。当雷达节点的应用程序准备发布新的目标位置信息时，只需为 ID 字段填入相应的实例标识。

每个主题下所传输的数据的值可能随时间发生改变，DDS 将在应用程序中传输的主题下的不同值称为数据样本（简称样本）。从实例的角度看，样本是实例的更新，应用程序可以发布主题的一个或者多个实例的任意数量的数据样本，也能够为许多不同实例接收不同的样本。对于上述示例而言，实例 YJ12Position 的 2 个样本可以表示为：

```
YJ12Position DataSample1 (40.12, 119.23, 513) //实例 YJ12Position 第 1 个样本
YJ12Position DataSample2 (39.87, 120.87, 23) //实例 YJ12Position 第 2 个样本
```

4.3　内容过滤主题

内容过滤主题是拥有过滤属性的主题，它适用的场景是订阅方不想接收发布方的所有数据，而仅希望接收部分满足特定条件的数据。通过内容过滤主题的应用，不但能够减少无关数据对于应用程序的干扰，而且可以降低网络传输数据的数量。如图 4-3 所示，通过内容过滤可以控制进入数据读取者缓存的数据样本数量。

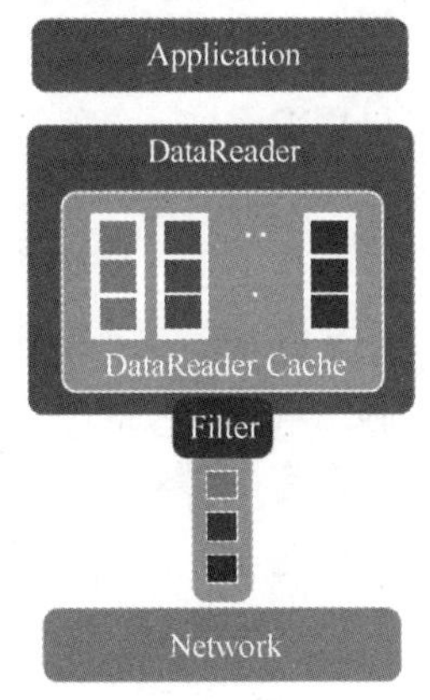

图 4-3　内容过滤主题的原理

以图 4-2 为例，雷达节点能够发布其探测到的所有目标的位置信息，但是态势节点仅关注特定区间内的目标信息。在这种情况下，态势节点可以使用内容过滤主题限制其数据读取者接收和处理的数据样本。

在创建内容过滤主题时，需要指定主题和特定的过滤器，过滤器通常指逻辑表达式和一组参数。过滤器表达式用于评估主题的内容，其语法与 SQL 中的 WHERE 语句相似；参数是为过滤器表达式中的占位符赋值的字符串序列，过滤器表达式中的每个占位符对应字符串序列中的一个元素。内容过滤主题与其他 DCPS 实体的关系如下：

① 内容过滤主题由域参与者创建；

② 一个内容过滤主题仅能关联一个主题，但一个主题可以与多个内容过滤主题相关；

③ 内容过滤主题仅在创建数据读取者时使用，而与数据写入者无关；

④ 使用相同的内容过滤主题可以创建多个数据读取者；

⑤ 内容过滤主题可以与主题具有相同的名称，但是在同一数据域中其名称必须唯一；

⑥ 使用内容过滤主题创建的数据读取者将使用其相关主题的 QoS 策略和监听器；

⑦ 只要有一个用主题创建的内容过滤主题存在，该主题就不能被删除；

⑧ 只要有一个用内容过滤主题创建的数据读取者存在，该内容过滤主题就不能被删除。

4.3.1　过滤表达式

在 DDS 规范中定义了过滤表达式的语法，过滤表达式一般由一个或者多个断言组成，每个断言是下面两种形式之一。

1．<arg1> <RelOp> <arg2>

在这种形式下，arg1 和 arg2 是参数，它们可能是数值（长整型、短整型和浮点型）类型、字符类型和枚举类型，也可能是形如“%n”的参数占位符（这里是以 0 为起点的参数序列的索引值），或者是字段引用。

需要至少一个参数为字段引用，字段引用是指 IDL 中描述主题数据类型的结构中的字段，或者是由“.”连接的其他嵌套定义的结构中的字段。

RelOp 是关系运算符，它是下面的形式之一：=、>、>=、<、<=、<>和“like”操作。“like”操作是用“%”匹配任意字符的通配符和用“_”匹配单个字符的通配符。

下面是包括了断言形式的示例：

```
a = 'z', b <> 'str'
c < d, e = 'enumerous', f >= 3.14e3, 27 < g, h <> i
j.k.l like % 0
```

2. <arg1> [not] BETWEEN <arg2> AND <arg3>

在这种形式下，arg1 必须为字段引用，arg2 和 arg3 必须是数值或者参数占位符。

可以用 Boolean（布尔）操作（AND，OR 和 NOT）把任意数量的断言组合起来形成一个新的过滤表达式。

图 4-4 给出了一个内容过滤主题的示例，主题名称为 CarDynamics，主题类型中包含 5 个字段，其中 cid 是主题类型的键。内容过滤主题通过过滤表达式“dx > 50 OR dy > 50”的使用，可以控制全局数据空间中该主题的 4 个数据样本中仅有 2 个满足上述表达式的数据样本进入到数据读取者的缓存中。

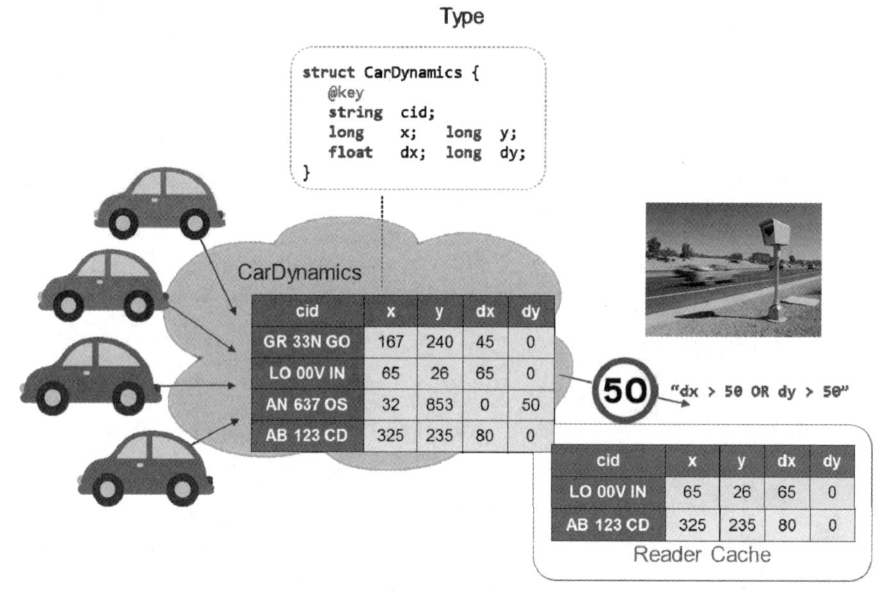

图 4-4 内容过滤主题示例

4.3.2 获取相关主题

```
::DDS::Topic_ptr get_related_topic();
```

此操作用于返回与内容过滤主题关联的主题，也就是创建内容过滤主题时指定的主题。

4.3.3 设置与获取表达式参数

```
::DDS::ReturnCode_t set_expression_parameters (
    const ::DDS::StringSeq & parameters);
```

此操作用于更改与内容过滤主题关联的表达式参数 expression_parameters。

```
::DDS::ReturnCode_t get_expression_parameters (
        ::DDS::StringSeq & parameters);
```

此操作用于获取内容过滤主题所关联的表达式参数 expression_parameters。该操作获取的 expression_parameters 是上一次成功调用 set_expression_parameters 所设置的。如果应用程序从来未执行过 set_expression_parameters 操作，则返回创建内容过滤主题时指定的 expression_parameters。

4.3.4　内容过滤主题示例

下面的代码片段为 Chart 类型创建了一个内容过滤主题，其 IDL 定义如下：

```
module Graph {
    #pragma DCPS_DATA_TYPE "Graph::Chart"
    #pragma DCPS_DATA_KEY "Graph::Chart type"
    enum GraphType {
        IT_RHOMBUS, IT_SQUARE, IT_CIRCLE, IT_TRIANGLE };
    struct Chart {
        GraphType type;
        short size;
        short color;
        short cx;
        short cy;
    };
};
```

创建主题代码如下：

```
::CORBA::String_var type_name = chart_type_support -> get_type_name ();
::DDS::Topic_var topic = domainparticipant -> create_topic (“MyTopic”,
        type_name,
        TOPIC_QOS_DEFAULT,
        NULL,
        OpenDDS::DCPS::DEFAULT_STATUS_MASK);
```

创建内容过滤主题代码如下：

```
::DDS::ContenFilteredTopic_var cft = domainparticipant ->
      create_contentfilteredtopic (“MyTopic-Filtered”,
        topic,
       “color > 122”,
        StringSeq ());
```

创建内容过滤主题的数据读取者代码如下：

```
::DDS::DataReader_var dr = subscriber ->
      create_datareader (cft,
        DATAREADER_QOS_DEFAULT,
        NULL,
        OpenDDS::DCPS::DEFAULT_STATUS_MASK);
```

以上代码表示创建的数据读取者只能接收 color 值大于 122 的数据样本。

4.4 多重主题

与内容过滤主题类一样，多重主题类也从主题描述类派生。多重主题的数据读取者接收到的数据样本可能属于任意多个不同的主题，这些主题称为多重主题的子主题（constituent topic）。多重主题有一个 DCPS 数据类型，称为结果类型，多重主题的数据读取者实现的与类型相关的接口就是依据结果类型而实现的。如结果类型为 Messenger，则多重主题的数据读取者可以转换为 MessengerDataReader 类型。

多重主题的逻辑表达式描述了接收到的数据（从子主题）的特定字段是如何映射到结果类型的相应字段的。多重主题由域参与者创建，所需要的参数包括：

（1）名称：多重主题的唯一标识。

（2）类型名称：多重主题的结果类型，该类型必须由域参与者在创建多重主题前注册。

（3）多重主题的逻辑表达式：一个形如 SQL 的表达式，它把子主题的字段映射到结果类型的字段上。此外，它还支持过滤条件（通过使用 WHERE 语句）。

（4）表达式的参数：当多重主题的逻辑表达式中包含参数占位符时，用于为那些参数提供初始值。

一旦多重主题被创建，订阅者可以通过 create_datareader 操作为多重主题创建它的数据读取者，这个数据读取者用来接收结果类型的数据样本。

4.4.1 多重主题表达式

多重主题表达式使用的语法与 SQL 的查询几乎完全一样：

```
SELECT <aggregation> FROM <selection> [WHERE <condition>]
```

（1）上述语法形式中的 aggregation 可以是“*”，也可以是逗号分隔的字段列表，字段列表需要满足如下的语法要求：

① <constituent_field> [[AS] <resulting_field>]；

② <constituent_field>是字段引用，它指代的是子主题的字段之一；

③ 可选的 resulting_field 是字段引用，它指代的是结果类型的字段之一；

④ 如果在 aggregation 中使用了“*”，那么相当于使用结果类型中的每个字段，字段名称与其中之一的子主题的字段名称相同。

（2）上述语法形式中的 selection 列表由一个或多个子主题名称构成，主题名称用关键词“join”分隔。

① <topic> [{NATURAL INNER | NATURAL | INNER NATURAL} JOIN < TOPIC]…；

② 主题名称必须至少包含一个字符、数字或连词线，连词线不能以数字开头；

③ 自然连接（natural join）操作是可交换、可结合的，因此主题的顺序无关紧要；

④ natural join 操作的语义是，任何具有相同名字的字段被连接的键值，这些键值用于从主题中的字段形成新的组合。

（3）condition 确切的语法和语义都与过滤表达式一样，在条件中的字段引用需要与结果类型中的字段一致，而不是和子主题类型一致。

多重主题的连接键（join key）与主题中的键（#pragma DCPS_DATA_KEY 定义）有一定的区别，但也有一定的联系。一个连接键是任意的字段名称，这个字段名称需要出现在至少两个子主题中。连接键的存在为从子主题合并形成结果类型的多重主题增加了强制约束。具体来看，键必须和通过用子主题组合成结果类型的字段相同。如果键在两个或者多个主题上共有，那么所有的键必须与组合的顺序一致。

DDS 规范要求连接键具有相同的类型，在 IDL 中必须为主题定义键以便于用于多重主题：

① 每个连接键字段必须是某个子主题的键；

② 结果类型必须包含每个连接键，每个字段必须是结果类型的键。

尽管多重主题从关系数据库中借鉴了许多概念，但是 DDS 中间件毕竟不是数据库系统。数据库系统采用的是一个时间处理批量的数据，而 DDS 中间件是从子主题接收到的数据样本触发与多重主题相关的数据处理过程，构建多重主题的数据样本，并把构建的样本插入到多重主题的数据读取者缓存中。

从实现上看，从子主题 A 接收到的数据样本要构建成多重主题的结果类型 TA 的数据样本，并把其插入到结果类型的数据读取者缓存的具体实现步骤如下：

（1）把接收到的子主题 A 中聚集的字段（通过连接键聚集）复制到结果类型 TA 的字段中，构建结果类型的数据样本。

（2）对至少存在一个与子主题 A 有共同的连接键字段并通过连接操作的主题 B，连接读取了主题 B 上的 READ_SAMPLE_STATE 数据样本，这些数据样本的键与要构建的数据样本匹配，连接的结果可能是 0 个、1 个或多个数据样本。把 B 中的字段复制到结果样本中，操作方式与步骤（1）相同。

（3）主题 B（与其他主题连接）的连接键的处理方式与步骤（2）相同，通过连接键继续处理其他的主题。

（4）如果在步骤（2）和步骤（3）还存在没有被处理的子主题，称为交叉连接，这些连接没有键约束。

（5）如果不存在结果样本，那么就把这些样本插入到多重主题的数据读取者的缓存中，然后可以按照正常的机制对它们进行访问，比如用监听器或者条件对它们进行访问。

4.4.2　设置与获取表达式参数

```
::DDS::ReturnCode_t set_expression_parameters (
        const ::DDS::StringSeq & parameters);
```

此操作用于更改与多重主题关联的表达式参数 expression_parameters。

```
::DDS::ReturnCode_t get_expression_parameters (
        ::DDS::StringSeq & parameters);
```

此操作用于获取多重主题所关联的表达式参数 expression_parameters。该操作获取的 expression_parameters 是上一次成功调用 set_expression_parameters 所设置的。如果应用程序从来未执行过 set_expression_parameters 操作，则返回创建多重主题时指定的 expression_parameters。

4.4.3 多重主题示例

下面的 IDL 是子主题的数据类型定义：

```
#pragma DCPS_DATA_TYPE "LocationInfo"
#pragma DCPS_DATA_KEY " LocationInfo flight_id"
struct LocationInfo {
        unsigned long flight_id;
        long x;
        long y;
        long z;
};

#pragma DCPS_DATA_TYPE "PlanInfo"
#pragma DCPS_DATA_KEY " PlanInfo flight_id"
struct PlanInfo {
        unsigned long flight_id;
        string flight_name;
        string tailno;
};
```

注意因为要将子主题中的键用到连接键上，所以结果类型中也要有这些字段，结果类型的 IDL 定义如下：

```
#pragma DCPS_DATA_TYPE "Resulting"
#pragma DCPS_DATA_KEY " Resulting flight_id"
struct Resulting {
        unsigned long flight_id;
        string flight_name;
        long x;
        long y;
        long height;
};
```

根据以上 IDL 定义，下面的多重主题表达式能够从类型 LocationInfo 的主题 Location 和类型 PlanInfo 的主题 FlightPlan 中组合数据：

```
SELECT flight_name, x, y, z AS height FROM Location
        NATURAL JOIN FlightPlan WHERE height < 1000 AND x < 23
```

多重主题的数据读取者将构建样本，这些样本的实例都以 flight_id 为键。结果类型的实例仅当 Location 和 FlightPlan 两个主题相应的实例都满足时才能组合形成。同一个数据域的域参与者将发布两个主题，所以多重主题就可以把来自不同数据源的数据关联起来。

创建多重主题的数据读取者需要首先注册类型支持，然后创建多重主题，最后创建数据读取者，具体代码如下：

```
ResultingTypeSupport_var ts_res = new ResultingTypeSupportImpl;
ts_res -> register_type (domainparticipant, “”);
::CORBA::String_var type_name = ts_res -> get_type_name ();
```

```
::DDS::MultiTopic_var mt = domainparticipant ->
    create_multitopic ("MyMultiTopic",
      type_name,
       "SELECT flight_name, x, y, z AS height FROM Location
      NATURAL JOIN FlightPlan WHERE height < 1000 AND x < 23",
      ::DDS::StringSeq ());
::DDS::DataReader_var dr = subscriber ->
    create_datareader (mt,
      DATAREADER_QOS_DEFAULT,
      NULL,
      OpenDDS::DCPS::DEFAULT_STATUS_MASK);
```

多重主题的数据读取者与普通主题的数据读取者使用方法相同，下面的代码使用等待集和读取条件，以阻塞等待的模式接收多重主题的数据样本。

```
::DDS::WaitSet_var ws = new ::DDS::WaitSet;
::DDS::ReadCondition_var rc = dr -> create_readcondition (
      ::DDS::ANY_SAMPLE_STATE,
      ::DDS::ANY_VIEW_STATE,
      ::DDS::ANY_INSTANCE_STATE);
ws -> attach_condition (rc);
::DDS::Duration_t infinite = {::DDS::DURATION_INFINITE_SEC,
      ::DDS::DURATION_INFINITE_NSEC};
::DDS::ConditionSeq active;
ws -> wait (active, infinite);
ws -> detach_condition (rc);
ResultingDataReader_var res_dr = ResultingDataReader::narrow (dr);
ResultingSeq data;
::DDS::SampleInfoSeq info;
res_dr -> take_w_condition (data, info, ::DDS::LENGTH_UNLIMITED, rc);
```

4.5　主题监听器

主题监听器应当具备 2.5.1 节中所述的 INCONSISTEN_TOPIC 状态更改事件的回调处理能力。

```
virtual void on_inconsistent_topic (
      ::DDS::Topic_ptr the_topic,
      const ::DDS::InconsistentTopicStatus & status);
```

第5章 发布者与数据发送

数据分发服务（DDS）采用发布/订阅的通信模型实现分布式系统内部应用程序之间的数据传输，发布/订阅机制具有时间、空间和控制三个维度的解耦合能力，尤其适用于存在多点、动态数据传输需求的应用场景。在DDS中，发布端应用程序使用数据写入者发送数据，而数据写入者所属的发布者是负责实际数据发送的 DCPS 实体。由于发布者可以拥有多个数据写入者，因此它能够为多个不同数据类型的不同主题发送数据。

本章将从分析DDS中发布端的数据发送流程入手，着重介绍发布者和数据写入者的使用方法，帮助用户掌握如何构建发布端应用程序。

5.1 数据发送流程

数据发送流程如图5-1所示，具体过程描述如下。

（1）创建和配置所需的实体

① 获取域参与者工厂的实例，创建域参与者；

② 使用域参与者注册相应的主题数据类型；

③ 使用域参与者为注册的数据类型创建一个主题；

④ 使用域参与者创建一个发布者；

⑤ 使用发布者为主题创建一个通用类型数据写入者；

⑥ 使用安全类型的方法，将创建的通用类型数据写入者转换为一个特定类型数据写入者（与主题类型相对应）；

⑦ 如果主题数据类型中定义了键，使用特定类型数据写入者为主题注册实例，每次注册都将返回一个与键值相对应的实例句柄；对于反复发送且拥有相同键值的数据样本，只注册一个实例能够提高数据传输性能；对于没有定义键的主题数据类型，注册实例没有效果。

（2）每次发送数据样本时

① 将待发送的数据赋值到与主题数据类型相对应的变量中；

② 调用特定类型数据写入者的 write 操作：对于没有定义键或未注册的实例，将赋值后的变量与空句柄 DDS_HANDLE_NIL 一起传递；对于定义了键且已注册的实例，将赋值后的变量与注册实例时返回的实例句柄一起传递；

③ write 操作将传入的变量存储到数据写入者的缓冲区中，成为数据样本；在该缓冲区，数据样本将根据发布者和数据写入者的 QoS 策略进行传输；如果有匹配成功的数据读取者，数据样本将在 write 操作返回前被传送到物理层。

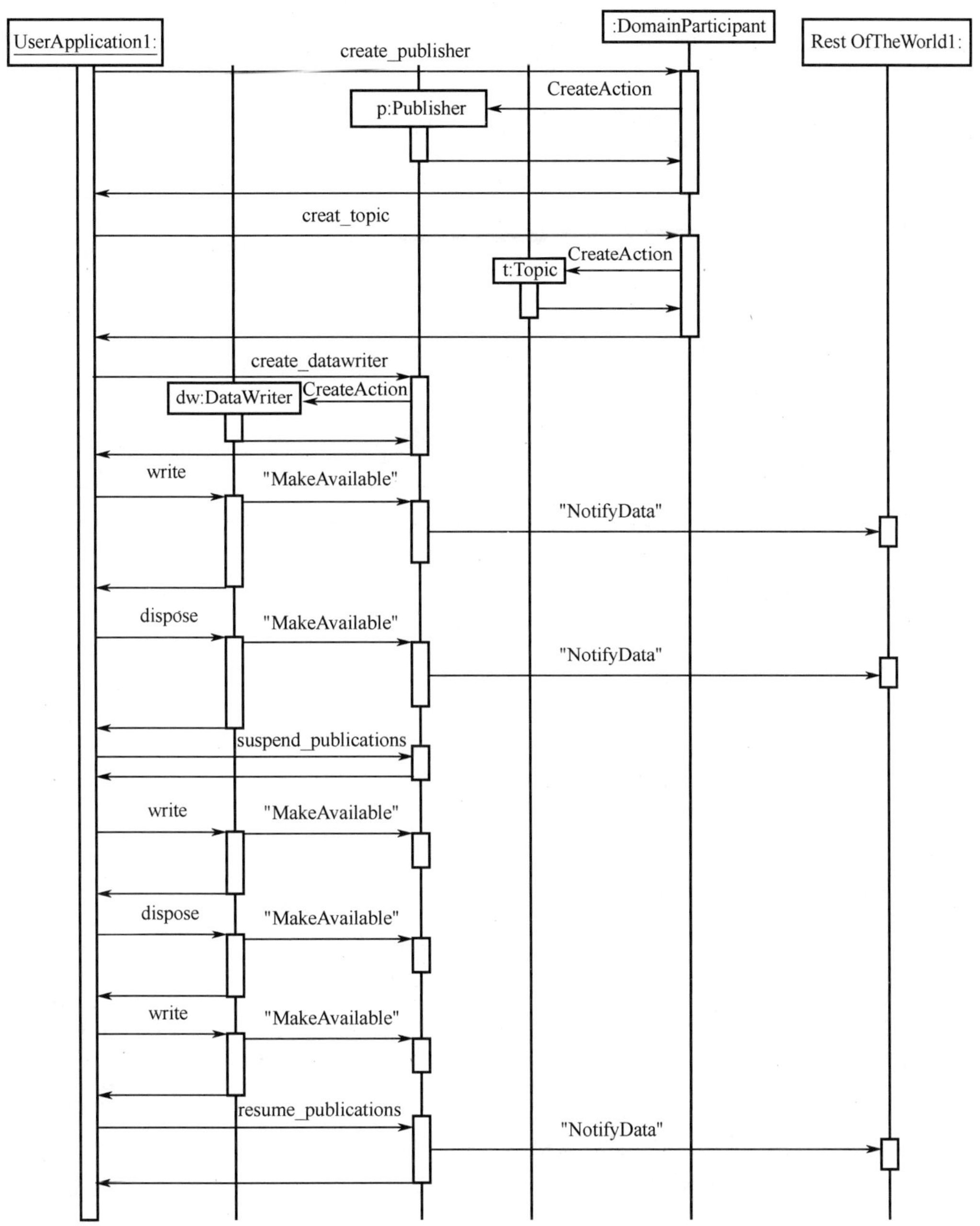

图 5-1　数据发送流程

5.2　发布者

在基于 DDS 构建的分布式系统中，如果想要发送数据，应用程序中必须有一个发布者对象。如图 5-2 所示，发布者由域参与者创建，它充当数据写入者的容器。一个发布者管理着多个数据写入者的活动，它实际上决定了数据何时发往何地。

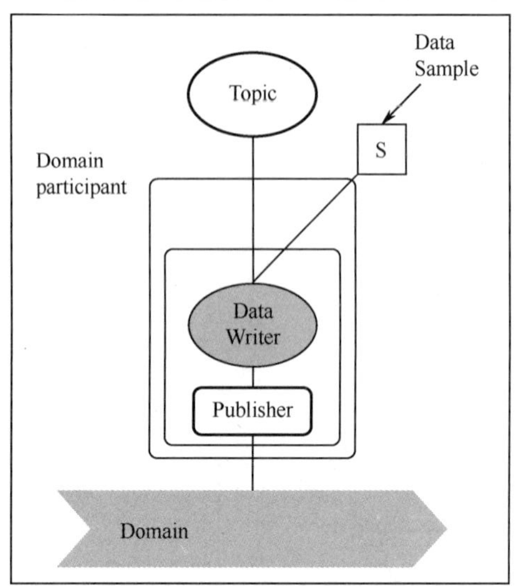

图 5-2 发布者与数据写入者的关系

5.2.1 创建、查找与删除数据写入者

在创建数据写入者之前，应用程序首先应该具有一个域参与者、一个主题和一个发布者。

```
::DDS::DataWriter_ptr create_datawriter (
        ::DDS::Topic_ptr a_topic,
        const::DDS::DataWriterQos & qos,
        ::DDS::DataWriterListener_ptr a_listener,
        ::DDS::StatusMask mask);
```

create_datawriter 操作用于创建数据写入者，创建后的数据写入者将归属于创建它的发布者。该操作返回的数据写入者实际上是一个派生类对象，与指定主题的数据类型相关联。如 2.2.3 节所述，对于应用程序定义的数据类型 Foo，都有一个隐含的、自动生成的数据写入者类 FooDataWriter，该类派生自 DCPS 中的 DataWriter 并具有写入 Foo 类型数据的操作。

第一个参数 a_topic 用于指定数据写入者所关联的主题，该主题必须在数据写入者创建之前已经存在。

第二个参数 qos 用于指定所创建的数据写入者的 QoS 策略。

第三个参数 a_listener 是创建的数据写入者所关联的专用监听器。监听器是回调线程，当数据写入者产生状态更改事件时，DDS 中间件使用它们将发生的具体状态更改事件通知应用程序。如果应用程序不希望安装监听器，该参数可以被设置为空指针，此时相应的域参与者监听器就会被调用来处理该事件。

第四个参数 mask 用于向 DDS 中间件表明哪些状态更改可以通过调用数据写入者监听器通知应用程序。如果应用程序将数据写入者监听器设置为空指针，该参数使用 NO_STATUS_MASK；如果应用程序希望数据写入者监听器执行所有回调，那么该参数使用 ALL_STATUS_MASK。

如果该操作执行失败，则返回的数据写入者指针为空（nil）。

为数据写入者构造 QoS 策略的常见应用程序模式如下：

① 通过对相关主题的 get_qos 操作检索相关主题上的 QoS 策略；

② 通过在发布者上执行 get_default_datawriter_qos 操作检索默认的数据写入者的 QoS 策略；

③ 结合①和②两个操作返回的 QoS 策略并根据需要有选择地修改；

④ 使用生成的 QoS 策略构造数据写入者。

DCPS 中定义的默认类型 DATAWRITER_QOS_DEFAULT 用于指示使用工厂中设置的数据写入者默认 QoS 策略来创建数据写入者。此值的使用相当于应用程序通过 get_default_datawriter_qos 操作获得数据写入者默认 QoS 策略，并使用生成的 QoS 策略创建数据写入者。

DCPS 中定义的默认类型 DATAWRITER_QOS_USE_TOPIC_QOS 用于指示应使用数据写入者默认 QoS 策略和主题 QoS 策略来创建数据写入者。此值的使用相当于应用程序获得数据写入者默认 QoS 策略和主题 QoS 策略（通过主题的 get_qos 操作），然后使用 copy_from_topic_qos 操作将这两个 QoS 策略组合起来，在主题 QoS 策略上设置的任何策略将覆盖默认 QoS 策略上的相应值。最后，将生成的 QoS 策略应用于数据写入者的创建。

传递给此操作的主题必须是从用于创建此发布者的同一域参与者创建的。如果主题是从其他域参与者创建的，则操作将失败并返回空指针。

```
::DDS::ReturnCode_t delete_datawriter (
        ::DDS::DataWriter_ptr a_datawriter);
```

此操作用于删除属于该发布者的某个数据写入者。调用 delete_datawriter 操作删除某个数据写入者时，使用的发布者必须与创建该数据写入者时使用的是同一个。如果使用另外一个发布者来执行 delete_datawriter 不会起作用，并将返回错误代码 PRECONDITION_NOT_MET。

删除某个数据写入者将自动注销该数据写入者所注册的所有实例。根据 WRITER_DATA_LIFECYCLE 策略的设置，删除数据写入者也可能会释放所有实例所占的内存空间。

需要注意的是，如果想删除某个发布者的所有数据写入者，则应该调用发布者的 delete_contained_entities 操作。

```
::DDS::DataWriter_ptr lookup_datawriter (
        ::const char * topic_name);
```

此操作用于检索已创建的属于发布者的数据写入者，该数据写入者已经附加到具有指定名称的主题上。如果符合条件的数据写入者不存在，则返回空指针；如果附加到发布者的多个数据写入者满足此条件，则将返回其中任意一个。

5.2.2 挂起与恢复发布状态

```
::DDS::ReturnCode_t suspend_publications ();
```

应用程序使用 suspend_publications 操作向 DDS 中间件指示将使用属于发布者的数据对象进行多次更改。它是对 DDS 中间件的一个提示，因此它可以通过首先保留修改信息的传播，然后采用批处理的方法来优化性能。

此操作的使用必须通过调用相应的 resume_publications 操作来匹配，该调用指示修改集已完成。如果在调用 resume_publications 操作之前删除了发布者，则任何尚未发布的挂起更改都将被丢弃。

```
::DDS::ReturnCode_t resume_publications ();
```

此操作向 DDS 中间件指示应用程序已完成由之前 suspend_publications 操作启动的多个更改。它是对 DDS 中间件的一个提示，DDS 中间件可以使用它来批处理自 suspend_publications 操作以来所做的所有更改。

对 resume_publications 操作的调用必须与之前的 suspend_publications 操作的调用匹配；否则，该操作将返回类型为 PRECONDITION_NOT_MET 的错误代码。

5.2.3 开始与结束一套连贯的修改

```
::DDS::ReturnCode_t begin_coherent_changes ();
```

应用程序调用 begin_coherent_changes 操作向 DDS 中间件声明，其将使用附加到发布者上的数据写入者开始一组连贯集更改，连贯集通过 end_coherent_changes 操作来结束。

连贯集是一组更改，它们在订阅端被解释为一致的更改集。也就是说，订阅端只能在集合中的所有更改在订阅端可用之后才能访问数据。连接更改可能发生在一组一致更改的中间。例如，发布者或其订阅者之一使用的分区集可能发生更改，网络上可能出现延迟加入的数据读取者，或者可能发生通信故障。如果这样的更改阻止了一个实体接收到整个一致的更改集，则该实体的行为必须像它没有收到任何一个一致的更改一样。

begin_coherent_changes 操作可以嵌套使用，在这种情况下，连贯集只在最后一次调用 end_coherent_changes 时终止。

对一致性更改的支持使发布端应用程序能够更改可能属于同一主题或不同主题的多个实例的值，并让数据读取者以原子方式看到这些更改。这在实例的值存在相互关联的情况下很有用（例如，如果有两个实例分别表示同一架飞机的高度和速度矢量，并且这两个实例的值都发生了变化，那么以数据读取者可以同时看到这两个值的方式来传输这些值可能更符合实际需求；否则，数据读取者所在的接收端应用程序可能会错误地认为飞机可能发生碰撞）。

```
::DDS::ReturnCode_t end_coherent_changes ();
```

该操作用于终止由 begin_coherent_changes 操作启动的连贯集更改。如果在调用 end_coherent_changes 操作前没有调用 begin_coherent_changes 操作，该操作将返回类型为 PRECONDITION_NOT_MET 的错误代码。

5.2.4 等待应答

```
::DDS::ReturnCode_t wait_for_acknowledgments (
        const::DDS::Duration_t & max_wait);
```

发布者的 wait_for_acknowledgments 操作将阻止调用线程，直到所有由发布者的可靠数据写入者所发布的数据样本得到所有相匹配的可靠数据读取者的应答，或者由参数 max_wait 指定的等待时间逾期，以先发生者为准。

当所有数据样本都得到应答时，该操作将返回 OK；当发生 max_wait 等待时间逾期时，则返回 TIMEOUT。

5.2.5　获取所属域参与者

```
::DDS::DomainParticipant_ptr get_participant ();
```

此操作用于返回发布者所属的域参与者，也就是创建该发布者的域参与者。

5.2.6　删除包含的所有实体

```
::DDS::ReturnCode_t delete_contained_entities ();
```

应用程序使用 delete_contained_entities 操作删除通过发布者所创建的所有实体。也就是说，它将删除发布者所包含的所有数据写入者。如果发布者包含的任何实体处于无法删除状态，该操作将返回错误代码 PRECONDITION_NOT_MET。

一旦 delete_contained_entities 操作执行成功，应用程序能够在不包含数据写入者的情况下删除发布者。

5.2.7　设置与获取数据写入者默认 QoS 策略

```
::DDS::ReturnCode_t set_default_datawriter_qos (
        const::DDS::DataWriterQos & qos);
```

set_default_datawriter_qos 操作用于设置数据写入者 QoS 策略的默认值，如果在创建数据写入者 create_datawriter 操作中选择了使用默认 QoS 策略，则该策略将用于新创建的数据写入者。

该操作将检查所传入的 QoS 策略与数据写入者的 QoS 策略类型是否一致，如果不一致则操作失败，数据写入者的默认 QoS 策略不会发生改变。应用程序使用该操作时，可以将 DDS 中定义的默认类型 DATAWRITER_QOS_DEFAULT（数据写入者的默认 QoS 策略）作为参数值，以将默认 QoS 重置回工厂使用的初始值。

```
::DDS::ReturnCode_t get_default_datawriter_qos (
        ::DDS::DataWriterQos & qos);
```

此操作用于获取数据写入者的默认 QoS 策略，即在创建数据写入者操作中默认 QoS 策略的情况下，将用于创建新的数据写入者的 QoS 策略。

该操作获取的默认 QoS 策略是上一次成功调用 set_default_datawriter_qos 操作所设置的。如果应用程序从来未执行过 set_default_datawriter_qos 操作，则使用 DCPS 中指定的数据写入者默认 QoS 策略。表 5-1 描述了数据写入者适用的 QoS 策略。

表 5-1　数据写入者适用的 QoS 策略

QoS 策略	描　述
DURABILITY	用于控制 DDS 是否传送之前的数据样本到新的数据读取者
DURABILITY_SERVICE	用于控制短暂或者永久性地删除缓存中的数据样本
HISTORY	用于控制 DDS 为数据读取者和数据写入者存储多少数据样本
LIFESPAN	指定 DDS 会在多长时间内认为发送的数据是有效的

续表

QoS 策略	描　　述
DESTINATION_ORDER	指定 DDS 中多个数据写入者为相同主题发送数据时的顺序
RELIABILITY	指定 DDS 是否可靠地传输数据
USER_DATA	实体所携带的附加信息，用于建立实体间连接关系的证明
LIVELINESS	用于指定数据读取者判定数据写入者何时变为不活跃的机制
OWNERSHIP	与 OWNERSHIP_STRENGH 一起指定数据读取者能否从多个数据写入者接收数据
OWNERSHIP_STRENGTH	用于在一个主题相同实例的多个数据写入者之间仲裁所有权
DEADLINE	对于数据读取者，指定到达数据样本预期的最大传输时间；对于数据写入者，指定在它们之间发布数据样本的时间不大于传输时间的承诺
LANTENCY_BUDGET	指定允许 DDS 传输数据时延的建议
TRANSPORT_PRIORITY	用于指定主题数据的传输优先级
RESOURCE_LIMITS	用于控制为实体分配的物理内存的数量及它们如何发生
WRITER_DATA_LIFECYCLE	用于控制数据写入者如何处理其注册管理的实例的生命周期

DCPS 中指定的数据写入者默认 QoS 策略如表 5-2 所示。

表 5-2　DCPS 中指定的数据写入者默认 QoS 策略

QoS 策略	属　　性	默　认　值
DURABILITY	kind service_cleanup_delay.sec service_cleanup_dealy.nanosec	VOLATILE_DURABILITY_QOS DURATION_ZERO_SEC DURATION_ZERO_NSEC
DURABILITY_SERVICE	service_cleanup_delay.sec service_cleanup_dealy.nanosec history_kind history_depth max_samples max_instances max_samples_per_instance	DURATION_ZERO_SEC DURATION_ZERO_NSEC KEEP_LAST_HISTORY_QOS 1 LENGTH_UNLIMITED LENGTH_UNLIMITED LENGTH_UNLIMITED
HISTORY	kind depth	KEEP_LAST_HISTORY_QOS 1
LIFESPAN	duration.sec duration.nanosec	DURATION_INFINITY_SEC DURATION_INFINITY_NSEC
DESTINATION_ORDER	kind	BY_RECEPTION_TIMESTAMP_ DESTINATIONORDER_QOS
RELIABILITY	kind max_blocking_time.sec max_blocking_time.nanosec	RELIABLE_RELIABILITY_QOS 0 100000000
USER_DATA	value	未设置
LIVELINESS	kind lease_blocking_time.sec lease_blocking_time.nanosec	AUTOMATIC_LIVELINESS_QOS DURATION_INFINITY_SEC DURATION_INFINITY_NSEC

续表

QoS 策略	属　性	默　认　值
OWNERSHIP	kind	SHARED_OWNERSHIP_QOS
OWNERSHIP_STRENGTH	value	0
DEADLINE	period.sec period.nanosec	DURATION_INFINITY_SEC DURATION_INFINITY_NSEC
LANTENCY_BUDGET	duration.sec duration.nanosec	DURATION_ZERO_SEC DURATION_ZERO_NSEC
TRANSPORT_PRIORITY	value	0
RESOURCE_LIMITS	max_samples max_instances max_samples_per_instance	LENGTH_UNLIMITED LENGTH_UNLIMITED LENGTH_UNLIMITED
WRITER_DATA_LIFECYCLE	autodispose_unregistered_instances	1

5.2.8　复制主题 QoS 策略

```
::DDS::ReturnCode_t copy_from_topic_qos(
        ::DDS::DataWriterQos & a_datawriter_qos,
        const::DDS::TopicQos & a_topic_qos);
```

应用程序使用 copy_from_topic_qos 操作能够将参数 a_topic_qos 指定的主题 QoS 策略复制到参数 a_datawriter_qos 指定的数据写入者 QoS 策略(如果存在,实际是替换 a_datawriter_qos 中的值)。

该操作与 get_default_datawriter_qos 操作和主题的 get_qos 操作结合使用最为有效。使用 copy_from_topic_qos 操作可以将数据写入者默认 QoS 策略与主题上的相应 QoS 策略合并，然后使用生成的 QoS 策略创建新的数据写入者，或者设置其 QoS 策略。

此操作不会检查生成的数据写入者 QoS 策略与其可接受类型的一致性，这是因为合并的 a_datawriter_qos 可能不是最后一个，应用程序仍然可以在将策略应用于数据写入者之前对其进行修改。

下面的示例代码用于在创建数据写入者时从一个主题复制选定的 QoS 策略：

```
::DDS::DataWriterQos dw_qos;
::DDS::TopicQos topic_qos;
topic -> get_qos (topic_qos);
publisher -> get_default_datawriter_qos (dw_qos);

dw_qos.deadline = topic_qos.deadline;
dw_qos.reliability = topic_qos.reliability;

::DDS::DataWriter_var dw = publisher -> create_datawriter (topic,
      dw_qos, NULL, STATUS_MASK_NONE);
```

下面的示例在创建数据写入者时从一个主题中复制所有的 QoS 策略：

```
::DDS::DataWriterQos dw_qos;
::DDS::TopicQos topic_qos;
```

```
topic -> get_qos (topic_qos);
publisher -> get_default_datawriter_qos (dw_qos);

publisher -> copy_from_topic_qos (dw_qos, topic_qos);
dw_qos.deadline.duration.sec = 5;
dw_qos.deadline.duration.nanosec = 123;

::DDS::DataWriter_var dw = publisher -> create_datawriter (topic,
    dw_qos, dw_listener, STATUS_MASK_ALL);
```

5.3 数据写入者

应用程序希望发布的每个主题都需要有一个相应的数据写入者。数据写入者是通过发布者上的操作创建的，在创建后将自动归属于创建它的发布者。为了保证数据传输过程的类型安全，DDS 规范要求数据写入者与主题是类型相关的。例如，对于某个主题数据类型 Foo，DDS 会为其生成一个对应的数据写入者派生类 FooDataWriter。用户在发送 Foo 类型的数据样本时，将需要使用 FooDataWriter 的 write 操作来完成。实际上，虽然发布者的 create_datawriter 操作将返回一个 DDS::DataWriter 类型的通用数据写入者指针，但是它指向的对象却是其派生类的对象。为了保证类型安全，在执行发布数据之前需要调用 FooDataWriter 类的静态方法 narrow，将 DDS::DataWriter 类型的通用数据写入者指针转换为 FooDataWriter 类型的专用数据写入者指针，具体代码如下：

```
::DDS::DataWriter_var dw = publisher -> create_datawriter (topic,
    DATAWRITER_QOS_DEFAULT,
    ::DDS::DataWriterListener::_nil(),
    OpenDDS::DCPS::DEFAULT_STATUS_MASK);

FooDataWriter_var foo_dw = FooDataWriter::_narrow (dw)
```

5.3.1 注册与注销数据对象实例

```
::DDS::InstanceHandle_t register_instance (
    const Data & instance);
```

应用程序使用 register_instance 操作通知 DDS 中间件将更改（写入或丢弃）一个特定的实例，它为 DDS 中间件提供了一个预先配置自身以提高性能的机会。该操作将一个实例作为参数，并返回一个句柄，该句柄可用于后续数据样本的连续写入或释放操作。为了提高 DDS 中间件性能，该操作应该在调用任何更改实例的操作（如 write、write_w_timestamp、dispose 和 dispose_w_timestamp）之前调用。

如果 DDS 中间件不想为该实例分配任何句柄，则它可能会返回空句柄。在与 write 操作相同的场景下，register_instance 操作可能会阻塞并返回 TIMEOUT 或者 OUT_OF_RESOURCES。

如果为已经注册的实例调用 register_instance 操作，则它只返回已经分配的句柄。因此该操作也可以用来查找和检索分配给某个实例的句柄。总之，通过注册一个实例，所有后续针对该实例的 write 操作的调用将更加高效。但是，如果对一个特定实例，应用程序仅打算写入一次数据，则注册不会带来性能上的太大提高。

```
::DDS::ReturnCode_t unregister_instance (
        const Data & instance,
        ::const::DDS::Time_t & timestamp);
```

unregister_instance 是 register_instance 的逆操作，应用程序只能在当前已注册的实例上调用它。应用程序调用该操作用于向 DDS 中间件通知数据写入者不打算再更改该实例，DDS 中间件可以删除本地有关该实例的所有信息，但是该操作并不会删除实例。在调用 unregister_instance 之后，应用程序不应尝试使用先前分配给该实例的句柄。不管调用了多少次 register_instance 操作，unregister_instance 操作对于每个实例只调用一次。

如果 handle 是空句柄 HANDLE_NIL 以外的任何值，则它必须与注册实例（由其键值标识）时 register_instance 操作返回的值相对应；否则，其可能导致的结果如下：

（1）如果句柄对应于一个现有实例，但与 instance 参数指定的不是同一实例，一旦 DDS 中间件检测到该问题，则操作将失败并返回 PRECONDITION_NOT_MET 的错误代码。

（2）如果句柄与现有实例不对应，一旦 DDS 中间件检测到该问题，则操作将失败并返回 BAD_PARAMETER 的错误代码。

在执行 unregister_instance 操作之后，应用程序如果想要修改（写入或释放）实例，则必须再次注册它。此操作并不表示实例已删除（这是 dispose 操作的目的）。unregister_instance 操作只表明数据写入者不再对该实例有任何要说的。如果没有其他数据写入者正在写入该实例，则正在读取实例的数据读取者最终将收到一个数据样本，该样本具有 NOT_ALIVE_NO_WRITERS 的实例状态。

此操作会影响实例的所有权，如果数据写入者是实例的独占者，则调用 unregister_instance 操作将放弃该实例的所有权。

5.3.2　带时戳注册与注销数据对象实例

```
::DDS::InstanceHandle_t register_instance_w_timestamp (
        const Data & instance,
        const::DDS::Time_t & timestamp);
```

此操作具有与 register_instance 相同的功能，在应用程序希望指定源时间戳 source_timestamp 的值的情况下，可以使用此操作代替 register_instance。源时间戳 source_timestamp 可能会影响数据读取者观察来自多个数据写入者的数据样本的相对顺序。有关详细信息，请参见 7.1.17 节的 DESTINATION_ORDER 策略。

如果 DDS 中间件不想为该实例分配任何句柄，则它可能会返回空句柄。在与 write 操作相同的场景下，register_instance_w_timestamp 操作可能会阻塞并返回 TIMEOUT 或者 OUT_OF_RESOURCES。

```
::DDS::ReturnCode_t unregister_instance_w_timestamp (
        const Data & instance,
        ::DDS::InstanceHandle_t handle,
        const::DDS::Time_t & timestamp);
```

此操作具有与 unregister_instance 相同的功能，在应用程序希望指定源时间戳 source_timestamp 的值的情况下，可以使用此操作代替 unregister_instance。源时间戳 source_timestamp 可能会影响数据读取者观察来自多个数据写入者的数据样本的相对顺序。有关详细信息，请参见 7.1.17 节的 DESTINATION_ORDER 策略。

5.3.3 获取实例的键值

```
::DDS::ReturnCode_t get_key_value (
        Data & key_holder,
        ::DDS::InstanceHandle_t handle);
```

一旦拥有了一个实例句柄（使用 register_instance 或 lookup_instance 操作获取），应用程序就可以使用数据写入者的 get_key_value 操作检索该实例的键值。如果参数 handle 不对应于数据写入者已知的现有实例，则此操作返回 BAD_PARAMETER 的错误代码。

5.3.4 查找实例

```
::DDS::InstanceHandle_t lookup_instance (
        const Data & instance_data);
```

数据写入者的一些操作需要使用实例句柄 handle 作为参数。如果需要此类句柄，应用程序可以调用 lookup_instance 操作，它将实例作为参数并为其返回相应的句柄。在此操作中，参数 instance_data 仅用于检查定义键的字段。如果实例以前没有注册，或者由于任何其他原因导致 DDS 中间件无法提供实例句柄，则该操作将返回空句柄 HANDLE_NIL。

5.3.5 数据写入

```
::DDS::ReturnCode_t write (
        const Data & instance_data,
        ::DDS::InstanceHandle_t handle);
```

write 操作用于通知 DDS 中间件指定实例的新样本将被数据写入者在相关的主题下发布。默认情况下，调用 write 操作将立刻在网络上发送数据样本（假设有匹配的数据读取者）。当然，应用程序可以在数据写入者所属的发布者上配置并执行操作来缓冲数据。实际上，每个数据写入者都拥有自己的缓存，如图 5-3 所示。

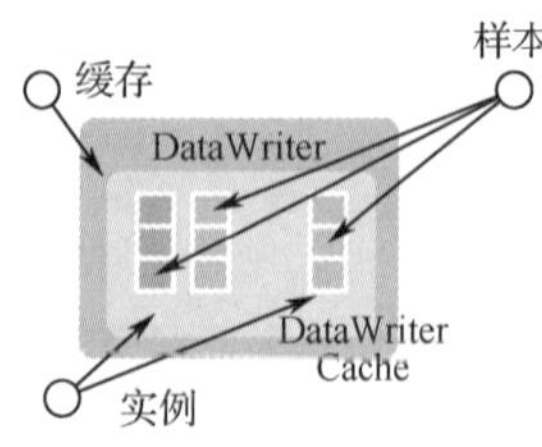

图 5-3 数据写入者的缓存

当调用 write 操作时，DDS 中间件会自动为数据样本附加一个当前的时间戳，该时间戳会随着数据样本被发送至数据读取者。时间戳会出现在 SampleInfo 结构体中的 source_timestamp 字段。

为了保证类型安全，该操作必须在根据主题数据类型生成的专用数据写入者上执行。作为执行该操作的一个额外影响，此操作在数据写入者本身、其所属的发布者和发布者所属的域参与者上声明了活跃性。

空句柄 HANDLE_NIL 可作为第二个参数 handle 来使用，此时表示实例的身份应该从实例的数据样本中自动推断出来（通过键值）。如果 handle 是空句柄 HANDLE_NIL 以外的任何值，则它必须与注册实例（由其键值标识）时 register_instance 操作返回的值相对应；否则，其可能导致的结果如下：

（1）如果句柄对应于一个现有实例，但与 instance 参数指定的不是同一实例，一旦 DDS 中间件检测到该问题，则操作将失败并返回 PRECONDITION_NOT_MET 的错误代码。

（2）如果句柄与现有实例不对应，一旦 DDS 中间件检测到该问题，则操作将失败并返回 BAD_PARAMETER 的错误代码。

如果数据写入者的 RELIABILITY 策略的 kind 属性设置为 RELIABLE，在遇到会导致数据丢失或超出资源限制中指定的某个限制的情况下，write 操作可能会阻塞。在这些情况下，RELIABILITY 中的 max_blocking_time 属性用于配置写入操作可能阻塞等待空间可用的最长时间。具体地说，即使数据写入者的 HISTORY 策略的 kind 属性设置为 KEEP_LAST，数据写入者的 write 操作在以下情况下仍然可能会阻塞：

（1）如果 RESOURCE_LIMITS 的 max_samples 属性 < RESOURCE_LIMITS 的 max_instances 属性×HISTORY 的 depth 属性，则在 max_samples 资源限制用尽的情况下，只要该实例至少还有一个样本，DDS 中间件可以丢弃其他实例的样本。如果仍然无法腾出空间来存储更改，则允许数据写入者阻塞。

（2）如果 RESOURCE_LIMITS 的 max_samples 属性 < RESOURCE_LIMITS 的 max_instances 属性，则无论 HISTORY 的 depth 属性如何取值，数据写入者都可能阻塞。

如果满足以下两个条件，则允许 write 操作立即返回错误代码，而不是阻塞：

（1）阻塞的原因是超出了 RESOURCE_LIMITS 的限制。

（2）DDS 中间件确定等待 max_waiting_time 仍然没有机会释放必要的资源。例如，如果获得必要资源的唯一方法是用户注销实例。

5.3.6　带时戳数据写入

```
::DDS::ReturnCode_t write_w_timestamp (
        const Data & instance_data,
        ::DDS::InstanceHandle_t handle,
        const::DDS::Time_t & source_timestamp);
```

此操作与 write 操作一样具有数据写入功能，只是它还额外提供了由应用程序设置数据样本时间戳的能力，该值通过 SampleInfo 结构中的 source_timestamp 字段提供给数据读取者。

write_w_timestamp 操作中对于 handle 参数值的约束、阻塞和相应的错误行为与 write 操作是一致的，在此不再赘述。

5.3.7　丢弃数据

```
::DDS::ReturnCode_t dispose (
        const Data & instance_data,
        ::DDS::InstanceHandle_t instance_handle);
```

应用程序调用 dispose 操作向 DDS 中间件请求删除数据（实际删除将推迟到整个系统中不再使用该数据）。通常来说，该操作会通知数据读取者，数据写入者所知的某个实例不再存在，可以被认为处于不活跃的状态。当 dispose 操作被调用时，通过数据读取者访问数据样本时，SampleInfo 结构中的实例状态 instance_state 将变为 NOT_ACTIVE_DISPOSED。

如图 4-2 所示的例子，当目标从雷达的探测区域离开后，雷达节点的数据写入者可能会丢弃该目标对应的实例。在这种情况下，态势节点的数据读取者将会发现实例状态更改为 NOT_ACTIVE_DISPOSED，这表明目标已消失。

需要注意的是，dispose 操作与 unregister_instance 操作不同，后者仅仅表示一个特定的数据写入者不再希望更改一个实例，但是如果实例有多个数据写入者时，该实例仍然可以在系统中正常使用。

如果一个特定实例从未被丢弃，一旦写入该实例的数据写入者被删除或者失去活跃性，则实例的状态将从 ALIVE 变为 NOT_ALIVE_NO_WRITERS。

5.3.8 带时戳丢弃数据

```
::DDS::ReturnCode_t dispose_w_timestamp (
        const Data & instance_data,
        ::DDS::InstanceHandle_t instance_handle,
        const::DDS::Time_t & source_timestamp);
```

此操作与 dispose 操作一样具有丢弃数据的功能，只是它还额外提供了由应用程序设置数据样本时间戳的能力，该值通过 SampleInfo 结构中的 source_timestamp 字段提供给数据读取者。

dispose_w_timestamp 操作中对于 handle 参数值的约束、阻塞和相应的错误行为与 dispose 操作是一致的，在此不再赘述。

5.3.9 等待确认

```
::DDS::ReturnCode_t wait_for_acknowledgments (
        const ::DDS::Duration_t & max_wait);
```

数据写入者的 wait_for_acknowledgments 操作将阻止调用线程，直到数据写入者所写入的全部数据样本都被所有匹配的数据读取者确认（数据读取者的 RELIABILITY 策略的 kind 属性设置为 RELIABLE），或者由参数 max_wait 指定的等待时间逾期，以先发生者为准。返回值为 OK 表示所有写入的样本都已被所有可靠的匹配数据读取者确认；返回值为 TIMEOUT 则表示在确认所有数据之前已超过 max_wait 规定的时间。

如果数据写入者未将其 RELIABILITY 策略的 kind 属性设置为 RELIABLE，则该操作会立刻返回 OK。

5.3.10 获取活跃度丢失状态

```
::DDS::ReturnCode_t get_liveliness_lost_status (
        ::DDS::LivelinessLostStatus & status);
```

此操作用于获取 LIVELINESS_LOST 类型的通信状态，关于通信状态的内容请参见 2.5.1 节相关内容。

5.3.11 获取提供的生存期丢失状态

```
::DDS::ReturnCode_t get_offered_deadline_missed_status (
        ::DDS::OfferedDeadlineMissedStatus & status);
```

此操作用于获取 OFFERED_DEADLINE_MISSED 类型的通信状态，关于通信状态的内容请参见 2.5.1 节相关内容。

5.3.12　获取提供的 QoS 策略不兼容状态

```
::DDS::ReturnCode_t get_offered_incompatible_qos_status (
        ::DDS::OfferedIncompatibleQosStatus & status);
```

此操作用于获取 OFFERED_INCOMPATIBLE_QOS 类型的通信状态，关于通信状态的内容请参见 2.5.1 节相关内容。

5.3.13　获取发布者匹配状态

```
::DDS::ReturnCode_t get_publication_matched_status (
        ::DDS::PublicationMatchedStatus & status);
```

此操作用于获取 PUBLICATION_MATCHED 类型的通信状态，关于通信状态的内容请参见 2.5.1 节相关内容。

5.3.14　获取主题

```
::DDS::Topic_ptr get_topic ();
```

此操作用于获取与数据写入者相关联的主题，该主题也是创建数据写入者时使用的主题。

5.3.15　获取所属发布者

```
::DDS::Publisher_ptr get_publisher ();
```

此操作用于获取数据写入者所属的发布者。

5.3.16　断言活跃度

```
::DDS::ReturnCode_t assert_liveliness ();
```

数据写入者的 assert_liveliness 操作用于手动断言数据写入者的活跃性，该操作可以与 LIVELINESS 策略结合使用，以向 DDS 中间件指示实体仍然处于活动状态。需要注意的是，只有当数据写入者的 LIVELINESS 策略被设置为 MANUAL_BY_PARTICIPANT 或者 MANUAL_BY_TOPIC 时，才需要指定该操作；否则，执行该操作没有任何效果。

通过对数据写入者的 write 操作写入数据，可以断言数据写入者本身及其所属的域参与者的活跃性。因此，只有当应用程序没有按照约定时间写入数据时，才需要使用该操作。

5.3.17　获取匹配的订阅信息

```
::DDS::ReturnCode_t get_matched_subscription_data (
        ::DDS::SubscriptionBuiltinTopicData & subscription_data,
        ::DDS::InstanceHandle_t subscription_handle);
```

此操作用于检索与数据写入者关联的订阅信息，也就是具有匹配主题和兼容 QoS 策略，并且应用程序未通过域参与者的 ignore_subscription 忽略的订阅信息。

第二个参数 subscription_handle 必须与数据写入者关联的订阅相对应，否则操作将失败并返回 BAD_PARAMETER。get_matched_subscriptions 操作可用于查找当前与数据写入者匹配的订阅。

5.3.18 获取匹配的订阅者

```
::DDS::ReturnCode_t get_matched_subscriptions (
        ::DDS::InstanceHandleSeq & subscription_handles);
```

此操作检索当前与数据写入者关联的订阅列表，也就是具有匹配主题和兼容 QoS 策略，并且应用程序未通过域参与者的 ignore_subscription 忽略的订阅。

参数 subscription_handles 中返回的是 DDS 中间件实现用于标识本地相应匹配数据读取者的句柄。这些句柄与读取 DCPSSubscriptions 内置主题时 SampleInfo 结构的 instance_handle 字段中出现的句柄相匹配。

5.4 发布者监听器

像所有的 DCPS 实体一样，发布者也可以关联相应的发布者监听器，用于接收 DDS 中间件向应用程序传递的相关状态更改事件。虽然发布者没有特定的状态更改，但是由于发布者监听器是从数据写入者监听器上派生而来的，因此它具有数据写入者监听器的所有功能。

当发布者创建的任何数据写入者的状态发生更改时，发布者监听器的相应操作都会得到 DDS 中间件的回调。但是只有在数据写入者自身没有安装数据写入者监听器时，这条回调才是真实的。如果数据写入者监听器被安装并启用，DDS 中间件将转而执行数据写入者监听器的相应回调操作。

如果希望一个发布者能够为其包含的数据读取者处理状态更改事件，应用程序可以在创建发布者时或者创建发布者后使用 set_listener 操作，通过设置最后一个 mask 参数来控制发布者监听器将处理哪些状态更改事件，示例代码如下：

```
::DDS::StatusMask mask = OFFERED_DEADLINE_MISSED_STATUS |
     OFFERED_INCOMPATIBLE_MISSED_STATUS;

::DDS::Publisher_var pub =participant -> create_publisher (
     PUBLISHER_QOS_DEFAULT,
     ::DDS::PublisherListener::_nil(),
     mask);
```

如上例所示，发布者监听器为发布者包括的所有数据写入者充当默认监听器，当 DDS 中间件要将一个状态更改事件（如 PUBLICATON_MATCHED）通知给数据写入者时，它将首先检查这个数据写入者是否启用了对应的数据写入者监听器的回调操作（如 on_publication_matched 操作）。如果启用了，DDS 中间件将为数据写入者监听器的回调分配事件；反之，DDS 中间件会将事件分配至对应的发布者监听器回调操作。

在下列情况下，一个数据写入者的一个特定回调操作未启用：

（1）应用程序安装了一个空的数据写入者监听器。

（2）应用程序已经禁用了一个数据监听者的回调操作，在为数据写入者安装数据写入者监听器时，通过关闭传递给 set_listener 或 create_datawriter 调用的 mask 参数的相关状态位。

5.5　数据写入者监听器

数据写入者监听器应当具备 2.5.1 节中 OFFERED_INCOMPATIBLE_QOS、LIVELINESS_LOST、OFFERED_DEADLINE_MISSED、PUBLICATION_MATCHED 等 4 种状态更改事件的回调处理能力。

```
virtual void on_offered_incompatible_qos (
        ::DDS::DataWriter_ptr writer,
        const ::DDS::OfferedIncompatibleQosStatus & status);

virtual void on_offered_deadline_missed (
        ::DDS::DataWriter_ptr writer,
        const ::DDS::OfferedDeadlineMissedStatus & status);

virtual void on_liveliness_lost (
        ::DDS::DataWriter_ptr writer,
        const ::DDS::LivelinessLostStatus & status);

virtual void on_publication_matched (
        ::DDS::DataWriter_ptr writer,
        const ::DDS::PublicationMatchedStatus & status);
```

第6章 订阅者与数据接收

数据分发服务（DDS）提供了匿名、透明和多对多的通信机制，应用程序每次发送一个特定主题的样本，DDS 中间件向所有对该主题感兴趣的应用程序分配样本。发布端应用程序无须指定有多少应用程序接收主题，也无须指定应用程序的位置。同理，订阅端应用程序也无须指定发布端应用程序的位置。主题的新发布和新订阅随时可能出现，DDS 中间件将自动建立它们之间的联系。从第 5 章内容可知，发布端应用程序主要依靠发布者和数据写入者两个实体提供的功能来实现。与之相对应地，订阅端应用程序主要采用订阅者和数据读取者两个实体来实现数据的接收。

本章将从分析 DDS 中订阅端的数据接收流程入手，比较两种数据接收方式的原理和异同点，着重介绍订阅者和数据读取者的使用方法，帮助用户掌握如何构建订阅端应用程序。

6.1 数据接收流程

DDS 规定了两种接收数据的方式。

（1）异步通知方式。当新数据样本到达时，DDS 中间件通过订阅者或者数据读取者上的监听器通知应用程序。在监听器回调操作执行过程中，应用程序可以通过在数据读取者上调用 read（读取）或者 take（提取）操作访问数据。这种方式使得应用程序能以最小反应时间接收数据样本。

（2）同步等待方式。应用程序创建条件和等待集，并调用等待集的 wait 操作等待新数据样本。DDS 中间件将会阻塞应用程序的线程，直到条件的 trigger_value（新样本到达）变为 TRUE。随后，应用程序在数据读取者上调用 read 或者 take 操作从接收缓冲区中访问数据样本。

在接收数据之前，首先需要创建和配置各种实体，具体如下：

① 获取域参与者工厂的实例，创建域参与者；

② 使用域参与者注册相应的主题数据类型；

③ 使用域参与者为注册的数据类型创建一个主题；

④ 使用域参与者创建一个订阅者；

⑤ 使用订阅者为主题创建一个通用类型数据读取者；

⑥ 使用安全类型的方法，将创建的通用类型数据读取者转换为一个特定类型数据读取者（与主题类型相对应）。

以异步通知方式接收数据的步骤如图 6-1 所示，其基本思想是通过监听器被动接收新样本到达事件，具体过程描述如下。

（1）为数据读取者创建一个数据读取者监听器或者为订阅者创建一个订阅者监听器。如果应用程序在 on_data_available 回调启用的情况下创建数据读取者监听器，当新数据样本到达时，DDS 中间件将执行该监听器的 on_data_available 回调操作；如果应用程序在

on_data_on_readers 回调启用的情况下创建订阅者监听器，当新数据样本到达时，DDS 中间件将执行该监听器的 on data_on_readers 回调操作。

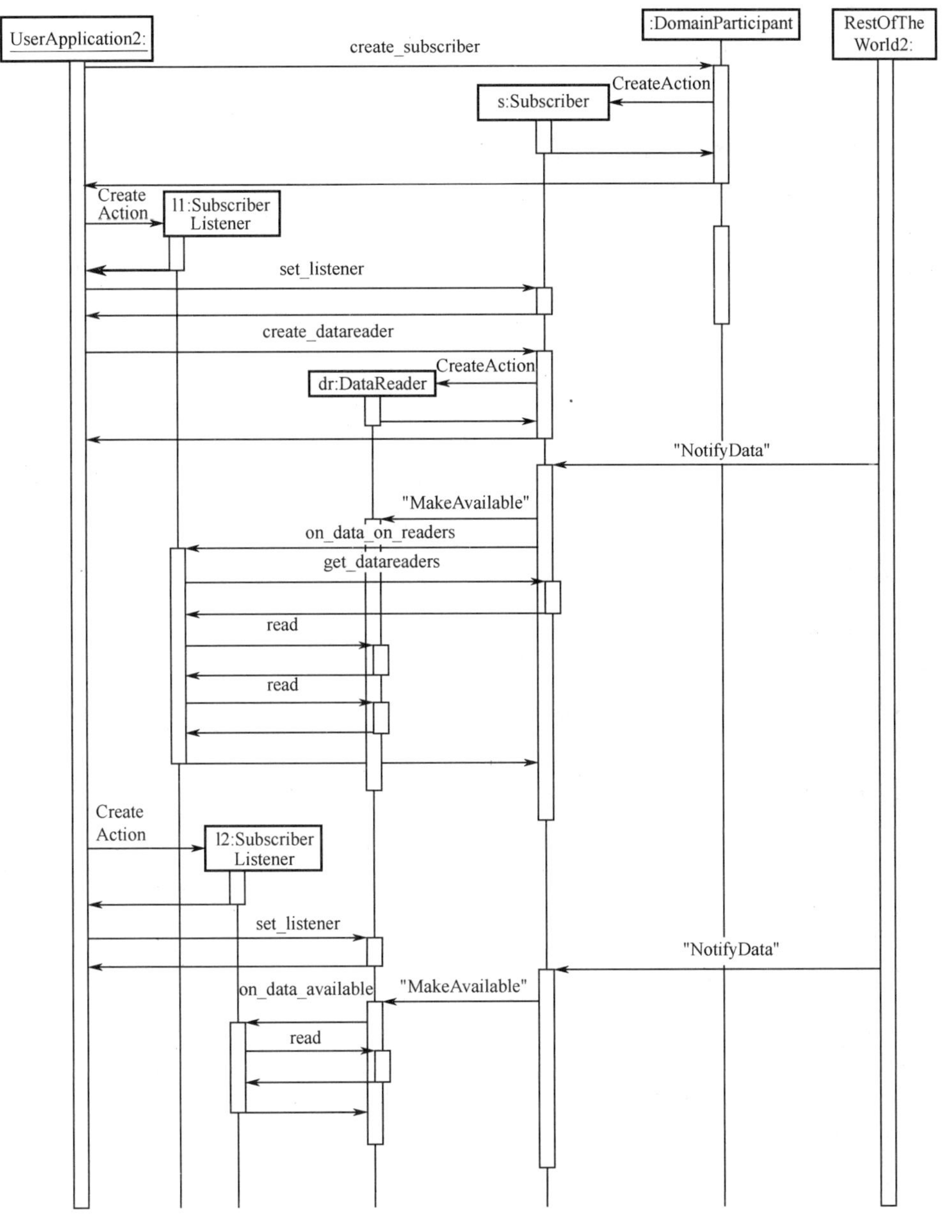

图 6-1　数据接收流程（基于监听器）

（2）在订阅者或者数据读取者上安装创建的相应监听器。对于数据读取者，安装监听器用于处理 DATA_AVAILABLE 类型的状态更改事件；对于订阅者，安装监听器用于处理 DATA_ON_READERS 类型的状态更改事件。

（3）当新数据样本到达时，只有一个监听器会被调用。如果订阅者安装了监听器，那么 DDS 中间件将会通过订阅者监听器通知应用程序新样本到达；如果数据读取者安装了监听器，那么 DDS 中间件将会通过数据读取者监听器通知应用程序新样本到达。也就是说，相对于

on_data_available 操作，DDS 中间件优先执行 on_data_on_readers 回调操作。

（4）在数据读取者监听器的 on_data_available 回调操作中，使用数据读取者的 read 或者 take 操作访问数据样本。如果订阅者监听器的 on_data_on_readers 操作被回调执行，应用程序可以直接在接收新数据到达的订阅者的响应数据读取者上调用 read 或者 take 操作，也可以调用订阅者的 notify_datareader 操作，这将会使得每个接收新数据样本的数据读取者监听器的 on_data_available 操作被回调执行。

以同步等待方式接收数据的步骤如图 6-2 所示，其基本思想是通过条件主动等待新样本的到达，具体过程描述如下。

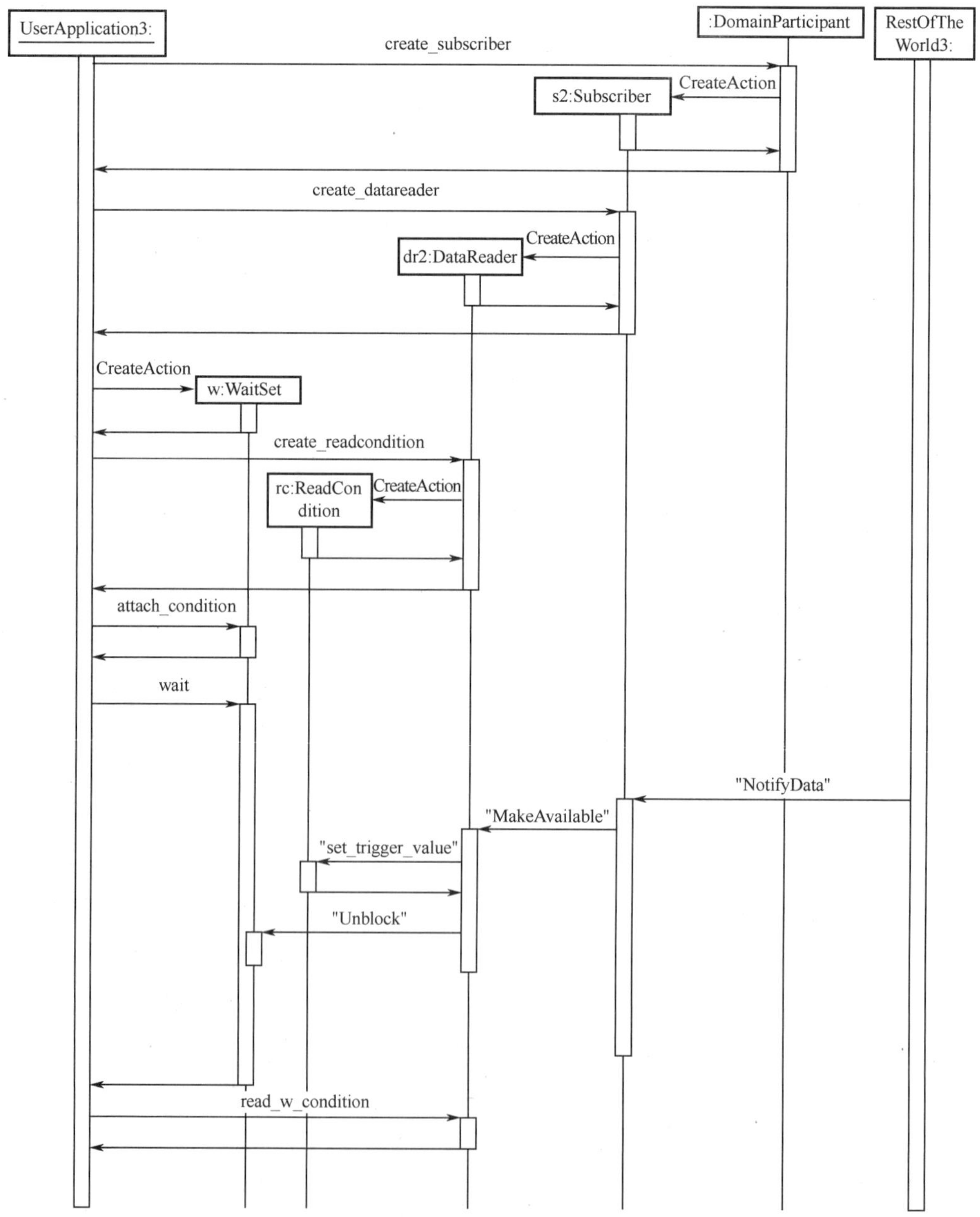

图 6-2　数据接收流程（基于条件和等待集）

（1）使用数据读取者创建一个应用程序期望等待的数据样本的读取条件。例如，应用程序可以指定期望等待从未出现过的样本，其来自仍然被认为是活跃的数据读取者。应用程序也可以创建一个状态条件，指定应用程序期望等待的是类型为 ON_DATA_AVAILABLE 的状态更改事件。

（2）创建一个等待集。

（3）将读取条件或者状态条件附加至等待集。

（4）调用等待集的 wait 操作，指定应用程序愿意为希望得到的样本而等待的最长时间。当 wait 操作返回时，要么是等待集中条件的 trigger_value 变为 TRUE，要么是已经超过了最长等待时间。

（5）使用数据读取者的 read 或者 take 操作访问数据读取者所接收和存储的数据样本。

6.2　数据样本信息分析

通过对数据读取者执行 read、read_w_condition、take 和 take_w_condition 操作，可以向应用程序提供数据。read 操作的一般语义是应用程序只能访问相应的数据，但是数据仍然由 DDS 中间件负责存储和管理，因此应用程序可以再次读取数据。take 操作的语义是应用程序对数据承担全部责任，数据读取者不可以再次访问这些数据。因此，数据读取者有可能多次访问同一个样本，但前提是之前的所有访问都是使用 read 操作。

上述操作都能够返回有序的数据值集合和相关的样本信息（SampleInfo）集合。每个数据值代表一个数据信息原子（一个实例的数据样本）。此集合可能包含相同或不同实例（由键标识）的样本。如果 HISTORY 策略的设置允许，同一个实例可以同时拥有多个样本。

SampleInfo 包含与关联数据样本相关的信息，具体如下。

1．样本状态（sample_state）

对于接收到的每个样本，DDS 中间件在内部维护与数据读取者相关的 sample_state，其取值可为 READ 或 NOT-READ。

① READ 表示数据读取者已经通过 read 访问了该样本；

② NOT-READ 表示数据读取者尚未访问过该样本。

通常来讲，对于通过 read 或 take 操作返回的集合中的每个样本的 sample_state 可能是不同的。

2．实例状态（instance_state）

对于每个实例，DDS 中间件在内部维护一个 instance_state，其取值可为 NOT_ALIVE_DISPOSED、NOT_ALIVE_NO_WRITERS 或者 ALIVE。

① ALIVE 表示：(a)已接收到实例的样本，(b)存在正在写入实例的活动的数据写入者，以及（c）尚未显式释放实例（或在丢弃后收到了更多样本）；

② NOT_ALIVE_DISPOSED 表示实例是由数据写入器通过 dispose 操作显式释放的；

③ NOT_ALIVE_NO_WRITERS 表示实例已被数据读取者声明为 NOT ALIVE，因为它检测到没有活动的数据写入者正在写入该实例。

导致 instance_state 取值发生变化的事件取决于 OWNERSHIP 策略的设置：

① 如果 OWNERSHIP 策略的 kind 属性设置为 EXCLUSIVE，则只有在拥有实例的数据写入者丢弃实例时，instance_state 才会变为 NOT_ALIVE_DISPOSED；只有拥有实例的数据写入者写入实例时，instance_state 才会再次变为 ALIVE；

② 如果 OWNERSHIP 策略的 kind 属性设置为 SHARED，那么如果有任何数据写入者显式丢弃实例，则 instance_state 变为 NOT_ALIVE_DISPOSED；一旦任何数据写入者再次写入实例，instance_state 就会变为 ALIVE。

SampleInfo 中可用的 instance_state 是获取集合（调用 read 或 take）时实例的 instance_state 变量的快照。因此，对于返回集合中引用同一实例的所有样本，instance_state 都是相同的。

3. 有效数据（valid_data）

通常每个数据样本都包含 SampleInfo 和一些数据。但是，在某些情况下，数据样本只包含 SampleInfo 而没有任何关联的数据。当 DDS 中间件通知应用程序某个没有关联数据的内部机制（如超时）导致的状态更改时，就会发生这种情况。这种情况的一个例子是，DDS 中间件检测到一个实例没有数据写入者，并将相应实例的状态更改为 NOT_ALIVE_NO_WRITERS。

应用程序可以通过检查 valid_data 的值来区分特定数据样本是否包含数据。如果此标志设置为 TRUE，则数据样本包含有效数据；如果该标志设置为 FALSE，则数据样本不包含任何数据。为了确保正确性和可移植性，在访问与数据样本关联的数据之前，应用程序必须检查 valid_data，如果该标志设置为 FALSE，则应用程序不应访问与数据样本关联的数据，即应用程序应仅访问 SampleInfo。

4. 丢弃生成计数（disposed_generation_count）与无数据写入者生成计数（no_writers_generation_count）

对于每个实例，DDS 中间件在内部维护两个计数：针对每个数据读取者的 disposed_generation_count 和 no_writers_generation_count：

① 当数据读取者检测到以前从未见过的实例时，disposed_generation_count 和 no_writers_generation_count 将初始化为零；

② 每次对应实例的 instance_state 从 NOT_ALIVE_DISPOSED 变为 ALIVE 时，disposed_generation_count 就会增加；

③ 每次对应实例的 instance_state 从 NOT_ALIVE_NO_WRITERS 变为 ALIVE 时，no_writers_generation_count 就会增加。

SampleInfo 中的 disposed_generation_count 和 no_writers_generation_count 是捕获到接收样本时相应计数器的快照。

5. 样本顺序（sample_rank）、生成顺序（generation_rank）与绝对生成顺序（absolute_generation_rank）

SampleInfo 中可用的 sample_rank 和 generation_rank 完全基于 read 或 take 操作返回的有序集合中的实际样本来计算。

（1）sample_rank 表示集合中当前样本之后的同一实例的样本数。

（2）generation_rank 表示当前样本（S）与返回集合（C）中出现的同一实例的最近一个样本之间的代差。也就是说，它统计从接收 S 到接收 C 的时间内实例的 instance_state 从 NOT_ALIVE 转换为 ALIVE 的次数。

generation_rank（GR）的计算方法如下：

GR = (C.disposed_generation_count + C.no_writers_generation_count) −
(S.disposed_generation_count + S.no_writers_generation_count)

（3）absolute_generation_rank 表示当前样本（S）与 DDS 中间件接收到的同一实例的最近样本(M)的代差。也就是说，它统计从接收 S 到调用 read 或 take 的时间内实例的 instance_state 从 NOT_ALIVE 转换为 ALIVE 的次数。

absolute_generation_rank（AGR）的计算方法如下：

AGR = (M.disposed_generation_count + M.no_writers_generation_count) −
(S.disposed_generation_count + S.no_writers_generation_count)

6．计数（counters）与顺序（ranks）

计数和顺序允许应用程序区分属于实例的不同代的样本。请注意，在应用程序通过 read 或 take 访问数据之前，实例可以从 NOT_ALIVE 多次转换为 ALIVE（或转换回）。在这种情况下，返回的集合可能包含跨代的样本（一些样本是在实例的 instance_state 变为 NOT_ALIVE 之前收到的，另一些是在实例再次出现之后收到的）。使用 SampleInfo 中的信息，应用程序可以预测返回的集合中出现的关于同一实例的其他信息，从而做出适当的决定。例如，希望只访问每个实例的最新样本的应用程序，将只查看 sample_rank 为 0 的样本；希望只访问与集合中最新一代相对应样本的应用程序，将只查看 generation_rank 为 0 的样本；只需要相应最新一代可用样本的应用程序将忽略 absolute_generation_rank 不为 0 的样本。

7．视图状态（view_state）

对于每个实例（由键值标识），DDS 中间件在内部维护与每个数据读取者相关的 view_state，其取值可为 NEW 或者 NOT_NEW。

（1）NEW 表示这是数据读取者第一次访问该实例的样本，或者是数据读取者访问了该实例之前的样本，但该实例已经重新生成（instance_state 变为 NOT_ALIVE 后，再次变为 ALIVE）。这两种情况可以通过 disposed_generation_count 和 no_writers_generation_count 来区分。

（2）NOT_NEW 表示数据读取者已访问同一实例的样本，并且该实例此后未重新启动。

SampleInfo 中可用的 view_state 是在获取到数据值集合（调用 read 或 take）时的数据读取者所得到的实例的 view_state 快照，对于集合中同一实例的所有样本，view_state 都是相同的。

一旦检测到一个实例没有任何活动的数据写入者，并且与该实例关联的所有样本都被应用程序从数据读取者中以 take 操作取走，DDS 中间件就可以回收与该实例相关的所有本地资源。这也意味着未来的样本将被会被视为从未见过。

6.3 数据样本访问方式

应用程序通过数据读取者的 read 或 take 操作访问数据，这些操作返回由 SampleInfo 部分和数据部分组成的有序数据样本集合。DDS 中间件构建此集合的方式取决于在数据读取者和订阅者上设置的 QoS 策略、数据样本的源时间戳，以及传递给 read/take 操作的参数，即：

① 所需的样本状态 sample_state（READ，NOT_READ，或两者兼而有之）；

② 所需的视图状态 view_state（NEW、NOT_NEW，或两者兼而有之）；

③ 所需的实例状态 instance_state（ALIVE、NOT_ALIVE_NO_WRITERS，NOT_ALIVE_DISPOSED 或它们的组合）。

read 和 take 操作是非阻塞的，只传递与指定状态匹配的当前可用数据样本。与上述操作不同，read_w_condition 和 take_w_condition 操作将读取条件对象作为参数，而不是 sample_state、view_state 和 instance_state，它们返回的仅是使读取条件为 TRUE 的样本。在 read_w_condition 和 take_w_condition 操作中，读取条件和等待集一起配合使用实现以等待方式访问数据。

一旦数据样本可以被数据读取者使用，应用程序就可以读取或提取它们。基本规则是，应用程序可以按它希望的任何顺序执行访问操作。这种方法非常灵活，它允许应用程序最终控制数据样本的访问过程。但是，应用程序必须使用特定的访问模式，以满足按照接收到的正确顺序检索样本，或者访问一套连贯的更改等不同的需求。

为了一致地或按顺序访问数据，必须正确地设置表示（PRESENTATION）策略（将在 7.1.6 节中解释），并且应用程序必须符合下面描述的访问模式。否则，应用程序虽然可以访问数据，但不一定会同时看到所有一致的更改，也不能按正确的顺序看到更改。

DDS 提供了通用模式和专用模式两种数据访问方法。

（1）通用模式是采用一致集和/或按顺序跨多个数据读取者访问样本，这种情况适用于 PRESENTATION 策略的 access_scope 属性设置为 GROUP。

① 在通知订阅者监听器或在启用类似的状态条件之后，应用程序将使用订阅者上的 begin_access 来指示它将通过订阅者访问数据；

② 然后，应用程序在订阅者上调用 get_datareaders 操作以获取数据样本可用的数据读取者列表；

③ 在此之后，应用程序按照返回的数据读取者列表顺序调用每个数据读取者的 read 或 take 操作，以访问数据读取者中的所有相关更改；

④ 在所有的数据读取者都完成 read 或 take 操作的调用后，应用程序将会调用 end_access。

需要注意的是，如果 PRESENTATION 策略中属性 ordered_access 取值为 TRUE，则数据读取者列表可能会多次返回同一个数据读取者。通过这种方式，可以在不同数据读取者中的样本之间维护正确的样本顺序。

（2）专用模式适用于不需要在多个数据读取者之间保持顺序或一致性的场景，此时 PRESENTATION 策略的 access_scope 属性的取值不为 GROUP。

① 在这种情况下，应用程序不需要调用 begin_access 和 end_access 操作，当然，应用程序调用上述操作不会产生错误，但也不会产生任何影响；

② 应用程序通过调用每个数据读取者的 read 或 take 操作按其希望的任何顺序访问数据样本；

③ 应用程序仍然可以调用 get_datareaders 来确定哪些数据读取者有要读取的数据样本，但它不需要全部读取，也不需要按特定的顺序读取。此外，get_datareaders 返回的是一个数据读取者的集合，即同一个数据读取者不会出现两次，并且没有指定返回数据读取者的顺序。

（3）如果应用程序通过订阅者监听器访问数据样本，也称为专用模式。无论 PRESENTATION 策略取值如何，只要应用程序在监听器的 on_data_on_readers 操作访问数据样本，就都属于该种模式。

① 与情况（2）类似，应用程序不需要调用 begin_access 和 end_access，当然，应用程序调用上述操作不会产生错误，但也不会产生任何影响；

② 应用程序可以通过它希望的任何顺序对每个数据读取者执行 read 或 take 操作来访问数据样本；

③ 应用程序还可以通过调用 notify_datareaders 将数据样本的访问委托给安装在每个数据读取者上的数据读取者监听器；

④ 与情况（2）类似，应用程序仍然可以调用 get_datareaders 来确定哪些数据读取者有要读取的数据样本，但它不需要全部读取，也不需要按特定的顺序读取。此外，get_datareaders 返回的是一个数据读取者的集合，即同一个数据读取者不会出现两次，并且没有指定返回数据读取者的顺序。

6.4　订阅者

在基于 DDS 构建的分布式系统中，如果想要接收数据，应用程序中必须有一个订阅者对象。如图 6-3 所示，订阅者由域参与者创建，它充当数据读取者的容器。一个订阅者管理着多个数据读取者的活动，它实际上决定了应用程序接收的数据何时可用于数据读取者访问。根据订阅者和数据读取者的不同 QoS 策略，数据样本将被缓冲存储，直到相关数据读取者的数据样本被接收。默认情况下，数据样本在接收后立刻对应用程序可用。

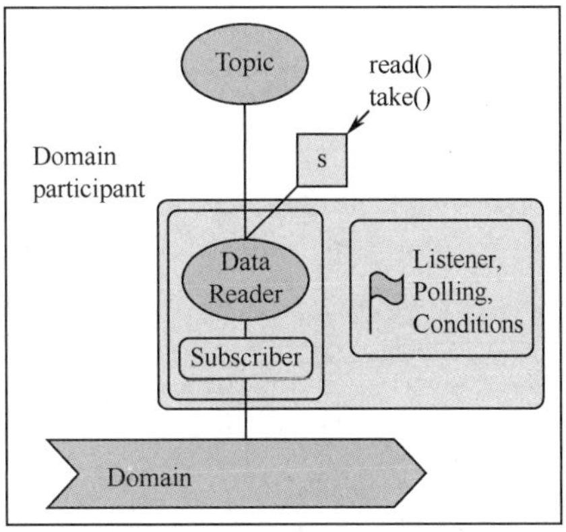

图 6-3　订阅者与数据读取者的关系

6.4.1　创建、查找与删除数据读取者

```
::DDS::DataReader_ptr create_datareader (
        ::DDS::TopicDescription_ptr a_topic,
        const ::DDS::DataReaderQos & qos,
        ::DDS::DataReaderListener_ptr a_listener,
        ::DDS::StatusMask mask);
```

在创建数据读取者之前，应用程序首先应当具有一个订阅者和一个主题。随后，应用程序调用订阅者的 create_datareader 操作创建数据读取者，返回的数据读取者将附加并属于创建

它的订阅者。

第一个参数 a_topic 指示数据读取者将要关联的主题，这个主题必须事先由域参与者对象创建。

第二个参数 qos 标识用户希望数据读取者具有的默认 QoS 策略。通常情况下，应用程序构建数据读取者 QoS 策略的方式如下：

① 通过对相关主题调用 get_qos 操作返回主题上的 QoS 策略；

② 通过对订阅者调用 get_default_datareader_qos 操作检索默认数据读取者的 QoS 策略；

③ 结合这两个 QoS 策略，并根据需要有选择地进行修改；

④ 使用生成的 QoS 策略构造数据读取者。

第三个参数 a_listener 是创建的数据读取者所关联的专用监听器。监听器是回调线程，当数据读取者产生状态更改事件时，DDS 中间件使用它们将发生的具体状态更改事件通知应用程序。如果应用程序不希望安装监听器，该参数可以被设置为空指针，此时相应的域参与者监听器就会被调用来处理该事件。

第四个参数 mask 用于向 DDS 中间件表明哪些状态更改可以通过调用数据读取者监听器通知应用程序。如果应用程序将数据读取者监听器设置为空指针，该参数使用 NO_STATUS_MASK；如果应用程序希望数据读取者监听器执行所有回调，那么该参数使用 ALL_STATUS_MASK。

DDS 规范中定义的默认类型 DATAREADER_QOS_DEFAULT 用于指示应使用工厂中默认的数据读取者 QoS 策略创建数据读取者。上述使用方式相当于应用程序通过 get_default_datareader_qos 操作获得数据读取者的默认 QoS 策略，并使用生成的 QoS 策略创建数据读取者。

如果通过第一个参数 a_topic 传递给此操作的主题描述是主题或内容过滤主题，则可以使用 DATAREADER_QOS_USE_TOPIC_QOS 来指示应使用数据读取者的默认 QoS 策略和主题 QoS 策略的组合来创建数据读取者。上述使用方式相当于应用程序获得数据读取者的默认 QoS 策略和主题的 QoS 策略，然后使用 copy_from_topic_qos 操作将这两个 QoS 策略组合起来。主题的 QoS 策略值将覆盖默认的 QoS 策略值，生成的 QoS 策略将应用于新创建的数据读取者。在创建多重主题的数据读取者时，使用 DATAREADER_QOS_USE_TOPIC_QOS 将会产生错误，在这种情况下，此操作将返回空指针。

```
::DDS::ReturnCode_t delete_datareader (
        ::DDS::DataReader_ptr a_datareader);
```

此操作用于删除属于订阅者的某个数据读取者。调用 delete_datareader 操作删除某个数据读取者时，使用的订阅者必须与创建该数据读取者时使用的是同一个。如果使用另外一个订阅者来执行 delete_datareader 操作不会起作用，并将返回错误代码 PRECONDITION_NOT_MET。当存在附加到数据读取者的读取条件或查询条件时，不允许删除数据读取者。如果在附加了上述条件的数据读取者上调用 delete_datareader 操作，它将返回错误代码 PRECONDITION_NOT_MET。当应用程序尚在调用数据读取者 read 或者 take 操作的租借期内时，不允许删除数据读取者。如果对于具有一个或多个未到租借期的数据读取者执行 delete_datareader 操作，它将返回错误代码 PRECONDITION_NOT_MET。

需要注意的是，如果想删除某个订阅者的所有数据读取者，则应该调用订阅者的 delete_contained_entities 操作。

```
::DDS::DataReader_ptr lookup_datareader (
        const char * topic_name);
```

此操作用于检索已创建的属于订阅者的数据读取者，该数据读取者已经附加到具有指定名称的主题上。如果符合条件的数据读取者不存在，则返回空指针；如果附加到订阅者的多个数据读取者满足此条件，则将返回其中任意一个。

6.4.2　开始与结束数据访问

```
::DDS::ReturnCode_t begin_access (void);
::DDS::ReturnCode_t end_access (void);
```

应用程序调用订阅者的 begin_access 操作用于向 DDS 中间件表明它将访问该订阅者附属的任意数据读取者的数据样本。如果应用程序打算使用该操作，那么订阅者的 PRESENTATION 策略的 access_scope 属性必须设置为 GROUP。

在上述情况下，调用 begin_access 操作必须在调用任何访问样本的操作之前：订阅者上的 get_datareaders 操作及数据读取者上的 read、take、read_w_condition 和 take_w_condition 等操作。一旦应用程序完成了对所需数据样本的访问，那么它必须调用 end_access 操作来终止数据访问过程。

如果订阅者的 PRESENTATION 策略的 access_scope 属性不为 GROUP，那么应用程序可以无须调用 begin_access 和 end_access 操作来访问样本。在这种情况下，调用上述操作不会被认为是错误的，但是也不会产生影响。

调用 begin_access 和 end_access 操作可能会被嵌套使用。在这种情况下，必须保证调用 end_access 操作之前必须首先调用 begin_access 操作，且调用两个操作的次数应该是相同的。

6.4.3　获取数据读取者

```
::DDS::ReturnCode_t get_datareaders (
        ::DDS::DataReaderSeq & readers,
        ::DDS::SampleStateMask sample_states,
        ::DDS::ViewStateMask view_states,
        ::DDS::InstanceStateMask instance_states);
```

应用程序调用 get_datareaders 操作用于获取包括特定状态（通过参数 sample_states，view_states 和 instance_states 指定）数据样本的数据读取者。

如果订阅者的 PRESENTATION 策略的 access_scope 属性为 GROUP，那么该操作应该在 begin_access 和 end_access 操作的中间来调用，否则该操作将返回错误代码 PRECONDITION_NOT_MET。

根据订阅者的 PRESENTATION 策略的不同取值，该操作所返回的数据读取者可能是一个不包含重复的数据读取者的无序集合，也可能是一个包含重复的数据读取者的有序列表，具体规则如下：

① 如果订阅者的 PRESENTATION 策略的 access_scope 属性为 INSTANCE 或者 TOPIC，

那么 get_datareaders 操作将返回一个无序集合；

② 如果订阅者的 PRESENTATION 策略的 access_scope 属性为 GROUP，并且其 ordered_access 属性为 TRUE，那么 get_datareaders 操作将返回一个有序列表。

造成两种不同返回结果的原因是：在第②种情况下，该操作需要以特定的顺序访问属于不同数据读取者的数据样本。在这种情况下，应用程序应该按照它在列表中出现的相同顺序处理每个数据读取者，并从每个数据读取者中读取或提取一个样本。

6.4.4 通知数据读取者

```
::DDS::ReturnCode_t notify_datareaders (void);
```

应用程序使用订阅者的 notify_datareaders 操作，用于激活其所属数据读取者的监听器的 on_data_available 回调操作，通知发生了该数据读取者关注的状态更改事件 DATA_AVAILABLE，关于通信状态及状态更改的内容参见 2.5.1 节。

该操作通常由订阅者监听器中的 on_data_on_readers 操作调用，用于将订阅者监听器接收的数据委托给数据读取者监听器来处理。

6.4.5 获取数据样本丢失状态

```
::DDS::ReturnCode_t get_sample_lost_status (
        ::DDS::SampleLostStatus & status);
```

此操作用于获取 SAMPLE_LOST 的通信状态，关于通信状态及状态更改的内容参见 2.5.1 节。

6.4.6 获取所属域参与者

```
::DDS::DomainParticipant_ptr get_participant ();
```

此操作用于返回订阅者所属的域参与者，也就是创建该订阅者的域参与者。

6.4.7 删除包含的所有实体

```
::DDS::ReturnCode_t delete_contained_entities (void);
```

应用程序使用 delete_contained_entities 操作删除通过订阅者所创建的所有实体。也就是说，它将删除订阅者所包含的所有数据读取者。该操作是递归应用的，订阅者上的 delete_contained_entities 操作将最终删除订阅者递归包含的所有实体，也就是其包含的数据读取者的查询条件和读取条件。

如果订阅者包含的任何实体处于无法删除的状态，则该操作将返回错误代码 PRECONDITION_NOT_MET。例如，如果应用程序调用了某个数据读取者的 read 或 take 操作，但是没有调用相应的 return_loan 操作来返回租借的数据样本，则无法删除该数据读取者。

一旦 delete_contained_entities 操作执行成功，应用程序就能够在不包含数据读取者的情况下删除订阅者。

6.4.8　设置与获取数据读取者的默认 QoS 策略

```
::DDS::ReturnCode_t set_default_datareader_qos (
        const ::DDS::DataReaderQos & qos);
```

set_default_datareader_qos 操作用于设置数据读取者 QoS 策略的默认值，如果在创建数据读取者 create_datawriter 操作中选择了使用默认 QoS 策略，则该策略将用于新创建的数据读取者。

该操作将检查所传入的 QoS 策略与数据读取者的 QoS 策略类型是否一致，如果不一致则操作将失败，数据读取者的默认 QoS 策略不会发生改变。应用程序使用该操作时，可以将 DDS 中定义的 DATAREADER_QOS_DEFAULT（数据读取者的默认 QoS 策略）作为参数值，以将默认 QoS 策略重置回工厂使用的初始值。

```
::DDS::ReturnCode_t get_default_datareader_qos (
        ::DDS::DataReaderQos & qos);
```

此操作用于获取数据读取者 QoS 策略的默认值，即在创建数据读取者操作中默认 QoS 策略的情况下，将用于创建新的数据读取者的 QoS 策略。

该操作获取的默认 QoS 策略是上一次成功调用 set_default_datareader_qos 操作时设置的。如果应用程序从未执行过 set_default_datareader_qos 操作，则使用 DCPS 中指定的数据读取者默认 QoS 策略。表 6-1 描述了数据读取者适用的 QoS 策略。

表 6-1　数据读取者适用的 QoS 策略

QoS 策略	描　述
DURABILITY	用于控制 DDS 是否传送之前的数据样本到新的数据读取者
HISTORY	用于控制 DDS 为数据读取者和数据写入者存储多少数据样本
DESTINATION_ORDER	指定 DDS 中多个数据写入者为相同主题发送数据时的顺序
RELIABILITY	指定 DDS 是否可靠地传输数据
USER_DATA	实体所携带的附加信息，用于建立实体间连接关系的证明
LIVELINESS	用于指定数据读取者判定数据写入者何时变为不活跃的机制
OWNERSHIP	与 OWNERSHIP_STRENGH 一起指定数据读取者能否从多个数据写入者接收数据
DEADLINE	对于数据读取者，指定到达数据样本预期的最大传输时间；对于数据写入者，指定在它们之间发布数据样本的时间不大于传输时间的承诺
LANTENCY_BUDGET	指定允许 DDS 传输数据时延的建议
TIME_BASED_FILTER	用于限制一段时间内数据读取者接收新数据的数量
RESOURCE_LIMITS	用于控制为实体分配的物理内存的数量及它们如何发生
READER_DATA_LIFECYCLE	用于控制数据写入者如何处理其注册管理的实例的生命周期

DCPS 中指定的数据读取者默认 QoS 策略如表 6-2 所示。

表 6-2　DCPS 中指定的数据读取者默认 QoS 策略

QoS 策略	属　　性	默 认 值
DURABILITY	kind service_cleanup_delay.sec service_cleanup_dealy.nanosec	VOLATILE_DURABILITY_QOS DURATION_ZERO_SEC DURATION_ZERO_NSEC
HISTORY	kind depth	KEEP_LAST_HISTORY_QOS 1
DESTINATION_ORDER	kind	BY_RECEPTION_TIMESTAMP_ DESTINATIONORDER_QOS
RELIABILITY	kind max_blocking_time.sec max_blocking_time.nanosec	BEST_EFFORT_RELIABILITY_QOS DURATION_INFINITY_SEC DURATION_INFINITY_NSEC
USER_DATA	value	未设置
LIVELINESS	kind lease_blocking_time.sec lease_blocking_time.nanosec	AUTOMATIC_LIVELINESS_QOS DURATION_INFINITY_SEC DURATION_INFINITY_NSEC
OWNERSHIP	kind	SHARED_OWNERSHIP_QOS
DEADLINE	period.sec period.nanosec	DURATION_INFINITY_SEC DURATION_INFINITY_NSEC
LANTENCY_BUDGET	duration.sec duration.nanosec	DURATION_ZERO_SEC DURATION_ZERO_NSEC
TIME_BASED_FILTER	minimum_separation.sec minimum_separation.nanosec	DURATION_ZERO_SEC DURATION_ZERO_NSEC
RESOURCE_LIMITS	max_samples max_instances max_samples_per_instance	LENGTH_UNLIMITED LENGTH_UNLIMITED LENGTH_UNLIMITED
READER_DATA_LIFECYCLE	autopurge_nowriter_samples_delay.sec autopurge_nowriter_samples_delay.nanosec autopurge_disposed_samples_delay.sec autopurge_disposed_samples_delay.nanosec	DURATION_INFINITY_SEC DURATION_INFINITY_NSEC DURATION_INFINITY_SEC DURATION_INFINITY_NSEC

6.4.9　复制主题 QoS 策略

```
::DDS::ReturnCode_t copy_from_topic_qos (
        ::DDS::DataReaderQos & a_datareader_qos,
        const ::DDS::TopicQos & a_topic_qos);
```

应用程序使用 copy_from_topic_qos 操作能够将参数 a_topic_qos 指定的主题 QoS 策略复制到参数 a_datareader_qos 指定的数据读取者 QoS 策略（如果存在，实际是替换 a_datareader_qos 中的值）。

该操作与 get_default_datareader_qos 操作和主题的 get_qos 操作结合使用最为有效。使用 copy_from_topic_qos 操作可以将数据读取者的默认 QoS 策略与主题上的相应 QoS 策略合并，然后使用生成的 QoS 策略创建新的数据读取者，或者设置其 QoS 策略。

此操作不会检查生成的数据读取者 QoS 策略与其可接受类型的一致性，这是因为合并的 a_datareader_qos 可能不是最后一个，应用程序仍然可以在将 QoS 策略应用于数据读取者之前对其进行修改。

下面的示例代码用于在创建数据读取者时从一个主题复制选定的 QoS 策略：

```
::DDS::DataReaderQos dr_qos;
::DDS::TopicQos topic_qos;
topic -> get_qos (topic_qos);
subscriber -> get_default_datareader_qos (dr_qos);

dr_qos.history.depth = 5;

::DDS::DataReader_var dw = subscriber -> create_datareader (topic,
        dr_qos, NULL, STATUS_MASK_NONE);
```

下面的示例在创建数据读取者时从一个主题中复制所有的 QoS 策略：

```
::DDS::DataReaderQos dr_qos;
::DDS::TopicQos topic_qos;
topic -> get_qos (topic_qos);
subscriber -> get_default_datareader_qos (dr_qos);

subscriber -> copy_from_topic_qos (dr_qos, topic_qos);
dr_qos.history.depth = 5;

::DDS::DataReader_var dw = subscriber -> create_datareader (topic,
        dr_qos, dr_listener, STATUS_MASK_ALL);
```

6.5 数据读取者

应用程序订阅的每个主题都需要有一个相应的数据读取者。数据读取者是通过订阅者上的操作创建的，在创建后将自动归属于创建它的订阅者。为了保证数据传输过程的类型安全，DDS 规范要求数据订阅者与主题是类型相关的。例如，对于某个主题数据类型 Foo，DDS 会为其生成一个对应的数据订阅者派生类 FooDataReader。用户在访问 Foo 类型的数据样本时，将需要使用 FooDataReader 的 read 或 take 等操作来完成。实际上，虽然订阅者的 create_datareader 操作将返回一个 DDS::DataReader 类型的通用数据读取者指针，但是它指向的对象却是其派生类的对象。为了保证类型安全，在执行接收数据之前需要调用 FooDataReader 类的静态方法 narrow，将 DDS::DataReader 类型的通用数据读取者指针转换为 FooDataReader 类型的专用数据读取者指针，具体代码如下：

```
::DDS::DataReader_var dr = subscriber -> create_datareader (topic,
        DATAREADER_QOS_DEFAULT,
        ::DDS::DataReaderListener::_nil(),
        OpenDDS::DCPS::DEFAULT_STATUS_MASK);

FooDataReader_var foo_dr = FooDataReader::_narrow (dr)
```

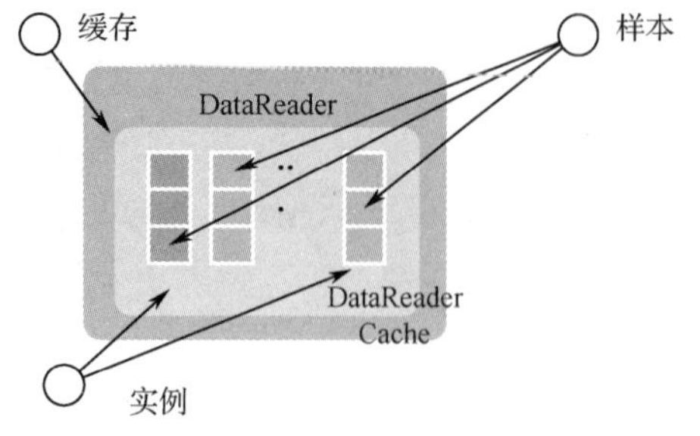

图 6-4 数据读取者的缓存

如图 6-4 所示，每个数据读取者都拥有自己的一个缓存区，数据读取者的缓存区在两个维度的解耦：处理速度解耦和时间解耦。

6.5.1 创建与删除读取条件

```
::DDS::ReadCondition_ptr create_readcondition (
        ::DDS::SampleStateMask sample_states,
        ::DDS::ViewStateMask view_states,
        ::DDS::InstanceStateMask instance_states);
```

应用程序调用数据读取者的 create_readcondition 操作创建一个读取条件对象，返回的读取条件将附加并属于该数据读取者。参数 sample_states、view_states 和 instance_states 用于指定读取条件所关注的数据样本的状态掩码。

创建读取条件的示例代码如下：

```
::DDS::ReadCondition_var rc = datareader -> create_readcondition (
        ::DDS::ANY_SAMPLE_STATE,
        ::DDS::ANY_VIEW_STATE,
        ::DDS::ANY_INSTANCE_STATE);

::DDS::WaitSet_var ws = new ::DDS::WaitSet;
ws -> attach_condition (rc);
::DDS::ContionSeq active;
::DDS::Duration_t delay = {3, 0};
ws -> wait (active, delay);
```

在上述示例代码中，创建的读取条件需要附加到等待集上，才能真正起到读取条件的功能。等待集正常执行后，可以调用 read_w_condition、take_w_condition、read_next_instance_w_condition 和 take_next_instance_w_condition 等操作来读取符合读取条件的数据样本。

```
::DDS::ReturnCode_t delete_readcondition (
        ::DDS::ReadCondition_ptr a_condition);
```

此操作删除附加到数据读取者上的读取条件。因为查询条件派生自读取条件，所以该操作也可以用来删除查询条件。如果参数 a_condition 指定的读取条件未附加到当前的数据读取者，则操作将返回错误代码 PRECONDITION_NOT_MET。

6.5.2 创建数据查询条件

```
::DDS::QueryCondition_ptr create_querycondition(
        ::DDS::SampleStateMask sample_states,
        ::DDS::ViewStateMask view_states,
        ::DDS::InstanceStateMask instance_states,
        const char * query_expression,
        const ::DDS::StringSeq & query_parameters);
```

应用程序调用数据读取者的 create_querycondition 操作创建一个查询条件，返回的查询条件将附加并属于该数据读取者。参数 sample_states、view_states 和 instance_states 用于指定查询条件所关注的数据样本状态。

参数 query_expression 是对数据样本内容进行查询的逻辑表达式。如果逻辑表达式的运算结果为 TRUE，则当前查询条件得到满足。该逻辑表达式可以包含占位符，占位符所代表的形参由参数 query_parameters 作为实参来确定。

参数 query_parameters 是逻辑表达式参数的字符串序列。序列中每个元素对应逻辑表达式中的一个占位符，元素 0 对应占位符 0，元素 1 对应占位符 1，以此类推。该逻辑表达式参数可以通过 set_query_parameters 操作进行修改。

创建读取条件的示例代码如下：

```
::DDS::QueryCondition_var qc = datareader -> create_querycondition (
        ::DDS::ANY_SAMPLE_STATE,
        ::DDS::ANY_VIEW_STATE,
        ::DDS::ANY_INSTANCE_STATE,
         "key > 1",
        ::DDS::StringSeq());

::DDS::WaitSet_var ws = new ::DDS::WaitSet;
ws -> attach_condition (qc);
::DDS::ContionSeq active;
::DDS::Duration_t delay = {3, 0};
ws -> wait (active, delay);
```

在上述示例代码中，创建的查询条件需要附加到等待集上，才能真正起到查询条件的功能。等待集正常执行后，可以调用 read_w_condition、take_w_condition、read_next_instance_w_condition 和 take_next_instance_w_condition 等操作来读取符合查询条件的数据样本。

6.5.3 读取数据样本

```
::DDS::ReturnCode_t read (
        DataSeq & data_values,
        ::DDS::SampleInfoSeq & sample_infos,
        ::CORBA::Long max_samples,
        ::DDS::SampleStateMask sample_states,
        ::DDS::ViewStateMask view_states,
        ::DDS::InstanceStateMask instance_states);
```

应用程序使用 read 操作访问数据读取者中的数据样本集合（data_values）和相应的样本信息集合（sample_infos），该操作返回的集合大小将限制为指定的 max_samples。data_values 集合的属性和 PRESENTATION 策略的取值会对返回列表的大小施加进一步的限制。

（1）如果 PRESENTATION 策略的 access_scope 属性取值为 INSTANCE，则返回的集合为列表，其中属于同一实例的数据样本是连续的。

（2）如果 PRESENTATION 策略的 access_scope 属性取值为 TOPIC，且 ordered_access 属性取值为 FALSE，则返回的集合是一个列表，其中属于同一实例的数据样本是连续的。

（3）如果 PRESENTATION 策略的 access_scope 属性取值为 TOPIC，且 ordered_access 属

性取值为 TRUE，则返回的集合为列表，但是属于同一实例的数据样本可能是连续的，也可能不是连续的。这是因为为了保持顺序，可能需要混合来自不同实例的样本。

（4）如果 PRESENTATION 策略的 access_scope 属性取值为 GROUP，且 ordered_access 属性取值为 FALSE，则返回的集合为列表，其中属于同一实例的样本是连续的。

（5）如果 PRESENTATION 策略的 access_scope 属性取值为 GROUP，且 ordered_access 属性取值为 TRUE，则返回的集合最多包含一个数据样本。这是由于应用程序必须能够以特定的顺序读取属于不同数据读取者的样本。

在任何情况下，一个实例的样本之间的相对顺序与 DESTINATION_ORDER 策略的规定是一致的：

（1）如果 DESTINATION_ORDER 设置为 BY_RECEPTION_TIMESTAMP，则属于相同实例的样本将按接收的相对顺序出现（FIFO，先前样本在后续样本之前）。

（2）如果 DESTINATION_ORDER 设置为 BY_SOURCE_TIMESTAMP，则属于相同实例的样本将按 source_timestamp 所标记的相对顺序出现（FIFO，source_timestamp 较小值在较大值之前）。

除了样本集合 data_values，read 操作还使用样本信息结构 SampleInfo 的集合 sample_infos，详细内容参见 2.2.5 节的 SampleInfo 类。

data_values 和 sample_infos 集合的初始（输入）属性将决定 read 操作的精确行为。在本操作中，上述两个集合都被建模为具有三个属性：当前长度（len）、最大长度（max_len），以及集合的容器是否拥有（owns）样本的内存。因此，data_values 和 sample_infos 集合的 len、max_len 和 owns 等属性控制了 read 操作的行为，具体由以下规则指定：

（1）两个集合的 len、max_len 和 owns 的值必须相同；否则，read 操作将会返回错误代码 PRECONDITION_NOT_MET。

（2）该操作成功输出时，两个集合的 len、max_len 和 owns 的值将相同。

（3）如果输入的 max_len 为 0，那么 data_value 和 sample_infos 集合将被数据读取者借出的样本填充。在输出时，owns 属性的值将为 FALSE，len 属性的值将为返回样本的数量，max_len 属性的值将设置用于验证 max_len >= len 的值。在该情况下，read 操作允许零拷贝访问数据，即应用程序需要使用 return_loan 操作将租借的样本退回给数据读取者。

（4）如果输入的 max_len > 0 且输入的 owns 属性的值为 FALSE，则 read 操作将执行失败并返回错误代码 PRECONDITION_NOT_MET。这能够避免由于应用程序忘记退回租借的样本而导致的难以检测的潜在内存泄漏。

（5）如果输入的 max_len > 0 且输入的 owns 属性的值为 TRUE，则 read 操作将把数据样本和样本信息复制到集合已有的元素中。在输出时，owns 属性的值将为 TRUE，len 属性的值将为复制的值的数量，max_len 属性的值将保持不变。在该情况下，read 操作是执行强制复制，但应用程序可以控制副本的存放位置，并且应用程序不需要执行归还租借样本的操作，复制的样本数量取决于 max_len 和 max_samples 的相对值：

① 如果 max_samples = LENGTH_UNLIMITED，则最多复制数量为 max_len，在该情况下，应用程序返回的样本数量将限制为序列能容纳的数量；

② 如果 max_samples <= max_len，则最多复制数量为 max_samples，在该情况下，应用程序返回的样本数量将限制为序列所能容纳的数量；

③ 如果 max_samples > max_len，在该情况下，read 操作将执行失败并返回错误代码 PRECONDITION_NOT_MET。这避免了应用程序期望访问 max_samples 个样本时的混叠问题。但是，即使数据读取者中存在如此数量的可用数据样本，read 操作也永远不能返回它们，因为输出序列不能容纳它们。

如上所述，返回的 data_values 和 sample_infos 集合可能包含从数据读取者中租借来的样本。如果是这种情况，一旦不再使用集合中的数据，应用程序将需要使用 return_loan 操作返回租借的样本。从 return_loan 返回时，集合的 max_len = 0，owns = FALSE。

应用程序可以根据调用 read 操作时集合的状态，或通过访问 owns 属性来确定是否有必要返回租借的样本。但是，在许多情况下，调用 return_loan 可能更简单，因为如果集合没有租借样本，return_loan 操作是无害的（保持所有样本不变）。

在 read 操作返回时，data_values 和 sample_infos 集合具有相同的长度，并且是一一对应的。在 sample_infos 集合中，每个 SampleInfo 结构提供关于相应的样本信息，例如 source_timestamp、sample_state、view_state 和 instance_state 等。返回的集合中可能存在无效的数据，如果 SampleInfo 结构中的 instance_state 属性不是 NOT_ALIVE_DISPOSED 或 NOT_ALIVE_NO_WRITERS，则集合中该实例的最后一个样本（SampleInfo 具有 sample_rank == 0 的实例）不包含有效数据，该样本不计入 RESOURCE_LIMITS 策略所施加的限制。

读取一个样本的动作会将该样本的 SampleInfo 结构中的 sample_state 属性设置为 READ；如果读取的样本是实例的最新样本，该操作会将该实例的 view_state 属性设置为 NOT_NEW；但是该操作不会影响实例的 instance_state 属性。

需要注意的是，read 操作是类型相关的，因此必须为应用程序的特定数据类型生成的专用类上提供此操作。如果数据读取者没有满足约束的样本，则该操作的返回值将为 NO_DATA。

6.5.4　提取数据样本

```
::DDS::ReturnCode_t take (
        DataSeq & data_values,
        ::DDS::SampleInfoSeq & sample_infos,
        ::CORBA::Long max_samples,
        ::DDS::SampleStateMask sample_states,
        ::DDS::ViewStateMask view_states,
        ::DDS::InstanceStateMask instance_states);
```

此操作用于访问数据读取者中的数据样本集合和相应的样本信息集合。该操作将返回样本的列表或单个样本，具体的返回结果由 PRESENTATION 策略进行控制（参见 6.5.3 节的内容）。

提取（take）样本的行为会将数据样本从数据读取者中移除，因此无法再次读取或提取。如果提取的样本属于实例的最新样本，take 操作会将该实例的 view_state 属性设置为 NOT_NEW，但是不会影响实例的 instance_state 属性。

关于 data_values 和 sample_infos 集合的前置条件和后置条件，take 操作的行为遵循与 read 操作相同的规则。与 read 操作类似，take 操作可以将数据样本租借到输出集合，然后必须通过 return_loan 操作返回这些数据样本。如图 6-5 所示，与 read 操作的唯一区别是，take 操作返回的数据样本将不再可供连续的 read 或 take 操作调用访问。

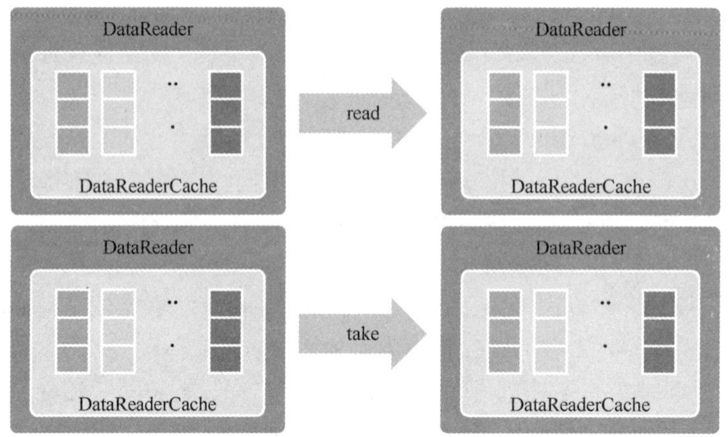

图 6-5 take 与 read 操作的区别

与 read 操作类似，take 操作也是类型相关的，因此必须为应用程序的特定数据类型生成的专用类上提供此操作。如果数据读取者没有满足约束的样本，则该操作的返回值将为 NO_DATA。

6.5.5 带条件读取数据样本

```
::DDS::ReturnCode_t read_w_condition (
        DataSeq & data_values,
        ::DDS::SampleInfoSeq & sample_infos,
        ::CORBA::Long max_samples,
        ::DDS::ReadCondition_ptr a_condition);
```

应用程序调用此操作以读取的方式访问与读取条件匹配的样本。如果此操作与查询条件结合使用，可实现根据内容筛选数据样本。指定的读取条件必须附加到数据读取者，否则操作将失败并返回错误代码 PRECONDITION_NOT_MET。

如果读取条件是普通的读取条件而不是专用的查询条件，则该操作相当于调用 read 操作并给读取条件的 sample_states、view_states 和 instance_states 等属性传递相应的参数。使用此操作，应用程序可以避免创建读取条件时重复指定相同的参数。

与 read 操作类似，read_w_condition 操作也是类型相关的，因此必须为应用程序的特定数据类型生成的专用类上提供此操作。如果数据读取者没有满足约束的样本，则该操作的返回值将为 NO_DATA。

6.5.6 带条件提取数据样本

```
::DDS::ReturnCode_t take_w_condition (
        DataSeq & data_values,
        ::DDS::SampleInfoSeq & sample_infos,
        ::CORBA::Long max_samples,
        ::DDS::ReadCondition_ptr a_condition);
```

此操作类似于 read_w_condition 条件，但它通过提取（take）操作访问样本。如果此操作与查询条件结合使用，可实现根据内容筛选数据样本。指定的读取条件必须附加到数据读取者，否则操作将失败并返回 PRECONDITION_NOT_MET。

与 take 操作类似，take_w_condition 操作也是类型相关的，因此必须为应用程序的特定数据类型生成的专用类上提供此操作。如果数据读取者没有满足约束的样本，则该操作的返回值将为 NO_DATA。

6.5.7 读取下一个数据样本

```
::DDS::ReturnCode_t read_next_sample (
        Data & received_data,
        ::DDS::SampleInfo & sample_info);
```

此操作用于从数据读取者中复制下一个以前未访问过的样本及相应的样本信息。数据读取者中存储的样本之间的隐含顺序与 read 操作相同。

read_next_sample 操作在语义上等同于 read 操作，其中输入数据序列的属性如下：max_len = 1，sample_states = NOT_READ，view_states = ANY_VIEW_STATES，instance_states = ANY_INSTANCE_STATES。

read_next_sample 操作提供了一个简化的 API 来读取样本，避免了应用程序管理样本序列和指定状态的需求。如果数据读取者没有尚未读取的样本，则该操作的返回值将为 NO_DATA。

6.5.8 提取下一个数据样本

```
::DDS::ReturnCode_t take_next_sample (
        Data& received_data,
        ::DDS::SampleInfo & sample_info);
```

此操作用于从数据读取者中复制下一个以前未访问过的样本及相应的样本信息，并将其从数据读取者中删除，使其不可再访问。此操作与 read_next_sample 操作类似，不同之处在于在 take_next_sample 操作下样本将会从数据读取者中移除。

take_next_sample 操作在语义上等同于 take 操作，其中输入数据序列的属性如下：max_len = 1，sample_states = NOT_READ，view_states = ANY_VIEW_STATES，instance_states = ANY_INSTANCE_STATES。

take_next_sample 操作提供了一个简化的 API 来提取样本，避免了应用程序管理样本序列和指定状态的需求。如果数据读取者没有尚未提取的样本，则该操作的返回值将为 NO_DATA。

6.5.9 读取实例

```
::DDS::ReturnCode_t read_instance (
        DataSeq & data_values,
        ::DDS::SampleInfoSeq & info_seq,
        ::CORBA::Long max_samples,
        ::DDS::InstanceHandle_t a_handle,
        ::DDS::SampleStateMask sample_states,
        ::DDS::ViewStateMask view_states,
```

```
    ::DDS::InstanceStateMask instance_states);
```

此操作用于从数据读取者中访问数据样本的集合。该操作的行为与 read 相同，只是返回的所有样本都属于句柄为 a_handle 的指定实例。在操作成功返回后，数据集合 data_values 中将包含所有属于同一实例的数据样本，而样本信息集合 info_seq 的 SampleInfo 结构将验证 instance_handle == a_handle。

read_instance 操作与 read 操作的语义相同，但在构建返回的集合时，数据读取者将检查数据样本是否属于指定的实例，否则不会将样本放入返回的集合中。read_instance 操作与 read 操作在 data_values 和 info_seq 集合的前置条件和后置条件等方面的规则是相同的。与 read 操作类似，read_instance 操作可以将样本租借到输出集合，然后必须通过 return_loan 返回这些样本。

与 read 操作类似，read_instance 操作也是类型相关的，因此必须为应用程序的特定数据类型生成的专用类上提供此操作。如果数据读取者没有满足约束的样本，则该操作的返回值将为 NO_DATA。如果 a_handle 不对应于数据读取者已知的现有实例，则此操作可能返回 BAD_PARAMETER。

6.5.10 提取实例

```
::DDS::ReturnCode_t take_instance (
    DataSeq & data_values,
    ::DDS::SampleInfoSeq & info_seq,
    ::CORBA::Long max_samples,
    ::DDS::InstanceHandle_t a_handle,
    ::DDS::SampleStateMask sample_states,
    ::DDS::ViewStateMask view_states,
    ::DDS::InstanceStateMask instance_states);
```

此操作用于从数据读取者中访问数据样本的集合。除了返回的所有样本都属于句柄为 a_handle 的指定实例之外，该操作与 take 功能相同。

take_instance 操作与 take 操作的语义相同，但在构建返回的集合时，数据读取者将检查数据样本是否属于指定的实例，否则不会将样本放入返回的集合中。take_instance 操作与 take 操作在 data_values 和 info_seq 集合的前置条件和后置条件等方面的规则是相同的。与 take 操作类似，take_instance 操作可以将样本租借到输出集合，然后必须通过 return_loan 返回这些样本。

与 take 操作类似，take_instance 操作也是类型相关的，因此必须为应用程序的特定数据类型生成的专用类上提供此操作。如果数据读取者没有满足约束的样本，则该操作的返回值将为 NO_DATA。如果 a_handle 不对应于数据读取者已知的现有实例，则此操作可能返回 BAD_PARAMETER。

6.5.11 读取下一个实例

```
::DDS::ReturnCode_t read_next_instance (
    DataSeq & data_values,
    ::DDS::SampleInfoSeq & info_seq,
```

```
        ::CORBA::Long max_samples,
        ::DDS::InstanceHandle_t previous_handle,
        ::DDS::SampleStateMask sample_states,
        ::DDS::ViewStateMask view_states,
        ::DDS::InstanceStateMask instance_states);
```

此操作用于从数据读取者中访问数据样本的集合，其中所有样本属于单个实例。该操作类似于 read_instance，只是没有直接指定实际实例。实际上，该操作返回的样本将全部属于句柄大于参数 previous_handle 指定的下一个实例。

此操作意味着实例句柄之间存在总顺序大于关系。这种关系的细节并不都很重要，而且是特定于实现的。重要的是，所有实例在中间件中都是相对地排序的。这种顺序是在实例句柄之间进行的：它不应该依赖于实例的状态（例如，它是否有数据），并且即使实例句柄与数据读取者当前管理的实例不对应也必须进行定义。出于排序的目的，它使得每个实例句柄看起来都表示为一个唯一的整数。

read_next_instance 的行为好像是数据读取者调用的 read_instance 操作并传递满足以下两个条件且取值最小的一个实例句柄：

① 大于上一个的句柄；

② 有可用的样本（满足指定状态所施加的约束的样本）。

空实例句柄 HANDLE_NIL 的值小于任何有效的实例句柄。因此，使用参数值 previous_handle == handle_NIL 将返回某个实例的样本，该实例在包含可用样本的所有实例中句柄最小。

read_next_instance 操作旨在用于应用程序驱动的迭代中，应用程序通过传递 previous_handle == handle_NIL 开始，检查返回的数据样本；然后使用 info_seq 集合中 SampleInfo 结构所返回的 instance_handle 作为下一次调用 read_next_instance 的 previous_handle 参数的值。如此将迭代继续下去，直到 read_next_instance 返回值为 NO_DATA。

需要注意的是，可以使用与数据读取者当前实例不对应的 previous_handle 调用 read_next_instance 操作。这是因为如前所述，大于关系是为不由数据读取者管理的句柄定义的。可能发生这种情况的一种实际场景是，应用程序在所有实例间迭代，获取处于 NOT_ALIVE_NO_WRITERS 状态的实例的所有样本，返回借出的样本（此时实例信息可能被删除，因此句柄无效），并尝试读取下一个实例。

read_next_instance 操作与 read 操作在 data_values 和 info_seq 集合的前置条件和后置条件等方面的规则是相同的。与 read 操作类似，read_next_instance 操作可以将样本借出到输出集合，然后必须通过 return_loan 返回这些样本。

与 read 操作类似，read_next_instance 操作也是类型相关的，因此必须为应用程序的特定数据类型生成的专用类上提供此操作。如果数据读取者没有满足约束的样本，则该操作的返回值将为 NO_DATA。

6.5.12 提取下一个实例

```
::DDS::ReturnCode_t take_next_instance (
        DataSeq & data_values,
        ::DDS::SampleInfoSeq & info_seq,
```

```
            ::CORBA::Long max_samples,
            ::DDS::InstanceHandle_t previous_handle,
            ::DDS::SampleStateMask sample_states,
            ::DDS::ViewStateMask view_states,
            ::DDS::InstanceStateMask instance_states);
```

此操作用于从数据读取者中访问数据样本的集合，并将获取的数据样本从数据读取者中删除。该操作与 read_next_instance 的行为相同，不过样本是从数据读取者中提取的，因此无法通过后续的 read 或 take 操作访问它们。

与 read_next_instance 操作类似，可以使用与数据读取者当前管理的实例不对应的 previous_handle 来调用 take_next_instance 操作。take_next_instance 操作与 read 操作在 data_values 和 info_seq 集合的前置条件和后置条件等方面的规则是相同的。与 read 操作类似，take_next_instance 操作可以将样本借出到输出集合，然后必须通过 return_loan 返回这些样本。

与 take 操作类似，take_next_instance 操作也是类型相关的，因此必须为应用程序的特定数据类型生成的专用类上提供此操作。如果数据读取者没有满足约束的样本，则该操作的返回值将为 NO_DATA。

6.5.13 带条件读取下一个实例

```
::DDS::ReturnCode_t read_next_instance_w_condition (
            DataSeq & data_values,
            ::DDS::SampleInfoSeq & sample_infos,
            ::CORBA::Long max_samples,
            ::DDS::InstanceHandle_t previous_handle,
            ::DDS::ReadCondition_ptr a_condition);
```

此操作用于从数据读取者中访问数据样本的集合，该操作与 read_next_instance 的行为相同，只是返回的所有样本都满足指定的读取条件 a_condition。换句话说，该操作执行成功时，返回的所有样本都属于同一个实例，并且该实例是满足以下条件且具有最小句柄 instance_handle 的实例：

① instance_handle >= previous_handle；

② 具有能够使得读取条件 a_condition 计算结果为 TRUE 的样本。

与 read_next_instance 操作类似，可以使用与数据读取者当前管理的实例不对应的 previous_handle 来调用 read_next_instance_w_condition 操作。该操作与 read 操作在 data_values 和 info_seq 集合的前置条件和后置条件等方面的规则是相同的。与 read 操作类似，read_next_instance_w_condition 操作可以将样本借出到输出集合，然后必须通过 return_loan 返回这些样本。

与 read 操作类似，read_next_instance_w_condition 操作也是类型相关的，因此必须为应用程序的特定数据类型生成的专用类上提供此操作。如果数据读取者没有满足约束的样本，则该操作的返回值将为 NO_DATA。

6.5.14 带条件提取下一个实例

```
::DDS::ReturnCode_t take_next_instance_w_condition (
        DataSeq & data_values,
        ::DDS::SampleInfoSeq & sample_infos,
        ::CORBA::Long max_samples,
        ::DDS::InstanceHandle_t previous_handle,
        ::DDS::ReadCondition_ptr a_condition);
```

此操作用于从数据读取者中访问数据样本的集合，并将获取的数据样本从数据读取者中删除。该操作与 read_next_instance_w_condition 的行为相同，只是样本是从数据读取者中提取的，因此无法通过后续的 read 或 take 操作访问它们。

与 read_next_instance 操作类似，可以使用与数据读取者当前管理的实例不对应的 previous_handle 来调用 take_next_instance_w_condition 操作。该操作与 read 操作在 data_values 和 info_seq 集合的前置条件和后置条件等方面的规则是相同的。与 read 操作类似，take_next_instance_w_condition 操作可以将样本借出到输出集合，然后必须通过 return_loan 返回这些样本。

与 read 操作类似，take_next_instance_w_condition 操作也是类型相关的，因此必须为应用程序的特定数据类型生成的专用类上提供此操作。如果数据读取者没有满足约束的样本，则该操作的返回值将为 NO_DATA。

6.5.15 返回租借

```
::DDS::ReturnCode_t return_loan (
        DataSeq & received_data,
        ::DDS::SampleInfoSeq& info_seq);
```

应用程序调用该操作向数据读取者指示已完成对所获得的数据样本和样本信息集合的使用，上述集合是通过对数据读取者调用 read 或 take 操作所获得的。

数据样本和样本信息必须是相关且成对存在的，也就是说，它们应该是对应于在同一个数据读取者上执行 read 或 take 操作调用时同时返回的。如果不满足上述条件，则操作将失败并返回 PRECONDITION_NOT_MET。

return_loan 操作实际上是允许应用程序通过 read 或者 take 操作以租借的模式实现对数据读取者中数据的访问，它实际上是提供了一种零拷贝模式的数据快速访问方法。在租借期间，数据读取者将保证数据样本和样本信息不被修改。

应用程序调用 read 或者 take 操作租借数据以后不必立刻归还，但是由于这些租借的数据缓存对应于数据读取者中的内部资源，应用程序不应无限期地保留它们。只有当应用程序调用 read 或 take 操作真正租借数据时，才需要使用 return_loan 操作。如 6.5.3 节所述，这种情况只有在调用 read 或 take 操作时 data_value 和 sample_infos 集合的属性 max_len = 0 才会发生。应用程序可以通过检查上述集合的 owns 属性来确定是否需要执行 return_loan 操作。当然了，对于不需要进行归还操作的场景调用 return_loan 也是安全的，不会产生负面影响。如果执行 return_loan 操作的集合确实是租借的，则当 return_loan 操作执行完成后，集合的 max_len = 0。

与 read 操作类似，return_loan 操作也是类型相关的，因此必须为应用程序的特定数据类型生成的专用类上提供此操作。

6.5.16 获取活跃度改变状态

```
::DDS::ReturnCode_t get_liveliness_changed_status (
        ::DDS::LivelinessChangedStatus & status);
```

此操作用于获取 LIVELINESS_CHANGED 类型的通信状态，关于通信状态的内容请参见 2.5.1 节相关内容。

6.5.17 获取请求的生存期丢失状态

```
::DDS::ReturnCode_t get_requested_deadline_missed_status (
        ::DDS::RequestedDeadlineMissedStatus & status);
```

此操作用于获取 REQUESTED_DEADLINE_MISSED 类型的通信状态，关于通信状态的内容请参见 2.5.1 节相关内容。

6.5.18 获取请求的 QoS 策略不兼容状态

```
::DDS::ReturnCode_t get_requested_incompatible_qos_status (
        ::DDS::RequestedIncompatibleQosStatus & status);
```

此操作用于获取 REQUESTED_INCOMPATIBLE_QOS 类型的通信状态，关于通信状态的内容请参见 2.5.1 节相关内容。

6.5.19 获取数据样本丢失状态

```
::DDS::ReturnCode_t get_sample_lost_status (
        ::DDS::SampleLostStatus & status);
```

此操作用于获取 SAMPLE_LOST 类型的通信状态，关于通信状态的内容请参见 2.5.1 节相关内容。

6.5.20 获取数据样本拒绝状态

```
::DDS::ReturnCode_t get_sample_rejected_status (
        ::DDS::SampleRejectedStatus & status);
```

此操作用于获取 SAMPLE_REJECTED 类型的通信状态，关于通信状态的内容请参见 2.5.1 节相关内容。

6.5.21 获取订阅者匹配状态

```
::DDS::ReturnCode_t get_subscription_matched_status (
        ::DDS::SubscriptionMatchedStatus & status);
```

此操作用于获取 SUBSCRIPTION_MATCHED 类型的通信状态，关于通信状态的内容请参见 2.5.1 节相关内容。

6.5.22　获取主题描述

```
::DDS::TopicDescription_ptr get_topicdescription (void);
```

此操作用于获取与数据读取者关联的主题描述，该主题描述是在创建数据读取者时指定的。

6.5.23　获取所属订阅者

```
::DDS::Subscriber_ptr get_subscriber (void);
```

此操作用于获取数据读取者所属的订阅者，也就是创建数据读取者所使用的订阅者。

6.5.24　获取键值

```
::DDS::ReturnCode_t get_key_value (
        Data & key_holder,
        ::DDS::InstanceHandle_t handle);
```

应用程序调用此操作可用于检索与实例句柄相对应的实例的键值。该操作将只填充键值持有者实例中构成键的字段。

如果 handle 不对应于数据读取者已知的现有实例，则此操作将返回错误代码 BAD_PARAMETER。

6.5.25　查找实例

```
::DDS::InstanceHandle_t lookup_instance_generic (Data * data);
```

数据读取者的一些操作需要实例的句柄 handle 作为参数。如果需要此类句柄，应用程序可以调用 lookup_instance 操作，它将实例作为参数并为其返回相应的句柄。如果实例以前没有注册，或者由于任何其他原因导致 DDS 中间件无法提供实例句柄，则该操作将返回空句柄 HANDLE_NIL。

6.5.26　删除包含的所有实体

```
::DDS::ReturnCode_t delete_contained_entities ();
```

应用程序使用 dclete_contained_entities 操作删除通过数据读取者所创建的所有实体。也就是说，它将删除数据读取者所包含的查询条件和读取条件对象。

如果数据读取者包含的任何实体处于无法删除的状态，则该操作将返回错误代码 PRECONDITION_NOT_MET。一旦 delete_contained_entities 操作执行成功，应用程序能够在不包含实体的情况下删除数据读取者。

6.5.27　等待接收所有历史数据样本

```
::DDS::ReturnCode_t wait_for_historical_data (
        const ::DDS::Duration_t & max_wait);
```

此操作仅适用于 DURABILITY 策略的 kind 属性为非 VOLATILE 类型（非易失性）的数

据读取者。

一旦应用程序启用非 VOLATILE 类型的数据读取者，它将开始接收历史数据（在数据读取者加入数据域之前写入的数据），以及数据写入者实体写入的任何新数据。在某些情况下，应用程序的逻辑可能需要等待到收到所有历史数据，这就是 wait_for_historical_data 操作的目的。

wait_for_historical_data 的操作会阻塞调用线程，直到接收到所有历史数据，或者超过 max_wait 参数指定的持续时间，以先发生者为准。返回值 OK 表示已接收到所有历史数据；返回值 TIMEOUT 表示在接收到所有数据之前已超过规定的时间 max_wait。

6.5.28 获取匹配的发布信息

```
::DDS::ReturnCode_t get_matched_publication_data (
        ::DDS::PublicationBuiltinTopicData & publication_data,
        ::DDS::InstanceHandle_t publication_handle);
```

此操作检索当前与数据读取者关联的发布信息，也就是具有匹配主题和兼容 QoS 策略，并且应用程序未通过域参与者 ignore_publication 操作忽略的发布信息。

第二个参数 publication_handle 必须与数据读取者关联的发布相对应，否则操作将失败并返回错误代码 BAD_PARAMETER。get_matched_publications 操作可用于查找当前与数据读取者匹配的发布。

6.5.29 获取匹配的发布者

```
::DDS::ReturnCode_t get_matched_publications (
        ::DDS::InstanceHandleSeq & publication_handles);
```

此操作检索当前与数据读取者关联的发布列表，也就是具有匹配主题和兼容 QoS 策略，并且应用程序未通过域参与者 ignore_publication 忽略的发布信息。

参数 publication_handles 中返回的是 DDS 中间件实现用于标识本地相应匹配数据写入者的句柄。这些句柄与读取 DCPSPublications 内置主题时 SampleInfo 结构的 instance_handle 字段中出现的句柄相匹配。

6.6 读取条件

读取条件（ReadCondition）由数据读取者创建，在创建时需要为其传递与调用相应的读取或提取操作相同的掩码（mask）。当读取条件绑定到等待集（WaitSet）后，每当数据样本与指定的掩码匹配时都会触发可读取的状态。因此，这些样本可以通过使用 read_w_condition 和 take_w_condition 等操作来读取。需要注意的是，上述操作都会将读取条件当作一个参数来使用。创建和删除读取条件的操作如 6.5.1 节所示。

6.6.1 获取数据读取者

```
::DDS::DataReader_ptr get_datareader ();
```

此操作用于返回与读取条件关联的数据读取者。需要注意的是，每个读取条件只对应一个数据读取者。

6.6.2　获取样本状态掩码

```
::DDS::SampleStateMask get_sample_state_mask ();
```

此操作将返回用于确定读取条件的 trigger_value 属性时要考虑的样本状态（sample_state），这也是创建读取条件时指定的 sample_state。

6.6.3　获取视图状态掩码

```
::DDS::ViewStateMask get_view_state_mask ();
```

此操作将返回用于确定读取条件的 trigger_value 属性时要考虑的视图状态（view_state），这也是创建读取条件时指定的 view_state。

6.6.4　获取实例状态掩码

```
::DDS::InstanceStateMask get_instance_state_mask ();
```

此操作将返回用于确定读取条件的 trigger_value 属性时要考虑的实例状态（instance_state），这也是创建读取条件时指定的 instance_state。

6.7　查询条件

查询条件（QueryCondition）是一类特殊的读取条件，它能够具有一个形如 SQL 的查询约束语句。因此，查询条件可以用来实现对数据样本的过滤，只有满足 SQL 语句条件的样本才能被触发，然后可以采用读取条件一样的机制访问相应的数据样本。图 6-6 描述了查询条件的工作原理，应用程序通过使用查询条件实现对数据读取者中的样本进行过滤。

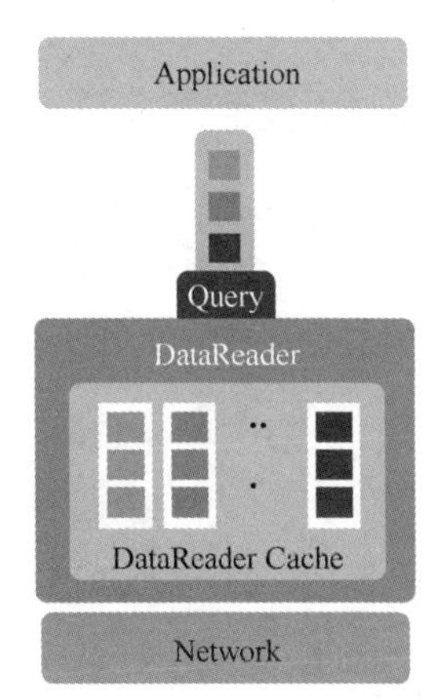

图 6-6　查询条件的工作原理

与内容过滤主题不同的是，使用查询条件时，数据样本全部存储到数据读取者的缓存中；而过滤主题则可以控制进入数据读取者缓存的样本数量。查询条件的创建方法如 6.5.2 节所示，其中的查询逻辑表达式是过滤逻辑表达式的升级，能够支持具有一个可选的 ORDER BY 关键字，随后可跟随由逗号隔开的字段引用。如果使用了 ORDER BY 语句，那么过滤逻辑表达式也可以空。下面的字符串为查询逻辑表达式的示例：

```
m > 100 ORDER BY n
ORER BY q.p, r, s.t.u
NOT v LIKE 'z%'
```

图 6-7 给出了一个查询条件的示例，主题名称为 CarDynamics，主题类型中包含 5 个字段，其中 cid 是主题类型的键。虽然全局空间中的全部样本都进入了数据读取者的缓存中，但是查询条件通过查询表达式“dx > 50 OR dy > 50”的使用，可以控制该数据读取者的 4 个数据样

本中仅有 2 个满足上述表达式的数据样本可以触发查询条件并被应用程序接收。

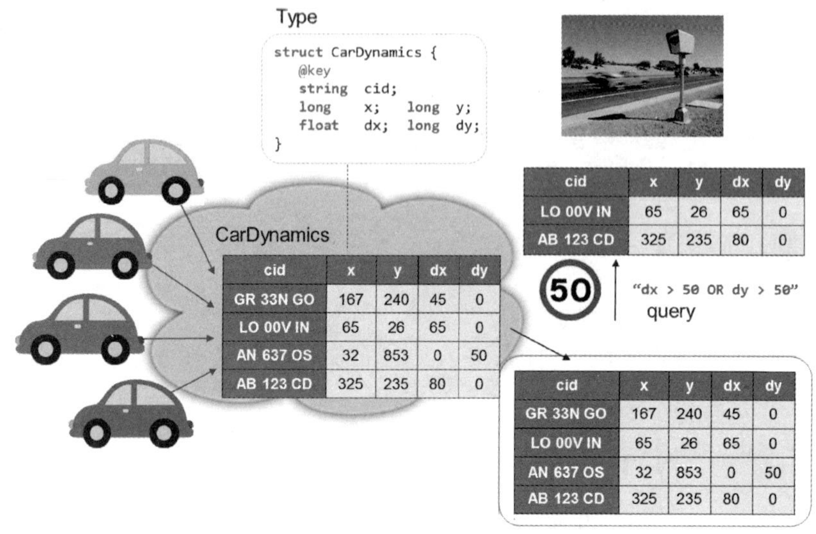

cid	x	y	dx	dy
GR 33N GO	167	240	45	0
LO 00V IN	65	26	65	0
AN 637 OS	32	853	0	50
AB 123 CD	325	235	80	0

cid	x	y	dx	dy
LO 00V IN	65	26	65	0
AB 123 CD	325	235	80	0

cid	x	y	dx	dy
GR 33N GO	167	240	45	0
LO 00V IN	65	26	65	0
AN 637 OS	32	853	0	50
AB 123 CD	325	235	80	0

图 6-7　查询条件示例

6.7.1　获取查询表达式

```
char * get_query_expression ();
```

此操作用于返回与查询条件关联的查询表达式 query_expression，也就是创建查询条件时指定的表达式。

6.7.2　设置和获取查询参数

```
::DDS::ReturnCode_t set_query_parameters (
        const ::DDS::StringSeq& query_parameters);
```

应用程序调用此操作更改与查询条件相关联的 query_parameters 参数。

```
::DDS::ReturnCode_t get_query_parameters (
        DDS::StringSeq& query_parameters);
```

此操作用于获取与查询条件关联的 query_parameters 参数，也就是上次成功调用 set_query_parameters 操作时指定的参数。如果从未调用 set_query_parameters，则是在创建查询条件时指定的参数。

6.8　订阅者监听器

像所有的 DCPS 实体一样，订阅者也可以关联相应的订阅者监听器，用于接收 DDS 中间件向应用程序传递的相关状态更改事件。由于订阅者监听器是从数据读取者监听器上派生而来的，因此它具有数据读取者监听器的所有功能。另外，订阅者监听器还扩展了一个额外的回调操作——on_data_on_readers，该操作与订阅者的 DATA_ON_READERS 状态相对应，也与数据读取者的 DATA_AVAILABLE 状态有着非常紧密的联系。

```
virtual void on_data_on_rcaders (
        ::DDS::Subscriber_ptr sub);
```

每当订阅者创建的任何数据读取者发生 DATA_AVAILABLE 状态更改事件时，订阅者的 DATA_ON_READERS 状态更改事件也会发生，这意味着其中一个数据读取者已经接收到新数据样本。当 DATA_ON_READERS 状态更改事件发生时，订阅者监听器的 on_data_on_readers 回调操作将会被执行。

每个订阅者的 DATA_ON_READERS 状态更改事件优先于其任何一个数据读取者的 DATA_AVAILABLE 状态更改事件。因此，当数据样本到达数据读取者时，调用的是订阅者监听器的 on_data_on_readers 操作，而不是数据读取者监听器的 on_data_available 操作——假设订阅者安装有监听器，并且启动它来处理 DATA_ON_READERS 状态更改事件（注意，在订阅者监听器的 on_data_on_readers 操作中，应用程序可以选择调用 notify_datareaders 操作，这将使数据读取者的 on_data_available 回调操作得到调用）。

如果应用程序希望一个订阅者为其包含的数据读取者处理状态更改事件，那么可以在订阅者的创建期间建立一个订阅者监听器，或者在订阅者创建之后使用 set_listener 操作实现。其中，最后的参数掩码 mask 用于控制订阅者监听器可以处理哪些状态更改事件，具体示例如下：

```
::DDS::StatusMask mask = REQUESTED_DEADLINE_MISSED_STATUS |
        REQUESTED_INCOMPATIBLE_QOS_STATUS;
subscriber -> create_subscriber (SUBSCRIBER_QOS_DEFAULT,
        listener, mask);
```

或者

```
::DDS::StatusMask mask = REQUESTED_DEADLINE_MISSED_STATUS |
        REQUESTED_INCOMPATIBLE_QOS_STATUS;
subscriber -> set_listener (listener, mask);
```

当 DDS 中间件希望将一个状态更改事件（如 SUBSCRIPTION_MATCHED）通知数据读取者时，它首先会检查数据读取者是否启动对应的数据读取者监听器回调（如 on_subscription_matched 操作）。如果启动了，则 DDS 中间件会将该事件分派至数据读取者监听器的相应回调；否则，DDS 中间件会将事件分派至对应的订阅者监听器回调。

如果出现了以下一种情况，数据读取者中的特定回调操作不会被启用：

① 应用程序安装了一个空的数据读取者监听器；

② 应用程序已经禁用了数据读取者监听器的回调。当在数据读取者上安装监听器时，通过在传送给 create_datareader 或 set_listener 操作的掩码 mask 中关闭相应状态位来实现。

同理，域参与者监听器的回调将充当所有属于它的订阅者的默认回调。

6.9　数据读取者监听器

数据读取者可以选择性地拥有监听器，数据读取者监听器应当具备 2.5.1 节中

DATA_AVAILABLE、LIVELINESS_CHANGED、SUBSCRIPTION_MATCHED、REQUESTED_INCOMPATIBLE_QOS、SAMPLE_LOST、SAMPLE_REJECTED、REQUESTED_DEADLINE_MISSED 7 种状态更改事件的回调处理能力。

```
virtual void on_requested_deadline_missed (
        DDS::DataReader_ptr reader,
        const DDS::RequestedDeadlineMissedStatus & status);

virtual void on_requested_incompatible_qos (
        DDS::DataReader_ptr reader,
        const DDS::RequestedIncompatibleQosStatus & status);

virtual void on_sample_rejected (
        DDS::DataReader_ptr reader,
        const DDS::SampleRejectedStatus & status);

virtual void on_liveliness_changed (
        DDS::DataReader_ptr reader,
        const DDS::LivelinessChangedStatus & status);

virtual void on_data_available (
        DDS::DataReader_ptr reader);

virtual void on_subscription_matched (
        DDS::DataReader_ptr reader,
        const DDS::SubscriptionMatchedStatus & status);

virtual void on_sample_lost (
        DDS::DataReader_ptr reader,
        const DDS::SampleLostStatus & status);
```

第 7 章　QoS 策略与关联性

在数据分发服务（DDS）中，QoS 策略是用来控制分布式系统如何、何时进行数据分发的一组特征，基于 DDS 构建的分布式系统可以使用其提供的各种 QoS 策略来控制、管理和优化在网络中传输的数据流。DCPS 中不同的实体具有不同的功能，基于不同的实体配置不同的 QoS 策略是 DDS 的一个重要的特征。

本章将对 DDS 提供的各种 QoS 策略进行详细的阐述，介绍如何运用 QoS 策略的不同属性来控制数据分发过程。在此基础上，分析不同 QoS 策略之间的关联性，并通过示例展示如何合理地选择和配置 QoS 策略来满足通信场景的需求。

7.1　QoS 策略详解

DDS 提供的 QoS 策略类型主要包括：USER_DATA、TOPIC_DATA、HISTORY、TIME_BASED_FILTER、GROUP_DATA、DURABILITY、DURABILITY_SERVICE、LIFESPAN、OWNERSHIP、PRESENTATION、DEADLINE、LATENCY_BUDGET、OWNERSHIP_STRENGTH、LIVELINESS、PARTITION、TRANSPORT_PRIORITY、RELIABILITY、WRITER_DATA_LIFECYCLE、READER_DATA_LIFECYCLE、RESOURCE_LIMITS、ENTITY_FACTORY、DESTINATION_ORDER。

7.1.1　USER_DATA 策略

用户数据（USER_DATA）是已创建实体所携带的附加信息，该策略适用于域参与者、数据写入者和数据读取者等实体，其功能是用于建立数据读取者与数据写入者之间连接关系的凭证。假如 USER_DATA 中的 value 属性与认可的列表不匹配，则实体之间的连接将被拒绝。该策略与 ignore_participant、ignore_publication、ignore_subscription、ignore_topic 等操作配合使用，以防止系统中出现无用的消息。

USER_DATA 策略的相关 IDL 定义如下：

```
struct UserDataQosPolicy {
        sequence<octet> value;
};
```

其中，value 属性可以被设置为任何 8 位字节序列，适用于相对应的内置主题数据，远程应用程序可以通过内置主题来获取这些信息以满足各自的目的。例如，应用程序可以附加安全证书用于对远程应用程序验证数据源。在默认情况下，value 属性未被设置。使用 USER_DATA 策略带来的系统收益包括：

① 提供基于每个主题的安全或证明信息；

② 关联系统级信息与真实消息数据；

③ 执行发布/订阅许可。

7.1.2　TOPIC_DATA 策略

当数据域内发现有新的数据读取者和数据写入者时，依附于应用程序所访问主题上的附加信息就是主题数据（TOPIC_DATA）。TOPIC_DATA 与 USER_DATA 及 GROUP_DATA 策略非常相似，只是它仅适用于主题实体，用于传递独立于主题类型的数据。例如，一个应用程序在数据域内启动，将一个特定主题的新订阅变成实例，其他发现新订阅的实体也可以访问其 TOPIC_DATA。在 TOPIC_DATA 中可以包含应用程序名或者节点名等信息，这样其他应用程序才能维护正在访问或提供特定主题的所有应用程序或节点列表。

TOPIC_DATA 策略的相关 IDL 定义如下：

```
struct TopicDataQosPolicy {
        sequence<octet> value;
};
```

其中，value 属性在数据写入者、数据读取者和内置主题数据中可用，远程应用程序可以通过内置主题获取这些信息，并以应用程序定义的方式使用它。在默认情况下，value 属性未被设置。使用 TOPIC_DATA 策略带来的系统收益包括：

① 一个新实体加入数据域，有相应的系统级或者体系级信息与之关联；

② 允许使用证书或者签名数据基于每个主题进行关联。

7.1.3　GROUP_DATA 策略

组数据（GROUP_DATA）应用于发布者和订阅者实体，是创建发布者或订阅者时允许附加的额外信息。GROUP_DATA 与 TOPIC_DATA 及 USER_DATA 策略非常类似，只是它仅适用于发布者和订阅者实体。GROUP_DATA 用于证明身份或者识别身份的目的，它通过内置主题传播。在发布端数据写入者的内置主题包含 GROUP_DATA 的值，则在订阅端数据读取者也将包含 GROUP_DATA 的值。

GROUP_DATA 策略的相关 IDL 定义如下：

```
struct GroupDataQosPolicy {
        sequence<octet> value;
};
```

其中，value 属性可以被设置为任何 8 位字节序列。在默认情况下，value 属性未被设置。使用 GROUP_DATA 策略带来的系统收益包括：

① 与发现新实体加入数据域中的系统级或体系级信息联系；

② 使得利用身份证明数据或身份识别数据关联发布者和订阅者成为可能。

7.1.4　DURABILITY 策略

持久性（DURABILITY）用于描述 DDS 是否会将之前可用的数据样本用于数据域中新加入的数据读取者，该策略适用于数据写入者和数据读取者实体。一般来讲，DURABILITY 具有以下三种模式：

① 不稳定型：不会保存任何过去时刻的数据样本；

② 短暂型：会在内存中保留特定数量的样本（具体由 RESOURCE_LIMITS 和 HISTORY 策略决定）；

③ 持久型：会将之前的数据样本保存在非易失性存储器中，如硬盘。这种情况下，订阅者可以随时加入数据域，并能够接收之前发布的数据样本。

DURABILITY 策略的相关 IDL 定义如下：

```
enum DurabilityQosPolicyKind {
      VOLATILE_DURABILITY_QOS,
      TRANSIENT_LOCAL_DURABILITY_QOS,
      TRANSIENT_DURABILITY_QOS,
      PERSISTENT_DURABILITY_QOS
};
struct DurabilityQosPolicy {
      DurabilityQosPolicyKind kind;
}
```

在默认情况下，kind 属性的取值为 VOLATILE_DURABILITY_QOS。

（1）VOLATILE_DURABILITY_QOS：数据样本在被发送至已知订阅者后遭到丢弃，因此订阅者不能找回在它与发布者建立连接之前的任何样本。

（2）TRANSIENT_LOCAL_DURABILITY_QOS：与数据写入者关联的数据读取者将得到该数据写入者历史数据中的所有样本。

（3）TRANSIENT_DURABILITY_QOS：样本的生命周期比数据写入者长，与所在应用程序的生命周期一致。样本会保存在内存中，但是不会保留到非易失性存储器中。同一个数据域内，相同主题和分区的数据读取者将得到缓存中的所有数据样本。

（4）PERSISTENT_DURABILITY_QOS：提供非易失性的数据样本存储能力，且具有与 TRANSIENT_DURABILITY_QOS 相同的功能，能够保证在应用程序消亡的情况下，数据样本仍然得以幸免。

除了 VOLATILE_DURABILITY_QOS，其他三种 DURABILITY 策略的类型都需要 DURABILITY_SERVICE 策略来设置调节持久度缓存的参数。

DURABILITY 策略的 RxO 属性为 TRUE，这意味着发布端和订阅端的应用程序需要综合考虑数据写入者和数据读取者的取值以保证兼容性，即 DURABILITY 策略中 kind 属性的取值应当满足数据写入者不小于数据读取者。

按照枚举 DurabilityQosPolicyKind 定义可知，持久性类型的值符合如下顺序：

```
VOLATILE_DURABILITY_QOS <
TRANSIENT_LOCAL_DURABILITY_QOS <
TRANSIENT_DURABILITY_QOS <
PERSISTENT_DURABILITY_QOS
```

使用 DURABILITY 策略带来的系统收益包括：

① 允许加入数据域的新节点接收系统之前发布的数据；

② 确定之前数据的存储方式，包括从不存储、内存存储和磁盘存储。

7.1.5 DURABILITY_SERVICE 策略

持久性服务（DURABILITY_SERVICE）用于控制从短暂的（TRANSIENT）和持久的（PERSISTENT）缓存中删除样本，该策略适用于主题和数据写入者实体。DURABILITY_SERVICE 提供了设置 HISTORY 和 RESOURCE_LIMITS 策略关于样本缓存的参数。

DURABILITY_SERVICE 策略的相关 IDL 定义如下：

```
struct DurabilityServiceQosPolicy {
    Duration_t service_cleanup_delay;
    HistoryQosPolicyKind history_kind;
    long history_depth;
    long max_samples;
    long max_instances;
    long max_samples_per_instance;
};
```

需要注意的是，该策略中的属性与 HISTORY 和 RESOUCR_LIMITS 策略类似，但是却与它们无关。应用程序可以按需设定 service_cleanup_delay 属性的值。默认情况下，service_cleanup_delay 属性的值为 0，这意味着不清楚缓存中的数据样本。

7.1.6 PRESENTATION 策略

当一个订阅者拥有多个数据读取者时，呈现（PRESENTATION）策略用于控制订阅者如何将数据样本呈送给应用程序。该 QoS 策略适用于发布者和订阅者实体，包括三个属性：

（1）连贯访问：控制是否保留一个连贯集中变化的分组，该项默认关闭。

（2）顺序访问：控制是否保留变化的顺序，该项默认关闭。

（3）访问范围：分组变化为连贯集时，可以设置三个级别的粒度。

① 实例：不同实例的变化被认为是互相独立的，这是默认配置；

② 主题：将其看作连贯集的一部分，这些变化来自相同的数据写入者；

③ 分组：所有来自依附于相同发布者的所有数据写入者的连贯变化是集合在一起的。

设置了连贯访问，当整个数据分组到达后，数据就会呈现给应用程序。否则，当设置顺序访问后，数据会以发布者发送的顺序呈现。

PRESENTATION 策略的相关 IDL 定义如下：

```
enum PresentationQosPolicyAccessScopeKind {
    INSTANCE_PRESENTATION_QOS,
    TOPIC_PRESENTATION_QOS,
    GROUP_PRESENTATION_QOS
};
struct PresentationQosPolicy {
    PresentationQosPolicyAccessScopeKind access_scope;
    boolean coherent_access;
    boolean ordered_access;
};
```

其中，属性 access_scope 指定应用程序可以感知到的层级。

（1）INSTANCE_PRESENTATION_QOS：它表示实例改变是独立发生的。实例对连贯访问（coherent_access）和顺序访问（ordered_access）的行为是空操作，在订阅端应用程序不会产生可观察的影响。

（2）TOPIC_PRESENTATION_QOS：它表示接受的改变被限制为相同的数据读取者或者数据写入者内的所有实体。

（3）GROUP_PRESENTATION_QOS：它表示接受的改变被限制为相同发布者或订阅者上的所有实体。

coherent_access 属性允许在一个实例的一个或者多个改变合并为单个可供数据读取者使用的变化。如果数据读取者没能完整地接收所有的改变，那么相当于这些改变都无效。这个语义与许多关系数据库提供的处理方法类似。该属性的默认值为 false。

ordered_access 属性表示发布者发布的数据样本在数据读取者按照顺序展示。它的效果本质上与 DESTINATION_ORDER 策略非常相似，不同的是，ordered_access 允许数据排序与实例排序无关。该属性的默认值为 false。

PRESENTATION 策略的 RxO 属性为 TRUE，这意味着发布端和订阅端的应用程序需要综合考虑发布者和订阅者的取值以保证兼容性，即 PRESENTATION 策略中 access_scope 属性的取值应当满足发布者不小于订阅者。

7.1.7 DEADLINE 策略

截止期限（DEADLINE）策略允许应用程序在指定的时间内检测数据是否被写入或者读取，该策略适用于主题、数据写入者和数据读取者等实体。如果应用程序需要周期地发布数据，可以使用 DEADLINE 策略来控制数据的发布行为。具体来看，发布端的数据写入者使用 DEADLINE 策略可以指定调用 writer 操作发布样本的最大间隔时间；订阅端的数据读取者使用 DEADLINE 策略可以指定接收实例最新样本的最大间隔时间。

DEADLINE 策略的相关 IDL 定义如下：

```
struct DeadlineQosPolicy {
    Duration_t period;
};
```

其中，Duration_t 是 DDS 中间件中设定时间间隔的数据类型，其定义为：

```
struct Duration_t {
    long sec;
    unsigned long nanosec;
};
```

如果 period 属性的取值为无穷大，那么该策略将不起作用；如果 period 属性设定为有限值，那么数据写入者和数据读取者会监视数据的写入行为。当发布端的数据写入者在设定的期限内未更新数据时，DDS 中间件会设置相应的状态更改事件并触发 on_offered_deadline_missed 回调；当订阅端的数据读取者检测到超过设定的期限还没有收到更新的数据时，DDS 中间件会设置相应的状态更改事件并触发 on_requested_deadline_missed 回调。DEADLINE 策略的工作原理如图 7-1 所示。

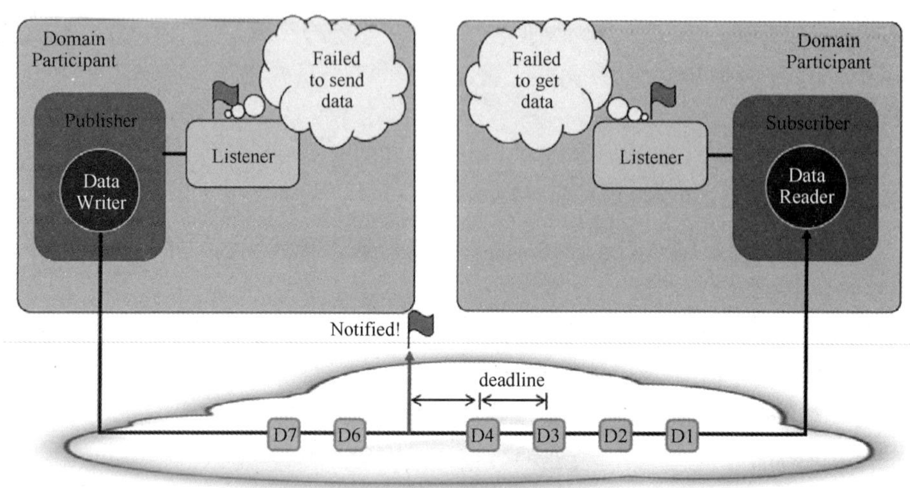

图 7-1 DEADLINE 策略的工作原理

DEADLINE 策略的 RxO 属性为 TRUE，这意味着发布端和订阅端的应用程序需要综合考虑数据写入者和数据读取者的取值以保证兼容性，即 DEADLINE 策略中 period 属性的取值应当满足数据读取者不小于数据写入者。

DEADLINE 策略可以在关联的实体启用后修改。如果该策略用于数据写入者或者数据读取者，只有修改后的策略与其他远程所有关联的数据读取者或数据写入者兼容时，修改才能成功。如果该策略应用于主题，那么策略的修改只影响以后创建的数据写入者或数据读取者，而已经创建的实体则不受影响。使用 DEADLINE 策略带来的系统收益包括：

① 允许每个数据写入者描述它能够发送的数据有多快；

② 允许每个数据读取者描述它能够接收的数据有多快；

③ 有助于判定特定数据源何时不可用，或者特定数据源某方面可能有错误；

④ 当一个数据读取者关联多个数据写入者时，为用最高强度数据源接收数据设定一个时间周期；

⑤ 如果错过指定的期限，允许立即通知应用程序。

7.1.8 LATENCY_BUDGET 策略

时延预算（LATENCY_BUDGET）是 DDS 的一个可选指标，用来指定从写入数据到将数据插入接收端缓存并通知接收应用程序的最大可接受时延，该策略适用于主题、数据写入者和数据读取者等实体。DDS 中 LATENCY_BUDGET 的组成如图 7-2 所示。

LATENCY_BUDGET 策略的相关 IDL 定义如下：

```
struct LatencyBudgetQosPolicy {
    Duration_t duration;
};
```

如果 duration 属性的取值为 0，表示希望时延应被最小化。该策略被认为是对传输层的提示，表明正发送样本的紧迫性。DDS 中间件使用这个属性值来划分从发布者到订阅者之间的传输时延是否为不可接受的时延间隔。LATENCY_BUDGET 目前仅适用于监视，如果需要调节传输时延，可以使用 TRANSPORT_PRIORITY 策略。数据写入者仅使用 duration 属性做兼容性比较，如果该属性值为默认值 0，那么所有向它请求数据的数据读取者都认为是兼容的。

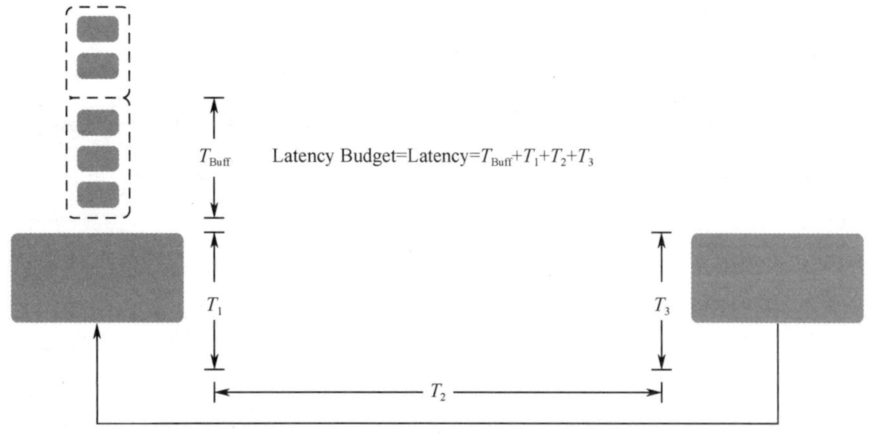

图 7-2　LATENCY_BUDGET 的组成

LATENCY_BUDGET 策略的 RxO 属性为 TRUE，这意味着发布端和订阅端的应用程序需要综合考虑数据写入者和数据读取者的取值以保证兼容性，即 LATENCY_BUDGET 策略中 duration 属性的取值应当满足数据读取者不小于数据写入者。

使用 LATENCY_BUDGET 策略带来的系统收益包括：

① 基于优先传输的应用，即设置为低时延预算的发布在传输时得到更高的优先级；

② 当运行在两种不同的环境时，可以设置这个参数来适应变化的环境性能。

7.1.9　OWNERSHIP 策略

所有权（OWNERSHIP）策略用于控制是否允许多个数据写入者更新同一个实例，该策略适用于主题、数据写入者和数据读取者等实体。如图 7-3 所示，当所有权设置为共享（shared）模式时，一个实例可以被多个数据写入者更新；当所有权设置为排他（exclusive）模式时，一个实例只能被一个数据写入者更新。OWNERSHIP 策略与 OWNERSHIP_STRENGTH 策略的组合应用构成了 DDS 传输框架中的冗余度基础。

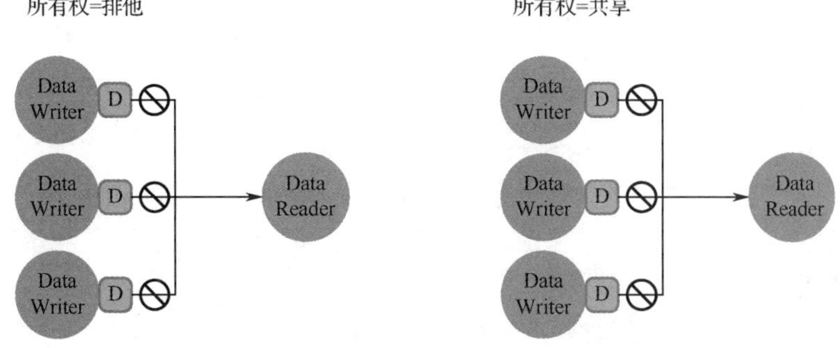

图 7-3　OWNERSHIP 策略的适用模式

OWNERSHIP 策略的相关 IDL 定义如下：

```
enum OwnershipQosPolicyKind {
    SHARED_OWNERSHIP_QOS,
    EXCLUSIVE_OWNERSHIP_QOS
};
struct OwnershipQosPolicy {
    OwnershipQosPolicyKind kind;
};
```

如果 kind 属性被设置为排他模式（EXCLUSIVE_OWNERSHIP_QOS），只有一个数据写入者被允许更新给定的实例，该数据写入者被称为该实例的所有者，所有匹配的数据读取者只能接收该数据写入者写入的样本。实例的所有者由 OWNERSHIP_STRENGTH 策略确定，value 属性取值最大的数据写入者为实例的所有者。如果 kind 属性被设置为共享模式（SHARED_OWNERSHIP_QOS），多个数据写入者被允许更新相同的实例。影响实例所有权的因素还包括：拥有最高强度的数据写入者是否还活跃（由 LIVELINESS 策略确定），以及是否违反它提供的发布截止期限（由 DEADLINE 策略确定）。

OWNERSHIP 策略的 RxO 属性为 TRUE，这意味着发布端和订阅端的应用程序需要综合考虑数据写入者和数据读取者的取值以保证兼容性，即 OWNERSHIP 策略中 kind 属性的取值应当满足数据写入者不小于数据读取者。

使用 OWNERSHIP 策略带来的系统收益包括：

① 不管是接收来自所有数据写入者的所有发布数据还是只接收拥有最高强度所有权的发布数据，都要基于主题来确定；

② 如果相同主题有主、次发布者，则可以提供瞬间容错功能，即如果主发布者异常，则次发布者会发送合适的数据；

③ 允许各个单独的发布强度动态变化，由此改变运行时的数据分发操作。

7.1.10 OWNERSHIP_STRENGTH 策略

所有权强度（OWNERSHIP_STRENGTH）用于限定实体对实例的占有强度，该策略适用于数据写入者实体。当 OWNERSHIP 策略的 kind 属性为排他模式（EXCLUSIVE_OWNERSHIP_QOS）时，OWNERSHIP_STRENGTH 与 OWNERSHIP 策略结合适用，决定当前实例的所有者。

OWNERSHIP_STRENGTH 策略的相关 IDL 定义如下：

```
struct OwnershipStrengthQosPolicy {
    long value;
};
```

其中，value 属性的取值大小决定了数据写入者是否为特定实例的所有者。OWNERSHIP_STRENGTH 策略的工作原理如图 7-4 所示，某个数据写入者的 value 属性值越大，其对特定实例的所有权强度越高。

使用 OWNERSHIP_STRENGTH 策略带来的系统收益包括：

① 如果相同主题有主、次发布者，则可以提供瞬间容错功能，即如果主发布者异常，则次发布者会发送合适的数据；

② 允许各个单独的发布强度动态变化，由此改变运行时的数据分发操作。

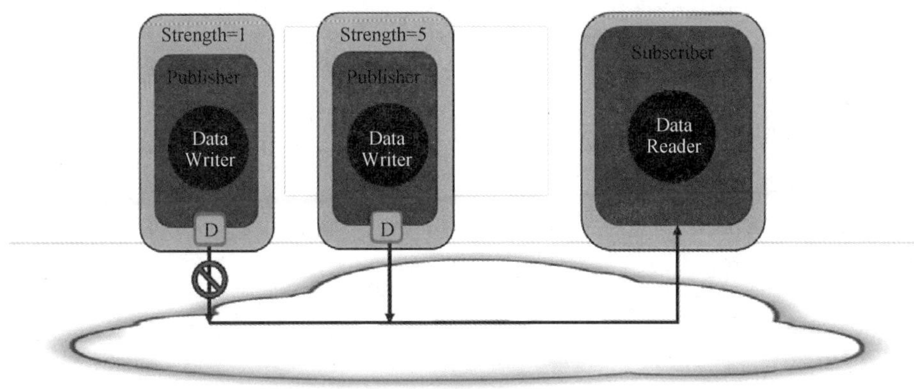

图 7-4　OWNERSHIP_STRENGTH 策略的工作原理

7.1.11　LIVELINESS 策略

活跃度（LIVELINESS）描述了 DDS 中间件如何判定 DCPS 实体是否处于活跃状态，该策略适用于主题、数据写入者和数据读取者等实体，活跃状态表示实体仍然处于可访问和激活状态。LIVELINESS 策略采用机制属性确定活跃度的方式，采用持续时间确定数据写入者多久发一次活跃度信号。其中机制属性具有以下三种取值：

（1）自动：一个活跃的信号通过持续时间指定自动发送，这是默认的机制属性，默认的持续时间是无穷大的。

（2）通过域参与者手动：如果相同域参与者中其他实体是活跃的，则这个数据写入者被认为是活跃的。

（3）通过主题手动：如果一个数据写入者的主题被应用程序声明，则这个数据写入者被认为是活跃的。

当一个数据写入者写入数据的时候，其活跃度就确定了，不用再发送单独的消息去证明它还是活跃的。如果一个实体在给定周期内其活跃度状态没有更新，那么应用程序就确定它是不活跃的。LIVELINESS 策略的工作原理如图 7-5 所示。

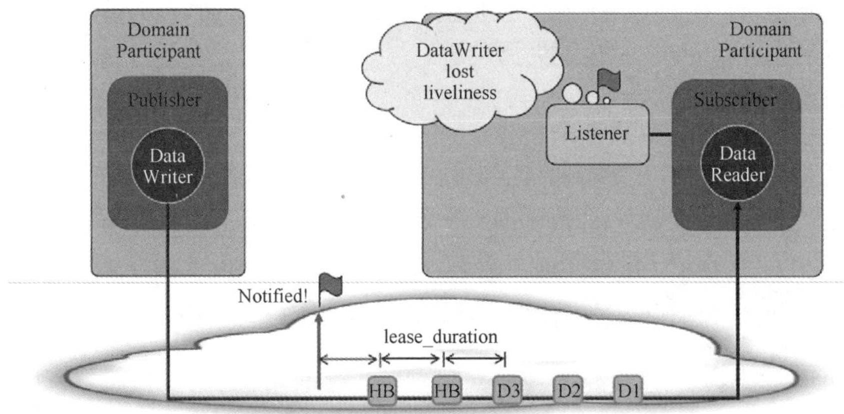

图 7-5　LIVELINESS 策略的工作原理

LIVELINESS 策略的相关 IDL 定义如下：

```
enum LivelinessQosPolicyKind {
      AUTOMATIC_LIVELINESS_QOS,
      MANUAL_BY_PARTICIPANT_LIVELINESS_QOS,
      MANUAL_BY_TOPIC_LIVELINESS_QOS
};
struct LivelinessQosPolicy {
     LivelinessQosPolicyKind kind;
     Duration_t lease_duration;
};
```

其中，kind 属性指示设置检测方式是自动还是通过实体手动。当 kind 属性设置为 AUTOMATIC_LIVELINESS_QOS 时，如果 DDS 中间件在 lease_duration 指定的时间段内没有任何网络流量，则自动发送表示实体处于活跃状态的信息；当 kind 属性设置为 MANUAL_BY_PARTICIPANT_LIVELINESS_QOS 时或者设置为 MANUAL_BY_TOPIC_LIVELINESS_QOS 时，则特定的实体在指定的时间段内需要手动写入数据样本或者发送确认在线消息，以表示实体处于活跃状态。

如果还要在未发布样本的情况下手动设置活跃状态，应用程序必须在指定的时间段内在数据写入者（MANUAL_BY_TOPIC_LIVELINESS_QOS）或者域参与者（MANUAL_BY_PARTICIPANT_LIVELINESS_QOS）上调用 assert_liveliness 操作手动发送活跃度消息。数据写入者指定自身的活跃度，数据读取者指定其期望的数据写入者的活跃度。如果数据读取者在 lease_duration 指定的时间段内没有收到数据写入者的心跳信号（发布数据样本或者发送活跃度消息），那么 DDS 中间件将会触发 LIVELINESS_CHANGED_STATUS 状态更改事件，并通知应用程序（通过调用数据读取者监听器的 on_liveliness_changed 或者通过向相关的等待集发送触发信号）。

LIVELINESS 策略的 RxO 属性为 TRUE，这意味着发布端和订阅端的应用程序需要综合考虑数据写入者和数据读取者的取值以保证兼容性，即 LIVELINESS 策略中 kind 属性的取值应当满足数据写入者不小于数据读取者。

由枚举 LivelinessQosPolicyKind 定义可知，活跃度机制的值符合如下顺序：

```
AUTOMATIC_LIVELINESS_QOS <
MANUAL_BY_PARTICIPANT_LIVELINESS_QOS <
MANUAL_BY_TOPIC_LIVELINESS_QOS
```

使用 LIVELINESS 策略带来的系统收益包括：

① 提供一种告知活跃状态的方法；

② 由实体是否存活决定一个应用程序是否改变其行为；

③ 允许应用程序在动态网络环境下基于一个实体的活跃度来重新配置；

④ 如果最初的实体不声明活跃度，就是用默认设置；

⑤ 允许应用程序控制自己的活跃度声明，或者让 DDS 中间件自动来声明。

7.1.12 TIME_BASED_FILTER 策略

基于时间的过滤（TIME_BASED_FILTER）策略用于指定接收者以多大的时间间隔接收

数据，该策略适用于数据读取者实体。使用 TIME_BASED_FILTER 策略，对于实例的不同样本，不管发布端以多快的速度发布数据，在订阅端可以指定接收该实例更新样本的最小时间间隔。

图 7-6 描述了 TIME_BASED_FILTER 策略的工作原理，数据写入者可能发送的速度比数据读取者所需的速度要快，利用该策略能够按比例增大发布周期，节省订阅端多余样本的处理开销。

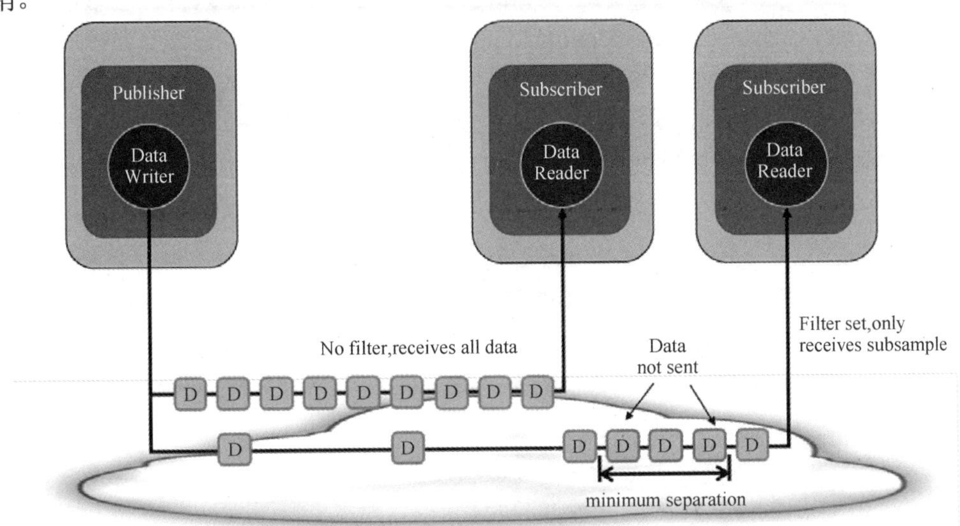

图 7-6　TIME_BASED_FILTER 策略的工作原理

TIME_BASED_FILTER 策略的相关 IDL 定义如下：

```
struct TimeBasedFilterQosPolicy {
    Duration_t minimum_separation;
};
```

其中，minimum_separation 属性确定了数据读取者上的实例值改变的最小时间间隔。在默认状态下，该属性的取值为 0，表明没有任何数据样本会得到过滤。使用 TIME_BASED_FILTER 策略带来的系统收益包括：

① 防止节点不需要来自数据写入者的所有数据样本造成的资源浪费；

② 当在其他节点只接收部分样本时，允许某些节点可以接收所有样本；

③ 提供一种只有订阅端需要的节流机制。

7.1.13　PARTITION 策略

分区（PARTITION）策略允许在一个数据域中创建逻辑分区，仅当字符串匹配时数据读取者和数据写入者才能建立关联，该策略适用于发布者和订阅者实体。图 7-7 描述了 PARTITION 策略的工作原理。

PARTITION 策略的相关 IDL 定义如下：

```
struct PartitionQosPolicy {
    StringSequence name;
};
```

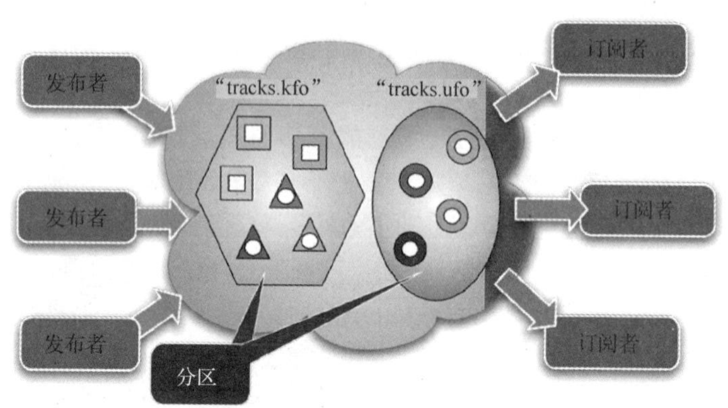

图 7-7 PARTITION 策略的工作原理

其中，默认分区名为空字符串，即 name 属性的默认值是空字符串，此时表示实体参与到默认分区中。name 属性的取值可以包含通配符，通配符的规则与 POSIX 的 fnmatch 操作一致。一旦发布者和订阅者的 name 匹配，那么双方所属的数据读取者和数据写入者的关联关系就可以建立成功；如果不匹配，不会触发任何状态更改事件。使用 PARTITION 策略带来的系统收益包括：

① 为单个数据域内的相似主题提供一种机制；

② 允许一个应用程序只接收部分数据源的数据；

③ 提供一种在数据域内实现可测量的方法；

④ 允许通过分离出可靠分区来实现独立单元测试。

7.1.14 RELIABILITY 策略

可靠性（RELIABILITY）策略描述了一个给定的数据读取者能否可靠地（不错过任何样本）接收来自数据写入者的数据，该策略适用于主题、数据写入者和数据读取者等实体。如果将可靠性类型设置为尽力而为（best effort），那么不会有数据重传发生，样本存在丢失的可能，这种类型适合周期性强且全部都需要最新数据样本的场景。如果要求接收实例的全部数据样本，则可靠性类型应当设置为可靠（reliable）。

RELIABILITY 策略的相关 IDL 定义如下：

```
enum ReliabilityQosPolicyKind {
    BEST_EFFORT_RELIABILITY_QOS,
    RELIABLE_RELIABILITY_QOS
};
struct ReliabilityQosPolicy {
    ReliabilityQosPolicyKind kind;
    Duration_t max_blocking_time;
};
```

其中，kind 属性控制数据写入者和数据读取者对数据样本的处理方式。如果 kind 属性的值设置为 BEST_EFFORT_RELIABILITY_QOS，表示未对样本可靠性做出承诺，可能丢失样本；如果 kind 属性的值设置为 RELIABLE_RELIABILITY_QOS，表示 DDS 中间件将会把所有数据样本传输至适当的数据读取者。如图 7-8 所示，RELIABLE 模式下对于丢失的数据样本会进行重传。主题和数据读取者的 kind 属性默认值为 BEST_EFFORT_RELIABILITY_QOS，数据写入者的 kind 属性默认值为 RELIABLE_RELIABILITY_QOS。

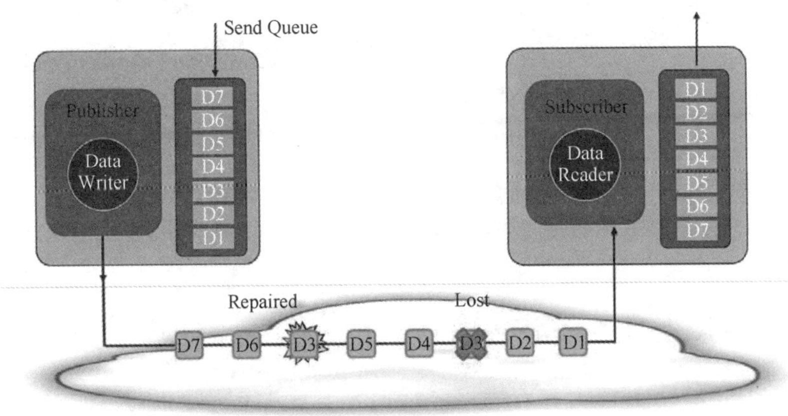

图 7-8　RELIABLE 模式下的数据传输

当使用 HISTORY 策略的 kind 属性为 KEEP_ALL_HISTORY_QOS 并且数据写入者在写入数据时遇到资源限制时，会使用到 max_blocking_time 属性。这种情况出现时，数据写入者会阻塞，如果阻塞的时间超过 max_blocking_time，那么 write 操作会返回错误代码 TIMEOUT。

RELIABILITY 策略的 RxO 属性为 TRUE，这意味着发布端和订阅端的应用程序需要综合考虑数据写入者和数据读取者的取值以保证兼容性，即 RELIABILITY 策略中 kind 属性的取值应当满足数据写入者不小于数据读取者。

使用 RELIABILITY 策略带来的系统收益包括：

① 为描述单个主题、数据写入者和数据读取者的可靠性提供了主要机制；

② 允许不同的数据读取者描述不同的可靠性需求，只要数据写入者提供可靠（reliable）类型的可靠性策略，每个相关联的数据读取者可以采用可靠（reliable）或者尽力而为（best effort）的可靠性策略。

7.1.15　TRANSPORT_PRIORITY 策略

传输优先级（TRANSPORT_PRIORITY）策略用于描述传输层发送数据时采用何种优先级，该策略适用于主题和数据写入者实体。TRANSPORT_PRIORITY 策略的相关 IDL 定义如下：

```
struct TransportPriorityQosPolicy {
    long value;
};
```

其中，value 属性是用于指示传输层发送数据的优先级，越大的属性值表示更高的优先级。DDS 中间件将优先级直接映射到线程和 DiffServ 代码值，默认优先级 0 不会修改线程或代码。

DDS 中间件在工作过程中将尝试设置发送线程和接收线程的传输优先级，优先级从 0 到最大值无缩放直接映射。如果最低优先级不为 0，那么映射为 0。如果优先级在系统上出现倒置（较大的数据代表更低的优先级），那么 DDS 将会从 0 开始增加优先级。优先级值比最低优先级还小，则映射为最低优先级；优先级值如果高于线程的最高优先级，则映射为最高优先级。在大多数系统中，线程优先级的设置需要进程调度者获取操作权限才能执行相应操作。在基于 POSIX 的系统中，系统调用 sched_get_priority_min 和 sched_get_priority_max 等操作来检测系统的线程优先级范围。

如果能够得到传输层的支持，DDS 中间件将尝试设置数据写入者用于发送数据的网络套接字（socket）的 DiffServ 码点值。如果网络硬件遵循码点值，较高的码点将享有在传输样本时具有更高优先级的待遇。默认值 0 将映射为码点值 0，优先值从 1～63 会映射为相应的码点值，更高的优先级值将被映射至最高码点值（63）。

使用 TRANSPORT_PRIORITY 策略带来的系统收益是允许应用程序为数据域内单独主题数据样本的传输优先级赋值。

7.1.16 LIFESPAN 策略

生存期（LIFESPAN）策略允许应用程序指定数据写入者所发布的数据样本的失效时间，失效后的样本不会再传输给订阅者，该策略适用于主题和数据写入者实体。在样本超过生存期后，将会从以下单元中移除：

① 数据读取者缓存；

② 任何暂时历史队列；

③ 任何持久历史队列。

也就是说，如果数据读取者没有访问来自内部接收队列的数据，当 DDS 中间件在生存期结束移除数据后将不可能通过应用程序恢复数据。

LIFESPAN 策略的相关 IDL 定义如下：

```
struct LifespanQosPolicy {
        Duration_t duration;
};
```

其中，duration 属性的默认值是无穷大的，即数据样本永远不会失效。只有应用程序设置了这个策略，DDS 中间件才会移除数据。该属性的值可以随时改变，但是改变仅会影响随后写入的数据。

使用 LIFESPAN 策略带来的系统收益包括：

① 防止过期的或者老化的数据投送给应用程序；

② 允许 DDS 移除发送和接收队列中的过期数据，而且不需要应用程序配合。

7.1.17 DESTINATION_ORDER 策略

目标顺序（DESTINATION_ORDER）策略用于控制实例的数据样本到达数据读取者时的顺序，该策略应用于主题、数据写入者和数据读取者等实体。在 DDS 中，每个数据样本有两个时间戳：源时间戳和目标时间戳。DESTINATION_ORDER 策略描述了样本应该按照哪个时间戳排序。

（1）根据源时间戳：订阅者根据数据源头上的源时间戳确定样本顺序。该模式保证所有订阅者最后都能以相同的样本结束，即所有订阅者都按照相同的顺序处理样本。

（2）根据目标时间戳：订阅者根据样本到达时的目标时间戳确定样本顺序。由于样本可能会在不同的时间达到不同的订阅者，样本在订阅节点上的处理也会有不同的方法，因此该模式下不同订阅者可能以不同的顺序结束，最后得到的样本也不相同。

DESTINATION_ORDER 策略的相关 IDL 定义如下：

```
enum DestinationOrderQosPolicyKind {
    BY_RECEPTION_TIMESTAMP_DESTINATIONORDER_QOS,
    BY_SOURCE_TIMESTAMP_DESTINATIONORDER_QOS
};
struct DestinationOrderQosPolicy {
    DestinationOrderQosPolicyKind kind;
};
```

当 kind 属性的取值为 BY_RECEPTION_TIMESTAMP_DESTINATIONORDER_QOS 时，表明数据读取者接收到的实例样本按接收端的时间排序；当 kind 属性的取值为 BY_SOURCE_TIMESTAMP_DESTINATIONORDER_QOS 时，表明一个实例的样本按照数据写入者写入的时间排序。值得注意的是，如果是多个数据写入者发布相同的实例，需要确保不同数据写入者所在主机时钟的同步以保证数据读取者接收样本的顺序。

DESTINATION_ORDER 策略的 RxO 属性为 TRUE，这意味着发布端和订阅端的应用程序需要综合考虑数据写入者和数据读取者的取值以保证兼容性，即 DESTINATION_ORDER 策略中 kind 属性的取值应当满足数据写入者不小于数据读取者。使用 DESTINATION_ORDER 策略带来的系统收益是允许应用程序确定 DDS 以什么顺序接收数据样本。

7.1.18　HISTORY 策略

历史（HISTORY）策略用于指定数据读取者和数据写入者为特定实例保留样本的数量。对于数据写入者，数据样本被保留直至发布者取出它们并成功发送给与它相关联的所有订阅者；对于数据读取者，数据样本被保留至应用程序获取它们。HISTORY 策略适用于主题、数据写入者和数据读取者等实体。

HISTORY 策略的相关 IDL 定义如下：

```
enum HistoryQosPolicyKind {
    KEEP_LAST_HISTORY_QOS,
    KEEP_ALL_HISTORY_QOS
};
struct HistoryQosPolicy {
    HistoryQosPolicyKind kind;
    long depth;
};
```

当 kind 属性的取值为 KEEP_ALL_HISTORY_QOS 时，实例所有的样本都将保留，但是如果未读取样本的数量等于 RESROUCE_LIMITS 所设定的实例最大样本数 max_samples_per_instance 限制时，所有后进入的样本将会被拒收。当 kind 属性的取值为 KEEP_LAST_HISTORY_QOS 时，可以同时指定最新样本的个数 depth，当数据写入者包含了 depth 个数据样本后，新进入的样本会排入待发送队列中，而最早的样本将会被丢弃。当一个数据读取者已经包含给定 depth 个数据样本后，该实例会将任何新进入的样本保留，而将最旧的样本丢弃。图 7-9 描述了 HISTORY 策略的工作原理。

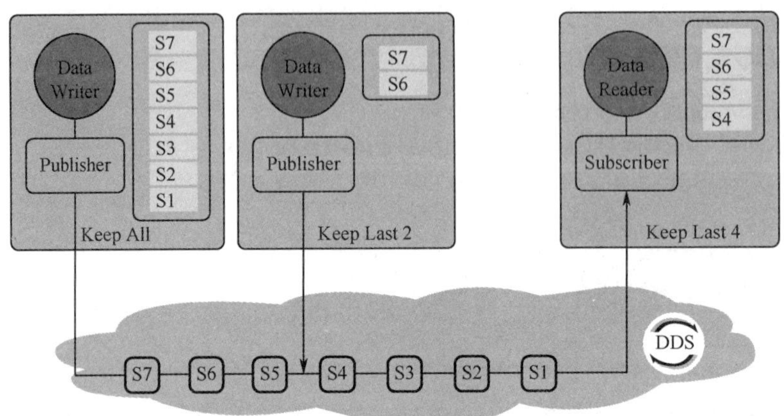

图 7-9　HISTORY 策略的工作原理

使用 HISTORY 策略带来的系统收益包括：

① 允许单独的实例指定自己的历史样本数量；

② 在传输数据样本时，可允许保留历史数据，并允许数据读取者和数据写入者访问历史数据；

③ 允许应用程序通过设置 HISTORY 策略和 DURABILITY 策略，将整个系统中有价值的数据存档。

7.1.19　RESOURCE_LIMITS 策略

资源限制（RESOURCE_LIMITS）策略用于描述本地可使用的存储资源数量，它可以确定实例数量、数据样本数量及每个实例的数据样本数量的最大值。RESOURCE_LIMITS 策略适用于主题、数据写入者和数据读取者等实体。

RESOURCE_LIMITS 策略的相关 IDL 定义如下：

```
struct ResourceLimitsQosPolicy {
    long max_samples;
    long max_instances;
    long max_samples_per_instance;
};
```

其中，max_samples 属性表示一个数据写入者或者数据读取者可以管理的所有实例的最大样本数量；max_instances 属性表示一个数据写入者或者数据读取者可以管理的最大实例数量；max_samples_per_instance 属性表示一个数据写入者或者数据读取者可以管理的单个实例的最大样本数量。上述属性的默认值都是无限制的。

当 RESOURCE_LIMITS 策略用于数据写入者时，数据写入者把数据样本排队发送，但是由于受传输压力的影响，这些样本还未能全部发送给数据读取者。当 RESOURCE_LIMITS 策略用于数据读取者时，样本已经接收但仍然在队列中缓存，尚未被数据读取者读取或者提取。

使用 RESOURCE_LIMITS 策略带来的系统收益包括：

① 允许系统限制使用基础软件资源的数量；

② 为每个主题的实例数量、数据样本数量、单实例数据样本数量设置限制；

③ 防止应用程序因接收过多其他应用程序发送的数据造成资源耗光的问题；

④ 防止一个发布者发送数据的速度太快，而本地节点无法有效地执行基于时间的过滤。

7.1.20 ENTITY_FACTORY 策略

实体工厂（ENTITY_FACTORY）策略用于控制实体在创建时是否自动激活。所有的 DCPS 实体在用于传输数据之前必须处于激活状态，该策略适用于域参与者工厂、域参与者、发布者和订阅者等实体。通过使用 ENTITY_FACTORY 策略，应用程序可以指出实体在创建之时自动激活，还是推迟一段时间之后再激活。

ENTITY_FACTORY 策略可应用于域参与者工厂，它是域参与者实体的工厂；可应用于域参与者，它是发布者实体和订阅者实体的工厂；可应用于发布者，它是数据写入者的工厂；可应用于订阅者，它是数据读取者的工厂。

ENTITY_FACTORY 策略的相关 IDL 定义如下：

```
struct EntityFactoryQosPolicy {
      boolean autoenable_created_entities;
};
```

其中，autoenable_created_entities 属性的默认值为 true，表示工厂创建的实体自动激活。如果应用程序希望创建的实体在需要时再显式激活，那么可以把属性值设置为 flase，然后通过 enable 操作手动激活实体。

使用 ENTITY_FACTORY 策略带来的系统收益是在工厂创建实体时允许应用程序控制其激活状态。

7.1.21 WRITER_DATA_LIFECYCLE 策略

写入者数据生命周期（WRITER_DATA_LIFECYCLE）策略用于控制被数据写入者注销的实例的样本是否自动丢弃，该策略适用于数据写入者实体。

WRITER_DATA_LIFECYCLE 策略的相关 IDL 定义如下：

```
struct WriterDataLifecycleQosPolicy {
      boolean autodispose_unregistered_instances;
};
```

autodispose_unregistered_instances 属性控制数据写入者通过 unregister_instance 操作注销实例时的行为。当 autodispose_unregistered_instances 属性取值为 true 时，数据写入者每次调用 unregister_instance 操作注销实例时，都会导致该实例的样本被丢弃，这就相当于在调用 unregister_instance 操作之前调用了 dispose 操作。当 autodispose_unregistered_instances 属性取值为 false 时，数据写入者每次调用 unregister_instance 操作注销实例时，不会丢弃该实例的样本，此时仍然可以通过显式调用 dispose 操作来达到相同的效果。

需要注意的是，删除数据写入者会自动注销它管理的所有实例。因此，autodispose_unregistered_instances 属性值的设置将决定通过数据读取者调用 delete_datawriter 操作直接删除数据写入者，以及通过发布者或域参与者调用 delete_contained_entities 操作删除包含数据写入者在内的所有实体时，是否最终丢弃实例数据。

使用 WRITER_DATA_LIFECYCLE 策略带来的系统收益是在为应用程序注销实例时提供自动丢弃实例数据的应用。

7.1.22 READER_DATA_LIFECYCEL 策略

读取者数据生命周期（READER_DATA_LIFECYCLE）策略用于控制数据读取者管理的实例集合，该策略适用于数据读取者实体。正常情况下，数据读取者维护实例的所有样本直到该实例没有任何关联的数据写入者为止，数据样本要么被丢弃，要么被应用程序读取。在有些情况下，资源的使用问题需要有合理的约束方式，例如故障切换的环境下，允许晚加入的数据写入者延长实例的生命周期。

READER_DATA_LIFECYCLE 策略的相关 IDL 定义如下：

```
struct ReaderDataLifecycleQosPolicy {
        Duration_t autopurge_nowriter_samples_delay;
        Duration_t autopurge_disposed_samples_delay;
};
```

其中，autopurge_nowriter_samples_delay 属性控制一旦实例的状态转变为 NO_ALIVE_NO_WRITERS，数据读取者在回收资源前需要等待的时间，默认情况下该属性值是无限大的。autopurge_disposed_samples_delay 属性控制一旦实例状态变换为 NO_ALIVE_DISPOSED，数据读取者在回收资源前需要等待的时间，默认情况下该属性值是无限大的。

使用 READER_DATA_LIFECYCLE 策略带来的系统收益是允许应用程序为数据读取者释放资源设定时间限制。

7.2 注册、活跃度与所有权之间的关系

注册/取消注册实例的需求源于两个应用场景：

① 冗余系统的所有权解析；

② 拓扑连接性中的损耗检测。

这两个应用场景也能够说明数据写入者上的 unregister_instance 和 dispose 操作之间的语义差异。

7.2.1 冗余系统的所有权解析

用户可以使用 DDS 来建立冗余系统，系统中包括多个数据写入者能够更新同一个实例。在这种情况下，数据写入者实体配置为以下两种模式之一：

① 两个数据写入者坚持更新实例；

② 两个数据写入者使用某种机制将彼此划分为主写入者和次写入者，这样主写入者是唯一更新实例的，次写入者监视主写入者，只在检测到主写入者不再更新实例时才进行更新。

上述两种情况都需要将 OWNERSHIP 策略类型设置为 EXCLUSIVE，并通过 OWNERSHIP_STRENGTH 进行仲裁实现。不管采用何种方案，从数据读取者的角度来看，理

想的行为是数据读取者通常从主写入者接收数据，除非主写入者停止更新数据，在这种情况下，数据读取者开始从次写入者接收数据。

这种方法需要某种机制来检测数据写入者不再更新实例。发生这种情况的原因可能有几个，所有这些都必须检测到，但不一定要加以区分：

（1）崩溃：更新实例过程不再运行（如整个应用程序崩溃）。

（2）连接性丢失：与发布端应用程序的连接已丢失（如网络断开连接）。

（3）应用程序错误：正在写入数据的应用程序逻辑出现故障，已停止在数据写入者上调用 write 操作。

从一个数据写入者到一个更高强度数据写入者的仲裁很简单，并且可以由数据读取器自主地做出决定。将所有权从高强度数据写入者切换到低强度数据写入者，需要数据读取者确定更高强度的数据写入者不再更新实例。

1. 数据定期更新的情况

当数据以某种速率定期写入时，上述确定过程非常简单。数据写入者只声明其提供的 DEADLINE（更新之间的最大时间间隔），数据读取者自动监视数据写入者是否确实在每个 DEADLINE 规定的时间段更新了实例。如果超出了 DEADLINE 规定的时间段都没有更新实例，数据读取者将认为数据写入者不存在，并自动将所有权授予下一个处于活动状态的最高强度的数据写入者。

2. 数据非定期更新的情况

数据写入者不定期写入数据的情况也是一个非常重要的应用场景。由于实例没有在任何固定的时间进行更新，因此不能使用 DEADLINE 机制来确定所有权。LIVELINESS 策略能够解决这个问题。所有权在数据写入者处于活动状态时保持，为了使数据写入者保持活动状态，它必须履行其 LIVELINESS 的 QoS 契约。直接更新 LIVELINESS（自动、手动）与隐含更新 LIVELINESS（每次写入数据时）相结合，能够处理上述崩溃、连接性丢失和应用程序故障等三类情况。值得注意的是，处理应用程序故障的 LIVELINESS 策略类型必须是 MANUAL_BY_TOPIC。数据写入者可以通过周期性地写入数据或在没有数据要写入时手动调用 assert_liveliness 来保留所有权。如果只需要针对崩溃和连接性丢失的情况提供保护，那么数据写入进程上的某个任务周期性地在域参与者上写入数据或调用 assert_liveliness 操作就足够了。

但是上述场景要求数据读取者知晓数据写入者正在更新哪些实例，这是数据读取者根据数据写入者仍然活跃这一事实来推断特定实例所有权的唯一方法，因此需要数据写入者注册（register）和注销（unregister）实例。值得注意的是，虽然注册可以在数据写入者第一次写入实例时延迟完成，但注销通常不能。类似的推理将导致这样一个事实，即注销也需要向数据读取者发送消息。

7.2.2　拓扑连接性中的损耗检测

有些分布式系统在正确运行时需要一些最小的拓扑连接，也就是说，数据写入者需要有最少数量的数据读取者，或者数据读取者必须有最少数量的数据写入者。一种常见的情况是，应用程序在知道某些特定的写入程序具有最小配置的数据读取者（如警报监视器启动）之前不会开始执行其逻辑。一种更常见的情况是，应用程序逻辑将一直等到出现一些可以提供所需信息源的数据写入者（如必须处理的原始传感器数据）。

此外，一旦应用程序运行，就需要监视这种最小的连接（从数据源开始），并在连接丢失时通知应用程序。对于数据定期更新的情况下，可以通过 DEADLINE 策略和 on_deadline_missed 监听器提供通知。在数据不定期更新的情况下，需要结合 register/unregister 实例使用 LIVELINESS 策略来检测连接性是否丢失，并通过设置视图状态为 NO_WRITERS 来提供通知。

在所需的机制方面，这种情况与保持所有权的情况非常相似。在这两种情况下，即使数据写入者并没在不断地更新实例，数据读取者也需要知道该数据写入者是否仍然在管理该实例的当前样本，而且这种信息需要数据写入者保持其活跃性，并需要一些方法来知道数据写入者当前正在管理哪些实例（已注册的实例）。

7.3 QoS 策略示例

本节以代码示例演示 QoS 的使用方法，其中发布端的部分代码如下：

```
::DDS::DataWriterQos dw_qos;
pub -> get_default_datawriter_qos (dw_qos);
dw_qos.history.kind = ::DDS::KEEP_ALL_HISTORY_QOS;
dw_qos.reliability.kind = ::DDS::RELIABLE_RELIABILITY_QOS;
dw_qos.reliability.max_blocking_time.sec = 10;
dw_qos.reliability.max_blocking_time.nanosec = 0;
dw_qos.resource_limits.max_samples_per_instance = 100;

::DDS::DataWriter_var dw;
pub -> create_datawriter (topic,
        dw_qos,
        0,
        OpenDDS::DCPS::DEFAULT_STATUS_MASK);
```

上述代码创建了发布端的数据写入者，使用了下面的 QoS 策略：

① HISTORY 策略：其类型配置为保留所有数据样本；

② RELIABILITY 策略：其类型设置为可靠，最大阻塞时间为 10 秒；

③ RESOURCE_LIMITS 策略：设置每个实例最多存储 100 个数据样本。

以上策略的组合就表示了数据写入者的 QoS 策略，它表示：当 100 个数据样本等待传递时，数据写入者在返回错误代码之前可以阻塞 10 秒。相同的 QoS 策略如果应用到数据读取者上，表示直至有 100 个未读取的数据样本排队之后，允许有数据样本被拒收。被拒收的数据样本会被删除掉并触发样本拒收的状态更改事件 SAMPLE_REJECTED。

第 8 章　DDS-RTPS 协议

数据分发服务（DDS）规范定义了以数据为中心的发布/订阅（DCPS）的应用程序级接口和行为，能够支持分布式实时系统的构建与运行。随着 DDS 在分布式实时系统领域中的推广应用，许多开发商在遵循 DDS 规范的基础上设计了不同的 DDS 产品。如果各种 DDS 产品之间没有达成共识的底层通信协议，就会出现由于信息交互困难而导致的互操作失败，极大地影响基于 DDS 构建的分布式系统的重用性和可扩展性。

在上述需求背景下，OMG 组织制定了适用于 DDS 规范的有线传输协议——实时发布/订阅协议（The Realtime Publish-Subscribe Wire Protocol，RTPS）。通过使用 RTPS 协议，能够利用 DDS 可配置的 QoS 策略来优化其对底层传输能力的使用，实现不同 DDS 产品之间的互操作。

本章将从 DDS-RTPS 的组成结构入手，详细介绍其四大组成模块：结构模块、消息模块、行为模块和发现模块，使读者能够了解 RTPS 协议如何解决不同 DDS 产品之间的信息共享问题。

8.1　DDS-RTPS 概述

RTPS 协议是采用一个平台独立模型（Platform Independent Model，PIM）和一组平台相关模型（Platform Specific Model，PSM）来描述的。PIM 模型是 RTPS 协议的主体，也是 PSM 模型的基础，因此本节着重介绍 RTPS 协议的 PIM 模型。如图 8-1 所示，RTPS 协议的模块化特性将 PIM 分为四个模块，分别是结构模块（Structure Module）、消息模块（Message Module）、行为模块（Behavior Module）和发现模块（Discovery Module）。

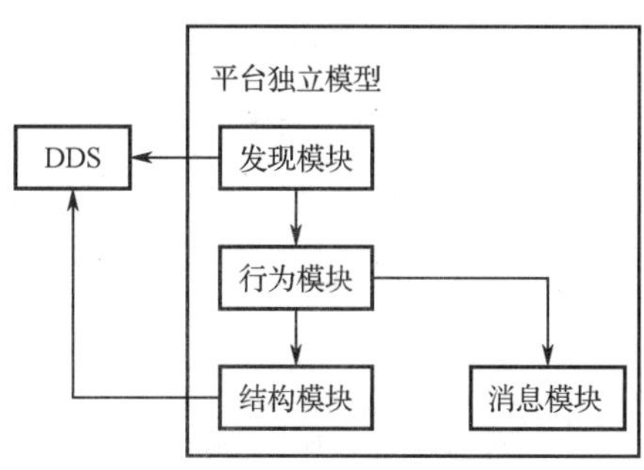

图 8-1　RTPS 组成模块

结构模块定义了 RTPS 实体，RTPS 实体是用于与 DDS 实体（实际上为 DDS 中的 DCPS 实体，因 DDS 中的 DLRL 层没有定义具体的实体）彼此通信的协议级端点。每个 RTPS 实体与 DDS 实体一一对应。消息模块定义了在 RTPS 写入端和 RTPS 读取端之间交换消息的总体结构和逻辑内容，它采用模块化设计，可以轻松实现对标准协议和特定供应商服务的扩展支持。行为模块定义了 RTPS 实体的动态行为，它描述 RTPS 写入端和 RTPS 读取端之间的有效消息交换序列，以及这些消息的时序约束。RTPS 行为模块假定 RTPS 端点已正确配置并与匹配的远程端点配对，它没有对此配置如何发生做出任何规定，只定义了如何在这些端点之间交换数据。为了能够配置端点，RTPS 产品实现必须获取有关远程端点及其属性的信息。如何获取这些信息是发现模块所描述的。发现模块定义了 RTPS 发现协议，其目的是允许每个 RTPS 参与者发现其他相关参与者及其端点。一旦发现远程端点，本地端点则可以与其建立通信。发现模块中所定义的 RTPS 发现协议为 DDS 提供所需的发现机制。

为了以完整且明确的方式描述 RTPS 协议，PIM 模型引入虚拟机的概念。虚拟机的结构是根据 8.2 节中描述的类构建的，结构模块中的各个类（如写入者和读取者端点等）是构成虚拟机的基础。端点使用 8.3 节中描述的消息进行通信。8.4 节描述了虚拟机的行为，即端点之间进行了什么消息交换，它列出了互操作性的要求，并使用状态图定义了两个参考实现。8.5 节定义了发现协议，该协议用于将虚拟机配置为其与远程对等方进行通信所需的信息。

8.2 结构模块

RTPS 结构模块描述了作为通信参与者的 RTPS 实体的结构，RTPS 协议使用的主要类如图 8-2 所示。DDS 应用程序中可见的 DDS 实体采用 RTPS 实体作为彼此通信的协议级端点。

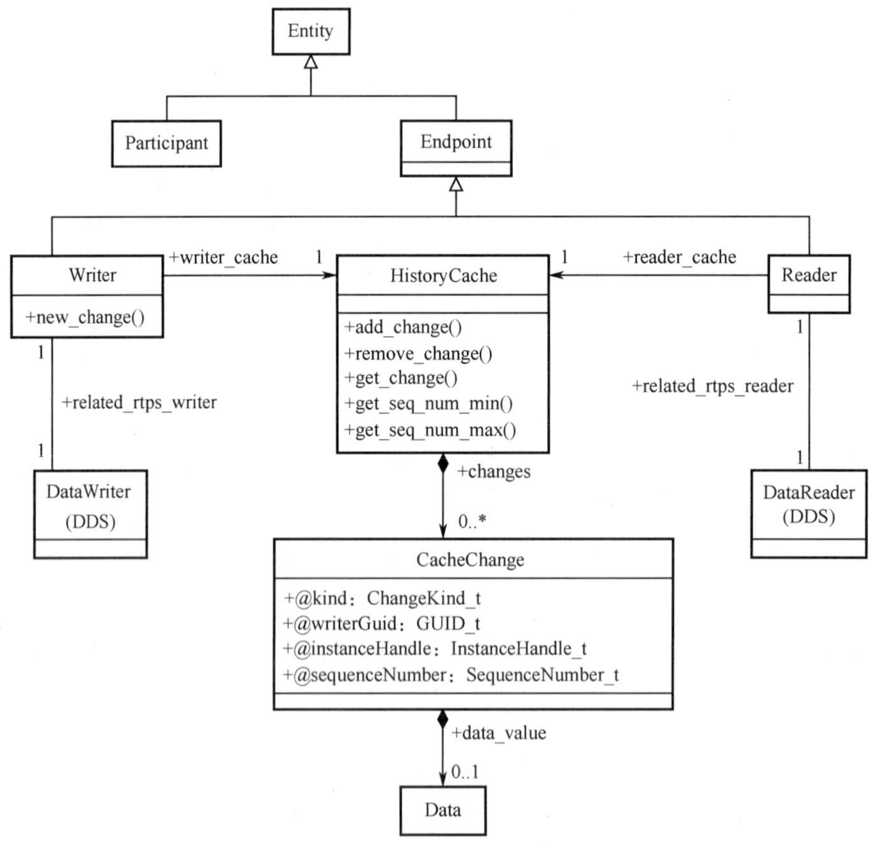

图 8-2 RTPS 结构模块

每个 RTPS 实体与 DDS 实体一一对应。历史记录缓存（HistoryCache）形成了 DDS 实体与其对应的 RTPS 实体之间的接口。例如，DDS 数据写入者上的每个写入操作都会向其相应

RTPS 写入者的历史记录缓存添加缓存更改（CacheChange）。RTPS 写入者随后将缓存更改传输到所有匹配的 RTPS 读取者的历史记录缓存。在接收端，RTPS 读取者通知 DDS 数据读取者一个新的缓存更改已经到达历史记录缓存，此时 DDS 数据读取者可以选择使用 read 或 take 操作访问它。

（1）实体类：实体（Entity）类是所有 RTPS 实体的基类。RTPS 实体表示网络上其他 RTPS 实体可见的对象类别，实体对象具有全局唯一标识符（GUID），可以在 RTPS 消息内进行引用。

（2）端点类：端点（Endpoint）在 RTPS 协议中专业化地表示可以作为通信端点对象的实体。也就是说，可以是 RTPS 消息的源或目标的对象。

（3）参与者类：参与者（Participant）能够共享公共属性并作为处于单个地址空间中的所有 RTPS 实体的容器。

（4）写入者类：写入者（Writer）是特殊的一类 RTPS 端点，表示可用于发送缓存更改的消息源的对象。

（5）读取者类：读取者（Reader）是特殊的一类 RTPS 端点，表示可用于接收缓存更改的消息源的对象。

（6）历史记录缓存类：历史记录缓存（HistoryCache）类属于容器类，用于临时存储和管理数据对象的更改集。在写入者端，它包含写入者对数据对象所做更改的历史记录。不必保留曾经进行的所有更改的完整历史记录，而是需要为现有和将来匹配的 RTPS 读取者端点提供服务所需的部分历史记录。所需的部分历史记录取决于 DDS 的 QoS 策略和与匹配的读取者端点的通信状态。在读取者端，它包含由匹配的 RTPS 读取者端点对数据对象所做更改的历史记录。不必保留曾经收到的所有更改的完整历史记录，而是需要一个部分历史记录，包含从匹配的写入者那里收到的变化的叠加，以满足相应 DDS 数据读取者的需求。此叠加的规则和所需的部分历史记录的数量取决于 DDS 的 QoS 策略及与匹配的 RTPS 写入者端点的通信状态。

（7）缓存更改类：缓存更改（CacheChange）表示对数据对象进行的单个更改，包括数据对象的创建，修改和删除。

（8）数据类：数据（Data）类表示可能与对数据对象所做的更改相关联的数据。

PIM 模型提出的虚拟机使用的实体和类分别包含若干属性，表 8-1 总结了属性的类型。

表 8-1　RTPS 实体和类中包含的属性类型

属 性 类 型	目　的
GUID_t	用于保存全局唯一 RTPS 实体标识符的类型，是用于唯一引用系统中每个 RTPS 实体的标识符。必须使用 16 个八位位组表示。 协议保留值：GUID_UNKNOWN
GuidPrefix_t	用于保存全局唯一 RTPS 实体标识符的前缀的类型，属于同一参与者的实体的 GUID 都具有相同的前缀。必须使用 12 个八位位组表示。 协议保留值：GUIDPREFIX_UNKNOWN
EntityId_t	用于保存全局唯一 RTPS 实体标识符的后缀部分的类型，唯一标识参与者内的实体。必须使用 4 个八位位组表示。 协议保留值：ENTITYID_UNKNOWN
SequenceNumber_t	用于保存序列号的类型。必须使用 64 位表示。 协议保留值：SEQUENCENUMBER_UNKNOWN

续表

属 性 类 型	目 的
Locator_t	用于表示使用一种受支持的传输将消息发送到 RTPS 端点所需的寻址信息。应能容纳识别传输类型，地址和端口的鉴别符。必须分别使用 4 个八位位组表示区分符和端口，使用 16 个八位位组表示地址。 协议保留值：LOCATOR_INVALID、LOCATOR_KIND_INVALID、LOCATOR_KIND_RESERVED、LOCATOR_KIND_UDPv4、LOCATOR_KIND_UDPv6、LOCATOR_ADDRESS_INVALID、LOCATOR_PORT_INVALID
TopicKind_t	枚举用于区分主题是否在其中定义了一些字段，以用作识别主题中数据实例的键值。有关键值的更多详细信息，请参见 DDS 规范。 协议保留值：NO_KEY、WITH_KEY
ChangeKind_t	枚举用于区分对数据对象所做的更改的种类。包括对数据或数据对象的生命周期的更改。 协议保留值：ALIVE、NOT_ALIVE_UNREGISTERED、NOT_ALIVE_DISPOSED
ReliabilityKind_t	枚举用于指示通信的可靠性级别。 协议保留值：BEST_EFFORT、RELIABLE
InstanceHandle_t	用于表示数据对象标识的类型，其值的更改通过 RTPS 协议进行通信
ProtocolVersion_t	用于表示 RTPS 协议版本的类型，由主要版本号和次要版本号组成。 协议保留值：PROTOCOLVERSION、PROTOCOLVERSION_1_0、PROTOCOLVERSION_1_1、PROTOCOLVERSION_2_0、PROTOCOLVERSION_2_1、PROTOCOLVERSION_2_2
VendorId_t	用于表示实现 RTPS 协议的服务供应商的类型，vendorId 的可能值由 OMG 分配。 协议保留值：VENDORID_UNKNOWN

RTPS 实体由一组属性配置，部分属性映射到相应 DDS 实体设置的 QoS 策略。其余部分属性表示参数，这些参数允许根据特定的传输和部署情况调整协议的行为。图 8-3 显示了用于配置 RTPS 实体子集的属性，配置写入者和读取者的属性与协议行为紧密相关，将在 8.4 节中进行介绍。

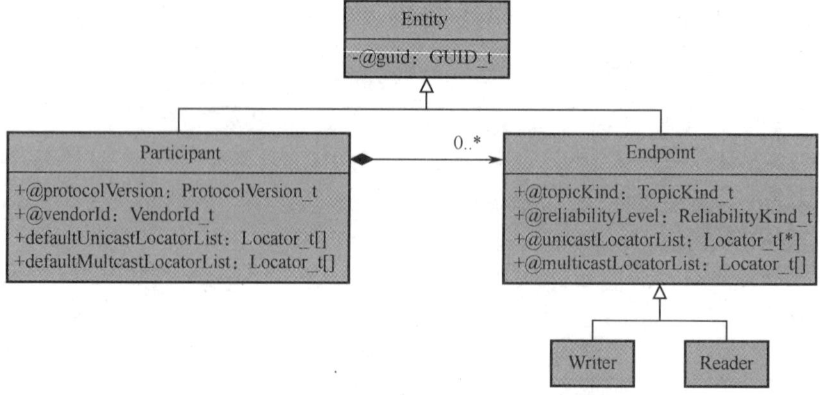

图 8-3 用于配置 RTPS 实体子集的属性

8.2.1 RTPS 历史记录缓存

RTPS 历史记录缓存（HistoryCache）是 DDS 和 RTPS 之间接口的一部分，在读取端和写入端扮演不同的角色。如图 8-4 所示，在写入端，历史记录缓存包含由相应 DDS 写入者对数据对象所做的更改的部分历史记录，以服务现有和将来匹配的 RTPS 读取者。在读取端，它包含所有匹配的 RTPS 写入端对数据对象所做更改的部分叠加。表 8-2 中列出了历史记录缓存属性。

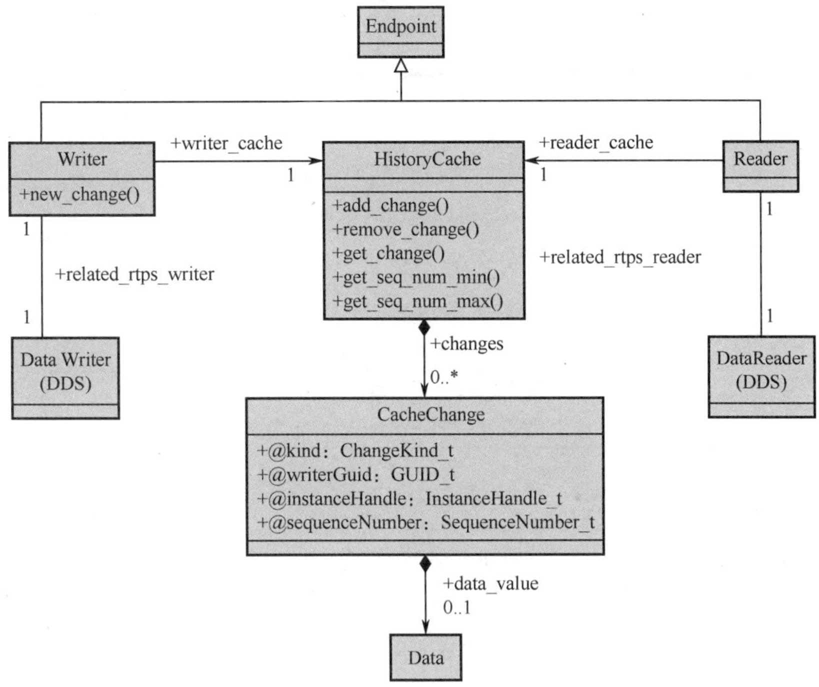

图 8-4　RTPS 历史记录缓存

表 8-2　RTPS 历史记录缓存属性

属　性	类　型	含　义	与 DDS 关系
changes	CacheChange[*]	历史记录缓存中包含的缓存更改列表	无

RTPS 实体和相关的 DDS 实体使用表 8-3 中的操作与历史记录缓存进行交互。

表 8-3　RTPS 历史记录缓存操作

操 作 名 称	参　数　表	参 数 类 型
new	<return value>	HistoryCache
add_change	<return value>	void
	a_change	CacheChange
remove_change	<return value>	void
	a_change	CacheChange
get_seq_num_min	<return value>	SequenceNumber_t
get_seq_num_max	<return value>	SequenceNumber_t

8.2.2 RTPS 缓存更改

RTPS 缓存更改（CacheChange）用于表示添加到历史记录缓存的每个更改。表 8-4 中列出了缓存更改的属性。

表 8-4 RTPS 缓存更改属性

属　性	类　型	含　义	与 DDS 关系
kind	ChangeKind_t	标识更改的种类	DDS 实例状态种类
writerGuid	GUID_t	标识进行更改的 RTPS 写入者的 GUID_t	无
instanceHandle	InstanceHandle_t	标识要应用更改的数据对象的实例	在 DDS 中，数据中标记为键的字段的值唯一地标识每个数据对象
sequenceNumber	SequenceNumber_t	RTPS 写入者分配的序列号，用于唯一标识更改	无
data_value	Data	与更改关联的数据值，根据缓存更改的类型，可能没有关联的数据	无

8.2.3 RTPS 实体

RTPS 实体（Entity）类是所有类型 RTPS 派生实体的基础类，并可以映射到相应的 DDS 实体。实体属性如表 8-5 所示。

表 8-5 RTPS 实体属性

属　性	类　型	含　义	与 DDS 关系
guid	GUID_t	全局唯一地标识 DDS 域内的 RTPS 实体	映射到用于描述相应 DDS 实体的 DDS BuiltinTopicKey_t 的值

GUID（全局唯一标识符）是所有 RTPS 实体的属性，并且唯一地标识 DDS 数据域内的实体。如图 8-5 所示，GUID 被构建为元组<prefix，entityId>，它组合了 GuidPrefix_t 前缀和 EntityId_t 实体 ID，前者在域内唯一标识参与者，后者唯一标识参与者中的实体。

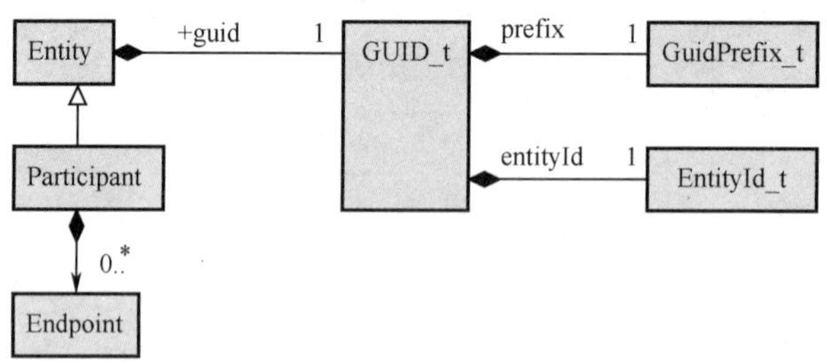

图 8-5 RTPS 实体的 GUID 组成

RTPS 中的每个参与者都有 GUID<prefix，entityID_PARTICIPANT>，其中常量 entityID_PARTICIPANT 是 RTPS 协议定义的特殊值，它的实际值取决于 PSM 模型。只要域中的每个参与者都有一个唯一的 GUID，实现者就可以自由选择前缀。

GUID<participantPrefix，entityID_PARTICIPANT> 的参与者所包含的端点具有

GUID<participantPrefix，entityId>。entityId 是端点相对于参与者的唯一标识。产生以下几个结果：

① 参与者内所有端点的 GUID 都有相同的前缀；

② 一旦知道了一个端点的 GUID，也就知道了包含该端点的参与者的 GUID；

③ 任何端点的 GUID 都可以从所属参与者的 GUID 和它的 entityId 推导出来。

每个 RTPS 实体的 entityId 的选择取决于 PSM 模型。

8.2.4　RTPS 参与者

RTPS 参与者（Participant）如图 8-6 所示，它是 RTPS 端点实体的容器，并且映射到 DDS 域参与者。另外，RTPS 参与者有利于单个 RTPS 参与者内的端点实体共享相同的属性。参与者属性如表 8-6 所示。

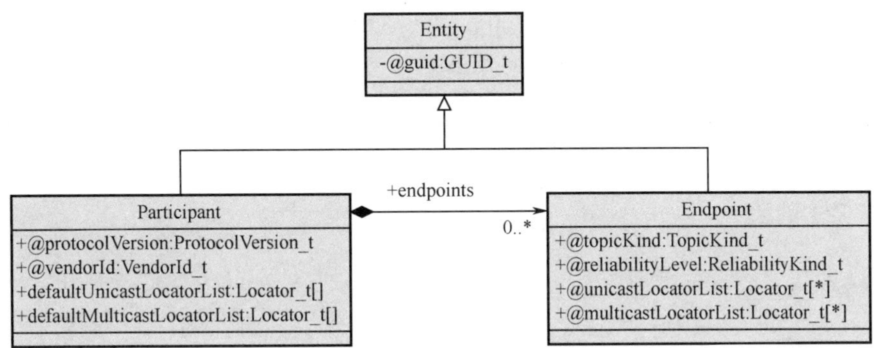

图 8-6　RTPS 参与者

表 8-6　RTPS 参与者属性

属　性	类　型	含　义	与 DDS 的关系
defaultUnicastLocatorList	Locator_t[*]	单播定位器的默认列表（传输、地址、端口组合），可用于向参与者中的端点发送消息；这些单播定位器将在端点没有指定自己的定位器集时使用	无，通过发现进行配置
defaultMulticastLocatorList	Locator_t[*]	多播定位器的默认列表（传输、地址、端口组合），可用于向参与者中的端点发送消息；这些多播定位器将在端点没有指定自己的定位器集的情况下使用	无，通过发现进行配置
protocolVersion	ProtocolVersion_t	标识参与者用于通信的 RTPS 协议的版本	无，由协议的每个版本指定
vendorId	VendorId_t	标识包含参与者的 RTPS 中间件的供应商	无，由每个供应商配置

8.2.5　RTPS 端点

从 RTPS 协议的角度来看，RTPS 端点（Endpoint）表示可能的通信端点。RTPS 端点实体有两种：写入者和读取者。RTPS 写入者向 RTPS 读取者发送缓存更改消息，并有可能收到它们发送的更改确认。RTPS 读取者从写入者接收缓存更改和更改可用性公告，并可能确认更改和/或请求错过的更改。RTPS 端点包含的属性如表 8-7 所示。

表 8-7 RTPS 端点属性

属 性	类 型	含 义	与 DDS 的关系
unicastLocatorList	Locator_t[*]	可用于将消息发送到端点的单播定位器列表（传输，地址，端口组合）	无，通过发现进行配置
multicastLocatorList	Locator_t[*]	可用于将消息发送到端点的多播定位器列表（传输，地址，端口组合）	无，通过发现进行配置
reliabilityLevel	ReliabilityKind_t	端点支持的可靠性级别	无，映射到 RELIABILITY 策略
topicKind	TopicKind_t	用于指示端点是否与已将某些字段定义为包含 DDS 键的数据类型关联	无，由与 RTPS 端点相关的 DDS 主题关联的数据类型定义

8.2.6 RTPS 写入者

RTPS 写入者（Writer）是特殊的 RTPS 端点，表示将缓存更改消息发送到匹配的 RTPS 读取者的实体。它的作用是将历史记录缓存中的所有缓存更改都转移到匹配的远程 RTPS 读取者的历史记录缓存中。配置 RTPS 写入者的属性与协议行为紧密相关，将在 8.4 节行为模块中介绍。

8.2.7 RTPS 读取者

RTPS 读取者（Reader）是特殊的 RTPS 端点，表示从匹配的 RTPS 写入者接收缓存更改消息的实体。配置 RTPS 读取者的属性与协议行为紧密相关，将在 8.4 节行为模块中介绍。

8.2.8 RTPS 实体与 DDS 实体的关系

历史记录缓存构成了 DDS 实体及其对应的 RTPS 实体之间的接口。例如，DDS 数据写入者通过公用的历史记录缓存将数据传递到与其匹配的 RTPS 写入者。DDS 实体与历史记录缓存的确切交互方式是特定实现的，而不是由 RTPS 协议正式建模的。RTPS 协议的行为模块仅仅指定了如何将缓存更改从 RTPS 写入者的历史记录缓存传输到每个匹配的 RTPS 读取者的历史记录缓存的方式。

本节使用 UML 状态图来描述实体之间的交互过程，表 8-8 中列出了用于表示 DDS 和 RTPS 实体的缩写。

表 8-8 DDS 和 RTPS 实体缩写

首字母缩写	含 义	用 法 示 例
DW	DDS 数据写入者	DW::write
DR	DDS 数据读取者	DR::read
W	RTPS 写入者	W::heartbeatPeriod
R	RTPS 读取者	R::heartbeatResponseDelay
WHC	RTPS 写入者的历史记录缓存	WHC::changes
RHC	RTPS 读取者的历史记录缓存	RHC::changes

1. DDS 数据写入者

DDS 数据写入者上的 write 操作将缓存更改添加到与其关联的 RTPS 写入者的历史记录缓存中。因此，历史记录缓存就包含了最近写入更改的历史记录。更改数量由 DDS 数据写入者的 QoS 策略控制（如 HISTORY 和 RESOURCE_LIMITS 策略）确定。

默认情况下，历史记录缓存中的所有更改被认为与每个匹配的远程 RTPS 读取者相关。即写入者被认为应将历史记录缓存中的所有更改发送到匹配的远程读取者。如何执行此操作是 RTPS 协议行为模块的内容。但由于以下两个原因，更改可能不会发送到远程读取者：

① 它们已被 DDS 数据写入者从历史记录缓存中删除，并且不再可用；

② 它们被认为与该读取者无关。

DDS 数据写入者可能出于多种原因决定从历史记录缓存中删除更改。例如，基于 HISTORY 策略设置，可能只需要存储有限数量的更改；或由于 LIFESPAN 策略设置，样本可能已过期。当 RELIABILITY 策略的 kind 属性为 RELIABLE 时，只有在所有读取者均已确认该更改已发送且仍处于活动状态时，才能删除该更改。

并非所有变化都与每个匹配的远程读取者相关，如由 TIME_BASED_FILTER 策略决定或者通过使用 DDS 内容过滤主题的情况就是例外。需要注意的是，在这种情况下，必须基于每个读取者来确定改变是否相关。在可能的情况下，DDS 中间件可以通过在写入端进行过滤来优化带宽和/或 CPU 的使用，这是否可行则取决于 DDS 中间件是否跟踪每个单独的远程读取者，以及是否存在适用于该读取者的 QoS 策略和过滤器，读取者本身将始终进行过滤。

本节使用 DDS_FILTER（reader，change）来表示基于 QoS 策略或基于内容的过滤，该符号反映了过滤是依赖于读取者的。根据写入者存储的读取者特定信息，DDS_FILTER 可能是空操作。对于基于内容的过滤，RTPS 规范可以在每次更改中发送信息，该信息列出了对更改应用了哪些过滤器，以及它传递了哪些过滤器。在存在过滤器的情况下，读取者可以使用这些信息来过滤更改，而不需要调用 DDS_FILTER。这种方法通过在写入端对样本进行一次过滤，而非读取端，因此能够节省 CPU 周期。图 8-7 描述了 DDS 数据写入者如何将更改添加到历史记录缓存的过程。

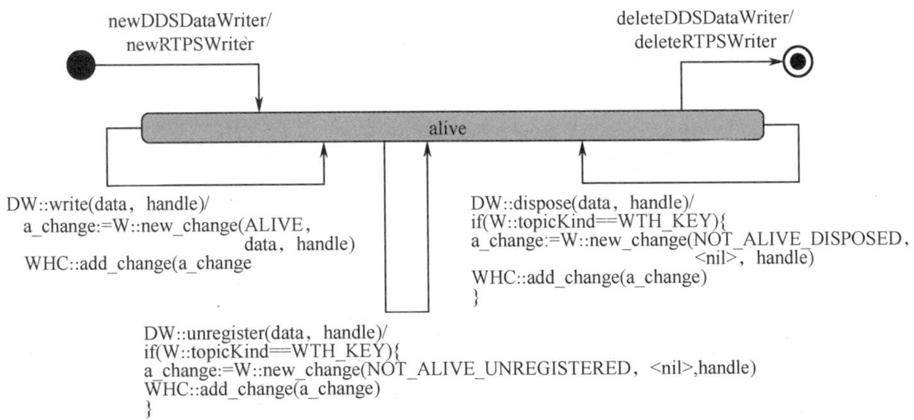

图 8-7　DDS 数据写入者添加更改到历史记录缓存

表 8-9 描述了 DDS 数据写入者添加更改到历史记录缓存时转换的各个阶段，以及相应的状态变化。

表 8-9　DDS 数据写入者添加更改到历史记录缓存的转换

转　换	状　态	事　件	下一个状态
T1	initial	new DDS DataWriter	alive
T2	alive	DataWriter::write	alive
T3	alive	DataWriter::dispose	alive
T4	alive	DataWriter::unregister	alive
T5	alive	delete DDS DataWriter	final

2. DDS 数据读取者

DDS 数据读取者从相应的 RTPS 读取者的历史记录缓存中获取数据。历史记录缓存中存储的更改数量由 QoS 策略控制（如 HISTORY 和 RESOURCE_LIMITS 策略）确定。

每个匹配的读取者都将尝试把所有其历史记录缓存中的相关样本传输到读取者的历史记录缓存中。调用 DDS 数据读取者的 read 或 take 操作能够实现访问历史记录缓存。返回给用户的更改是在历史记录缓存中通过所有读取者特定过滤器（如果有）筛选后的结果。

读取者过滤器同样由 DDS_FILTER（reader，change）表示。如上所述，DDS 中间件可以在写入端执行大多数过滤。在这种情况下，样本要么从未被发送（因此不存在于读取者的历史记录缓存中），要么包含应用了过滤器和相应结果的信息（对于基于内容的过滤）。

为了满足 TIME_BASED_FILTER 之类的 QoS 策略，DDS 数据读取者可以删除历史记录缓存中的更改。图 8-8 说明了 DDS 数据读取者如何访问历史记录缓存中的更改。

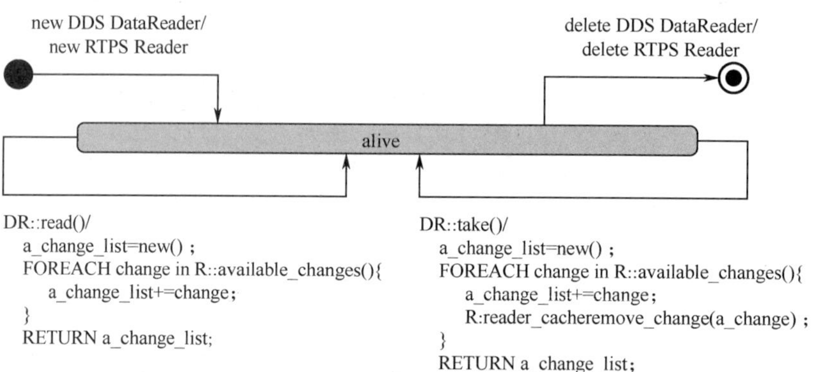

图 8-8　DDS 数据读取者访问历史数据缓存中的更改

表 8-10 描述了 DDS 数据读取者访问历史记录缓存中更改时转换的各个阶段，以及相应的状态变化。

表 8-10　DDS 数据读取者访问历史记录缓存中更改时的转换

转　换	状　态	事　件	下一个状态
T1	initial	new DDS DataReader	alive
T2	alive	DDS DataReader::read	alive
T3	alive	DDS DataReader::take	alive
T4	alive	delete DDS DataReader	final

8.3　消息模块

消息模块定义了 RTPS 写入者和读取者之间原子信息交换的内容。RTPS 消息采用了模块化设计思想，可以很容易地通过扩展模式来添加标准协议特性及特定供应商的支持。

8.3.1　类型定义

除表 8-1 中定义的类型外，消息模块还使用表 8-11 中列出的类型。

表 8-11　用于定义 RTPS 消息的类型

类　型	目　的
ProtocolId_t	枚举用于标识协议。 协议保留值：PROTOCOL_RTPS
SubmessageFlag	用于指定子消息标志的类型。 子消息标志采用布尔值，并影响接收者对子消息的解析
SubmessageKind	枚举用于标识子消息的类型。 协议保留值：DATA、GAP、HEARTBEAT、ACKNACK、PAD、INFO_TS、INFO_REPLY、DATA_FRAG、NACK_FRAG、INFO_DST、INFO_SRC、HEARTBEAT_FRAG
Time_t	用于保存时间戳的类型。应该至少具有纳秒级的分辨率。 协议保留值：TIME_ZERO、TIME_INVALID、TIME_INFINITE
Count_t	用于封装单调递增的计数的类型，用于标识消息重复项
ParameterId_t	用于在参数列表中唯一标识参数的类型。 发现模块广泛用于定义 QoS 参数。协议定义的参数保留一个值范围，而供应商定义的参数可以使用另一个范围
FragmentNumber_t	用于保存片段号的类型。 必须使用 32 位表示

8.3.2　RTPS 消息结构

如图 8-9 所示，RTPS 消息的整体结构由一个固定大小的前导 RTPS 帧头和可变数量的 RTPS 子消息组成。每个子消息又由一个子消息帧头和一个数量可变的子消息元素组成。

1. 帧头结构

帧头用于标识消息属于 RTPS 协议，描述了协议版本以及消息供应商。帧头必须出现在每条消息的开头，其结构如图 8-10 所示，帧头包含表 8-12 中列出的字段。

表 8-12　帧头包含的字段

字　段	类　型	含　义
protocol	ProtocolId_t	将消息标识为 RTPS 消息
version	ProtocolVersion_t	标识 RTPS 协议的版本
vendorId	VendorId_t	表示提供实施 RTPS 的供应商
guidPrefix	GuidPrefix_t	定义消息中出现的所有 GUID 的默认前缀

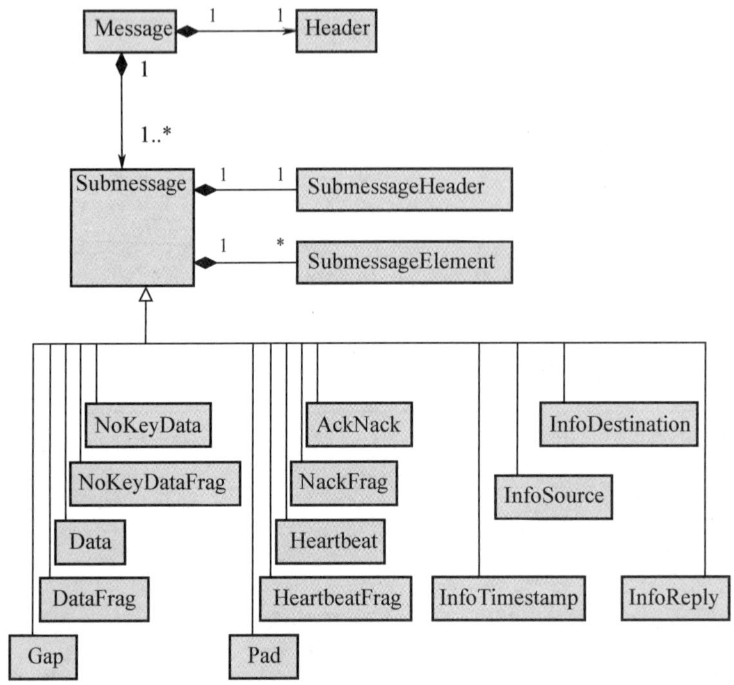

图 8-9 RTPS 消息结构

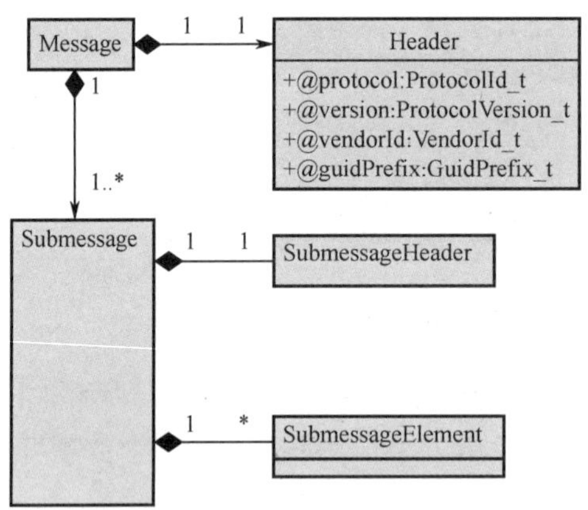

图 8-10 RTPS 消息帧头结构

2. 子消息结构

每个 RTPS 消息均包含可变数量的 RTPS 子消息，所有 RTPS 子消息具有如图 8-11 所示的结构。所有子消息均以子消息帧头部分开头，然后是子消息元素部分的串联。子消息帧头用于标识子消息的类型和该子消息中的可选元素，如表 8-13 所示。

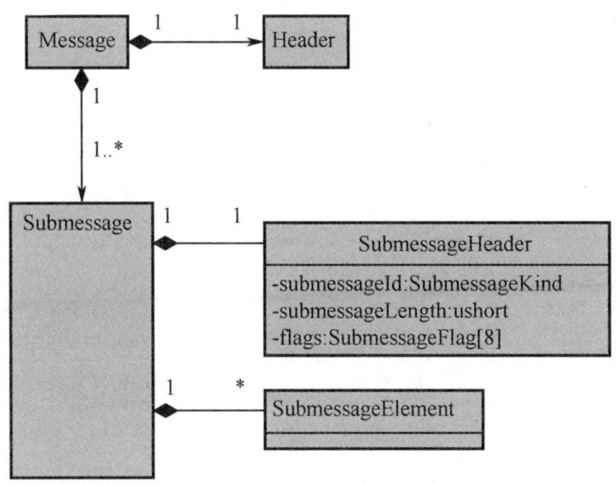

图 8-11 RTPS 子消息结构

表 8-13 子消息帧头结构

字 段	类 型	含 义
submessageId	SubmessageKind	标识子消息的类型
flags	SubmessageFlag[8]	标志：识别用于封装子消息的字节序、子消息中可选元素的存在，并且可能修改子消息的解释
submessageLength	ushort	指示子消息的长度：给定 RTPS 消息由子消息的串联组成，可以使用子消息的长度来跳到下一个子消息

8.3.3 RTPS 消息接收器

消息中子消息的解释和含义可能取决于同一消息中包含的先前子消息。因此，RTPS 消息接收器必须保持同一消息中之前反序列化的子消息的状态。该状态被建模为 RTPS 消息接收器的状态，每次处理新消息时都会被重置，并为每个子消息的解释提供上下文。RTPS 消息接收器结构如图 8-12 所示，对于每个新消息，接收器的状态会被重置并初始化为表 8-14 所示。

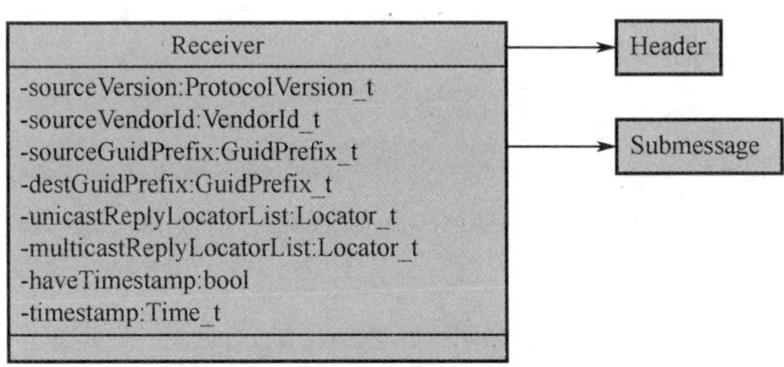

图 8-12 RTPS 消息接收器结构

表 8-14 RTPS 消息接收器初始值

名 称	初 始 值
sourceVersion	PROTOCOLVERSION
sourceVendorId	VENDORID_UNKNOWN
sourceGuidPrefix	GUIDPREFIX_UNKNOWN

续表

名　称	初　始　值
destGuidPrefix	接收消息的参与者的 GUID 前缀
UnicastReplyLocatorList	该列表被初始化为包含单个 Locator_t，其中具有下面指定的 LocatorKind，Address 和 Port 字段： ● LocatorKind 设置为标识接收到该消息的传输类型（如 LOCATOR_KIND_UDPv4）； ● 假设所使用的传输支持此地址（例如，对于 UDP，源地址是 UDP 帧头的一部分），则将地址设置为消息源的地址。否则将其设置为 LOCATOR_ADDRESS_INVALID； ● 端口设置为 LOCATOR_PORT_INVALID
multicastReplyLocatorList	该列表被初始化为包含一个带有 LocatorKind 的 Locator_t，下面包括 Address 和 Port 字段： ● LocatorKind 设置为标识接收到该消息的传输的类型（如 LOCATOR_KIND_UDPv4）； ● Address 设置为 LOCATOR_ADDRESS_INVALID； ● Port 设置为 LOCATOR_PORT_INVALID
haveTimestamp	false
timestamp	TIME_INVALID

以下算法概述了任何消息接收器必须遵循的规则。

（1）如果无法读取完整的子消息帧头，则其余消息被视为无效。

（2）submessageLength 字段定义了下一个子消息从何处开始或指示子消息延伸到消息的末端。如果此字段无效，则其余消息无效。

（3）必须忽略具有未知 ID 的子消息，并且必须继续对下一个子消息的解析。具体来说，RTPS 2.2 的实现必须忽略 ID 在版本 2.2 中定义的 SubmessageKind 集合之外的任何子消息。来自未知 vendorId 的特定于供应商范围内的子消息 ID 也必须被忽略，并且必须继续对下一个子消息的解析。

（4）子消息的接收器应忽略未知 flags 的子消息。RTPS 2.2 的实现应跳过协议中标记为未使用的所有标志。

（5）必须始终使用有效的 submessageLength 字段来查找下一个子消息，即使对于具有已知 ID 的子消息也是如此。

（6）已知但无效的子消息会使其余消息无效。

有效帧头和/或子消息的接收有两个作用：

（1）它可以更改接收器状态。此状态影响消息中子消息的解释方式。在 RTPS 2.2 版本协议中，仅帧头和 InfoSource、InfoDestination、InfoTimestamp 和 InfoReply 等子消息会更改接收器的状态。

（2）它可能会影响消息发送到的端点的行为。这适用于以下基本的 RTPS 消息： Data、DataFrag、HeartBeat、AckNack、Gap、HeartbeatFrag 和 NackFrag。

8.3.4 RTPS 子消息元素

每个 RTPS 消息均包含可变数量的 RTPS 子消息，每个 RTPS 子消息又从一组被称为子消息元素的（SubmessageElements）预定义原子构造块中构建。如图 8-13 所示，RTPS 2.2 定义了以下子消息元素：GuidPrefix，EntityId，SequenceNumber，SequenceNumberSet，FragmentNumber, FragmentNumberSet，VendorId，LocatorList，ProtocolVersion，Timestamp，

Count，SerializedData 和 ParameterList。

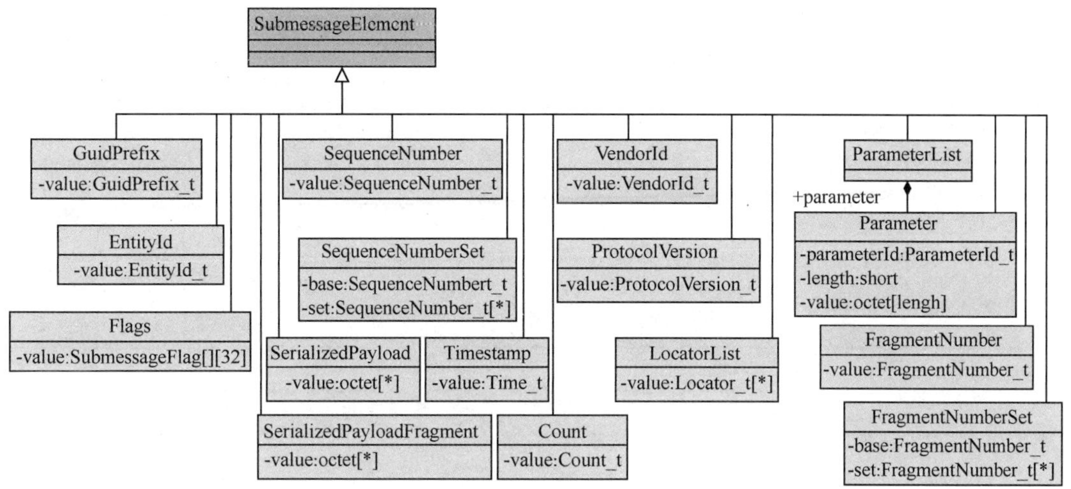

图 8-13　RTPS 子消息元素

1．GuidPrefix 和 EntityId

这些子消息元素用于在子消息中封装 GUID_t 的 GuidPrefix_t 和 EntityId_t，其结构如表 8-15 和表 8-16 所示。

表 8-15　GuidPrefix 子消息元素结构

字　段	类　型	含　义
value	GuidPrefix_t	标识实体的 GUID_t 的 GuidPrefix_t 部分，该部分是消息的源或目标

表 8-16　EntityId 子消息元素结构

字　段	类　型	含　义
value	EntityId_t	标识实体的 GUID_t 的 EntityId_t 部分，该部分是消息的源或目标

2．VendorId

VendorId 用于标识实现支持 RTPS 协议的中间件供应商，并允许该供应商向该协议添加特定的扩展。供应商 ID 不引用包含 DDS 中间件的设备或产品的供应商。VendorId 子消息元素结构如表 8-17 所示。

表 8-17　VendorId 子消息元素结构

字　段	类　型	含　义
value	VendorId_t	标识实现协议的中间件供应商

3．ProtocolVersion

ProtocolVersion 定义了 RTPS 协议的版本，其结构如表 8-18 所示。

表 8-18 ProtocolVersion 子消息元素结构

字　段	类　型	含　义
value	ProtocolVersion_t	标识 RTPS 协议的主要版本和次要版本

4. SequenceNumber

SequenceNumber 是一个 64 位有符号的整数，其取值范围为：$-2^{63} <= N <= 2^{63}-1$，SequenceNumber 从 1 开始。表 8-19 描述了其子消息元素结构。

表 8-19 SequenceNumber 子消息元素结构

字　段	类　型	含　义
value	SequenceNumber_t	提供 64 位序列号的值

5. SequenceNumberSet

SequenceNumberSet 子消息元素用作一些消息的一部分，以提供一定范围内单个序列号的二进制信息，其结构如表 8-20 所示。SequenceNumberSet 中表示的序列号仅限于一个范围不大于 256 的区间。换句话说，有效的 SequenceNumberSet 必须验证：

maximum (SequenceNumberSet) – minimum (SequenceNumberSet) < 256

minimum (SequenceNumberSet) > = 1

上述限制允许使用位图以高效紧凑的方式表示 SequenceNumberSet。

表 8-20 SequenceNumberSet 子消息元素结构

字　段	类　型	含　义
base	SequenceNumber_t	标识集合中的第一个序列号
set	SequenceNumber_t[*]	一组序列号，每个序列号验证： base <= element（set）<= base + 255

6. FragmentNumber

FragmentNumber 是一个 64 位的无符号整数，由子消息用于识别序列化数据中的特定片段。FragmentNumber 从 1 开始，其结构如表 8-21 所示。

表 8-21 FragmentNumber 子消息元素结构

字　段	类　型	含　义
value	FragmentNumber_t	提供 64 位片段号的值

7. FragmentNumberSet

FragmentNumberSet 子消息元素用于提供一定范围内单个片段号的二进制信息，其结构如表 8-22 所示。FragmentNumberSet 中表示的片段号仅限于一个范围不大于 256 的区间。换句话说，有效的 FragmentNumberSet 必须验证：

maximum (FragmentNumberSet) – minimum (FragmentNumberSet) < 256 minimum (FragmentNumberSet) > = 1

上述限制允许使用位图以高效紧凑的方式表示 FragmentNumberSct。

表 8-22　FragmentNumberSet 子消息元素结构

字　段	类　型	含　义
base	FragmentNumberSet_t	标识集合中的第一个片段号
set	FragmentNumberSet_t[*]	一组片段号，每个片段号验证： base <= element（set）<= base + 255

8. Timestamp

Timestamp 用于表示时间，表示应具有纳秒级或更佳的分辨率。表 8-23 描述了 Timestamp 子消息元素结构。

表 8-23　Timestamp 子消息元素结构

字　段	类　型	含　义
value	Time_t	提供时间戳的值

9. ParameterList

ParameterList 作为若干消息的一部分，用于封装可能影响消息解释的 QoS 策略参数。参数的封装遵循一种机制，允许在不破坏后向兼容性的情况下对 QoS 策略进行扩展。其结构如表 8-24 和表 8-25 所示。

表 8-24　ParameterList 子消息元素结构

字　段	类　型	含　义
parameter	Parameter[*]	参数列表

表 8-25　ParameterList 子消息元素中每个元素的结构

字　段	类　型	含　义
parameterId	ParameterId_t	唯一标识参数
length	short	参数值的长度
value	octet[length]	参数值

ParameterList 的实际表示是由每个 PSM 模型定义的。为了支持 PSM 模型之间的互操作性或桥接同时允许保留向后兼容性的扩展，所有 PSM 模型使用的表示形式都必须遵守以下规则：

（1）parameterId 的可能值不可以超过 2 ^ 16。

（2）保留 2 ^ 15 的值范围用于协议定义的参数。RTPS 协议的 2.2 版本定义的所有 parameter_id 值及同一主要版本的所有将来修订版都必须使用此范围内的值。

（3）供应商定义的参数保留 2 ^ 15 的范围。RTPS 协议的 2.2 版本以及与同一主要版本相对应的协议的任何将来版本均不允许使用此范围内的值。

（4）任何参数的最大长度限制为 2 ^ 16 个八位位组。

受到上述约束，不同的 PSM 模型可能会为 parameterId 选择不同的表示形式。例如，一个 PSM 模型使用短整数来表示，而另一个 PSM 模型可能使用字符串来表示。

10．Count

Count 由多个子消息使用，并使接收方能够检测到同一子消息的重复项，其结构如表 8-26 所示。

表 8-26　Count 子消息元素结构

字　段	类　型	含　义
value	Count_t	计数值

11．LocatorList

LocatorList 用于指定一个定位器列表，其结构如表 8-27 所示。

表 8-27　LocatorList 子消息元素结构

字　段	类　型	含　义
value	Locator_t[*]	计数定位器列表

12．SerializedData

SerializedData 包含数据对象的值的序列化表示形式，其结构如表 8-28 所示。RTPS 协议不解释序列化的数据流，因此它表示为不透明数据。

表 8-28　SerializedData 子消息元素结构

字　段	类　型	含　义
value	octet[*]	序列化的数据流

13．SerializedDataFragment

SerializedDataFragment 包含已分段的数据对象的序列化表示，其结构如表 8-29 所示。与未分段的 SerializedData 一样，RTPS 协议也不会解释分段的串行数据流，因此它表示为不透明数据。

表 8-29　SerializedDataFragment 子消息元素结构

字　段	类　型	含　义
value	octet[*]	序列化的数据流片段

8.3.5　RTPS 帧头

如 8.3.2 节所述，每个 RTPS 消息必须以帧头开头。

1．目的

帧头用于将消息标识为属于 RTPS 协议，它能够描述所使用的 RTPS 协议的版本，并为消息中的子消息提供上下文信息。

2．内容

构成标题结构的元素在 8.3.2 节中进行了描述。仅当协议的主要版本也发生更改时，才可以更改帧头的结构。

3．有效性

当以下任何一种情况为真时，帧头无效：

① 信息的字节数少于所需的完整帧头数，所需的字节数由 PSM 模型定义；

② 其协议值与 PROTOCOL_RTPS 的值不匹配；

③ 主要协议版本大于实现所支持的主要协议版本。

4．接收器状态变化

接收器的初始状态已在 8.3.3 节中描述，以下描述了新消息的帧头如何影响接收者的状态。

Receiver.sourceGuidPrefix = Header.guidPrefix

Receiver.sourceVersion = Header.version

Receiver.sourceVendorId = Header.vendorId

Receiver.haveTimestamp = false

8.3.6　RTPS 子消息

如图 8-14 所示，RTPS 协议版本 2.2 定义了多种子消息。子消息可以分为两类：实体子消息和解释器子消息。实体子消息以 RTPS 实体为目标；解释器子消息可修改 RTPS 消息接收器状态，并提供有助于处理后续实体子消息的上下文。

1．实体子消息

（1）Data：包含有关应用程序日期对象值的信息。Data 子消息由写入者（NO_KEY 写入者或 WITH_KEY 写入者）发送到读取者（NO_KEY 读取者或 WITH_KEY 读取者）。

（2）DataFrag：与 Data 等效，但仅包含新值的一部分（一个或多个片段）。允许将数据作为多个片段进行传输，以克服传输消息的大小限制。

（3）Heartbeat：描述写入者中可用的信息。Heartbeat 消息由写入者（NO_KEY 写入者或 WITH_KEY 写入者）发送到一个或多个读取者（NO_KEY 读取者或 WITH_KEY 读取者）。

（4）HeatbeatFrag：对于片段化数据，描述写入者中可用的片段。HeartbeatFrag 消息由写入者（NO_KEY 写入者或 WITH_KEY 写入者）发送到一个或多个读取者（NO_KEY 读取者或 WITH_KEY 读取者）。

（5）Gap：描述不再与读取者相关的信息。Gap 消息由写入者发送给一个或多个读取者。

（6）AckNack：向写入者提供有关读取者状态的信息。AckNack 消息由读取者发送到一个或多个写入者。

（7）NackFrag：向写入者提供有关读取者状态的信息，更具体地说，是读取者仍缺少的片段。NackFrag 消息由读取者发送到一个或多个写入者。

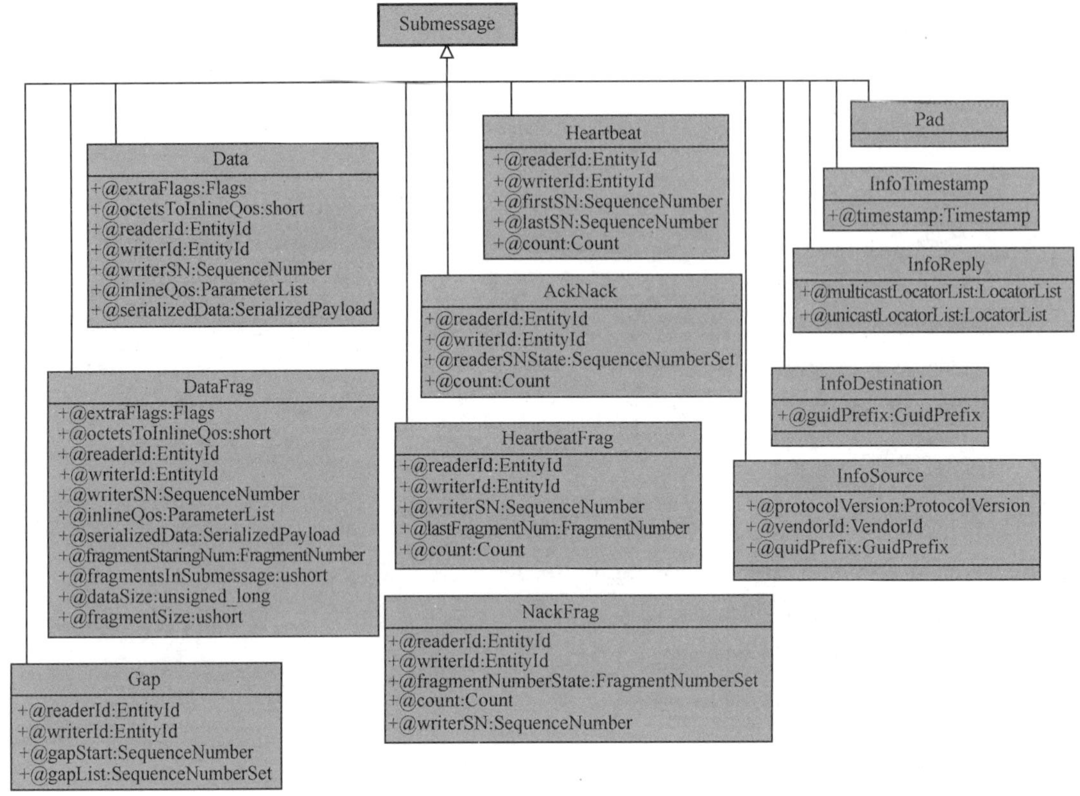

图 8-14 RTPS 子消息

2. 解释器子消息

（1）InfoSource：提供有关后续实体子消息来源的信息。该子消息主要用于中继 RTPS 子消息。

（2）InfoDestination：提供有关后续实体子消息的最终目标的信息。该子消息主要用于中继 RTPS 子消息。

（3）InfoReply：提供有关在哪里答复后续子消息中出现的实体的信息。

（4）InfoTimestamp：提供后续实体子消息的源时间戳。

（5）Pad：用于填充信息保证内存对齐。

8.4 行为模块

行为模块描述了 RTPS 写入者和读取者之间允许交换的消息序列，以及每个消息的时间约束。互操作性所需的行为是根据实现必须遵循的最小规则来描述的。实际的实现可能会超出这些最低要求而表现出不同的行为，具体取决于它们希望如何权衡可伸缩性、内存要求和带宽使用情况。

为了说明这个概念，行为模块定义了两个参考实现。一个参考实现基于有状态写入者和有状态读取者，另一个参考实现基于无状态写入者和无状态读取者。两种参考实现都满足互操作性的最低要求，因此可以互操作。但是由于它们存储在匹配的远程实体上的信息不同，因此表现出略有不同的行为。RTPS 协议的实际实现方式的行为可能与参考实现方式完全匹配或者由其组合而成。

8.4.1　互操作的行为需求

本节描述 RTPS 协议的所有实现必须满足的要求，以便：

① 符合协议规范；

② 可与其他实现进行互操作。

这些要求的范围仅限于不同供应商在 RTPS 实现之间进行消息交换。对于同一供应商实现之间的消息交换，供应商可以选择不兼容的实现。

1．一般要求

以下要求适用于所有 RTPS 实体：

① 所有通信都必须使用 RTPS 消息进行；

② 所有实现都必须实现 RTPS 消息接收器；

③ 所有实现的时序特征必须可调；

④ 必须实现简单参与者和端点发现协议。

2．所需的 RTPS 写入者行为

① 写入者不得乱序发送数据；

② 如果读取者要求，写入者必须包括内联 QoS 策略；

③ 写入者必须定期发送 HEARTBEAT 消息（仅可靠）；

④ 写入者最终必须对否定的确认做出响应（仅可靠）。

3．所需的 RTPS 读取者行为

① 读取者在收到未设置最终标志的 HEARTBEAT 之后必须做出最终响应；

② 读取者在收到表示样本缺失的 HEARTBEAT 之后必须做出最终响应；

③ 一旦确认，就始终确认；

④ 读取者只能发送 ACKNACK 消息作为对 HEARTBEAT 消息的响应。

8.4.2　RTPS 协议的实现

RTPS 规范指出，该协议的兼容实现只需要满足 8.4.1 节中提出的要求。因此，实际实现的行为可能会因每个实现的设计权衡而有所不同。

RTPS 规范的行为模块定义了两个参考实现。

1．无状态参考实现

无状态参考实现针对可伸缩性进行了优化。它在远程实体上几乎不保持任何状态，因此在大型系统上可以很好地扩展。这涉及一个折中，因为提高可伸缩性和减少内存使用可能需要额外的带宽。无状态参考实现非常适合多播的尽力而为传递通信。

2．有状态参考实现

有状态参考实现在远程实体上维护完整状态。此方法可最大限度地减少带宽使用，但需

要更多内存，并且可能意味着可伸缩性降低。与无状态参考实现相反，它可以保证严格可靠的通信，并能够在写入者端应用基于 QoS 策略或基于内容的过滤。

RTPS 的实际实现不一定要遵循参考实现。根据维持状态的程度，可以是参考实现的组合。例如，无状态参考实现维护了远程实体的最小信息和状态。因此，它不能在写入端执行基于时间的过滤，因为这需要跟踪每个远程读取者及其属性；它也不能在读取端丢弃失序样本，因为这需要跟踪从每个远程写入者收到的最大序列号。一些实现可能会模仿无状态参考实现，但选择存储足够多的附加状态可以避免上述某些限制。所需的附加信息能够以永久的方式存储。在这种情况下，实现接近于有状态参考实现，或者可以慢慢地老化，并根据需要保留在最近的时间范围，以尽可能地近似于维持状态所产生的行为。

无论实际实现如何，为了保证互操作性，重要的是所有实现（包括两个参考实现）都必须满足 8.4.1 节中的要求。

8.4.3 写入者在每个匹配的读取者上的行为

对于每个匹配的读取者，RTPS 写入者的行为取决于：

（1）RTPS 写入者和 RTPS 读取者中的 reliabilityLevel 属性的设置，这将控制使用尽力而为传递协议还是可靠传递协议。

（2）RTPS 写入者和读取者中 topicKind 属性的设置，这将控制即将通信的数据是否对应于已为其定义了键的 DDS 主题。

并非 reliabilityLevel 和 topicKind 属性的所有可能组合都是可能的。RTPS 写入者可以与 RTPS 读取者匹配需要满足以下两个条件：

（1）RTPS 写入者和读取者都必须具有相同的 topicKind 属性值，因为它们都与同一个 DDS 主题相关，该主题将为 WITH_KEY 或 NO_KEY。

（2）RTPS 写入者的 reliabilityLevel 设置为 RELIABLE 或者 RTPS 写入者和 RTPS 读取者的可靠性级别都设置为 BEST_EFFORT。这是因为 DDS 规范的 QoS 兼容性规定 RELIABILITY 策略中 kind 属性为 BEST_EFFORT 的 DDS 数据写入者只能与 BEST_EFFORT 的 DDS 数据读取者匹配，而 RELIABILITY 策略中 kind 属性为 RELIABLE 的 DDS 数据写入者可以与 RELIABLE 或 BEST_EFFORT 的 DDS 数据读取者匹配。

如 8.4.2 节所述，写入者是否可以与读取者匹配并不取决于两者是否都使用 RTPS 协议的相同实现。也就是说，有状态写入者可以与无状态读取者进行通信，反之亦然。表 8-30 总结了 RTPS 协议支持的属性组合。

表 8-30 匹配的 RTPS 写入者和 RTPS 读取者属性的可能组合

写入者属性	读取者属性	组 合 名 称
topicKind = WITH_KEY reliabilityLevel = BEST_EFFORT 或 reliabilityLevel = RELIABLE	topicKind = WITH_KEY reliabilityLevel = BEST_EFFORT	WITH_KEY Best-Effort
topicKind = NO_KEY reliabilityLevel = BEST_EFFORT 或 reliabilityLevel = RELIABLE	topicKind = NO_KEY reliabilityLevel = BEST_EFFORT	NO_KEY Best-Effort

续表

写入者属性	读取者属性	组 合 名 称
topicKind = WITH_KEY reliabilityLevel = RELIABLE	topicKind = WITH_KEY reliabilityLevel = RELIABLE	WITH_KEY Reliable
topicKind = NO_KEY reliabilityLevel = RELIABLE	topicKind = NO_KEY reliabilityLevel = RELIABLE	NO_KEY Reliable

8.4.4　符号约定

为了使用 UML 序列图和状态图描述参考实现，本节中定义了一些缩写符号来表示 RTPS 实体。表 8-31 中列出了其使用的缩写。

表 8-31　行为模块的序列图和状态图中使用的缩写

首字母缩写	含　义	用 法 示 例
DW	DDS 数据写入者	DW::write
DR	DDS 数据读取者	DR::read
W	RTPS 写入者	W::heartbeatPeriod
RP	RTPS 读取者代理	RP::unicastLocatorList
RL	RTPS 读取者定位器	RL::locator
R	RTPS 读取者	R::heartbeatResponseDelay
WP	RTPS 写入者代理	WP::remoteWriterGuid
WHC	RTPS 写入者的历史记录缓存	WHC::changes
RHC	RTPS 读取者的历史记录缓存	RHC::changes

8.4.5　类型定义

行为模块引入了以下其他的类型，如表 8-32 所示。

表 8-32　行为模块的类型定义

属 性 类 型	目　的
Duration_t	用于表示时间差的类型。应至少有纳秒的分辨率
ChangeForReaderStatusKind	枚举，用于指示读入者更改的状态
ChangeFromWriterStatusKind	枚举，用于指示写入者更改的状态
InstanceHandle_t	用于表示数据对象标识的类型，其值的更改通过 RTPS 协议进行通信
ParticipantMessageData	用于保存参与者之间交换的数据的类型，此类型最主要的用途是用于 Writer Liveliness Protocol

8.4.6　RTPS 写入者的参考实现

RTPS 写入者参考实现派生自 RTPS 写入者类。本节描述 RTPS 写入者和所有用于建模 RTPS 写入者参考实现的附加类，实际行为在 8.4.7 节和 8.4.8 节中描述。

1. RTPS 写入者

RTPS 写入者是特殊的 RTPS 端点，表示将缓存更改消息发送到匹配的 RTPS 读取者端点的实体。参考实现中的无状态写入者和有状态写入者是专门化的 RTPS 写入者，它们所维护的关于匹配的读取端的信息不同。RTPS 写入者类图，以及 RTPS 写入者属性分别如图 8-15 和表 8-33 所示。

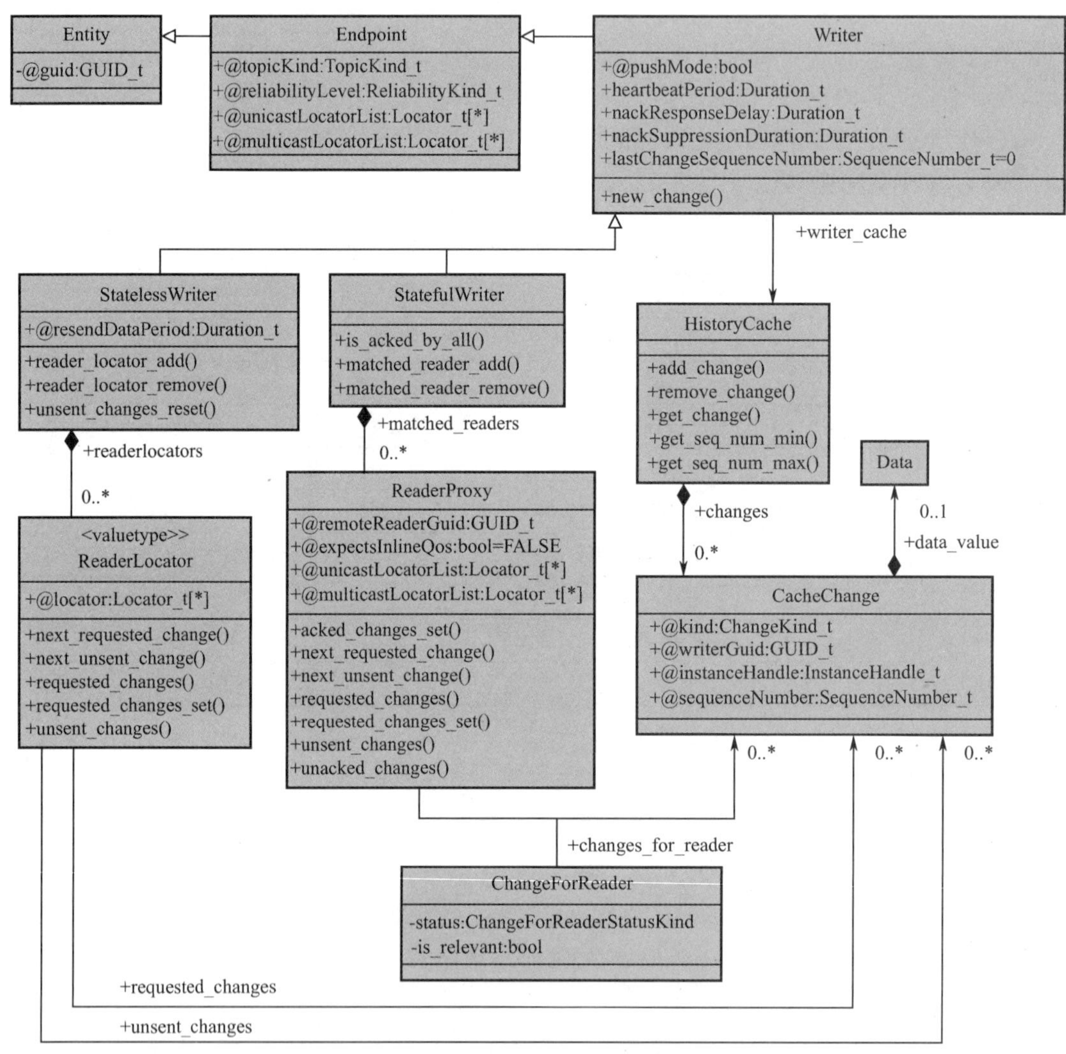

图 8-15 RTPS 写入者类图

表 8-33 RTPS 写入者属性

属　性	类　型	含　义
pushMode	bool	配置写入者操作的模式。如果 pushMode == true，则写入者会将更改推送到读取者；如果 pushMode == false，则更改只通过心跳宣布，并且只作为读取者的请求响应被发送
heartbeatPeriod	Duration_t	协议调整参数。允许 RTPS 写入者通过发送心跳消息来反复宣布数据的可用性

续表

属　性	类　型	含　义
nackResponseDelay	Duration_t	协议调整参数。允许 RTPS 写入者延迟来自否定确认的数据请求响应
nackSuppressionDuration	Duration_t	协议调整参数。允许 RTPS 写入者忽略来自否定确认的数据请求，这些请求在发送相应更改后很快到达
lastChangeSequenceNumber	SequenceNumber_t	内部计数器。用于为写入者的每次更改分配递增的序列号
writer_cache	HistoryCache	包含此写入者的缓存更改的历史记录

RTPS 写入者的属性允许对协议行为进行微调，表 8-34 描述了 RTPS 写入者的操作。

表 8-34　RTPS 写入者操作

操 作 名 称	参 数 列 表	类　型
new	<return value>	Writer
	attribute_values	Set of attribute values
new_change	<return value>	CacheChange
	kind	ChangeKind_t
	data	Data
	handle	InstanceHandle_t

2. RTPS 无状态写入者

RTPS 无状态写入者是用于无状态参考实现的特殊 RTPS 写入者。RTPS 无状态写入者不了解匹配的读取者的数量，也不为每个匹配的 RTPS 读取者端点维护任何状态，仅维护用于向匹配的读取者发送信息的 RTPS Locator_t 列表，其属性如表 8-35 所示。

表 8-35　RTPS 无状态写入者属性

属　性	类　型	含　义
resendDataPeriod	Duration_t	协议调优参数，表示无状态写入者在每个发送周期周期性地将写入者的历史记录缓存中的所有变化发送给所有定位器
reader_locators	ReaderLocator[*]	无状态写入者维护着它发送历史更改的定位器列表。这个列表包括单播和多播定位器

RTPS 无状态写入者在以下情况下很有用：

① 写入者的历史记录缓存很小；

② 传输机制为尽力而为传递；

③ 写入者通过多播与大量读取者进行通信。

虚拟机使用表 8-36 中的操作与 RTPS 无状态写入者进行交互。

表 8-36　RTPS 无状态写入者操作

操 作 名 称	参 数 列 表	类　型
new	<return value>	StatelessWriter

续表

操 作 名 称	参 数 列 表	类　型
	attribute_values	Set of attribute values
reader_locator_add	<return value>	void
	a_locator	Locator_t
reader_locator_remove	<return value>	void
	a_locator	Locator_t
unsent_changes_reset	<return value>	void

3．RTPS 读取者定位器

RTPS 读取者定位器是 RTPS 无状态写入者用来跟踪所有匹配的远程读取者定位器的值类型，其属性如表 8-37 所示。

表 8-37　RTPS 读取者定位器属性

属性	类型	含义
requested_changes	CacheChange[*]	远程读取者在此读取者定位器上请求的写入者的历史记录缓存的更改列表
unsent_changes	CacheChange[*]	写入者的历史记录缓存中尚未发送到此读取者定位器的更改列表
locator	Locator_t	单播或多播定位器，可以通过它到达此读取者定位器代表的读取者
expectsInlineQos	bool	指定该读取者定位器所代表的读取者是否希望在每个数据消息中发送内联 QoS 策略

虚拟机使用表 8-38 中的操作与 RTPS 读取者定位器进行交互。

表 8-38　RTPS 读取者定位器操作

操 作 名 称	参 数 列 表	类　型
new	<return value>	ReaderLocator
	attribute_values	Set of attribute values
next_requested_change	<return value>	ChangeForReader
next_requested_change	<return value>	ChangeForReader
next_requested_change	<return value>	CacheChange[*]
next_requested_change	<return value>	void
	req_seq_num_set	SequenceNumber_t[*]
unsent_changes	<return value>	CacheChange[*]

4．RTPS 有状态写入者

RTPS 有状态写入者是用于有状态参考实现的特殊 RTPS 写入者，它能够知晓所有匹配的 RTPS 读取者的信息，并维护每个匹配的 RTPS 读取者的状态。

通过维护每个匹配的 RTPS 读取者的状态，RTPS 有状态写入者可以确定是否所有匹配的 RTPS 读取者都已收到写入者的历史记录缓存中的缓存更改，并且可以避免向已收到所有更改的读取者发送通知，从而在网络带宽使用方面达到最佳状态。此外，RTPS 有状态写入者维护的信息还简化了写入端基于 QoS 策略的过滤。表 8-39 描述了 RTPS 有状态写入者的属性。

表 8-39　RTPS 有状态写入者属性

属　　性	类　　型	含　　义
matched_readers	ReaderProxy[*]	有状态写入者跟踪与之匹配的所有 RTPS 读取者。每个匹配的读取者器由读取者代理类的一个实例表示

虚拟机使用表 8-40 中的操作与 RTPS 有状态写入者进行交互。

表 8-40　RTPS 有状态写入者操作

操 作 名 称	参 数 列 表	类　　型
new	<return value>	StatefulWriter
	attribute_values	Set of attribute values
matched_reader_add	<return value>	void
	a_reader_proxy	ReaderProxy
matched_reader_remove	<return value>	void
	a_reader_proxy	ReaderProxy
matched_reader_lookup	<return value>	ReaderProxy
	a_reader_guid	GUID_t
is_acked_by_all	<return value>	bool
	a_change	CacheChange

5. RTPS 读取者代理

RTPS 读取者代理表示一个 RTPS 有状态写入者在每个匹配的 RTPS 读取者上维护的信息。RTPS 读取者代理的属性见表 8-41。

表 8-41　RTPS 读取者代理属性

属　　性	类　　型	含　　义
remoteReaderGuid	GUID_t	标识由读取者代理表示的远程匹配的 RTPS 读取者
unicastLocatorList	Locator_t[*]	可用于将消息发送到匹配的 RTPS 读取者的单播定位器列表（传输、地址、端口组合）
multicastLocatorList	Locator_t[*]	可用于将消息发送到匹配的 RTPS 读取者的多播定位器列表（传输、地址、端口组合）
changes_for_reader	CacheChange[*]	与匹配的 RTPS 读取者相关的缓存更改列表
expectsInlineQos	bool	指定远程匹配的 RTPS 读取者是否希望在每个数据消息中发送内联 QoS 策略
isActive	bool	指定远程读取者是否对写入者做出响应

RTPS 有状态写入者与 RTPS 读取者的匹配意味着 RTPS 有状态写入者会将写入者历史记录缓存中的缓存更改发送到由读取者代理表示的匹配 RTPS 读取者。匹配是相应 DDS 实体匹配的结果，也就是说，DDS 数据写入者按主题匹配具有兼容的 QoS 策略且未被 DDS 应用程

序明确忽略的 DDS 数据读取者。

虚拟机使用表 8-42 中的操作与 RTPS 读取者代理进行交互。

表 8-42 RTPS 读取者代理操作

操 作 名 称	参 数 列 表	类 型
new	<return value>	ReaderProxy
	attribute_values	Set of attribute values
acked_changes_set	<return value>	void
	committed_seq_num	SequenceNumber_t
next_requested_change	<return value>	ChangeForReader
next_unsent_change	<return value>	ChangeForReader
unsent_changes	<return value>	ChangeForReader[*]
requested_changes	<return value>	ChangeForReader[*]
requested_changes_set	<return value>	void
	req_seq_num_set	SequenceNumber_t[*]
unacked_changes	<return value>	ChangeForReader[*]

6. RTPS 读取者变更

RTPS 读取者变更是一个关联类，用于维护 RTPS 写入者历史记录缓存中的缓存更改信息，它与 RTPS 读取者代理所代表的 RTPS 读取者有关。表 8-43 描述了 RTPS 读取者变更的属性。

表 8-43 RTPS 读取者变更属性

属 性	类 型	含 义
status	ChangeForReaderStatus Kind	表示缓存更改相对于读取者代理所代表的 RTPS 读取者的状态
isRelevant	bool	表示更改是否与读取者代理所代表的 RTPS 读取者相关

8.4.7 RTPS 无状态写入者的行为

1. 尽力而为传递的无状态写入者的行为

图 8-16 描述了定义键值且尽力而为传递的 RTPS 无状态写入者对每个读取者定位器的行为，状态机的转换过程如表 8-44 所示。

表 8-44 尽力而为传递的无状态写入者对于每个读取者定位器的行为转换

转 换	状 态	事 件	下一状态
T1	initial	RTPS Writer is configured with a ReaderLocator	idle
T2	idle	GuardCondition: RL::unsent_changes() != <empty>	pushing
T3	pushing	GuardCondition: RL::unsent_changes() == <empty>	idle
T4	pushing	GuardCondition: RL::can_send() == true	pushing
T5	any state	RTPS Writer is configured to no longer have the ReaderLocator	final

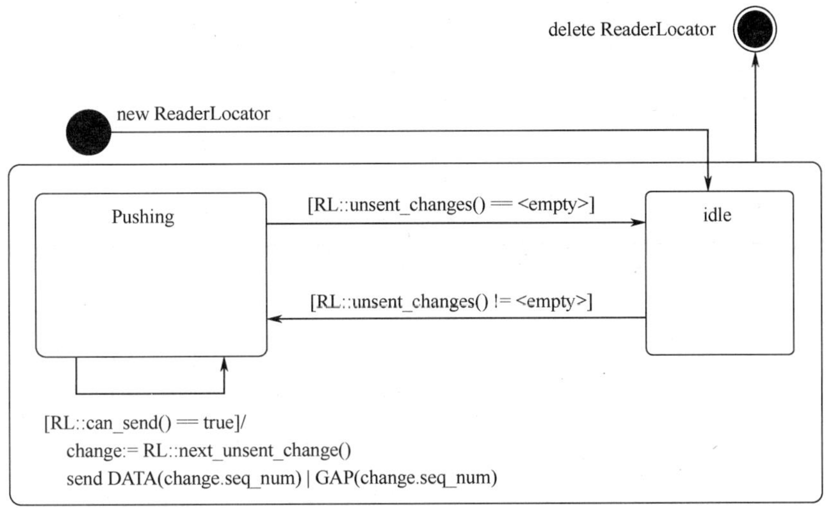

图 8-16　定义键值且尽力而为传递的无状态写入者对每个读取者定位器的行为

2. 可靠传递的无状态写入者的行为

图 8-17 描述了定义键值且可靠传递的 RTPS 无状态读取者对每个读取者定位器的行为，状态机的转换过程如表 8-45 所示。未定义键值且可靠传递的无状态写入者的行为是相同的。

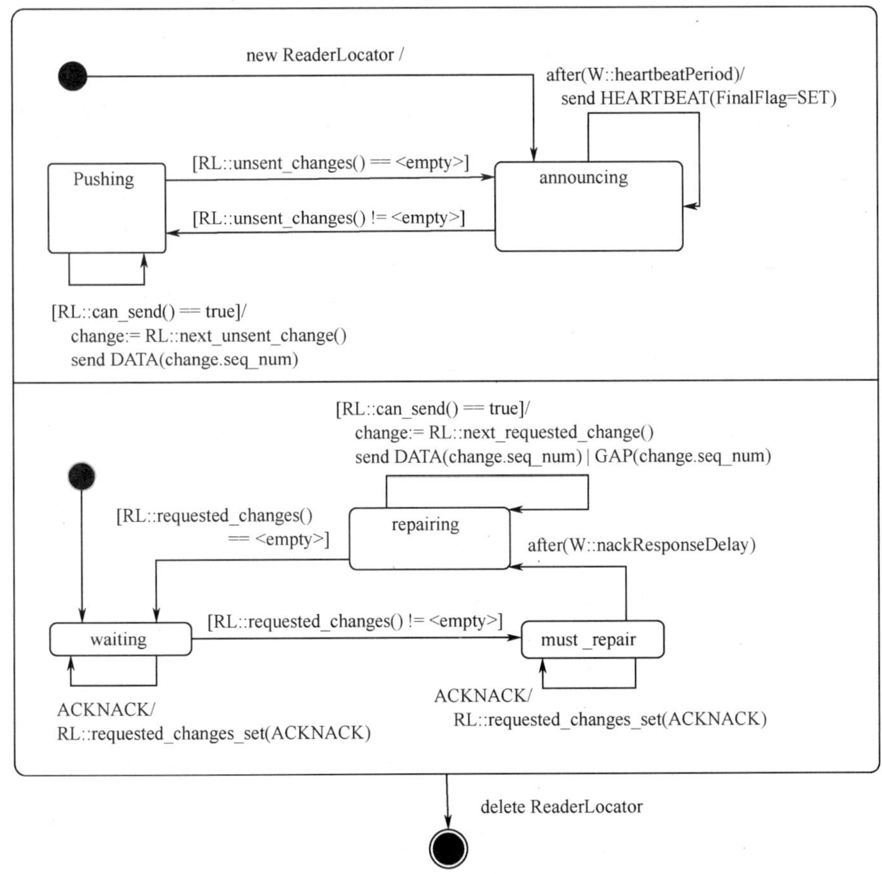

图 8-17　定义键值且可靠传递的无状态写入者对每个读取者定位器的行为

表 8-45　可靠传递的无状态写入者对于每个读取者定位器的行为转换

转　换	状　态	事　件	下一状态
T1	initial	RTPS Writer is configured with a ReaderLocator	announcing
T2	announcing	GuardCondition: RL::unsent_changes() != <empty>	pushing
T3	pushing	GuardCondition: RL::unsent_changes() == <empty>	announcing
T4	pushing	GuardCondition: RL::can_send() == true	pushing
T5	announcing	after(W::heartbeatPeriod)	announcing
T6	waiting	ACKNACK message is received	waiting
T7	waiting	GuardCondition: RL::requested_changes() != <empty>	must_repair
T8	must_repair	ACKNACK message is received	must_repair
T9	must_repair	after(W::nackResponseDelay)	repairing
T10	repairing	GuardCondition: RL::can_send() == true	repairing
T11	repairing	GuardCondition: RL::requested_changes() == <empty>	waiting
T12	any state	RTPS Writer is configured to no longer have the ReaderLocator	final

8.4.8　RTPS 有状态写入者的行为

1．尽力而为传递的有状态写入者的行为

图 8-18 描述了定义键值且尽力而为传递的 RTPS 有状态写入者对每个匹配读取者的行为，状态机的转换过程如表 8-46 所示。未定义键值且尽力而为传递的有状态写入者的行为是相同的。

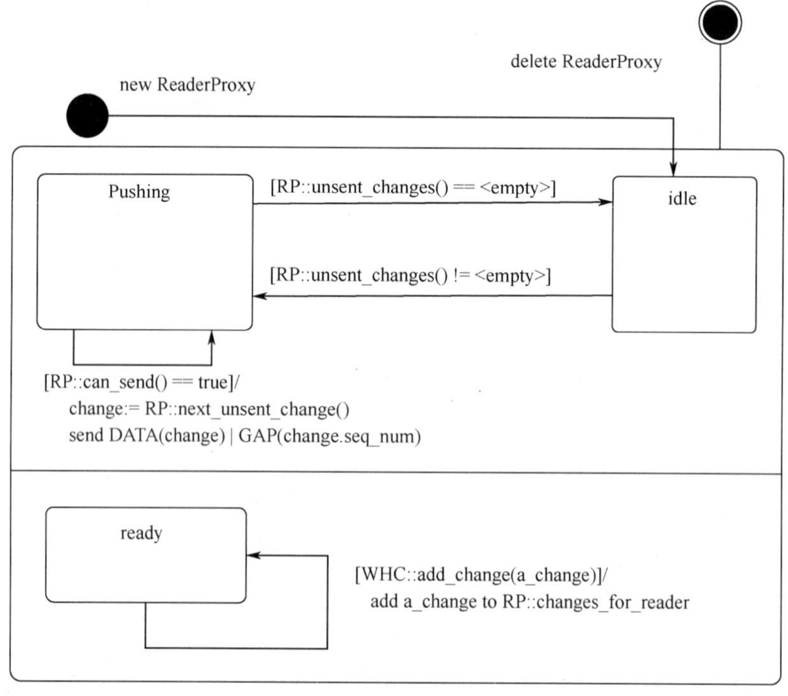

图 8-18　定义键值且尽力而为传递的有状态写入者对每个匹配读取者的行为

表 8-46 尽力而为传递的有状态写入者对于每个匹配读取者的行为转换

转 换	状 态	事 件	下一状态
T1	initial	RTPS Writer is configured with a matched RTPS Reader	idle
T2	idle	GuardCondition: RP::unsent_changes() != <empty>	pushing
T3	pushing	GuardCondition: RP::unsent_changes() == <empty>	idle
T4	pushing	GuardCondition: RP::can_send() == true	pushing
T5	ready	A new change was added to the RTPS Writer's HistoryCache	ready
T6	any state	RTPS Writer is configured to no longer be matched with the RTPS Reader	final

2. 可靠传递的无状态写入者的行为

图 8-19 描述了定义键值且可靠传递的 RTPS 有状态写入者对每个匹配读取者的行为，状态机的转换过程如表 8-47 所示。未定义键值且可靠传递的有状态写入者的行为是相同的。

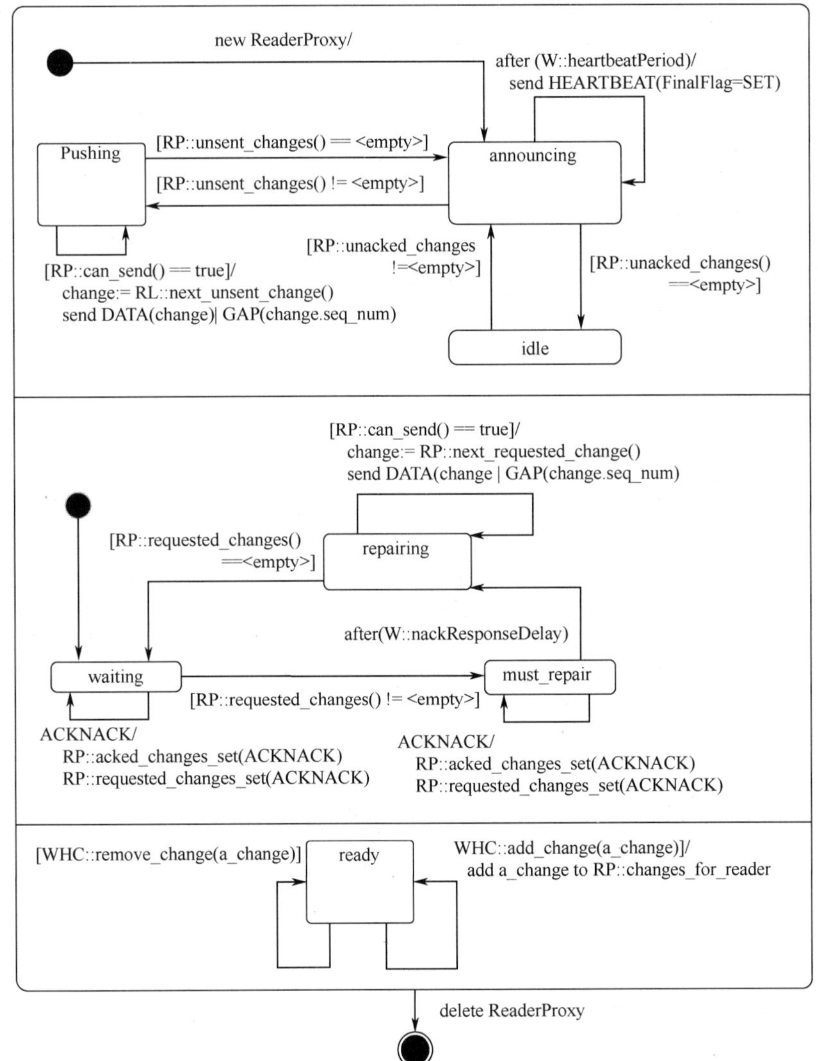

图 8-19 定义键值且可靠传递的有状态写入者对每个匹配读取者的行为

表 8-47 可靠传递的有状态写入者对于每个匹配读取者的行为转换

转 换	状 态	事 件	下一状态
T1	initial	RTPS Writer is configured with a matched RTPS Reader	announcing
T2	announcing	GuardCondition: RP::unsent_changes() != <empty>	pushing
T3	pushing	GuardCondition: RP::unsent_changes() == <empty>	announcing
T4	pushing	GuardCondition: RP::can_send() == true	pushing
T5	announcing	GuardCondition: RP::unacked_changes() == <empty>	idle
T6	idle	GuardCondition: RP::unacked_changes() != <empty>	announcing
T7	announcing	GuardCondition: RL::requested_changes() != <empty>	announcing
T8	waiting	ACKNACK message is received	waiting
T9	waiting	GuardCondition: RP::requested_changes() != <empty>	must_repair
T10	must_repair	ACKNACK message is received	must_repair
T11	must_repair	after(W::nackResponseDelay)	repairing
T12	repairing	GuardCondition: RP::can_send() == true	repairing
T13	repairing	GuardCondition: RP::requested_changes() == <empty>	waiting
T14	ready	A new change was added to the RTPS Writer's HistoryCache	ready
T15	ready	A change was removed from the RTPS Writer's HistoryCache	ready
T16	any state	RTPS Writer is configured to no longer be matched with the RTPS Reader	final

8.4.9 RTPS 读取者的参考实现

RTPS 读取者参考实现派生自 RTPS 读取者类。本节描述 RTPS 读取者和所有用于建模 RTPS 读取者参考实现的附加类，实际行为在 8.4.10 节和 8.4.11 节中描述。

1. RTPS 读取者

RTPS 读取者是特殊的 RTPS 端点，它从一个或多个 RTPS 写入端接收缓存更改消息。参考实现中的无状态读取者和有状态读取者是专门化的 RTPS 读取者，它们所维护的关于匹配的写入端的信息不同。RTPS 读取者类图及 RTPS 读取者属性分别如图 8-20 和表 8-48 所示。

表 8-48 RTPS 读取者属性

属 性	类 型	含 义
heartbeatResponseDelay	Duration_t	协议调整参数，允许 RTPS 读取者延迟发送肯定或否定的确认
heartbeatSuppressionDuration	Duration_t	协议调整参数，允许 RTPS 读取者忽略在接收到之前的 HEARTBEAT 后很快到达的 HEARTBEAT
reader_cache	History Cache	包含此 RTPS 读取者缓存更改的历史记录
expectsInlineQos	bool	指定 RTPS 读取者是否希望在每个数据消息中发送内联 QoS 策略

RTPS 读取者的属性允许对协议行为进行微调，表 8-49 描述了 RTPS 读取者的操作。

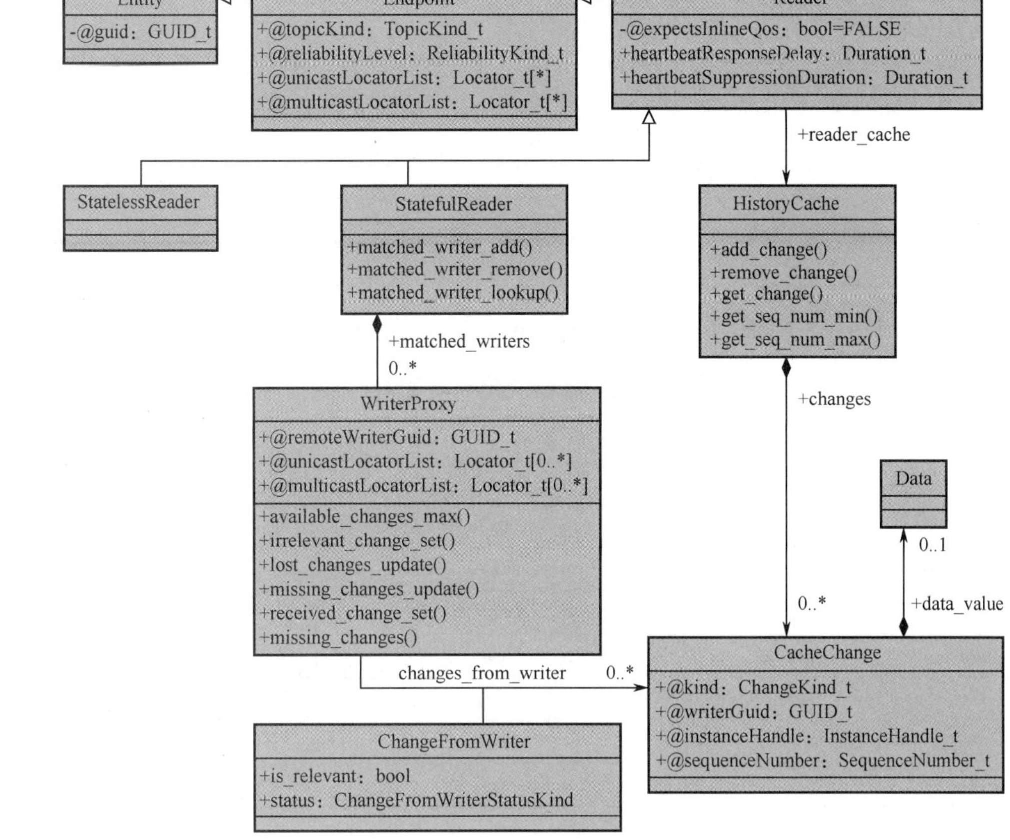

图 8-20　RTPS 读取者类图

表 8-49　RTPS 读取者操作

操 作 名 称	参 数 列 表	类　型
new	<return value>	Reader
	attribute_values	Set of attribute values

2．RTPS 无状态读取者

RTPS 无状态读取者不了解匹配的写入者的数量，也不为每个匹配的 RTPS 写入端维护任何状态。在当前的参考实现中，无状态读取者不会向从读取者类继承的那些属性或操作添加任何配置属性或操作。因此，这两个类是相同的。虚拟机使用表 8-50 中的操作与 RTPS 无状态读取者进行交互。

表 8-50　RTPS 无状态读取者操作

操 作 名 称	参 数 列 表	类　型
new	<return value>	StatelessReader
	attribute_values	Set of attribute values

3. RTPS 有状态读取者

RTPS 有状态读取者在每个匹配的 RTPS 写入者上保持状态，每个写入者上保持的状态封装在 RTPS 写入者代理中，表 8-51 列出了 RTPS 有状态读取者的属性。

表 8-51 RTPS 有状态读取者属性

属 性	类 型	含 义
matched_writers	WriteProxy[*]	用于维护与读取者匹配的远程写入者的状态

虚拟机使用表 8-52 中的操作与 RTPS 有状态读取者进行交互。

表 8-52 RTPS 有状态读取者操作

操 作 名 称	参 数 列 表	类 型
new	<return value>	StatelessReader
	attribute_values	Set of attribute values
matched_writer_add	<return value>	void
	a_writer_proxy	WriterProxy
matched_writer_remove	<return value>	void
	a_writer_proxy	WriterProxy
matched_writer_lookup	<return value>	WriterProxy
	a_writer_guid	GUID_t

4. RTPS 写入者代理

RTPS 写入者代理表示 RTPS 有状态读取者在每个匹配的 RTPS 读取者上维护的信息。表 8-53 中描述了 RTPS 写入者代理的属性。

表 8-53 RTPS 写入者代理属性

属 性	类 型	含 义
remoteWriterGuid	GUID_t	标识匹配的写入者
unicastLocatorList	Locator_t[*]	可用于将消息发送到匹配的写入者的单播（地址、端口）组合的列表
multicastLocatorList	Locator_t[*]	可用于将消息发送到匹配的写入者的多播（地址、端口）组合的列表
changes_from_writer	CacheChange[*]	从匹配的 RTPS 写入者接收或预期缓存更改列表

关联是 DDS 规范定义的相应 DDS 实体匹配的结果，即 DDS 数据读取者按主题与 DDS 数据写入者匹配，要求是两者具有兼容的 QoS 策略，属于一个公共分区，并且应用程序不会将其明确忽略。

虚拟机使用表 8-54 中的操作与 RTPS 写入者代理进行交互。

表 8-54 RTPS 写入者代理操作

操 作 名 称	参 数 列 表	类 型
new	<return value>	WriterProxy
	attribute_values	Set of attribute values

续表

操作名称	参数列表	类　　型
available_changes_max	<return value>	SequenceNumber_t
irrelevant_change_set	<return value>	void
	a_seq_num	SequenceNumber_t
lost_changes_update	<return value>	void
	first_available_seq_num	SequenceNumber_t
missing_changes	<return value>	SequenceNumber_t[]
missing_changes_update	<return value>	void
	last_available_seq_num	SequenceNumber_t
received_change_set	<return value>	void
	a_seq_num	SequenceNumber_t

5．RTPS 写入者变更

RTPS 写入者变更是一个关联类，其维护 RTPS 读取者历史记录缓存中的缓存更改信息，并与写入者代理所代表的 RTPS 写入者有关。表 8-55 描述了 RTPS 写入者变更的属性。

表 8-55　RTPS 写入者变更属性

属　　性	类　　型	含　　义
status	ChangeFromWriterStatusKind	表示缓存更改相对于写入者代理所代表的 RTPS 写入者的状态
is_relevant	bool	表示更改是否与 RTPS 读取者有关

8.4.10　RTPS 无状态读取者的行为

1．尽力传递的无状态读取者的行为

如图 8-21 所示，定义键值且尽力而为传递的 RTPS 无状态读取者的行为独立于任何写入者，状态机的转换过程如表 8-56 所示。未定义键值且尽力而为传递的 RTPS 无状态读取者的行为是相同的。

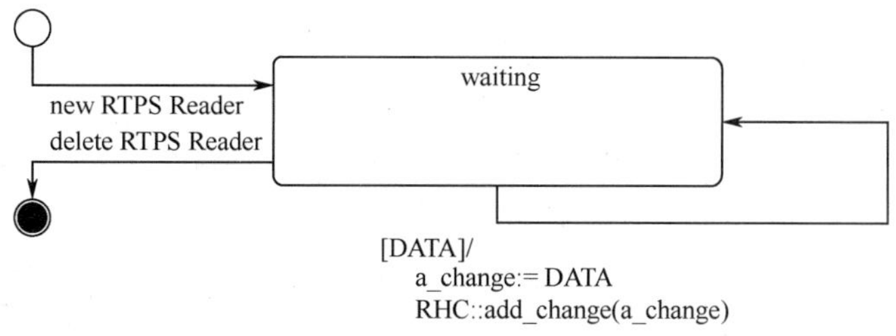

图 8-21　定义键值且尽力而为传递的无状态读取者的行为

表 8-56 尽力而为传递的无状态读取者的行为转换

转　换	状　态	事　件	下一状态
T1	initial	RTPS Reader is created	waiting
T2	waiting	DATA message is received	waiting
T3	waiting	RTPS Reader is deleted	final

2. 可靠传递的无状态读取者的行为

RTPS 协议不支持此组合。为了实现可靠传递的协议，RTPS 读取者必须在每个匹配的 RTPS 写入者上保持某种状态。

8.4.11 RTPS 有状态读取者的行为

1. 尽力而为传递的有状态读取者的行为

图 8-22 描述了定义键值且尽力而为传递的有状态读取者对每个匹配写入者的行为，状态机的转换过程如表 8-57 所示。未定义键值且尽力而为传递的 RTPS 有状态读取者的行为是相同的。

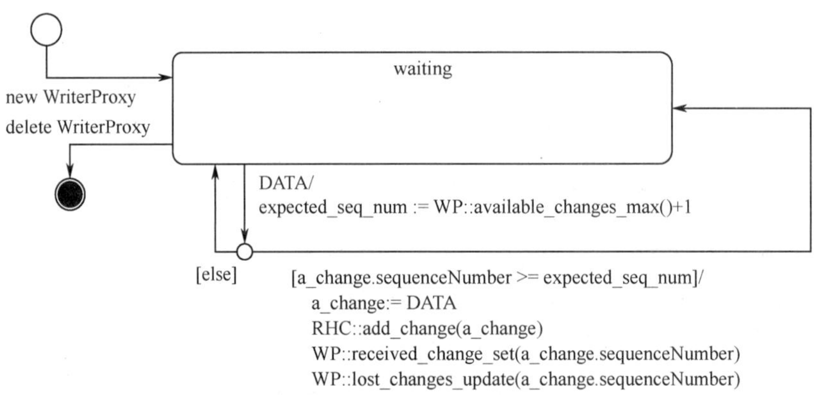

图 8-22 定义键值且尽力而为传递的有状态读取者对每个匹配写入者的行为

表 8-57 尽力而为传递的有状态读取者对每个匹配写入者的行为转换

转　换	状　态	事　件	下一状态
T1	initial	RTPS Reader is configured with a matched RTPS Writer	waiting
T2	waiting	DATA message is received from the matched Writer	waiting
T3	waiting	RTPS Reader is configured to no longer be matched with the RTPS Writer	final

2. 可靠传递的有状态读取者的行为

图 8-23 描述了定义键值且可靠传递的 RTPS 有状态读取者相对于每个匹配 RTPS 写入者的行为，状态机的转换过程如表 8-58 所示。未定义键值可靠传递的 RTPS 有状态读取者的行为是相同的。

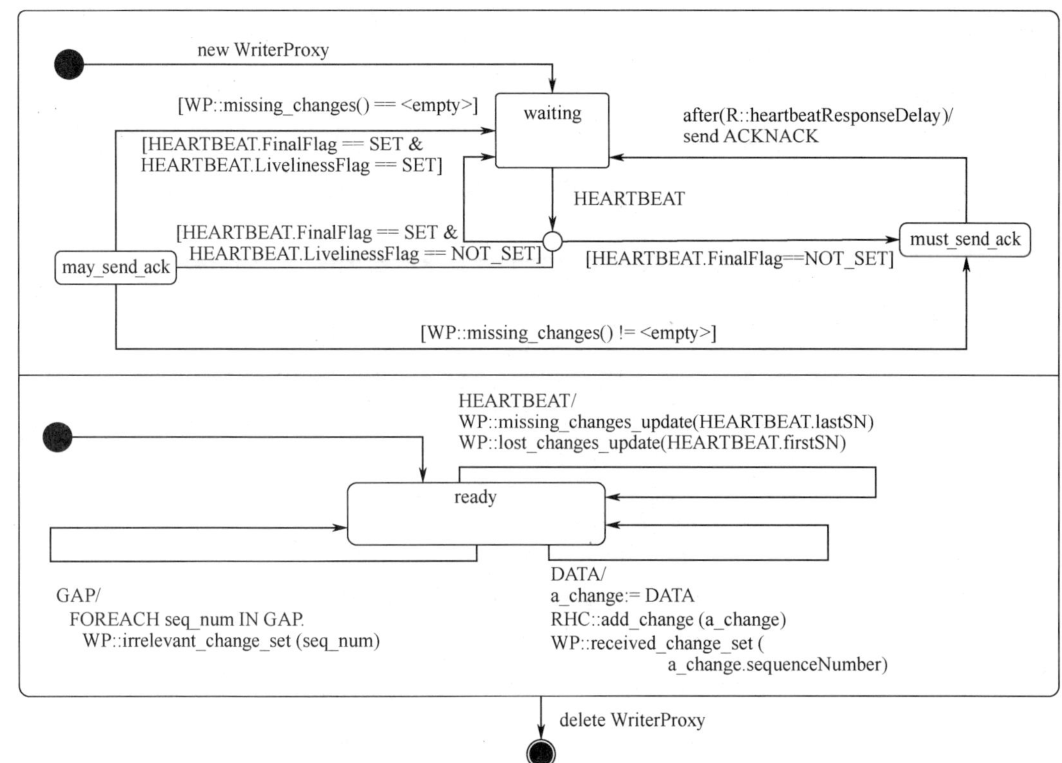

图 8-23　定义键值且可靠传递的有状态读取者对每个匹配写入者的行为

表 8-58　可靠传递的有状态读取者对于每个匹配写入者的行为转换

转　换	状　态	事　件	下一状态
T1	Initial1	RTPS Reader is configured with a matched RTPS Writer	waiting
T2	waiting	HEARTBEAT message is received	must_send_ack may_send_ack waiting
T3	may_send_ack	GuardCondition: WP::missing_changes() == <empty>	waiting
T4	may_send_ack	GuardCondition: WP::missing_changes() != <empty>	must_send_ack
T5	must_send_ack	after(R::heartbeatResponseDelay)	waiting
T6	initial2	RTPS Reader is configured with a matched RTPS Writer	ready
T7	ready	HEARTBEAT message is received	ready
T8	ready	DATA message is received	ready
T9	ready	GAP message is received	ready
T10	any state	RTPS Reader is configured to no longer be matched with the RTPS Writer	final

8.4.12　写入者活跃度协议

DDS 规范要求存在活跃度机制，RTPS 通过写入者活跃度协议实现了这一要求。写入者活跃度协议定义了两个参与者之间必需的信息交换，以便维护参与者所包含的写入者的活跃性。所有 RTPS 实现都必须支持写入者活跃度协议，以实现互操作。

1．一般方法

写入者活跃度协议使用预定义的内置端点。使用内置端点意味着一旦一个参与者知道另一个参与者的存在，它就可以假设存在由远程参与者提供的内置端点，并与本地匹配的内置端点建立关联。

内置端点之间进行通信的协议与应用程序定义的端点所使用的协议相同。

2．写入者活跃度协议所需的内置端点

写入者活跃度协议所需的内置端点是 BuiltinParticipantMessageWriter 和 BuiltinParticipant MessageReader。这些端点的名称反映了它们是通用的，它们目前用于活跃度，但将来可用于其他数据。

RTPS 协议为这些内置端点保留 EntityId_t 的以下值：

ENTITYID_P2P_BUILTIN_PARTICIPANT_MESSAGE_WRITER

ENTITYID_P2P_BUILTIN_PARTICIPANT_MESSAGE_READER

每个 EntityId_t 实例的实际值由每个 PSM 模型定义。

3．BuiltinParticipantMessageWriter 和 BuiltinParticipantMessageReader

BuiltinParticipantMessageWriter 和 BuiltinParticipantMessageReader 都使用以下 QoS 策略以实现互操作的目的：

① reliability.kind = RELIABLE_RELIABILITY_QOS；

② durability.kind = TRANSIENT_LOCAL_DURABILITY；

③ history.kind = KEEP_LAST_HISTORY_QOS；

④ history.depth = 1。

4．写入者活跃度协议使用的与内置端点关联的数据类型

每个 RTPS 端点都有一个历史记录缓存，用于存储与端点关联的数据对象的更改。对于 RTPS 内置端点也是如此。因此，每个 RTPS 内置端点都依赖某种数据类型，该数据类型表示写入其历史记录缓存的逻辑内容。

图 8-24 定义了与 DCPSParticipantMessage 主题的 RTPS 内置端点相关联的 ParticipantMessageData 数据类型。

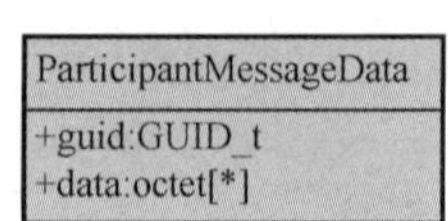

图 8-24 ParticipantMessageData 数据类型

5．使用 BuiltinParticipantMessageWriter 和 BuilinParticipantMessageReader 实现写入者活跃度协议

通过向 BuiltinParticipantMessageWriter 写入一个样本，可以确认属于 Participant 的写入者子集的活跃度。如果参与者中包含一个或多个 LIVELINESS 策略 kind 属性为 AUTOMATIC_LIVELINESS_QOS 的写入者，那么一个样本的写入速度会比共享这个 QoS 策

略的写入者的最短时间快。同样，如果参与者包含一个或多个 LIVELINESS 策略 kind 属性为 MANUAL_BY_PARTICIPANT_LIVELINESS_QOS 的写入者，且其速度比写入者的最短时间快，那么就会单独写一个样本。这两个实例的目的是正交的，因此，如果参与者的写入者包含所描述的两种 LIVELINESS 策略类型中的每一种，则必须定期写入两个单独的实例。实例使用其 DDS 键进行区分，DDS 键由 participantGuidPrefix 和 kind 字段组成。通过该协议处理的两种 LIVELINESS 策略类型中的每一种都会产生一个独特的 kind 字段，因此在历史记录缓存中会形成两个不同的实例。

在这两种情况下，participantGuidPrefix 字段都包含正在写入数据的参与者的 GuidPrefix_t（并因此声明其写入者的活跃度）。

DDS 的 LIVELINESS 策略类型 MANUAL_BY_TOPIC_LIVELINESS_QOS 没有通过 BuiltinParticipantMessageWriter 和 BuiltinParticipantMessageReader 实现。

8.5　发现模块

RTPS 行为模块的工作是在假定正确配置了 RTPS 端点，并与匹配的远程端点配对，但它不对如何进行此配置进行任何假设，仅是定义如何在这些端点之间交换数据。为了能够配置端点，实现必须获取有关远程端点及其属性的信息。如何获取此信息是发现模块的内容。

RTPS 发现模块定义了 RTPS 发现协议，该协议的目的是容许每个 RTPS 参与者去发现除自己之外的其他相关参与者及其端点。当远端的端点被发现时，就可以通过配置本地端点建立通信连接。

DDS 规范同样依赖于发现机制的使用，使得匹配的数据写入者和数据读取者之间能够建立通信链路。DDS 中间件必须在加入和离开网络时自动发现远程实体的存在。通过 DDS 内置主题，用户可以访问此发现信息。发现模块中定义的 RTPS 发现协议为 DDS 提供了必需的发现机制。

RTPS 发现协议包括两个相互独立的部分：

① 参与者发现协议（Participant Discovery Protocol，PDP）；

② 端点发现协议（Endpoint Discovery Protocol，EDP）。

参与者发现协议负责发现域中的其他域参与者；端点发现协议则是负责在域参与者之间交换本地与远程端点的信息，在信息交换完成后，进一步实现端点的发现与匹配。参与者发现阶段，PDP 协议使得在网络中的域参与者能够彼此发现。一旦两个参与者发现了对方，它们就会使用 EDP 协议交换参与者中所包含的信息。PDP 和 EDP 之间是具有相互独立性的，且发生的次序具有前后关系，只有在域参与者彼此相互发现后，即 PDP 阶段完成之后，它们才可以进行端点发现阶段，采用 EDP 来交换端点信息，进而匹配端点。

RTPS 发现协议可以允许多个 PDP 协议和多个 EDP 协议共存，即使是由不同供应商开发的 DDS 中间件交互信息，只要它们的 PDP 协议和 EDP 协议有一个或多个相同，它们就可以相互交换实体发现消息。因此，为了使不同的 DDS 中间件能够顺利地实现交互过程，在 DDS 规范和 RTPS 协议的基础上，各个公司所研发的产品都必须遵循以下协议：

① 简单参与者发现协议（Simple Participant Discovery Protocol，SPDP）；

② 简单端点发现协议（Simple Endpoint Discovery Protocol，SEDP）。

SPDP 协议和 SEDP 协议统称为简单发现协议（Simple Discovery Protocol，SDP）。

8.5.1 RTPS 内置发现端点

DDS 规范规定使用内置的数据读取者和数据写入者进行发现，这些数据读取者和数据写入者具有预定义的主题和 QoS 策略。四种预定义的内置主题包括：DCPSTopic、DCPSParticipant、DCPSSubscription 和 DCPSPublication。与这些主题关联的数据类型也由 DDS 规范指定，主要包含实体 QoS 策略。

如图 8-25 所示，对于每个内置主题，都有一个对应的 DDS 内置数据写入者和 DDS 内置数据读取者。内置的数据写入者用于向网络其余部分通告本地 DDS 参与者和其包含的 DDS 实体（数据读取者、数据写入者和主题）的存在和 QoS 策略。同样，内置的数据读取者从远程参与者收集此信息，然后 DDS 中间件将其用于标识匹配的远程实体。内置的数据读取者充当常规 DDS 数据读取者，并且用户也可以通过 DDS 中间件提供的 API 对其进行访问。

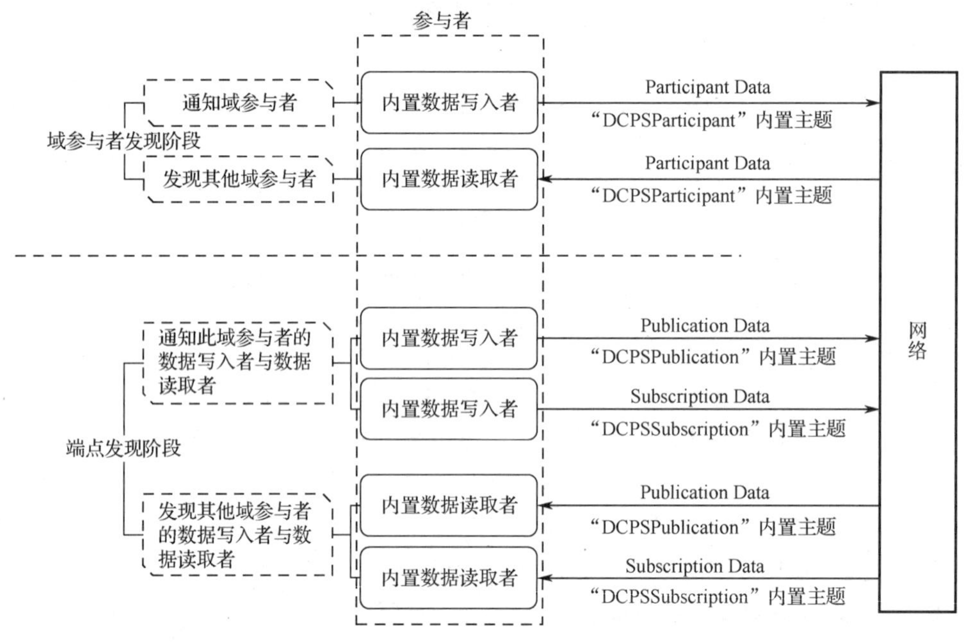

图 8-25 RTPS 实体发现过程

RTPS 简单发现协议（SPDP 和 SEDP）采用的方法类似于内置实体概念。RTPS 将每个内置 DDS 数据写入者或数据读取者映射到关联的内置 RTPS 端点。这些端点充当常规的写入者和读取者端点，并提供了使用行为模块中定义的常规 RTPS 协议在参与者之间交换所需发现信息的方法。SPDP 与参与者如何发现彼此有关，它为 DCPSParticipant 主题映射了 DDS 内置实体。SEDP 指定了如何交换有关本地主题、数据写入者和数据读取者的发现信息，它为 DCPSSubscription、DCPSPublication 和 DCPSTopic 主题映射了 DDS 内置实体。

8.5.2 SPDP 协议

PDP 协议的目的是发现网络上其他参与者的存在及其属性。参与者可以支持多个 PDP 协议，但是出于互操作性的目的，所有 RTPS 实现都必须至少支持 SPDP。

1. 一般方法

SPDP 协议使用一种简单方法来宣布和检测域中的参与者。对于每个参与者，SPDP 将创建 SPDPbuiltinParticipantWriter 和 SPDPbuiltinParticipantReader 两个 RTPS 内置端点。SPDPbuiltinParticipantWriter 是 RTPS 尽力而为的无状态写入者，它的历史记录缓存包含类型为 SPDPdiscoveredParticipantData 的单个数据对象，该数据对象的值是在参与者的属性中设置的。如果属性更改，则替换数据对象。SPDPbuiltinParticipantWriter 会定期将此数据对象发送到预先配置的定位器列表，以宣布参与者的存在。这可以通过定期调用 StatelessWriter::unsent_changes_reset 操作来实现，此时无状态写入者将其历史记录缓存中存在的所有更改重新发送给所有定位器。SPDPbuiltinParticipantWriter 发出 SPDPdiscoveredParticipantData 的周期速率默认为 PSM 模型指定的值。该时间段应小于 SPDPdiscoveredParticipantData 中指定的 leaseDuration。

定位器的预配置列表可以包括单播和多播定位器，端口由每个 PSM 模型定义。这些定位器仅代表网络中可能的远程参与者，实际上不需要任何参与者。通过定期发送 SPDPdiscoveredParticipantData，参与者可以采取任何顺序加入网络。

SPDPbuiltinParticipantReader 从远程参与者接收 SPDPdiscoveredParticipantData 公告，其中包含的信息包括远程参与者支持哪些 EDP 协议，然后正确的 EDP 协议被用来与远程参与者交换端点信息。通过响应先前未知的参与者接收到此数据对象而发送附加的 SPDPdiscoveredParticipantData，RTPS 实现可以将任何启动延迟最小化。RTPS 实现还可以由用户选择是否使用来自新发现参与者的定位器自动扩展定位器的预配置列表，这将启用非对称定位器列表。最后两个功能是为了满足互操作性，是可选的。

2. SPDPdiscoveredParticipantData

SPDPdiscoveredParticipantData 定义了作为 SPDP 的一部分而交换的数据。图 8-26 展示了 SPDPdiscoveredParticipantData 的内容，SPDPdiscoveredParticipantData 是特殊的 ParticipantProxy，因此包括了配置被发现的参与者所需的所有信息。SPDPdiscoveredParticipantData 还为 DDS 定义的 DDS::ParticipantBuiltinTopicData 提供相应的 DDS 内置数据读取者需要的信息。

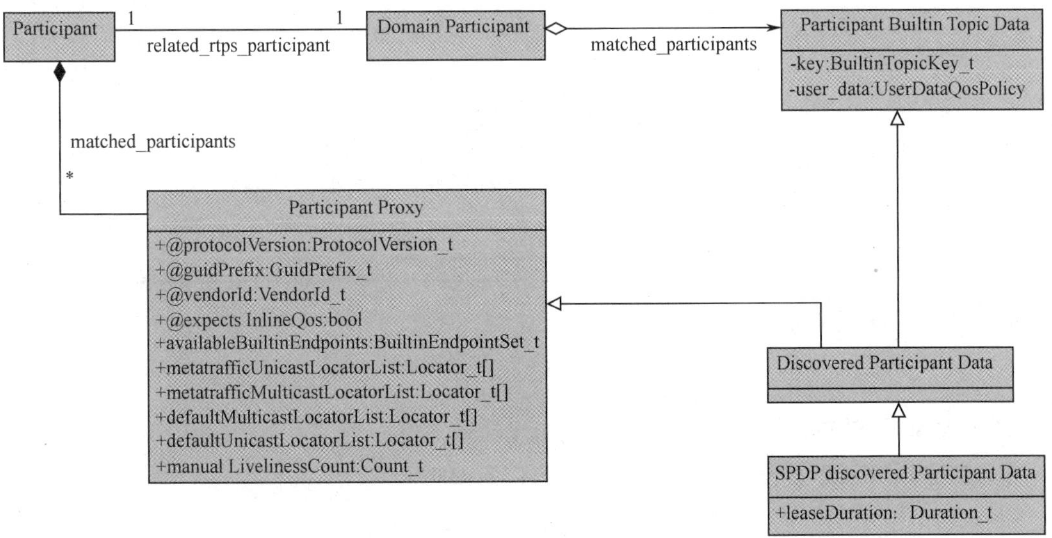

图 8-26　SPDPdiscoveredParticipantData

表 8-59 描述了 SPDPdiscoveredParticipantData 的属性及其含义。

表 8-59 SPDPdiscoveredParticipantData 属性及其含义

属　性	类　型	含　义
protocolVersion	ProtocolVersion_t	标识参与者使用的 RTPS 协议版本
guidPrefix	GuidPrefix_t	参与者的通用 GuidPrefix_t 及其包含的所有端点
vendorId	VendorId_t	标识包含参与者的 DDS 中间件供应商
expectsInlineQos	bool	描述参与者内的读取者是否期望将用于每个数据更改的 QoS 策略与数据一起封装
metatrafficUnicastLocatorList	Locator_t[*]	可用于将消息发送到参与者中包含的内置端点的单播定位器列表（传输、地址、端口组合）
metatrafficMulticastLocatorList	Locator_t[*]	可用于将消息发送到参与者中包含的内置端点的多播定位器列表（传输、地址、端口组合）
defaultUnicastLocatorList	Locator_t[1..*]	可用于将消息发送到参与者中包含的用户定义的端点的单播定位器的默认列表（传输、地址、端口组合）。这些是单播定位器，如果端点未指定其自身的定位器集，则必须使用这些单播定位器，因此必须至少存在一个定位器
defaultMulticastLocatorList	Locator_t[*]	可用于将消息发送到参与者中包含的用户定义的端点的多播定位器的默认列表（传输、地址、端口组合）。如果端点未指定自己的定位器集，将使用这些多播定位器
availableBuiltinEndpoints	BuiltinEndpointSet_t	所有参与者都必须支持 SEDP。此属性标识参与者中可用的内置 SEDP 端点的类型。这使参与者可以指示它仅包含可能的内置端点的子集。BuiltinEndpointSet_t 的可能值为： PUBLICATIONS_READER，PUBLICATIONS_WRITER， SUBSCRIPTIONS_READER，SUBSCRIPTIONS_WRITER， TOPIC_READER，TOPIC_WRITER 供应商特定的扩展名可以用来表示对其他 EDP 的支持
leaseDuration	Duration_t	每次收到参与者的公告时，可知参与者活跃时长。如果一个参与者没有在这个时间段内发送另一个公告，该参与者被视为消失。在这种情况下，任何与该参与者及其端点相关资源都可以被释放
manualLivelinessCount	Count_t	用于实现 LIVELINESS 策略类型为 MANUAL_BY_PARTICIPANT。执行断言 LIVELINESS 活跃度时，将增加 manualLivelinessCount，并会发送相应的 SPDPdiscovered ParticipantData

3. SPDP 协议使用的内置端点

图 8-27 说明了 SPDP 协议使用的内置端点。

RTPS 协议为 SPDP 内置端点保留 EntityId_t 的以下值：

ENTITYID_SPDP_BUILTIN_PARTICIPANT_WRITER

ENTITYID_SPDP_BUILTIN_PARTICIPANT_READER

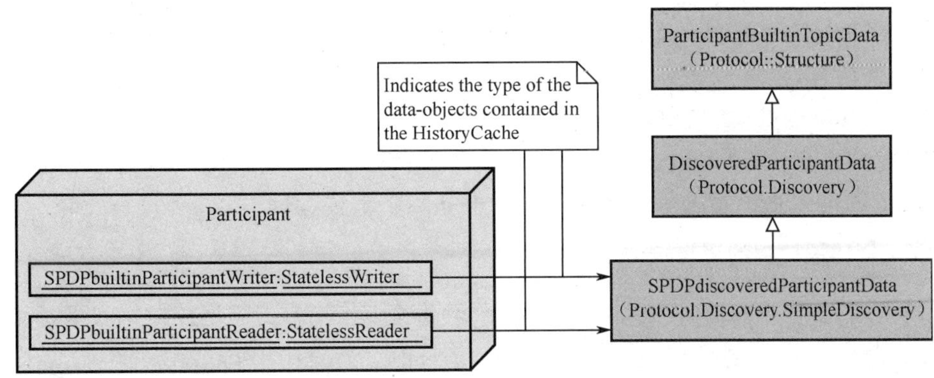

图 8-27　SPDP 协议使用的内置端点

（1）SPDPbuiltinParticipantWriter。表 8-60 显示了用于配置 SPDPbuiltinParticipantWriter 的相关属性值。

表 8-60　SPDP 使用的 RTPS 无状态写入者的属性

属　性	类　型	含　义
unicastLocatorList	Locator_t[*]	<自动检测> 传输种类和地址可以自动检测或由应用程序配置。 端口是 SPDP 初始化的参数，或者设置为取决于 PSM 模型指定的 domainId 值
multicastLocatorList	Locator_t[*]	<SPDP 初始化的参数> 默认为 PSM 模型指定的值
reliabilityLevel	ReliabilityKind_t	BEST_EFFORT
topicKind	TopicKind_t	WITH_KEY
resendPeriod	Duration_t	<SPDP 初始化的参数> 默认为 PSM 模型指定的值
readerLocators	ReaderLocator[*]	<SPDP 初始化的参数>

（2）SPDPbuiltinParticipantReader。SPDPbuiltinParticipantReader 使用表 8-61 中所示的属性值进行配置。

表 8-61　SPDP 使用的 RTPS 无状态读取者的属性

属　性	类　型	含　义
unicastLocatorList	Locator_t[*]	<自动检测> 传输种类和地址可以自动检测或由应用程序配置。 端口是 SPDP 初始化的参数，或者设置为取决于 domainId 的 PSM 指定的值
multicastLocatorList	Locator_t[*]	<SPDP 初始化的参数> 默认为 PSM 指定的值
reliabilityLevel	ReliabilityKind_t	BEST_EFFORT
topicKind	TopicKind_t	WITH_KEY

SPDPbuiltinParticipantReader 的历史记录缓存包含有关所有活跃的已发现参与者信息，用于标识每个数据对象的键对应于参与者 GUID。

每次 SPDPbuiltinParticipantReader 接收到有关参与者的信息时，SPDP 都会检查历史记录缓存，以查找具有与参与者 GUID 相匹配的键的条目。如果没有匹配键的条目，则会添加一个新的条目，其键为参与者的 GUID。

SPDP 定期检查 SPDPbuiltinParticipantReader 的历史记录缓存，寻找定义为超过其指定的 leaseDuration 时间未被刷新的陈旧条目，过时的条目将被删除。

4. SPDP 协议使用的逻辑端口

如上所述，每个 SPDPbuiltinParticipantWriter 都使用预先配置的定位器列表来宣布参与者存在于网络上。为了实现即插即用的互操作性，预配置的定位器列表必须使用表 8-62 所示的逻辑端口。

表 8-62 SPDP 协议使用的逻辑端口

端 口	使用此端口配置的定位器
SPDP_WELL_KNOWN_UNICAST_PORT	SPDPbuiltinParticipantReader.unicastLocatorList 中的条目 SPDPbuiltinParticipantWriter.readerLocators 中的单播条目
SPDP_WELL_KNOWN_MULTICAST_PORT	SPDPbuiltinParticipantReader.multicastLocatorList 中的条目 SPDPbuiltinParticipantWriter.readerLocators 中的多播条目

8.5.3 SEDP 协议

端点发现协议（EDP）定义了两个参与者之间必需的信息交换，以便发现彼此的写入者和读取者。参与者可以支持多个 EDP 协议，为了满足互操作性，所有实现都必须至少支持 SEDP 协议。

1. 一般方法

与 SPDP 协议相似，SEDP 协议使用预定义的内置端点，这意味着一旦一个参与者知道另一个参与者的存在，它就可以假设存在由远程参与者提供的内置端点，并建立与本地匹配的内置端点的关联。

内置端点之间进行通信的协议与应用程序定义的端点所使用的协议相同。因此，通过读取内置的读取者端点，协议虚拟机可以发现属于任何远程参与者的 DDS 实体的存在和 QoS 策略。类似地，通过编写内置的写入者端点，参与者可以将本地 DDS 实体的存在和 QoS 策略通知其他参与者。

因此，SEDP 协议中内置主题的使用将整个发现协议的范围缩小到确定系统中存在哪些参与者，以及与参与者的内置端点相对应的 ReaderProxy 和 WriterProxy 对象的属性值。一旦知道了这一点，其他的一切都将通过应用 RTPS 协议来实现内置 RTPS 读写者之间的通信。

2. SEDP 协议使用的内置端点

SEDP 协议映射 DCPSSubscription、DCPSPublication 和 DCPSTopic 主题的 DDS 内置实体。根据 DDS 规范，这些内置实体的 RELIABILITY 策略设置为 RELIABLE。因此，SEDP 协议将每个相应的内置 DDS 数据写入者或数据读取者映射到相应的可靠 RTPS 写入者和读取者端点。

如图 8-28 所示，可以将 DCPSSubscription、DCPSPublication 和 DCPSTopic 主题的 DDS 内置数据写入者映射到可靠的 RTPS 有状态写入者，并将相应的 DDS 内置数据读取者映射到可靠的 RTPS 有状态读取者。

RTPS 协议为内置端点保留 EntityId_t 的以下值：

ENTITYID_SEDP_BUILTIN_PUBLICATIONS_WRITER

ENTITYID_SEDP_BUILTIN_PUBLICATIONS_READER

ENTITYID_SEDP_BUILTIN_SUBSCRIPTIONS_WRITER

ENTITYID_SEDP_BUILTIN_SUBSCRIPTIONS_READER

ENTITYID_SEDP_BUILTIN_TOPIC_WRITER

ENTITYID_SEDP_BUILTIN_TOPIC_READER

保留的 EntityId_t 的实际值由每个 PSM 模型定义。

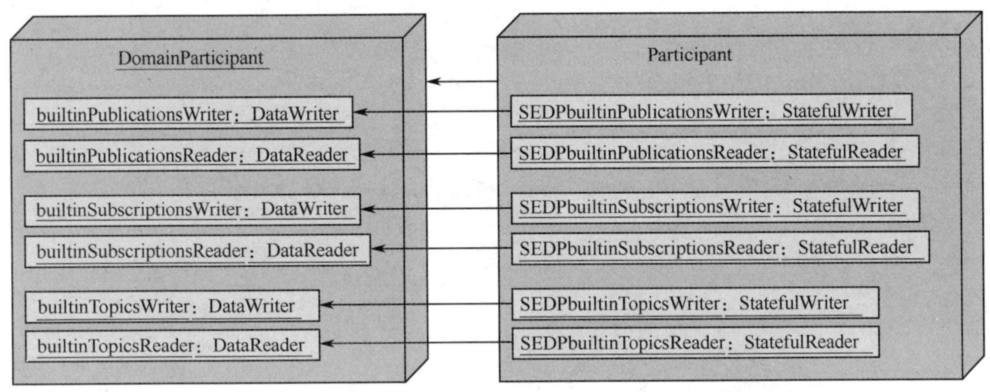

图 8-28　DDS 内置实体到相应的 RTPS 内置端点的映射示例

3. EDP 协议所需的内置端点

DDS 规范中规定主题传播是可选的，因此不需要实现 SEDPbuiltinTopicsReader 和 SEDPbuiltinTopicsWriter 内置端点。此外，出于互操作性的目的，实现不应依赖于它们在远程参与者中的存在。

就其余的内置端点而言，仅要求参与者提供匹配本地和远程端点所需的内置端点。例如，如果 DDS 域参与者仅包含 DDS 数据写入者，则唯一需要的 RTPS 内置端点是 SEDPbuiltinPublicationsWriter 和 SEDPbuiltinSubscriptionsReader。在这种情况下，SEDPbuiltinPublicationsReader 和 SEDPbuiltinSubscriptionsWriter 内置端点没有被使用。

4. 与 SEDP 协议使用的内置端点关联的数据类型

每个 RTPS 端点都有一个历史记录缓存，用于存储对与端点关联的数据对象的更改，这也适用于 RTPS 内置端点。因此，每个 RTPS 内置端点都依赖某种数据类型，该数据类型表示写入其历史记录缓存的逻辑内容。

图 8-29 定义了三种数据类型：DiscoveredWriterData、DiscoveredReaderData 和 DiscoveredTopicData，这些数据类型与 DCPSPublication、DCPSSubscription 和 DCPSTopic 等主题的 RTPS 内置端点相关联。与 DCPSParticipant 主题相关联的数据类型将在后面定义。

与每个 RTPS 内置端点相关联的数据类型包含了 DDS 为相应内置 DDS 实体指定的信息。因此，DiscoveredReaderData 扩展了 DDS::SubscriptionBuiltinTopicData，DiscoveredWriterData 扩展了 DDS::PublishingBuiltinTopicData，DiscoveredTopicData 扩展了 DDS::TopicBuiltinTopicData。

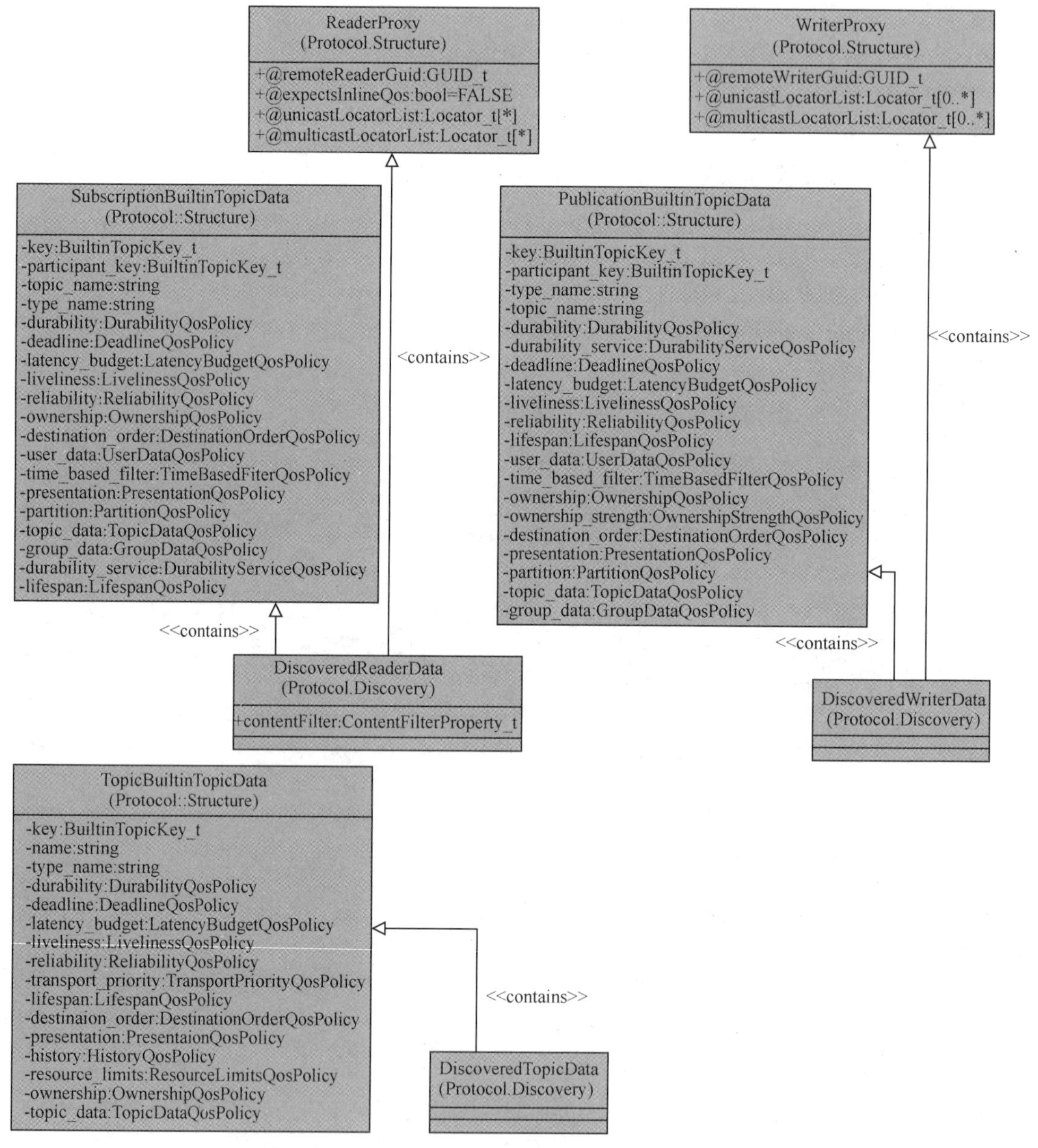

图 8-29　与 SEDP 协议使用的内置端点关联的数据类型

除了关联的内置 DDS 实体所需的数据外，Discovered 数据类型还包括协议的实现可能需要配置的 RTPS 端点的所有信息，此信息包含在 RTPS 的 ReaderProxy 和 WriterProxy 中。

RTPS 协议的实现不一定要发送数据类型中包含的所有信息。如果没有任何信息，RTPS 实现可以采用 PSM 模型定义的默认值。此外，PSM 模型还定义了发现信息在网络上的表示方式。SEDP 协议使用的 RTPS 内置端点及其相关的数据类型如图 8-30 所示。

每个内置端点的历史记录缓存的内容可以从以下方面进行描述：数据类型、基数、数据对象插入、数据对象修改和数据对象删除。

（1）数据类型：缓存中存储的数据类型，这部分由 DDS 规范定义。

（2）基数：可以潜在地存储在缓存中的不同数据对象（每个都有不同的键值）的数量。

（3）数据对象插入：将新数据对象插入高速缓存的条件。

（4）数据对象修改：修改现有数据对象的值的条件。

（5）数据对象删除：从缓存中删除现有数据对象的条件。

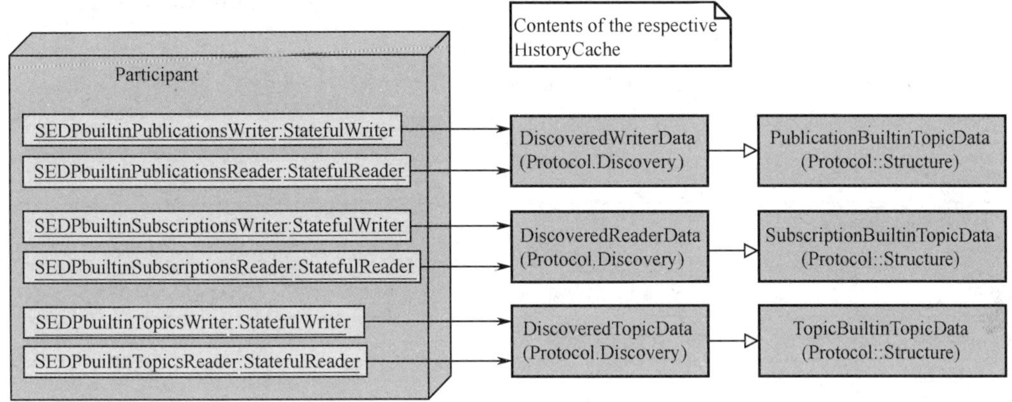

图 8-30　内置端点和与其各自的历史记录缓存关联的数据类型

它说明性地描述了每个内置端点的历史记录缓存。

（1）SEDPbuiltinPublicationsWriter 和 SEDPbuiltinPublicationsReader。表 8-63 描述了 SEDPbuiltinPublicationsWriter 和 SEDPbuiltinPublicationsReader 的历史记录缓存。

表 8-63　SEDPbuiltinPublicationsWriter 和 SEDPbuiltinPublicationsReader 的历史记录缓存

方　面	描　述
数据类型	DiscoveredWriterData
基数	域参与者包含的数据写入者的数量。 域参与者中的每个数据写入者与一个描述 SEDPbuiltinPublicationsWriter 的 WriterHistoryCache 中存储的数据写入者的数据对象之间存在一一对应关系
数据对象插入	每次在域参与者中创建一个数据写入者
数据对象修改	每次修改现有数据写入者的 QoS 策略
数据对象删除	每次删除属于域参与者的现有数据写入者

（2）SEDPbuiltinSubscriptionsWriter 和 SEDPbuiltinSubscriptionsReader。表 8-64 描述了 SEDPbuiltinSubscriptionsWriter 和 SEDPbuiltinSubscriptionsReader 的历史记录缓存。

表 8-64　SEDPbuiltinSubscriptionsWriter 和 SEDPbuiltinSubscriptionsReader 的历史记录缓存

方　面	描　述
数据类型	DiscoveredReaderData
基数	域参与者包含的数据读取者的数量。 域参与者中的每个数据读取者与一个描述 SEDPbuiltinSubscriptionsWriter 的 WriterHistoryCache 中存储的数据读取者的数据对象之间存在一一对应的关系

续表

方　面	描　述
数据对象插入	每次在域参与者中创建一个数据读取者
数据对象修改	每次修改现有数据读取者的 QoS
数据对象删除	每次删除属于域参与者的现有数据读取者

（3）SEDPbuiltinTopicsWriter 和 SEDPbuiltinTopicsReader。表 8-65 描述了 SEDPbuiltinTopicsWriter 和 BuiltinTopicsReader 的历史记录缓存。

表 8-65　SEDPbuiltinTopicsWriter 和 SEDPbuiltinTopicsReader 的历史记录缓存

方　面	描　述
数据类型	DiscoveredTopicData
基数	域参与者创建的主题的数量。 域参与者创建的每个主题与一个数据对象之间存在一一对应的关系，该数据对象描述了针对 BuiltinTopicsWriter 存储在 WriterHistoryCache 中的主题
数据对象插入	每次在域参与者中创建一个主题
数据对象修改	每次修改现有主题的 QoS
数据对象删除	每次删除属于域参与者的现有主题

8.5.4　交互过程

为了进一步说明 SPDP 和 SEDP 协议，本节描述如何将 SPDP 协议提供的信息用于在 RTPS 虚拟机中配置 SEDP 内置端点。

1．发现新的远程参与者

通过使用 SPDPbuiltinParticipantReader，本地参与者 local_participant 发现了参与者数据 DiscoveredParticipantData 所描述的另一个参与者的存在。被发现的参与者使用 SEDP。

下面的伪代码将 local_participant 中的本地 SEDP 内置端点配置为与发现的参与者中的相应 SEDP 内置端点进行通信。需要注意的是，如何配置端点取决于协议的实现。对于有状态参考实现，此操作执行以下逻辑步骤：

```
IF (PUBLICATIONS_READER IS_IN participant_data.availableEndpoints)
THEN
    guid = <participant_data.guidPrefix,
        ENTITYID_SEDP_BUILTIN_PUBLICATIONS_READER>;
        writer = local_participant.SEDPbuiltinPublicationsWriter;
        proxy = new ReaderProxy (guid,
            participant_data.metatrafficUnicastLocatorList,
            participant_data.metatrafficMulticastLocatorList);
        writer.matched_reader_add (proxy);
ENDIF

IF (PUBLICATIONS_WRITER IS_IN participant_data.availableEndpoints)
THEN
```

```
        guid = <participant_data.guidPrefix,
                ENTITYID_SEDP_BUILTIN_PUBLICATIONS_WRITER>;
        reader = local_participant.SEDPbuiltinPublicationsReader;
        proxy = new WriterProxy (guid,
                        participant_data.metatrafficUnicastLocatorList,
                        participant_data.metatrafficMulticastLocatorList);
        reader.matched_writer_add (proxy);
ENDIF

IF (SUBSCRIPTIONS_READER IS_IN participant_data.availableEndpoints)
THEN
        guid = <participant_data.guidPrefix,
                ENTITYID_SEDP_BUILTIN_SUBSCRIPTIONS_READER>;
        writer = local_participant.SEDPbuiltinSubscriptionsWriter;
        proxy = new ReaderProxy (guid,
                        participant_data.metatrafficUnicastLocatorList,
                        participant_data.metatrafficMulticastLocatorList);
        writer.matched_reader_add (proxy);
ENDIF

IF (SUBSCRIPTIONS_WRITER IS_IN participant_data.availableEndpoints)
THEN
        guid = <participant_data.guidPrefix,
                ENTITYID_SEDP_BUILTIN_SUBSCRIPTIONS_WRITER>;
        reader = local_participant.SEDPbuiltinSubscriptionsReader;
        proxy = new WriterProxy (guid,
                        participant_data.metatrafficUnicastLocatorList,
                        participant_data.metatrafficMulticastLocatorList);
        reader.matched_writer_add (proxy);
ENDIF

IF (TOPICS_READER IS_IN participant_data.availableEndpoints)
THEN
        guid = <participant_data.guidPrefix,
                ENTITYID_SEDP_BUILTIN_TOPICS_READER>;
        writer = local_participant.SEDPbuiltinTopicsWriter;
        proxy = new ReaderProxy (guid,
                        participant_data.metatrafficUnicastLocatorList,
                        participant_data.metatrafficMulticastLocatorList);
        writer.matched_reader_add (proxy);
ENDIF

IF (TOPICS_WRITER IS_IN participant_data.availableEndpoints)
THEN
        guid = <participant_data.guidPrefix,
                ENTITYID_SEDP_BUILTIN_TOPICS_WRITER>;
        reader = local_participant.SEDPbuiltinTopicsReader;
```

```
        proxy = new WriterProxy (guid,
                    participant_data.metatrafficUnicastLocatorList,
                    participant_data.metatrafficMulticastLocatorList);
        reader.matched_writer_add (proxy);
    ENDIF
```

2．删除先前发现的参与者

根据远程参与者的 leaseDuration，本地参与者 local_participant 得出的结论是先前发现的由 participant_guid 标识的参与者不再存在。参与者 local_participant 必须重新配置与由 participant_guid 标识的参与者中的端点进行通信的任何本地端点。

对于有状态参考实现，此操作执行以下逻辑步骤：

```
guid = <participant_guid.guidPrefix,
     ENTITYID_SEDP_BUILTIN_PUBLICATIONS_READER>;
writer = local_participant.SEDPbuiltinPublicationsWriter;
proxy = writer.matched_reader_lookup(guid);
writer.matched_reader_remove(proxy);

guid = <participant_guid.guidPrefix,
     ENTITYID_SEDP_BUILTIN_PUBLICATIONS_WRITER>;
reader = local_participant.SEDPbuiltinPublicationsReader;
proxy = reader.matched_writer_lookup(guid);
reader.matched_writer_remove(proxy);

guid = <participant_guid.guidPrefix,
     ENTITYID_SEDP_BUILTIN_SUBSCRIPTIONS_READER>;
writer = local_participant.SEDPbuiltinSubscriptionsWriter;
proxy = writer.matched_reader_lookup(guid);
writer.matched_reader_remove(proxy);

guid = <participant_guid.guidPrefix,
     ENTITYID_SEDP_BUILTIN_SUBSCRIPTIONS_WRITER>;
reader = local_participant.SEDPbuiltinSubscriptionsReader;
proxy = reader.matched_writer_lookup(guid);
reader.matched_writer_remove(proxy);

guid = <participant_guid.guidPrefix,
     ENTITYID_SEDP_BUILTIN_TOPICS_READER>;
writer = local_participant.SEDPbuiltinTopicsWriter;
proxy = writer.matched_reader_lookup(guid);
writer.matched_reader_remove(proxy);

guid = <participant_guid.guidPrefix,
     ENTITYID_SEDP_BUILTIN_TOPICS_WRITER>;
reader = local_participant.SEDPbuiltinTopicsReader;
proxy = reader.matched_writer_lookup(guid);
reader.matched_writer_remove(proxy);
```

第 9 章　DDS-RPC 机制

数据分发服务（DDS）通过以数据为中心的发布/订阅式通信将发布端和订阅端解耦合，具有高效的实时传输能力，并提供丰富的 QoS 策略，被广泛应用在实时分布式系统中。在大型分布式系统中，通常需要一种以上的通信方式。DDS 擅长一对多的发布/订阅式信息传播，却难以提供请求/应答式通信和远程方法调用的语义。若在一个系统中同时使用两个或两个以上中间件，不仅会增加系统复杂性，使系统难以维护，还会增大系统开销。针对该问题，OMG 组织提出了基于 DDS 的远程过程调用机制（Remote Procedure Call over DDS，DDS-RPC）。该机制以 DDS 作为底层通信为用户提供请求/应答语义，通过接口定义的方式描述服务器提供的服务，支持远程方法调用。

本章将详细介绍基于 DDS 的远程过程调用机制，该机制将利用合理的服务映射方案把远程过程调用语义映射成 DDS 的发布/订阅语义，在 DDS 层之上添加一层服务，利用 DDS 的主题、数据类型、数据发布者和数据订阅者构建出远程过程调用的框架。

9.1　DDS-RPC 概述

DDS-RPC 的实现方式是在 DDS 之上构建更高级别的抽象，以实现请求/应答通信机制。图 9-1 所示为 DDS-RPC 的概念模型。远程过程调用（Remote Procedure Call，RPC）必须有两个参与者：客户端和服务器。客户端通过调用远程服务接口获取用户发出的请求信息，由数据写入者发送请求信息，服务器的数据读取者监听到请求信息并读取其中的方法名称和参数，之后调用本地函数得到应答信息，服务器的数据写入者发送应答信息，客户端的数据读取者监听到应答信息并读取接收传递给应用程序的应答信息。

一个客户端进行异步调用时可能有多个未解决的请求，这种情况下请求和应答的关联很重要，每一个请求信息必须与相应的应答信息进行关联。关联方式是通过生成唯一的请求 ID 和应答 ID，它由全局唯一标识符和序列号组成。当客户端发送一个请求主题实例数据给服务端时，需要携带请求信息、请求 ID，其中请求 ID 是请求样本独特的 ID，当服务端回复应答信息给远程调用的客户端时，需要携带应答信息、请求 ID 和应答 ID。在进行通信的过程中，请求主题实例数据被发布到请求主题上，应答主题实例数据被发布到应答主题上。由于是两个独立的 DDS 主题，不能保证两个主题上发现的同步性，从而无法完成请求与应答主题进程的匹配。可能存在请求主题已经完成发现，但应答主题未完成，此时服务器虽然能够接收到请求主题实例数据，但无法返回给客户端应答主题实例数据的情况。为避免该情况，DDS-RPC 规范规定了满足 DDS-RPC 通信的发现与匹配 RPC 服务机制。

图 9-2 描述了一个完整的 DDS-RPC 通信实现过程。运行过程前，在客户端需要进行服务定义，其方式按照 OMG 的接口定义规范，使用接口定义语言（Interface Definition Language，IDL）定义接口，每个接口中包含若干个操作及相应操作参数；将 IDL 文件转换成 DDS 可以识别的语言实现底层通信，即将 IDL 文件映射成包含请求和应答两个基本 DDS 主题的 IDL

文件，完成服务映射；在运行过程中，需要通过发现与匹配 RPC 服务机制保证请求和应答主题同步，通过请求与应答的关联接收到与请求信息相对应的应答信息。

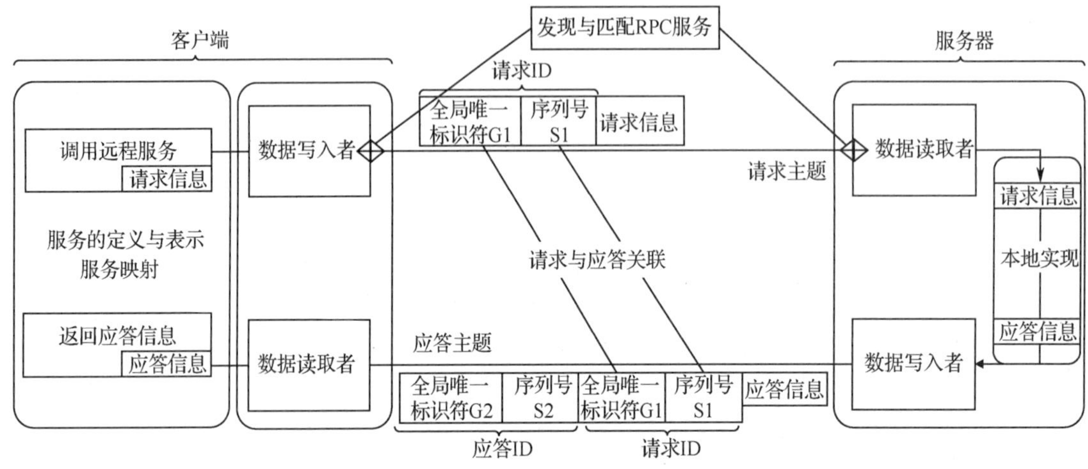

图 9-1　DDS-RPC 概念模型

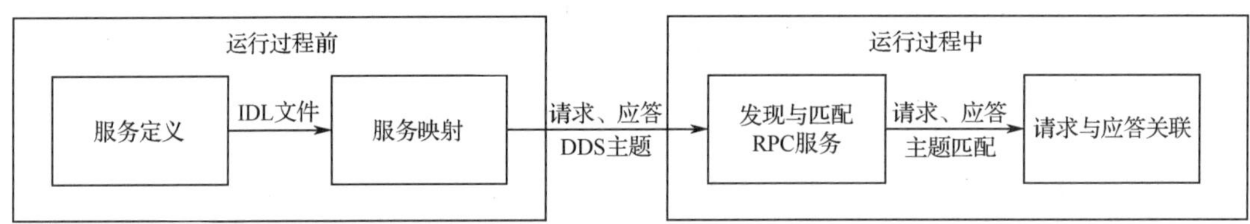

图 9-2　DDS-RPC 通信实现过程

9.2　服务的定义与表示

9.2.1　服务定义规则

服务是 DDS-RPC 中非常重要的概念，它描述了远程方法调用中的服务接口信息。服务接口包含行为的描述，特定行为的输入和输出参数以及返回值的类型。用统一标准的 IDL 语言进行接口描述是跨平台开发的基础。IDL 文件对于远程方法调用中服务接口的定义格式如下所示。

IDL 文件定义格式

```
module robot
{
    struct Status
    {
      string msg;
    };
    interface RobotControl
    {
      float setSpeed(in float speed);
```

```
        float getSpeed(out float speed);
        void getStatus(out Status status);
    };
};
```

IDL 语言提供了一组通用的数据类型，并使用它们定义了更复杂的数据类型。IDL 服务定义的数据类型定义规则如下。

（1）IDL 定义的基本数据类型：操作说明、复合、模板、构造和基本数据的类型。其中基本数据类型包括 string、octet、double、float、long、short、void 等。IDL 定义中对于数据类型的选择比较重要，不同数据类型具有不同的转换时间，对系统整体性能有影响。

（2）IDL 定义的数组类型：数据在数组内存储时，按照每一维定义的长度进行多维存储，且数据存储格式相同，存储类型相同。

（3）IDL 定义的两个模板类型：序列（sequence）类型和字符串（string）类型。对于其中存储的数据长度在定义时可以指定也可以不指定。

（4）IDL 文件定义的结构类型：结构类型包括模块（module）、结构体（struct）、联合（union）、枚举（enum）。struct 的转换时间少，主要取决于内部存储的数据类型。由于存储的数据类型样式比较丰富，union 的转换时间较长一些，主要取决于其中存储的数据类型。

（5）IDL 文件定义的常量类型：用常量（const）定义接口和类型。

（6）IDL 文件定义的接口类型：用接口（interface）声明，其中包含行为的描述及行为的输入输出参数和返回值。

（7）IDL 文件定义的函数参数方向类型：用输入（in）、输出（out）、输入输出（inout）定义输入输出参数方向。

9.2.2　服务定义示例

以一个机器人控制系统的服务接口为例定义一个 IDL 文件，接口中包含四个操作：命令（command）、设置速度（setSpeed）、获取速度（getSpeed）和获取状态（getStatus）。其中@DDSservice 用来显式声明服务接口。

```
module robot {
    exception TooFast {};
    enum Command {START_COMMAND, STOP_COMMAND};
    struct Status {
        string msg;
    };
    @DDSService
    interface RobotControl {
        void command(Command com);
        float setSpeed(float speed) raises (TooFast);
        float getSpeed();
        void getStatus(out Status status);
    };
}; //module robot
```

9.3 服务映射

DDS-RPC 的底层通信基于 DDS 的发布/订阅的通信机制，因而 DDS-RPC 连接客户端和服务器的方式是通过特定的主题信息。在整个通信过程中，涉及两个主题，即请求主题和应答主题。服务映射的目的是将服务定义文件中的内容转换为 DDS 进行底层通信过程中连接客户端和服务器的主题信息。服务映射过程中包括接口分别与请求和应答主题的映射。主题的映射可以分解为以下两方面：主题名称映射、数据类型映射。

9.3.1 服务到 DDS 主题名称映射

主题名称的映射需要遵循 BNF 语法，主题名称的定义规则如下，<topic_name>由用户定义或由<interface_name>和<service_name>组成；<interface_name>是在服务定义中自动捕获的服务接口名；<service_name>可以由用户提供，若用户未提供，则默认“Service”。如果用户指定了<service_name>，则会自动使用“Request”或“Reply”后缀。当<service_name>和<topic_name>均由用户提供时，用户定义的主题名称优先；<user_def_alpha_num>的表达式中应包含数字、下画线和空格。主题名称的定义形式如下。

```
<topic_name>::=<interface_name>"_"<service_name>"_"
                    ["Request"|"Reply"] | <user_def_alpha_num>
<service_name>::="Service" | <user_def_alpha_num>
<user_def_alpha_num>::=^[[:alnum:]_ ]+$
```

9.3.2 服务到 DDS 主题数据类型映射

数据类型的映射是将服务接口中的内容映射到请求和应答主题的数据类型中。请求主题数据类型的映射中包含：消息头和数据，如图 9-3 所示。消息头中包含服务器名称和服务请求信息的样本身份。

如图 9-4 所示为数据部分的结构，请求主题数据类型的数据内容包含具体操作和各个操作的输入参数。

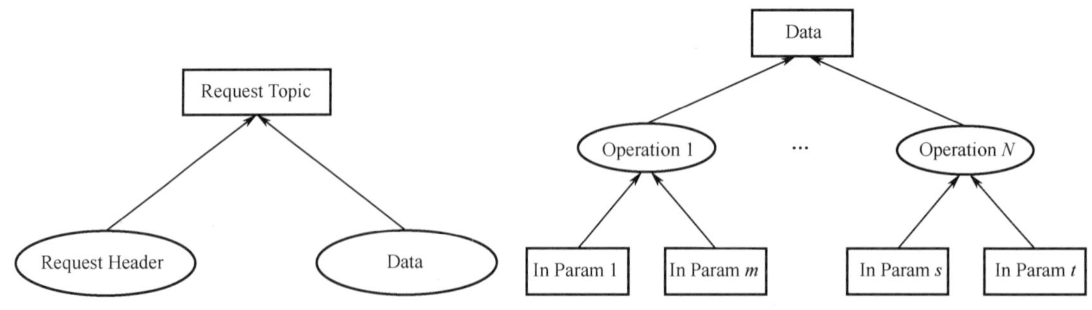

图 9-3 请求主题数据类型的结构　　图 9-4 请求主题数据类型的数据结构

应答主题类型的映射中包含：消息头和数据，如图 9-5 所示。消息头中包含服务应答消息的样本身份和服务请求信息的样本身份。

如图 9-6 所示为数据部分的结构，应答主题数据类型的数据内容包含具体操作和各个操作的输出参数，可能包含返回值。依据数据部分设计的结构，将服务接口与主题数据类型的映射分为两个方面：接口中操作的映射和接口的映射。

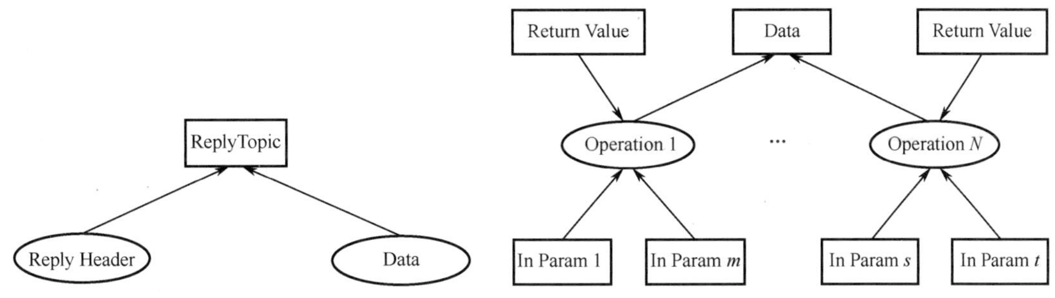

图 9-5　应答主题数据类型的结构　　图 9-6　应答主题数据类型的数据结构

根据以下规则定义接口中操作信息与请求主题数据类型的映射。

（1）将操作映射到 In 结构体中，名称为如下形式：

"${interfaceName}_${operationName}_In"。

（2）In 结构体内定义操作的输入参数：

① 各个参数在 In 结构体内的顺序与操作中相同；

② 各个参数在 In 结构的名称同在操作中的名称；

③ 若操作没有 in 和 inout 参数，则在 In 结构中加入名称为"dummy"，类型名称为"dds :: rpc :: UnusedMember"的成员。

根据该规则，9.2.2 节中的机器人控制系统接口操作将映射到 In 结构体：

```
module robot {
    struct RobotControl_command_In {
        Command com;
    };
    struct RobotControl_setSpeed_In {
        float speed;
    };
    struct RobotControl_getSpeed_In {
        dds::rpc::UnusedMember dummy;
    };
    struct RobotControl_getStatus_In {
        dds::rpc::UnusedMember dummy;
    };
}
```

根据以下规则定义接口中操作信息与应答主题数据类型的映射。

（1）将操作映射到 Out 结构体中，名称为如下形式：

"${interfaceName}_${operationName}_Out"。

（2）Out 结构体内定义操作的输出参数，可能包含名称为"return_"的返回值。

① 各个参数在 Out 结构体内的顺序与操作中相同；

② 各个参数在 Out 结构的名称同在操作中的名称；

③ 若操作没有 out/inout 参数/返回值，则在 out 结构中加入名称为“dummy”，类型名称为“dds::rpc::UnusedMember”的成员。

根据该规则，9.2.2 节中的机器人控制系统接口操作将映射到 Out 结构体：

```
module Robot {
    struct RobotControl_command_Out {
        dds::rpc::UnusedMember dummy;
    };
    struct RobotControl_setSpeed_Out {
        float return_;
    };
    struct RobotControl_getSpeed_Out {
        float return_;
    };
    struct RobotControl_getStatus_Out {
        Status status;
    };
}
```

接口与请求主题数据类型的映射包括映射到调用集合和请求主题结构体。根据以下规则定义调用集合的映射。

（1）调用集合名称为“${interfaceName}_Call”。

（2）调用集合的标签类型为 long 型。

（3）调用集合中包含默认标签，其中变量名称为“unknownOp”，类型为“dds::rpc::Unknown Operation”。

（4）接口包含的每个操作与 Hash 值相对应，并被赋值给相应的名称为“${interfaceName}_${operationName}_Hash”，类型为 long 的长整型常量。

（5）调用集合中接下来的每个 case 标签内包含服务接口中与哈希值对应的行为信息。

① 每个操作进行哈希算法的结果作为相应 case 标签值；

② 每个操作名称作为相应 case 标签的成员名称；

③ 接口名称加上每个操作名称作为相应 case 标签成员类型，其形式为该操作对应的 In 结构体名称。

根据该规则，9.2.2 节中的机器人控制系统接口将映射成如下形式的调用集合：

```
module robot {
    const long RobotControl_command_Hash = HASH("command");
    const long RobotControl_setSpeed_Hash = HASH("setSpeed");
    const long RobotControl_getSpeed_Hash = HASH("getSpeed");
    const long RobotControl_getStatus_Hash = HASH("getStatus");
    union RobotControl_Call switch(long)
    {
        default
            dds::rpc::UnknownOperation unknownOp;
        case RobotControl_command_Hash:
            RobotControl_command_In command;
```

```
            case RobotControl_setSpeed_Hash:
                RobotControl_setSpeed_In setSpeed;
            casc RobotControl_getSpeed_Hash:
                RobotControl_getSpeed_In getSpeed;
            case RobotControl_getStatus_Hash:
                RobotControl_getStatus_In getStatus;
        };
    }
```

根据以下规则定义请求主题结构体的映射：

（1）请求主题结构体的名称为“${interfaceName}_Request”。

（2）请求主题结构体中包含两个成员，定义规则见①和②。

① 名称为“header”的消息头，类型为“dds::rpc::RequestHeader”；

② 名称为“data”的结构体，类型为“${interfaceName}_Call”。

根据该规则，9.2.2 节中的机器人控制系统接口将映射成如下形式的请求主题数据类型：

```
module robot {
    struct RobotControl_Request {
        dds::rpc::RequestHeader header;
        RobotControl_Call data;
    };
}
```

接口与应答主题数据类型的映射包括映射到返回集合和应答主题结构体。根据以下规则定义返回集合的映射：

（1）返回集合名称为“$ {interfaceName}_Return”。

（2）返回集合的标签类型为 long 型。

（3）返回集合中包含默认标签，其中变量名称为“unknownOp”，类型为“dds::rpc::Unknown Operation”。

（4）接口包含的每个操作与 Hash 值相对应，并被赋值给相应的名称为“${interfaceName}_${operationName}_Hash”，类型为 long 的长整型常量。

（5）返回集合中接下来的每个 case 标签内包含服务接口中与哈希值对应的行为信息。

① 每个操作进行哈希算法的结果作为相应 case 标签值；

② 每个操作名称作为相应 case 标签的成员名称；

③ 接口名称加上每个操作名称作为相应 case 标签成员类型，其形式为该操作对应的 Out 结构体名称。

根据该规则，9.2.2 节中的机器人控制系统接口将映射成如下形式的返回集合：

```
union RobotControl_Return switch (long)
{
    default:
        dds::rpc::UnknownOperation unknownOp;
    case RobotControl_command_Hash:
        RobotControl_command_Result command;
    case RobotControl_setSpeed_Hash:
```

```
            RobotControl_setSpeed_Result setSpeed;
        case RobotControl_getSpeed_Hash:
            RobotControl_getSpeed_Result getSpeed;
        case RobotControl_getStatus_Hash:
            RobotControl_getStatus_Result getStatus;
    };
```

根据以下规则定义应答主题结构体的映射：

（1）应答主题结构体的名称为“${interfaceName}_Reply”。

（2）应答主题结构体中包含两个成员，定义规则见①和②。

① 名称为“header”的消息头，类型为“dds::rpc::ReplyHeader”；

② 名称为“Data”的结构体，类型为“${interfaceName}_Return”。

根据该规则，9.2.2 节中的机器人控制系统接口将映射成如下形式的应答主题数据类型：

```
    struct RobotControl_Reply {
        dds::rpc::ReplyHeader header;
        RobotControl_Return reply;
    };
```

9.4 服务发现与匹配处理

在进行远程方法调用过程中，请求主题实例数据被发布到请求主题上，应答主题实例数据被发布到应答主题上，它们属于两个独立的 DDS 主题，不能保证两个主题能够同时发现，从而无法确定请求与应答主题进程的匹配问题。可能出现的情况是请求主题已经完成发现，但应答主题未完成，此时服务器虽然能够接收到请求主题实例数据，但无法返回给客户端应答主题实例数据的情况，客户端不能读取到应答信息，此时应答丢失。DDS-RPC 机制通过指定发现与匹配 RPC 服务的方式解决了上述问题。DDS-RPC 依赖于 DDS 提供的内置发现服务，扩展了内置的发布和订阅主题数据，并且改进了服务发现算法，从而避免了发现竞争条件。

9.4.1 DDS 内置主题扩展

DDS 规范包括 DCPSPublication 和 DCPSSubscription 等内置主题，以及相应的内置数据写入者和数据读取者。其中，与 DCPSPublication 内置主题关联的数据类型为 PublicationBuiltinTopicData，而与 DCPSSubscription 内置主题关联的数据类型为 SubscriptionBuiltinTopicData。DDS-RPC 规范扩展了 PublicationBuiltinTopicData 和 SubscriptionBuiltinTopicData。

RTPS 规范定义了 PublicationBuiltinTopicData 和 SubscriptionBuiltinTopicData 的序列化格式，定义了所谓的 ParameterList，其中内置主题数据中的每个成员都使用 CDR 进行序列化，其前面是序列化成员的 ParameterID 和 Length。此序列化格式允许 PublicationBuiltinTopicData 和 SubscriptionBuiltinTopicData 可以扩展而不会破坏互操作性。

1．扩展的 PublicationBuiltinTopicData

该规范定义了 PublicationBuiltinTopicData 结构的扩展，表 9-1 描述了用于序列化的成员类型和 ParameterID。

表 9-1　用于序列化的成员类型和 ParameterID

成员名称	成员类型	ParameterID 名称	Parameter ID 值
service_instance_name	string<256>	PID_SERVICE_INSTANCE_NAME	0x0080
related_datareader_key	GUID_t	PID_RELATED_ENTITY_GUID	0x0081
topic_aliases	sequence<string<256>>	PID_TOPIC_ALIASES	0x0082

```
@extensibility(MUTABLE_EXTENSIBILITY)
struct PublicationBuiltinTopicDataExt : PublicationBuiltinTopicData {
@ID(0x0080) string<256> service_instance_name;
@ID(0x0081) GUID_t related_datareader_key;
@ID(0x0082) sequence<string<256>> topic_aliases;};
```

service_instance_name 是用户在服务端指定的实例名称，如果未指定，则没有默认值。同样，客户端数据写入者不应包含 service_instance_name。topic_aliases 按照 9.3.1 节定义，没有默认值。related_datareader_key 应根据以下规则进行设置和解释：

① 当不存在时，related_datareader_key 的默认值应为 GUID_UNKNOWN；

② 对于 DDS-RPC 的客户端，与用于发送服务请求的数据写入者对应的 PublicationBuiltinTopicDataExt，必须将 related_datareader_key 设置为用于接收回复的客户端数据读取者的 BuiltinTopicKey_t；

③ 对于 DDS-RPC 的服务端，与用于发送应答的数据写入者对应的 PublicationBuiltinTopicDataExt，必须将 related_datareader_key 设置为用于接收请求的服务端数据读取者的 BuiltinTopicKey_t。

2．扩展的 SubscriptionBuiltinTopicData

该规范定义了对 SubscriptionBuiltinTopicData 结构的扩展，表 9-2 描述了用于序列化的成员类型和 ParameterID。

表 9-2　用于序列化的成员类型和 ParameterID

成员名称	成员类型	ParameterID 名称	ParameterID 值
service_instance_name	string<256>	PID_SERVICE_INSTANCE_NAME	0x0080
related_datawriter_key	GUID_t	PID_RELATED_ENTITY_GUID	0x0081
topic_aliases	sequence<string<256>>	PID_TOPIC_ALIASES	0x0082

```
@extensibility(MUTABLE_EXTENSIBILITY)
struct SubscriptionBuiltinTopicDataExt : SubscriptionBuiltinTopicData {
@ID(0x0080) string<256> service_instance_name;
@ID(0x0081) GUID_t related_datawriter_key;
@ID(0x0082) sequence<string<256>> topic_aliases;};
```

service_instance_name 是用户在服务端指定的实例名称，如果未指定，则没有默认值。同样，客户端数据读取者不应包含 service_instance_name。topic_aliases 根据 9.3.1 节定义，没有默认值。related_datawriter_key 应根据以下规则进行设置和解释：

① 当不存在时，related_datareader_key 的默认值应为 GUID_UNKNOWN；

② 对于 DDS-RPC 的客户端，与用于接收应答的数据读取者对应的 SubscriptionBuiltinTopicDataExt，必须将 related_datawriter_key 设置为用于将请求发送到 DDS-RPC 服务的客户端数据写入者的 BuiltinTopicKey_t；

③ 对于 DDS-RPC 的服务端，与用于接收服务请求的数据读取者对应的 SubscriptionBuiltinTopicDataExt 必须将 related_datawriter_key 设置为用于接收请求的服务端数据写入者的 BuiltinTopicKey_t。

9.4.2 服务发现算法改进

服务发现算法改进的具体思路是为确保应答主题发现完成，客户端只有在应答主题上和服务器满足彼此发现，客户端的发布者才能调用数据写入者发送请求主题实例数据，服务器只有在应答主题上和客户端满足彼此发现，服务器的订阅者才能调用数据读取者读取来自客户端的请求主题实例数据。这样就能保证应答消息一定被客户端接收到，不会丢失。服务器端与客户端的发现与匹配算法分别如图 9-7 和图 9-8 所示。

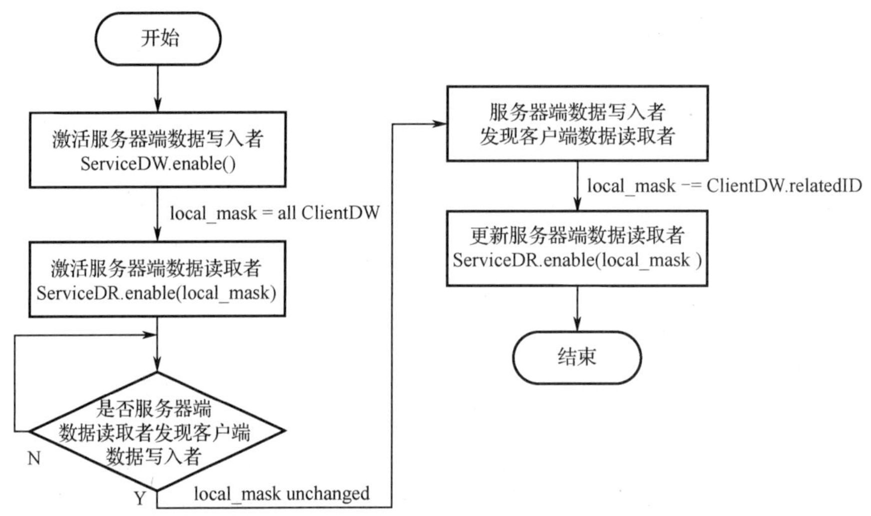

图 9-7 服务器端发现与匹配算法流程图

服务器端的发现与匹配 RPC 服务算法：首先只激活服务器端的数据写入者，设置本地掩码为所有客户端的数据读取者，再激活服务器端的数据读取者将设置的掩码传入，即服务器不能接收、处理任何请求。下一步，判断是否在请求主题上两端相互发现，若已经发现本地掩码保持不变，再判断是否在应答主题上两端相互发现，若发现成功，则说明两个独立的进程完成匹配。此时将本地掩码中已经匹配的客户端的数据写入者删除。最后更新服务器的数据读取者将设置的掩码传入，此时服务器可以接收完成发现与匹配 RPC 服务的客户端的请求信息。

客户端发现与匹配 RPC 服务算法：首先只激活客户端的数据读取者，设置本地掩码为所有服务器端的数据读取者，再激活客户端的数据写入者将设置的掩码传入，即客户端不能发送任何请求。下一步，判断服务器的数据读取者是否发现客户端的数据写入者，若已经发现，则本地掩码保持不变，再判断服务器的数据写入者是否发现客户端的数据读取者，若发现成功，则说明两个独立的进程完成匹配。此时将本地掩码中已经匹配的服务器的数据读取者删除。最后更新客户端的数据写入者将设置的掩码传入，此时客户端向完成发现与匹配 RPC 服务的服务器发送请求信息。

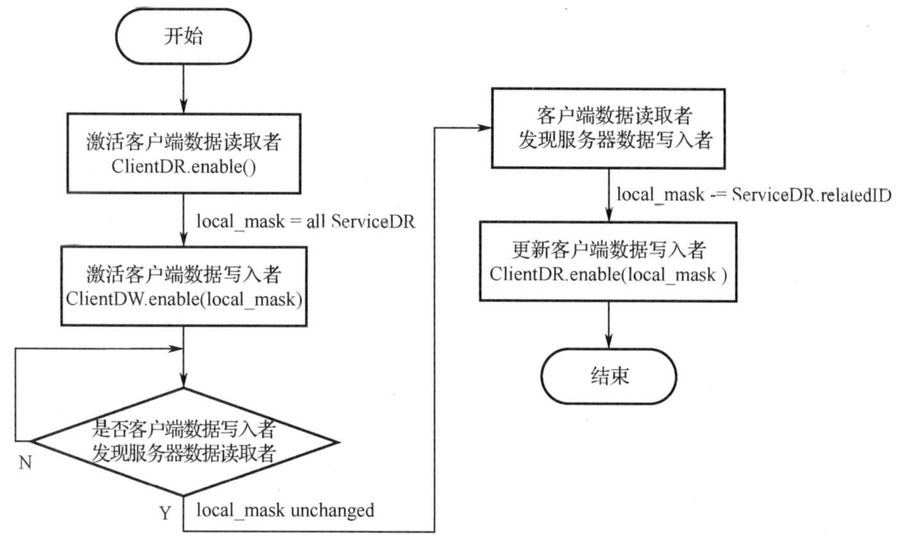

图 9-8　客户端发现与匹配算法流程图

9.5　请求与应答关联

由于客户端和服务器的连接是通过底层 DDS 的主题关联完成的，一个完整的远程方法调用需要创建请求主题和应答主题，它们彼此独立互不关联，那么极有可能出现以下情况，一种是大量的客户端发送远程服务请求给同一台服务器，由于处于相同的域内，该服务器会为每一个客户端发送所有客户端的应答信息，那么客户端如何从大量应答信息中获取到与请求信息相对应的那一个？另外一种是当客户端向多个服务器发送远程服务请求，相应地会接收到服务器返回来的所有应答信息，那么客户端如何将每一条应答信息与请求信息相对应？因此，如何将请求与应答关联是决定远程方法调用执行效率的关键技术之一。DDS-RPC 规范的解决办法是在请求主题实例数据和应答主题实例数据的消息头中添加某一个远程方法调用特有的样本身份，分为服务请求 ID 和服务应答 ID，这种方法使每一条信息变得独特。客户端和服务器通过检索样本身份实现请求与应答关联，客户端检索样本身份将应答信息与原始请求信息相关联，服务器检索样本身份将应答与触发它的请求相关联。请求与应答关联的具体过程为客户端发送请求主题实例数据，其中包含服务请求 ID，服务器接收到请求主题实例数据后解包得到服务请求 ID，该远程服务请求经过本地函数实现后返回服务应答参数，服务器将应答主题实例数据返回给客户端，其中包括服务请求 ID 和服务应答 ID，客户端接收到应答主题实例数据，解包后得到服务请求 ID 即可判断原始请求信息，实现请求与应答关联。

请求主题的消息头包含服务器名称和样本身份两部分。样本身份用来标识请求主题实例信息和应答主题实例信息，其由全局唯一标识符（GUID）和序列号（Sequence number）组成。GUID 包含 GUID 前缀（GUID prefix）和实体标识符（Entity ID）。GUID prefix 由系统所在机器的 mac 地址和系统时间合成。Entity ID 包含 entity Key 和 entity ID。entity Key 为实例在内存中的地址，entity Kind 为 0~255 之间的随机数。Sequence number 包含高位（High Part）和低位（Low Part），初始状态下两者均为 0，随着实例数量的增加，依次增加低位数值，当低位满了再递增高位的值。请求主题消息头的数据结构如图 9-9 所示。

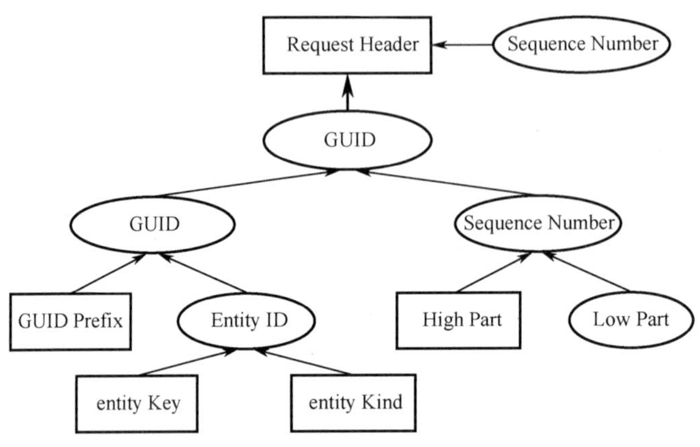

图 9-9 Request Header 数据结构

应答主题的消息头包含服务请求 ID 和服务应答 ID 两个部分。其中服务请求 ID 为该服务应答信息相关联的服务请求信息的样本身份，样本身份的结构同上。

第 10 章　Web-Enable DDS 规范

随着互联网的快速发展，科技水平的不断提高及网络条件的不断改善，人们对于互联网的依赖程度也越来越高，各色各样的 Web 应用开发技术也日趋成熟。对于被普遍应用于分布式系统中的数据分发服务（DDS）同样面临着这样的发展需求，即从传统的对 DDS 应用系统的访问方式发展到以 Web 为基础的应用程序访问 DDS 本地全局数据空间的方式。但将 DDS 应用扩展到 Web 环境中面临着一些挑战。首先，传统的 DDS 应用在执行某些操作时，用户需要依据特定的编程语言来编写应用的操作代码。DDS 应用的操作访问方式较为复杂，同时对于一些无编程基础的用户来说较为困难。此外，传统的 DDS 应用系统通常都部署在局域网环境中，通信的各方处于同一网段中。若将 DDS 扩展到广域网中则需要考虑 DDS 应用间的通信安全，以及 DDS 系统本身的安全性问题。

针对上述问题，OMG 组织于 2013 年 11 月发布了 Web-Enabled DDS 规范，解决 DDS 与 Web 相结合的问题。本章将从 Web-Enabled DDS 规范的相关概念入手，着重介绍多种 WebDDS 对象模型，并从 PSM 模型角度出发，介绍一种 REST 风格的 Web-Enabled DDS 软件实现。

10.1　Web-Enable DDS 规范概述

Web-Enabled DDS 规范定义了一种面向 Web 的 DDS 服务，使得 Web 应用可以通过使用该服务，能够与本地订阅者或发布者一样参与到 DDS 全局数据空间中进行信息交换。Web-Enabled DDS 规范的概念模型如图 10-1 所示。

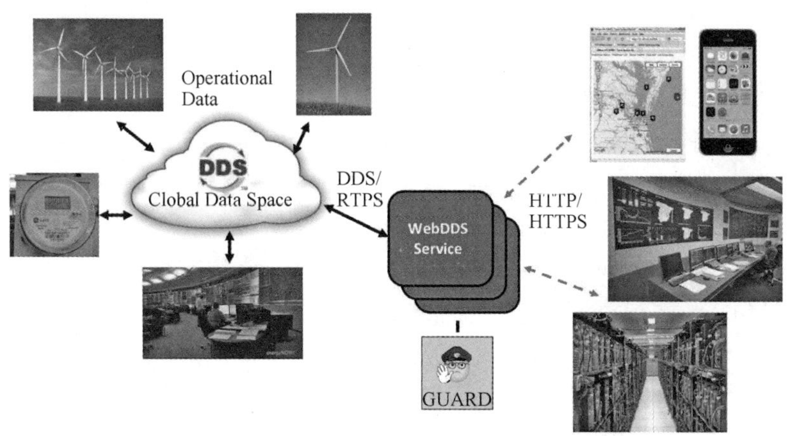

图 10-1　Web-Enabled DDS 规范概念模型

Web-Enabled DDS 规范包括两部分内容：①与平台无关的抽象交互模型 PIM，描述了 Web 客户端应如何访问 DDS 系统；②一组映射到特定 Web 平台，以便在标准 Web 技术和协议方面实现 PIM 模型。该规范的内容能够保证 Web 客户端以跨实现可移植的方式参与到 DDS 全局数据空间。

WebDDS 对象模型是面向 Web-Enabled DDS 客户端的对象。从逻辑上来讲，它可以被认为与 DDS 对象模型（包括域参与者、发布者、订阅者、数据写入者、数据读取者等）逻辑等价。由于以下三点原因导致不能简单地重复使用标准的 DDS 对象模型。

（1）DDS 对象模型旨在用于本地编程 API。DDS 对象模型包含许多具有强类型（如数据读取者和数据写入者）参数的对象和方法，以及通过应用程序向 DDS 中间件注册的监听器回调接口。这样的 API 并不适用于典型偏向于面向资源接口的网络客户端，并且 WebDDS 对象模型需要一个无回调的简化接口，并且所有参数都采用文本编码。

（2）Web 客户端连接本质上是间歇性的。根据 HTTP 协议的性质，客户端不断与服务器连接和断开连接。因此，WebDDS 对象必须通过引入一个会话机制来克服这个问题，该会话的生命期可以跨越多个物理周期。

（3）Web 客户端可以从任何一个地点访问支持 Web-Enabled DDS 服务，因此需要有一个访问控制模型来验证每个客户端应用程序/委托人，控制委托人是否可以访问 DDS 全局数据空间并控制每个委托人可以执行的操作（例如，哪一个 DDS 主题可以读取和写入）。

通过 Web 方式访问数据和服务的 Web 客户端通常使用混合的方法和技术，包括 REST、WSDL/SOAP 网络服务、HTTP、RSS、ATOM 和/或 XMPP 等。各种方法和技术都有优点和缺点，具体选择哪一种通常是由业务需求驱动的。

（1）REST 是网络上最普遍部署的架构方法，目前广泛应用于云服务（如 Amazon 和 Google 提供的服务）。对于使用书签和链接直接获取数据的网络浏览器来说，REST 十分简单易用。但是，它的问题是缺乏用来定义接口的完善形式语言。

（2）尽管部署的范围较小，但 Web Services 技术具有可用于正式定义接口的语言（WSDL），并且受到企业服务总线（ESB）基础架构主要供应商的支持。但是，Web Services 对 Web 浏览器不太友好，并且不容易从 JavaScript 中调用。

（3）RSS 和 ATOM 是用于检索数据的流行协议。RSS 更加成熟，但与 ATOM 不同，它仅定义如何接收现有数据，而不是如何发布新数据。

（4）XMPP 是基于 HTTP 和 XML 的简单而流行的协议，最初是为因特网聊天应用程序开发的，但现在作为用于点对点应用程序通信的一般协议而变得流行。

由于已经存在多种热门技术和协议，而每一种都有它自身的优点和缺点，因此 Web-Enabled DDS 规范并未与单个 Web 平台绑定或关联。相反，它将 WebDDS 对象模型映射到多个 Web 平台，这种方法的目的是让所有平台映射具有等同性和互操作性。

Web-Enabled DDS 服务为 Web 用户提供了操作请求接口，Web 用户通过标准的 HTTP 协议对服务发起操作请求。Web-Enabled DDS 服务在接收到操作请求后依据请求对服务中的对象进行相关业务逻辑操作处理，处理完成后将 Web 用户所请求的数据或操作执行完成的状态码返回至 Web 用户，完成 Web 用户的操作请求处理。如图 10-2 所示，Web 用户发布/订阅操作本地化功能部分体现在 WebDDS 对象模型与标准 DDS 对象模型间的映射。通过在两者间建立映射关系即可实现 Web 用户发布/订阅操作的本地化。

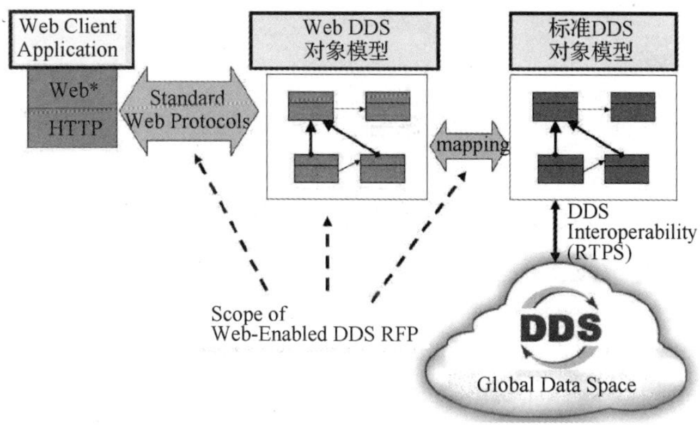

图 10-2　WebDDS 服务功能

10.2　WebDDS 对象模型

Web-Enabled DDS 规范使用 UML 定义了一个独立于平台的 WebDDS 对象模型，模型定义了服务要实现的对象、接口和操作。该规范还定义了此模型与 DDS 规范中定义的 DDS 对象模型（称为标准 DDS 对象模型）的关系。换句话说，它定义了在 WebDDS 对象模型上执行的每个操作对相关标准 DDS 对象模型中实体的影响。图 10-3 所示为 WebDDS 对象模型概览。

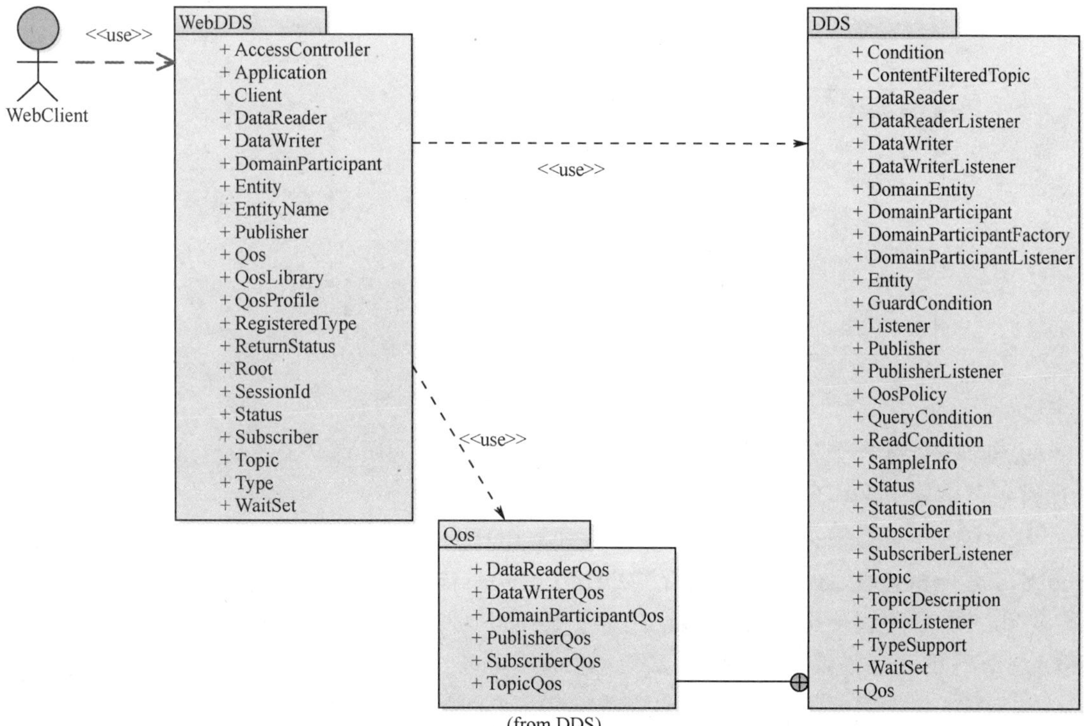

图 10-3　WebDDS 对象模型概览

10.2.1 对象模型概览

WebDDS 对象模型充当标准 DDS 对象模型的刻画，为 Web 客户端应用程序提供简化的模型。Web-Enabled DDS 通过减少对象、数据类型和操作的数量，并规范使用规程来简化模型。通过上述简化思想，使其更适用于被映射到网络架构上（如 REST）。另外，WebDDS 对象模型添加了所需的几个新对象去管理客户端与 Web-Enabled DDS 服务的持久连接，以及它们的访问权限。

Web-Enabled DDS 的 PIM 模型中的操作都涉及客户端应用程序与 WebDDS 服务的单一实例交互，该实例由用于访问 Web-Enabled DDS 服务的 HTTP（或 HTTPS）的 URL 标识。因此，所有操作的范围仅限于在一个 Web-Enabled DDS 服务实例上。尽管连接到不同的 Web-Enabled DDS 服务实例，客户端应用程序仍然可以互相交互。这些交互可能是由于 Web-Enabled DDS 服务实例在 DDS 域参与者实体上创建和执行操作的结果，而实体根据 DDS 规范交换信息。

如图 10-4 所示，WebDDS 对象模型由五个类组成：根（WebDDS::Root）类、应用（WebDDS::Application）类、访问控制器（WebDDS::AccessController）类、客户（WebDDS::Client）类和域参与者（WebDDS::DomainParticipant）类。

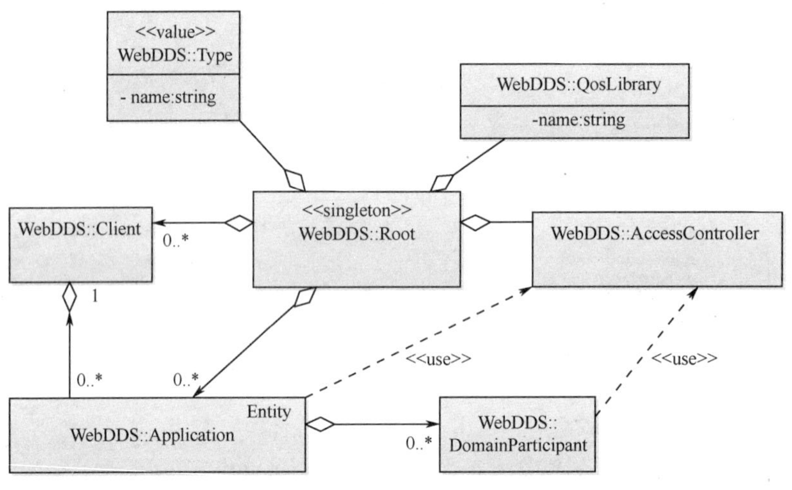

图 10-4 WebDDS 对象模型组成

WebDDS 根是一个单实例类，是服务的入口点，并作为所有 Web-Enabled DDS 服务管理的所有对象的根工厂和容器。

WebDDS 客户是模拟执行客户端应用程序的用户或委托人，每个 WebDDS 应用都与单个 WebDDS 客户相关联，并根据分配给 WebDDS 客户具体哪些客户端获得其访问权限。

WebDDS 应用对使用 Web-Enabled DDS 服务的软件应用程序进行建模，从而在一个或多个 DDS 数据域上发布和订阅数据。WebDDS 应用可以与零至多个 WebDDS 域参与者相关联。

WebDDS 访问控制器负责决定允许特定 WebDDS 客户访问资源和执行操作，它包含与 WebDDS 客户特权相关联的规则，这些特权确定代表客户端执行的应用程序可以加入的 DDS 数据域、可以读取和写入的 DDS 主题等。

WebDDS 域参与者是 DDS 域参与者的代理，它模拟与 DDS 数据域的关联及应用程序发布和订阅该数据域上主题的功能。

10.2.2　对象模型访问控制

许多 DDS 应用程序部署在隔离或受保护的网络中，在这种情况下可以在 DDS 基础设施之外进行安全管理和访问控制。如果 DDS 应用程序需要通过开放或不安全的网络直接通信，则 DDS 协议需要对其本身进行保护。DDS 安全规范用于解决如何保护直接使用 DDS API 的应用程序，并使用实时发布/订阅协议（DDS-RTPS）进行通信。

使用 Web-Enabled DDS 的情况是不同的，在这种情况下安全问题仅限于从客户端应用程序到支持 Web 的 DDS 服务的远程访问，Web-Enabled DDS 服务充当 DDS 系统的网关（见图 10-5）。这种客户端-网关通信使用标准网络协议（如 HTTP），因此安全机制必须与这些协议保持一致，确保从 Web 客户端访问 Web-Enabled DDS 服务与保护使用 DDS-RTPS 通信的安全性是完全不相关的。例如，本地 DDS 应用程序可能全部驻留在受周边安全保护（防火墙、NAT 和其他网络级访问控制机制）的封闭网络中，或者本地 DDS 应用程序可能使用最终由 DDS 安全规范指定的安全机制。

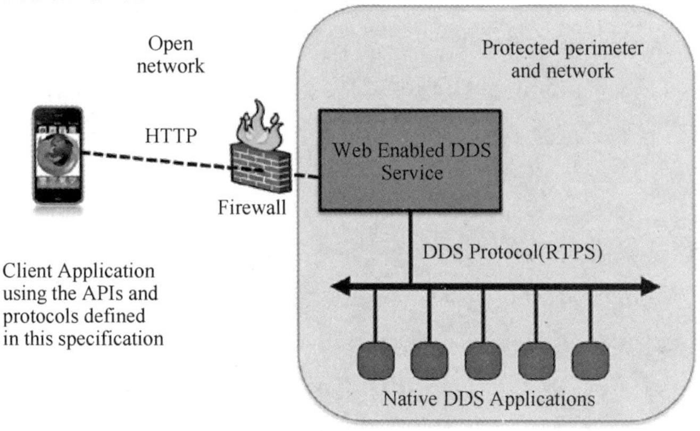

图 10-5　支持 Web 的 DDS 服务作为受保护的 DDS 数据域的网关运行

鉴于此种原因，Web-Enabled DDS 必须提供它自己的安全机制，该机制定义 Web 客户端如何通过 Web-Enabled DDS 服务进行身份验证，经过身份验证的客户端能够获得 Web 支持的 DDS 服务中的实体的访问权限，并对 HTTP 通信进行担保。

WebDDS 根是服务的入口点，客户端应用程序调用 WebDDS 根和相关类上的操作创建应用、实体，以及发布和订阅信息。每个操作都会接收通过 WebDDS 访问控制器验证的客户端凭据，它能够确定操作是否可以由客户端应用程序执行。图 10-6 给出了涉及客户端和应用程序管理的 WebDDS 类。

为了明确使用 WebDDS 应用类的原因，先回顾一下传统的 DDS 对象模型。DDS 对象模型旨在用于本地编程 API。使用 DDS 编程 API 应用程序创建 DDS 实体，这些实体不可避免地在应用程序完成后被销毁。因此，DDS 实体的生命周期包含在应用程序自己的内部。但是，在基于网络的分布式系统中，并不总是如此。Web 客户端应用程序可能会要求 Web 服务器实例化服务器端实体并将其状态存储在服务器端，Web 客户端可能会与服务器断开连接并重新连接。因此这种基于服务器的实体可能具有超出单个客户端-服务器会话的生命周期。基于上述原因，在暂时断开连接的情况下，基于服务器的实体的管理是一个需要解决的重要问题，这也正是使用 WebDDS 应用类的目的。

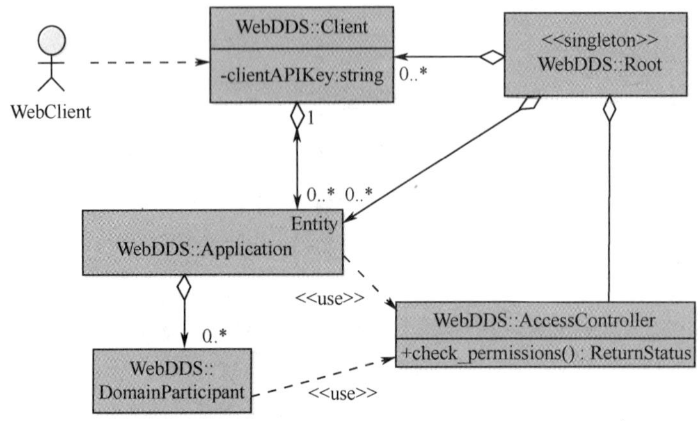

图 10-6　涉及客户端和应用程序管理的 WebDDS 类

使用 SessonId 类型的目的是记住在对服务操作的后续调用中经过身份验证的客户端，以便每个操作不需要重新认证。根据 HTTP（或 HTTPS）协议，Web 客户端与服务器的连接是间歇性的。即使在正常的操作条件下，连续的客户端操作也可以关闭并重新建立底层的 TCP 连接。鉴于以上原因，Web-Enabled DDS 维护会话（Session）的概念，这个概念抽象了 Web 客户端被认为是已认证并绑定到其创建的应用程序的持续时间。在此期间，客户端和服务器可以视为已连接。

1. WebDDS 根类

WebDDS 根（WebDDS::Root）以单实例模式直接管理五种对象：访问控制器（WebDDS::AccessController）、客户（WebDDS::Client）、类型（WebDDS::Type）、应用（WebDDS::Application）和 QoS 库（WebDDS::QoSLibray），它用作 Web 客户端应用程序的入口点。WebDDS 根提供了创建新的应用程序的操作，并决定了客户端应用程序可以执行的操作（通过委派给 WebDDS 访问控制器）。图 10-7 描述了 WebDDS 根类结构。

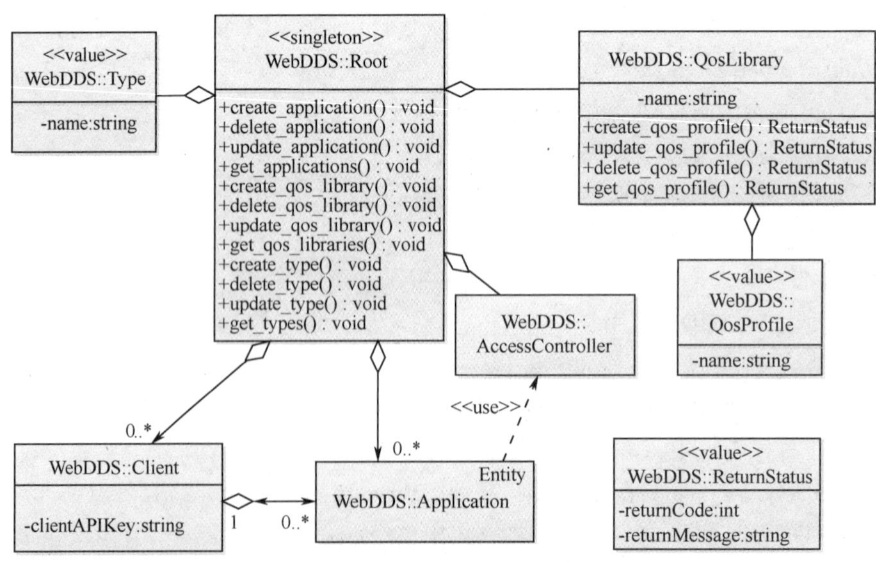

图 10-7　WebDDS 根类结构

（1）create_application 操作

输入：

✓ applicationObjectRepresentation：WebDDS 应用的表示（包括其名称和所包含的参与者和实体），其格式应由每个 PSM 模型定义。WebDDS 应用的名称在 WebDDS 的范围内应该是唯一的。

输出：

✓ returnStatus：表示操作成功或失败的数字代码和出现故障时的文字说明。

该操作创建一个新的 WebDDS 应用，将执行以下步骤：

首先，检查 WebDDS 根是否有一个预先存在的具有特定应用程序名称的 WebDDS 应用。如果已经存在，它会返回错误代码 OBJECT_ALREADY_EXISTS。然后，调用 check_permissions 操作验证访问控制策略是否允许客户端应用程序创建一个应用。如果不允许，则返回错误代码 PERMISSION_ERROR。

如果参数 applicationObjectRepresentation 指定了一组包含的参与者，则调用 check_permissions 操作来验证访问控制策略是否允许客户端应用程序以请求的 QoS 策略加入由 domain_id 标识的 DDS 数据域。如果不允许，则返回错误代码 PERMISSIONS_ERROR 错误。

（2）delete_application 操作

输入：

✓ ApplicationName：WebDDS 应用的名称。

输出：

✓ ReturnStatus：表示操作成功或失败的数字代码和出现故障时的文字说明。

该操作删除一个已存在的 WebDDS 应用，将执行以下步骤：

首先，使用指定的 applicationName 查找是否存在与 WebDDS 客户关联的 WebDDS 应用。如果不存在，它将返回错误代码 INVALID_OBJECT。然后，调用 check_permissions 操作来验证访问控制策略是否允许客户端应用程序删除 WebDDS 应用。如果不允许，则返回错误 PERMISSIONS_ERROR；如果允许，会删除 WebDDS 应用。

如果删除 WebDDS 应用失败，则返回错误代码 GENERIC_SERVICE_ERROR；如果删除所包含 DDS 实体失败，则返回错误代码 DDS_ERROR。

（3）get_applications 操作

输入：

✓ applicationNameExpression：WebDDS 应用名称的表达式。

输出：

✓ ReturnStatus：表示操作成功或失败的数字代码和出现故障时的文字说明；

✓ applicationRepresentationList：WebDDS 应用的表示列表，格式应由每个 PSM 模型定义。

该操作返回名称与 applicationNameExpression 相匹配的 WebDDS 客户所关联的 WebDDS 应用的表示列表。如果操作成功，则返回 OK；如果操作失败，则返回错误代码 GENERIC_SERVICE_ERROR。

需要注意的是，applicationNameExpression 表达式的语法和匹配应使用 POSIX 1003.2-1992 的 B.6 节中指定的 POSIX fnmatch 函数的语法和规则。

（4）create_qos_library 操作

输入：

✓ qosLibraryObjectRepresentation：WebDDS QoS 库的表示（包括 QoS 库的名称和可选的 QoS 配置文件），格式应由每个 PSM 模型定义。WebDDS QoS 库的名称在其 WebDDS QoS 配置文件的范围内应该是唯一的。

输出：

✓ ReturnStatus：表示操作成功或失败的数字代码和出现故障时的文字说明。

该操作创建了 WebDDS QoS 库和包含的 QoS 配置文件，将执行以下步骤：

验证 WebDDS 根是否有一个预先存在的、采用 qosLibraryName 标识的 WebDDS QoS 库。如果已经存在，将返回错误代码 OBJECT_ALREADY_EXISTS。如果不存在，将创建一个 WebDDS QoS 库和 qosLibraryObjectRepresentation 参数指定的 DDS QoS 配置文件。如果操作成功，返回 OK。

（5）delete_qos_library 操作

输入：

✓ qosLibraryName：WebDDS QoS 库的名称。

输出：

✓ ReturnStatus：表示操作成功或失败的数字代码和出现故障时的文字说明。

该操作删除一个已存在的 WebDDS QoS 库，将执行以下步骤：

使用指定 qosLibraryName 在 WebDDS 根中查找相应的 WebDDS QoS 库。如果不存在，则会返回错误代码 INVALID OBJECT。然后，调用 check_permissions 操作去验证访问控制政策是否允许删除 WebDDS QoS 库和它所包含的所有 DDS QoS 配置文件。如果不允许，返回错误代码 PERMISSIONS_ERROR。如果允许，将会删除 WebDDS::QosLibrary 和所有的 DDS QoS 配置文件。如果删除失败，返回错误代码 DDS_ERROR。此操作对于已经创建并引用上述删除的 QoS 库和 QoS 配置文件的 DDS 实体没有影响。

（6）get_qos_library 操作

输入：

✓ qosLibraryNameExpression：WebDDS QoS 库名称的表达式。

输出：

✓ ReturnStatus：表示操作成功或失败的数字代码和出现故障时的文字说明；

✓ qosLibraryObjectRepresentationList：WebDDS QoS 库的表示列表，格式应由每个 PSM 模型定义。

此操作返回 WebDDS 根中包含的且名称与 qosLibraryNameExpression 相匹配的 WebDDS QoS 库的表示列表。如果操作成功，则返回 OK；如果操作失败，则返回错误代码 GENERIC_SERVICE_ERROR。

qosLibraryNameExpression 表达式的语法和匹配应使用 POSIX 1003.2-1992 B.6 节中指定的 POSIX fnmatch 函数的语法和规则。

（7）create_type 操作

输入：

✓ typeObjectRepresentation：WebDDS 类型的表示（包括模块、声明和数据类型），格式

应由每个 PSM 模型定义。

输出：

✓ ReturnStatus：表示操作成功或失败的数字代码和出现故障时的文字说明。

此操作创建包含任何嵌套类型的 WebDDS 类型集合，将执行以下步骤：

对于每种类型，首先检查 WebDDS 根中是否有一个预先存在的由 typeName 标识的 WebDDS 类型。如果已经存在，则不会创建任何类型，并返回错误代码 OBJECT_ALREADY_EXISTS。如果不存在，将创建 typeObjectRepresentationList 参数指定的 WebDDS 类型。如果所有操作成功，则返回 OK；如果任何类型创建失败，则返回错误代码 INVALID_INPUT。

（8）delete_type 操作

输入：

✓ typeName：WebDDS 类型的名称，该名称在 WebDDS 应用的范围内是唯一的。

输出：

✓ ReturnStatus：表示操作成功或失败的数字代码和出现故障时的文字说明。

此操作删除指定的 WebDDS 类型，将执行以下步骤：

在应用程序中查找是否存在由 typeName 标识的 WebDDS 类型。如果不存在，则返回错误代码 INVALID_OBJECT；如果存在，则删除 WebDDS 类型。如果操作失败，则返回错误代码 GENERIC_SERVICE_ERROR；如果操作成功，则返回 OK。

（9）get_type 操作

输入：

✓ typeNameExpression：WebDDS 类型名称的表达式；

✓ includeReferencesTypesDepth：指示是否应包含引用类型及最大分隔度。

输出：

✓ ReturnStatus：表示操作成功或失败的数字代码和出现故障时的文字说明；

✓ typeObjectRepresentationList：WebDDS 类型的表示列表，格式应由每个 PSM 模型定义。

如果 typeNameExpression 是单一类型名称，则操作将检查 WebDDS 根中是否有一个预先存在的、由 typeName 标识的 WebDDS 类型。如果不存在，则返回错误代码 INVALID_OBJECT；如果存在，则返回 typeObjectRepresentationList，它包含该类型及其引用的类型，最大引用距离为 includeReferencesTypesDepth。

如果 typeNamcExpression 是表达式，则该操作将返回与 WebDDS 根相关联的所有 WebDDS 类型列表，其名称与 typeNameExpression 相匹配。此外它还返回列表类型中引用的类型，引用达到 includeReferencesTypesDepth 的最大参考距离。如果操作失败，则返回错误代码 GENERIC_SERVICE_ERROR；如果操作成功，则返回 OK。

typeNameExpression 表达式的语法和匹配应使用 POSIX 1003.2-1992 B.6 节中指定的 POSIX fnmatch 函数的语法和规则。

2. WebDDS 访问控制器类

WebDDS 访问控制器（WebDDS::AccessController）用于验证客户端应用程序是否具有加入 DDS 数据域并执行其请求的操作所需的特权。WebDDS 访问控制器不直接被客户端应用程序使用，而是由支持 Web 的 DDS 服务在内部使用，用来决定是允许还是拒绝来自客户端应用程序的请求。因此，对于这个类的 API 甚至显式存在都不做要求，可以选择将此类提供的功能叠加到其他类或系统的某些部分，使它对客户端应用程序不可见。图 10-8 描述了 WebDDS 访问控制器类结构。

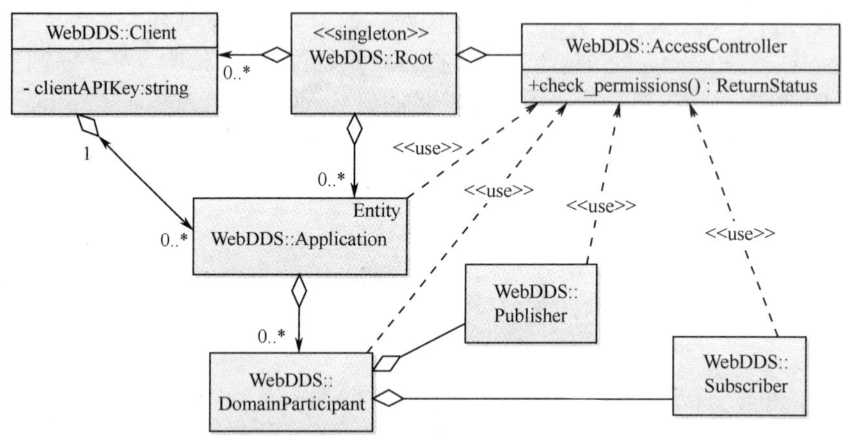

图 10-8 WebDDS 访问控制器类结构

以下是与访问控制器相关的 Web-Enabled DDS 服务的规范行为：

① 提供一个和客户端安全通信的频道，例如 HTTP 请求须通过 HTTPS 执行；

② 提供一种配置允许哪些客户端使用该服务的方法；

③ 验证客户端应用程序（基于每个操作传递的凭据）以确保它代表由 API 密钥标识的客户端；

④ 提供一种配置允许每个客户端（由 API 密钥标识）加入哪些 DDS 数据域（由 DDS domainId 标识）的方法；

⑤ 拒绝客户端应用程序加入 DDS 数据域的任何尝试，除非 API 密钥提供了在服务配置中加入 DDS 数据域的权限；

⑥ 提供一种配置每个客户端可以在每个 DDS 数据域上发布哪些 DDS 主题（由主题名称标识）；

⑦ 拒绝客户端应用程序发布到主题的任何企图，除非关联的客户端已被验证并被授予通过服务配置在 DDS 数据域上发布主题的权限；

⑧ 提供一种配置每个客户端可以在每个 DDS 数据域上的每个 DDS 主题（由主题名称标识）上订阅的方法；

⑨ 拒绝客户端应用程序订阅主题的任何尝试，除非关联的客户端已经通过服务配置进行身份验证并获得订阅主题的权限，以及加入 DDS 数据域的权限。

配置服务的具体方式（通过文件、工具等）没有明确规定，因为它们不影响与客户端应用程序的互操作性。

Web-Enabled DDS 服务执行的身份验证和访问控制决策由 check_permissions 操作建模，在进行访问控制决策时调用该操作。该操作在某种意义上来讲是有逻辑的，因为它仅用于描述性目的。类的具体实施是不需要兼容的，只有关于认证和访问控制决策的外部可观察行为是必须规范的。

Web-Enabled DDS 服务作为 DDS 全局数据空间内的第一等级参与者，受 DDS 安全性规定的身份验证和访问控制策略约束，这些是 Web-Enabled DDS 服务对客户端施加的任何访问控制限制的补充。

（1）check_permissions 操作

输入：

✓ clientApiKey：执行操作的客户端的标识符；

✓ operationDescription：描述正在执行的操作类型；

✓ operationDetails：表示正在执行操作的对象以及任何相关参数。

每次服务必须决定是否允许特定操作时，都会逻辑地调用此操作。

3. WebDDS 客户类

WebDDS 客户（WebDDS::Client）模拟执行客户端应用程序的客户端或委托人。每一个客户端应用程序将会代表一个 WebDDS 客户执行。在具体使用时，通过 WebDDS 根上执行 create_application 操作对客户端应用程序进行身份验证并将其绑定到单个 WebDDS 客户，Web-Enabled DDS 服务将权限或访问权限关联到每个 WebDDS 客户。

WebDDS 客户可能创建一个或多个 WebDDS 应用，WebDDS 应用代表了特定的客户端应用程序。WebDDS 客户不具有任何操作功能，并且不直接被客户端应用程序使用。因此，可以选择以各种方式实现它，或者将其功能与其他类组合。只要其可观察行为与本章中描述的内容相匹配，并不要求该类的具体实现。

4. WebDDS 应用类

WebDDS 应用（WebDDS::Application）模拟了用于 Web-Enabled DDS 服务的客户端应用程序，其目的是在一种或多种 DDS 数据域上发布或订阅数据。每个 WebDDS 应用都与一个 WebDDS 客户绑定，并通过分配给 WebDDS 客户获得其访问权限，每个 WebDDS 应用可以关联零个或多个 WebDDS 域参与者。

10.2.3　DDS 实体代理

WebDDS 对象模型包含一组代理类，它们共同定义与 DDS 对象模型逻辑等效的对象模型。这些代理类允许客户端应用程序作为 DDS 数据域上的第一等级参与者，客户端应用程序在代理对象中实例化并运行。每个 WebDDS 代理对象都由一个或多个 DDS 对象支持，并且将在代理上执行的操作委派给实际的 DDS 对象。图 10-9 描述了用于代理 DDS 对象的 WebDDS 类。

代理类被设计为能够简化 DDS 对象模型，以便减少类和操作的数量，使操作名称和语义在不同的类中更加统一，从而可以更容易地在一个 REST 风格的架构中使用资源。WebDDS 对象模型中的代理类与 DDS 对象模型中的相应类之间的映射关系如图 10-10 所示。

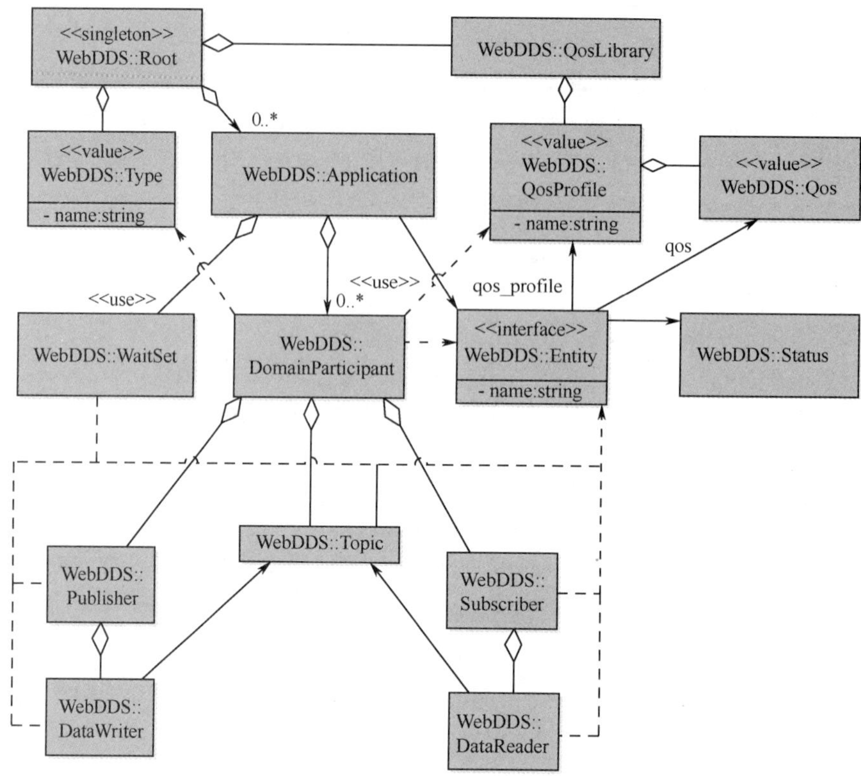

图 10-9 用于代理 DDS 对象的 WebDDS 类

1．返回值

WebDDS 对象的操作返回一个包含整数 ReturnCode 的返回值（ReturnStatus），该整数指定操作是否成功及失败的原因。表 10-1 描述了 ReturnCode 的可能值。

表 10-1 ReturnCode 的可能值

值	含　义
OK	操作成功
DDS_ERROR	其中一个底层 DDS 对象的操作返回错误
OBJECT_ALREADY_EXISTS	请求创建一个已经存在的对象
INVALID_INPUT	传递给操作的参数不正确/无效
INVALID_OBJECT	操作指定了一个不存在或无效的对象
ACCESS_DENIED	提供的客户端 API 密钥无效
PERMISSIONS_ERROR	该操作不适用于客户端用户的访问控制规则
GENERIC_SERVICE_ERROR	未指定的错误

2．访问控制和权限

许多操作的实现必须在 WebDDS 访问控制器类调用 check_permissions 操作，以确定操作是否被允许。此操作的实际表示形式和参数不需要由此规范定义，因为此操作由服务在内部调用，不会影响可观察的客户端 API 和行为。客户端唯一可观察到的行为发生在其对 WebDDS

API 的其他操作的调用中，这可能会因缺少权限而失败。

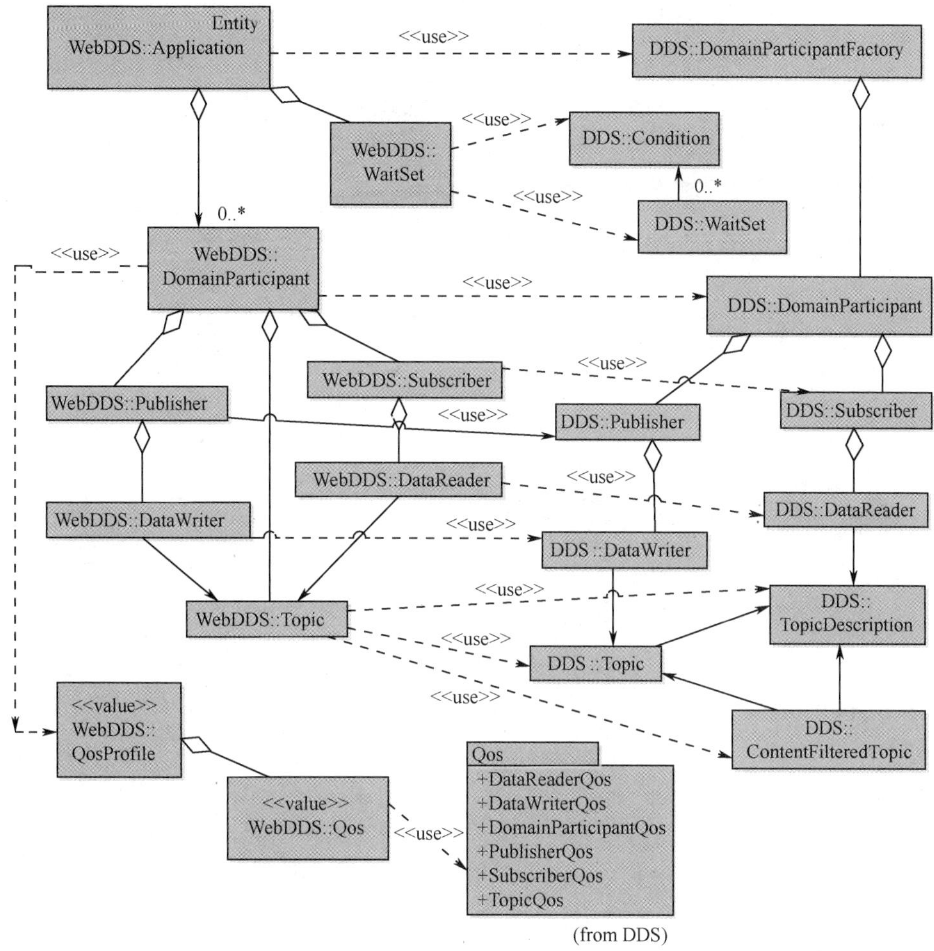

图 10-10　WebDDS 对象模型中的代理类与 DDS 对象模型中的相应类的映射关系

3. WebDDS 应用类

WebDDS 应用表示正在运行的客户端应用程序，并作为 Web-Enabled DDS 服务实例化的所有其他对象的根工厂。图 10-11 描述了 WebDDS 应用类结构。

（1）create_participant 操作

输入：

✓ participantObjectRepresentation：WebDDS 域参与者的表示（包括参与者名称、可选的 QoS 策略和包含的实体）。WebDDS 域参与者名称在 WebDDS 应用的范围内应该是唯一的。

输出：

✓ ReturnStatus：表示操作成功或失败的数字代码和出现故障时的文字说明。

该操作将执行以下步骤：

首先，检查 WebDDS 应用内是否已经存在具有特定 participantName 的 WebDDS 域参与者。如果已经存在，则返回错误代码 OBJECT_ALREADY_EXISTS。

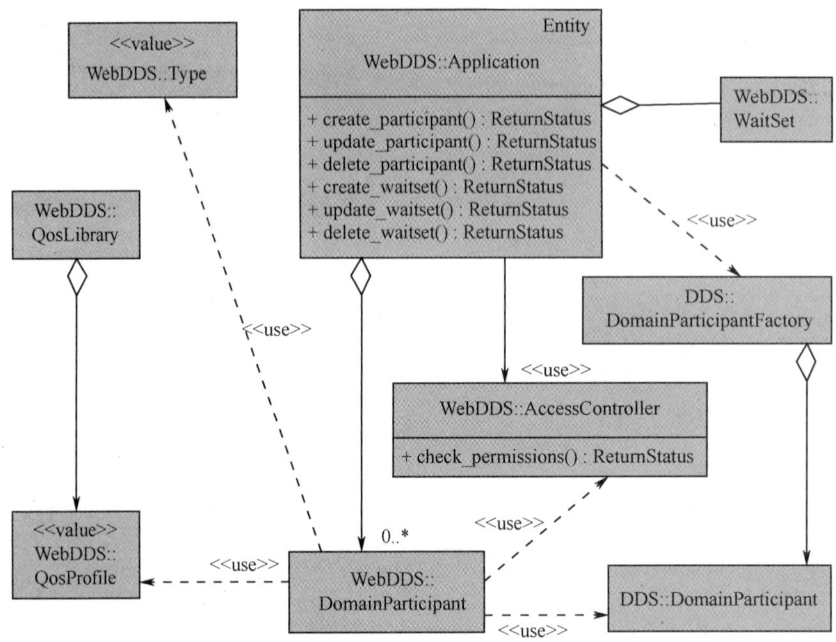

图 10-11 具有工厂操作的 WebDDS 应用类结构

其次，调用 check_permissions 操作去验证访问控制政策是否允许客户端以请求的 QoS 策略加入由 domain_id 标识的 DDS 数据域。如果不允许，则该操作将返回错误代码 PERMISSION_ERROR。

如果 participantObjectRepresentation 参数指定了一组包含的实体，则会调用 check_permissions 操作来验证访问是否允许客户端控制策略来创建具有指定 QoS 策略的实体。如果它们中的任何一项验证失败，WebDDS 域参与者都无法被创建，并且操作将返回错误代码 PERMISSIONS_ERROR。如果权限验证成功，则操作将创建 WebDDS 域参与者，该实体将使用指定的 QoS 策略在所请求的 DDS 数据域上创建一个 DDS 域参与者，然后它会创建由 participantObjectRepresentation 参数指定的 WebDDS 实体及相应的 DDS 实体。

每个 DDS 创建的实体都处于非使能状态。如果任何 DDS 实体的创建失败，那么所有创建的实体会被销毁，并且操作将返回错误代码 DDS_ERROR。如果所有实体都创建成功，DDS 域参与者和它所有包含的实体将被使能，并且返回 OK。

（2）update_participant 操作

输入：

✓ participantObjectRepresentation：WebDDS 域参与者的表示（包括参与者名称、可选的 QoS 策略和包含的实体），其格式应由每个 PSM 模型定义。WebDDS 域参与者名称应该与 WebDDS 应用先前创建的 WebDDS 域参与者相对应。

输出：

✓ ReturnStatus：表示操作成功或失败的数字代码和出现故障时的文字说明。

该操作将执行以下步骤：

首先，检查 WebDDS 应用内是否已经存在具有特定 participantName 的 WebDDS 域参与者。如果不存在，则返回错误代码 INVALID_OBJECT。

其次，如果 participantObjectRepresentation 参数指定了 QoS 策略或 QoS 配置文件，则将继续调用 check_permissions 操作来验证访问控制策略是否允许客户端更改 DDS 域参与者的 QoS 策略。如果允许，将更新 DDS 域参与者的 QoS 策略；如果不允许，将返回错误代码 PERMISSIONS_ERROR。

如果 participantObjectRepresentation 参数指定了一组包含的实体，则操作将验证这些包含的实体是否已存在于 WebDDS 域参与者中：

- 对于每个包含的实体，如果 participantObjectRepresentation 参数指定了 QoS 策略，该操作将调用 check_permissions 操作来验证访问控制策略是否允许客户端更改该实体的 QoS 策略；
- 对于不存在的每个包含的实体，该操作将调用 check_permissions 操作来验证访问控制策略是否允许客户端创建该实体并根据指定设置其 QoS 策略；
- 由于包含的实体（如发布者）本身可能包含其他实体（如数据写入者），因此上述两个步骤会以递归方式重复执行。

该操作将检验包含在 WebDDS 域参与者的任何实体是否不存在于给定的 participantObjectRepresentation 参数中。对于任何这样的实体，调用 check_operation 操作来验证访问控制策略是否允许客户端删除该实体。

如果对 check_permissions 操作的调用失败，则此操作执行的任何操作都将被撤销，同时返回错误代码 PERMISSIONS_ERROR。如果所有对 check_permissions 操作的调用都成功，那么操作将根据以下情况执行相应的动作：

- 根据 participantObjectRepresentation 参数创建特定的 WebDDS 实体，这同时会创建相应关联的 DDS 实体；
- 改变与之前存在的 WebDDS 实体关联的 DDS 实体的 QoS 策略；
- 删除 WebDDS 域参与者包含的且未出现在 participantObjectRepresentation 参数中的 WebDDS 实体。

如果上述任何创建、删除或 QoS 策略设置操作失败，则此操作执行的任何操作都将被撤销，同时返回错误代码 DDS_ERROR。如果所有创建或 QoS 策略设置操作都成功，则操作返回 OK。

（3）delete_participant 操作

输入：

✓ participantName：WebDDS 域参与者的名称。

输出：

✓ ReturnStatus：表示操作成功或失败的数字代码和出现故障时的文字说明。

该操作删除一个存在的 WebDDS 域参与者，将执行以下步骤：

首先，查找是否存在与 WebDDS 客户关联且具有指定 participantName 的 WebDDS 域参与者。如果不存在，则返回错误代码 INVALID_OBJECT。

其次，调用 check_permissions 操作来验证访问控制策略是否允许客户端删除 DDS 域参与者。如果不允许，则返回错误代码 PERMISSIONS_ERROR；如果允许，则删除与 WebDDS 域参与者关联的 DDS 域参与者。如果此删除失败，则会返回错误代码 DDS_ERROR。

如果成功删除了 WebDDS 域参与者，则操作返回 OK；如果删除失败，则返回错误代码

GENERIC_SERVICE_ERROR。

（4）create_waitset 操作

输入：

✓ waitsetName：WebDDS 等待集的名称，该名称在 WebDDS 应用范围内必须是唯一的；

✓ waitRepresentation：WebDDS 等待集的字符串表示形式，其中包含 WebDDS 等待集的名称，以及与之关联的 WebDDS 条件列表，其格式由每个 PSM 模型定义。

输出：

✓ ReturnStatus：表示操作成功或失败的数字代码和出现故障时的文字说明。

该操作将执行以下步骤：

首先，检查 WebDDS 应用中是否已经存在指定 waitsetName 的 WebDDS 等待集。如果已经存在，则返回错误代码 OBJECT_ALREADY_EXISTS。

其次，创建一个 WebDDS 等待集，然后创建一个 DDS 等待集和必要的 DDS 条件。如果 waitsetRepresentation 参数中有指定的 DDS 条件，将它们附加到创建的 DDS 等待集上。

如果任何 DDS 相关操作失败，则返回错误代码 DDS_ERROR；如果所有操作都执行成功，则返回 OK。

（5）update_waitset 操作

输入：

✓ waitsetRepresentation：WebDDS 等待集的 XML 表示形式，其中包含 WebDDS 等待集名称和准备与 WebDDS 等待集关联的新 WebDDS 条件。

输出：

✓ ReturnStatus：表示操作成功或失败的数字代码和出现故障时的文字说明。

该操作将执行以下步骤：

首先，检查应用程序中是否已经存在指定 waitsetName 的 WebDDS 等待集。如果不存在，则将返回错误代码 INVALID_OBJECT。

其次，更新与 WebDDS 等待集相关的条件，这将同时更新相应的 DDS 等待集。

如果由于格式错误的 waitsetRepresentation 参数导致更新操作失败，则该操作将返回错误代码 INVALID_OBJECT；如果由于 DDS 操作错误而导致更新操作失败，则返回错误代码 DDS_ERROR；如果操作成功，则返回 OK。

（6）delete_waitset 操作

输入：

✓ waitsetName：WebDDS 等待集的名称，该名称在 WebDDS 应用的范围内必须是唯一的。

输出：

✓ ReturnStatus：表示操作成功或失败的数字代码和出现故障时的文字说明。

该操作将执行以下步骤：

首先，检查 WebDDS 应用中是否已经存在指定 waitsetName 的 WebDDS 等待集。如果不存在，则将返回错误代码 INVALID_OBJECT。

其次，删除 WebDDS 等待集，这将同时删除相关的 DDS 等待集。如果由于 DDS 操作错误导致删除失败，则返回错误代码 DDS_ERROR；如果操作成功，则返回 OK。

4. WebDDS 域参与者类

WebDDS 域参与者是 DDS 域参与者的代理，并作为 WebDDS 主题、发布者和订阅者的工厂。图 10-12 和图 10-13 展示了分别带操作的 WebDDS 域参与者类结构，以及与类型和主题相关的 WebDDS 域参与者类操作。

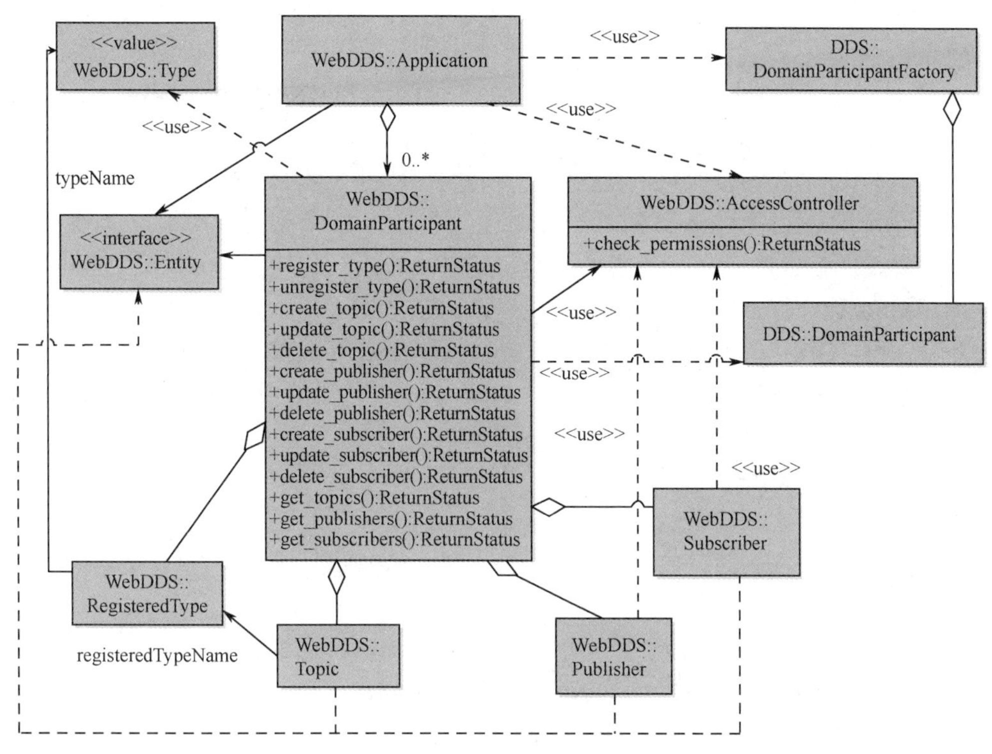

图 10-12　带操作的 WebDDS 域参与者类结构

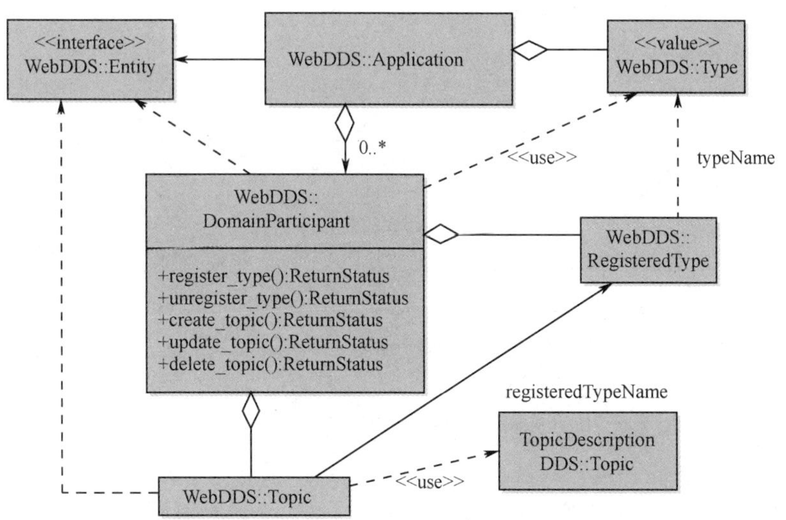

图 10-13　与类型和主题相关的 WebDDS 域参与者类操作

（1）register_type 操作

输入：

✓ registeredTypeName：DDS 域参与者应使用该名称来引用此类型；

✓ relatedTypeName：在上次成功调用 WebDDS 应用的 create_type 操作时指定的 WebDDS 类型名称。

输出：

✓ ReturnStatus：表示操作成功或失败的数字代码和出现故障时的文字说明。

该操作将执行以下步骤：

首先，检查 WebDDS 应用中是否已经存在指定 typeName 的 WebDDS 类型。如果不存在，则返回错误代码 INVALID_OBJECT。

其次，检查相关的 DDS 域参与者中是否已经有一个名称为 registeredTypeName 的类型。如果存在，将返回错误代码 OBJECT_ALREADY_EXISTS。

最后，使用由 DDS-XTYPES 规范定义的 DynamicType 为 registeredTypeName 表示的类型创建 DDS 类型支持对象，将其注册到关联的 DDS 域参与者上。如果任何操作失败，则返回错误代码 DDS_ERROR；如果操作成功，则返回 OK。

（2）unregister_type 操作

输入：

✓ registeredTypeName：以前成功调用 register_type 时指定的注册类型名称。

输出：

✓ ReturnStatus：表示操作成功或失败的数字代码和出现故障时的文字说明。

此操作在使用指定的 registeredTypeName 参数的 WebDDS 域参与者内查找 WebDDS 类型。如果不存在，则返回错误代码 INVALID_OBJECT。

该操作撤销了 register_type 所采取的操作，删除了具有匹配 registeredTypeName 的 WebDDS 类型。在该 WebDDS 域参与者内，未来涉及与 registeredTypeName 参数指定的 WebDDS 类型相关的操作将返回错误。

调用 unregister_type 操作不会对底层 DDS 域参与者进行任何操作。如果操作成功，则返回 OK。

（3）create_topic 操作

输入：

✓ topicObjectRepresentation：WebDDS 主题的表示（包括主题名称、与其关联的注册类型的名称和可选的 QoS 策略），其格式应由每个 PSM 模型定义。WebDDS 主题名称在 WebDDS 域参与者的范围内应该是唯一的。

输出：

✓ ReturnStatus：表示操作成功或失败的数字代码和出现故障时的文字说明。

该操作将执行以下步骤：

首先，检查在 WebDDS 域参与者内是否已经存在指定名称的 WebDDS 主题。如果已经存在，则返回错误代码 OBJECT_ALREADY_EXISTS。

其次，调用 check_permissions 操作来验证访问控制策略是否允许客户端在与 WebDDS 应用关联的 DDS 数据域上创建指定名称的 DDS 主题。如果不允许，则将返回错误代码

PERMISSIONS_ERROR。

最后，检查 WebDDS 域参与者是否已存在使用 registeredTypeName 参数指定的注册类型。如果不存在，则将返回错误代码 INVALID_OBJECT。

create_topic 操作将创建 WebDDS 主题。如果该操作失败，则将返回错误代码 GENERIC_SERVICE_ERROR。同时，该操作使用关联的 DDS 域参与者创建一个关联的 DDS 主题（主题名称为 topicName，数据类型为 registeredTypeName）。如果 DDS 域参与者没有注册 registeredTypeName 参数指定的类型，或者由于任何其他原因而导致对 create_topic 操作的调用失败，则该操作将返回错误代码 DDS_ERROR。如果操作成功，则返回 OK。

（4）update_topic 操作

输入：

✓ topicObjectRepresentation：WebDDS 主题的表示（包括主题名称、可选的 QoS 策略或 QoS 配置文件），其格式由每个 PSM 模型定义。WebDDS 主题名称应与 WebDDS 域参与者以前创建的 WebDDS 主题相对应。

输出：

✓ ReturnStatus：表示操作成功或失败的数字代码和出现故障时的文字说明。

该操作将执行以下步骤：

首先，检查 WebDDS 域参与者中是否已经存在指定 topicName 的 WebDDS 主题。如果不存在，则返回错误代码 INVALID_OBJECT。

其次，调用 check_permissions 操作来验证访问控制策略是否允许客户端更改 DDS 主题的 QoS 策略。如果允许，则更新主题的 QoS 策略；如果不允许，则将返回错误代码 PERMISSIONS_ERROR。

update_topic 操作将改变 DDS 主题的 QoS 策略。如果操作失败，则返回错误代码 DDS_ERROR；如果操作成功，则返回 OK。

（5）delete_topic 操作

输入：

✓ topicName：WebDDS 主题的名称。

输出：

✓ ReturnStatus：表示操作成功或失败的数字代码和出现故障时的文字说明。

该操作将执行以下步骤：

首先，检查 WebDDS 域参与者中是否已经存在指定 topicName 的 WebDDS 主题。如果不存在，则返回错误代码 INVALID_OBJECT。

其次，调用 check_permissions 操作来验证访问控制策略是否允许客户端删除指定 topicName 的 DDS 主题。如果不允许，则返回错误代码 PERMISSIONS_ERROR。

最后，在与 WebDDS 域参与者关联的 DDS 域参与者内找到并删除指定 topicName 的 DDS 主题。如果 DDS 主题无法定位或操作失败，则将返回错误代码 DDS_ERROR；如果操作成功，则返回 OK。

（6）get_topics 操作

输入：

✓ topicNameExpression：关于 WebDDS 主题名称的表达式；

✓ registeredTypeNameExpression：关于类型的表达式。

输出：

✓ ReturnStatus：表示操作成功或失败的数字代码和出现故障时的文字说明；

✓ topicRepresentationList：XML 表示形式的 WebDDS 主题列表，每个 WebDDS 主题的名称与 topicNameExpression 匹配，其格式应由每个 PSM 模型定义。

该操作将返回名称与 topicNameExpression 相匹配的主题名称列表，并且主题类型与 registeredTypeNameExpression 相匹配。如果操作成功，则返回 OK；如果操作失败，则返回错误代码 GENERIC_SERVICE_ERROR。

对于 topicNameExpression 和 typeNameExpression，表达式的语法和匹配应使用 POSIX 1003.2-1992 B.6 节中指定的 POSIX fnmatch 函数的语法和规则。

（7）create_publisher 操作

输入：

✓ publisherObjectRepresentation：WebDDS 发布者的表示（包括发布者名称、可选的 QoS 策略和包含的实体），其格式应由每个 PSM 模型定义。WebDDS 发布者名称在 WebDDS 域参与者的范围内是唯一的。

输出：

✓ ReturnStatus：表示操作成功或失败的数字代码和出现故障时的文字说明。

create_publisher 操作创建一个 WebDDS 发布者和相关的 DDS 发布者（带有所需的 QoS 策略和包含的实体），该操作将执行以下步骤：

首先，检查 WebDDS 域参与者中是否已经存在指定 publisherName 的 WebDDS 发布者。如果已经存在，则将返回错误代码 OBJECT_ALREADY_EXISTS。

其次，如果 publisherObjectRepresentation 参数指定了一组包含的实体，则会调用 check_permissions 操作来验证访问控制策略是否允许客户端使用其指定的 QoS 策略来创建这些实体。如果其中任何一项验证失败，则不会创建 WebDDS 发布者，并将返回错误代码 PERMISSIONS_ERROR；如果验证成功，则将创建一个 WebDDS 发布者，同时使用指定的 QoS 策略创建一个 DDS 发布者。然后，该操作将会创建由 publisherObjectRepresentation 参数指定的 WebDDS 实体及相应的 DDS 实体。

每个 DDS 创建的实体都处于非使能状态。如果任何 DDS 实体的创建失败，那么所有创建的实体会被销毁，则该操作将返回错误代码 DDS_ERROR；如果所有实体都创建成功，DDS 发布者和其包含的所有实体将被使能，并且返回 OK。

（8）update_publisher 操作

输入：

✓ publisherObjectRepresentation：WebDDS 发布者的表示（包括发布者名称、可选的 QoS 策略和包含的实体），其格式应由每个 PSM 模型定义。WebDDS 发布者名称应与 WebDDS 域参与者以前创建的 WebDDS 发布者相对应。

输出：

✓ ReturnStatus：表示操作成功或失败的数字代码和出现故障时的文字说明。

update_publisher 操作更新现有发布者的 QoS 策略和包含的实体，该操作将执行以下步骤：

首先，检查 WebDDS 域参与者中是否已经存在指定 publisherName 的 WebDDS 发布者。

如果不存在，则将返回错误代码 INVALID_OBJECT。

其次，如果 publisherObjectRepresentation 参数指定了 QoS 策略或 QoS 配置文件，则调用 check_permissions 操作验证访问控制策略是否允许客户端更改 DDS 发布者的 QoS 策略。如果允许，则更新 DDS 发布者的 QoS 策略；如果不允许，则将返回错误代码 PERMISSIONS_ERROR。

再次，如果 publisherObjectRepresentation 参数指定了一组包含的实体（数据写入者），那么将检查这些包含的实体是否已经存在：

- 对于每个包含的实体，如果 publisherObjectRepresentation 参数指定了 QoS 策略，该操作将调用 check_permissions 操作来验证访问控制策略是否允许客户端更改该实体的 QoS 策略；
- 对于不存在的每个包含的实体，该操作将调用 check_permissions 操作来验证访问控制策略是否允许客户端创建该实体并根据指定设置其 QoS 策略。

update_publisher 操作也将检查 WebDDS 发布者中包含的任何实体是否不存在于 publisherObjectRepresentation 参数中。对于这种实体，将调用 check_permissions 操作来验证访问控制策略是否允许客户端删除该实体。

如果任何对 check_permissions 操作的调用失败，则执行的任何操作都将被撤销，同时返回错误代码 PERMISSIONS_ERROR。如果所有对 check_permissions 操作的调用都成功，那么将根据以下内容执行相应的操作：

- 创建 publisherObjectRepresentation 参数中指定的 WebDDS 实体，同时会创建与之关联的 DDS 实体；
- 改变与之前存在的 WebDDS 实体关联的 DDS 实体的 QoS 策略；
- 删除 WebDDS 发布者未出现在 publisherObjectRepresentation 参数中的 WebDDS 实体及其关联的 DDS 发布者上的相应实体。

如果上述任何创建、删除或 QoS 策略设置操作失败，则所执行的任何操作都将被撤销，该操作将返回错误代码 DDS_ERROR；如果所有创建或 QoS 策略设置操作都成功，则操作将返回 OK。

（9）delete_publisher 操作

输入：

✓ publisherName：WebDDS 发布者的名称。

输出：

✓ ReturnStatus：表示操作成功或失败的数字代码和出现故障时的文字说明。

delete_publisher 操作删除存在的 WebDDS 发布者和关联的 DDS 发布者，该操作将执行以下步骤：

首先，查找 WebDDS 域参与者中是否已经存在指定 publisherName 的 WebDDS 发布者。如果不存在，则将返回错误代码 INVALID_OBJECT。

其次，调用 check_permissions 操作来验证访问控制策略是否允许客户端删除 WebDDS 发布者包含的实体。如果不允许，则返回错误代码 PERMISSIONS_ERROR；如果允许则删除与 WebDDS 发布者关联的 DDS 发布者。如果删除失败，则返回错误代码 DDS_ERROR。

delete_publisher 操作删除 WebDDS 发布者。如果操作成功，则返回 OK；如果操作失败，则返回错误代码 GENERIC_SERVICE_ERROR。

（10）get_publishers 操作

输入：

✓ publisherNameExpression：WebDDS 发布者名称的表达式。

输出：

✓ ReturnStatus：表示操作成功或失败的数字代码和出现故障时的文字说明；

✓ publisherRepresentationList：XML 表示形式的 WebDDS 发布者列表，每个 WebDDS 发布者的名称与 publisherNameExpression 匹配，其格式应由每个 PSM 模型定义。

此操作返回 WebDDS 域参与者中名称与 publisherNameExpression 相匹配的 WebDDS 发布者列表。如果操作成功，则返回 OK；如果操作失败，则返回错误代码 GENERIC_SERVICE_ERROR。

（11）create_subscriber 操作

输入：

✓ subscriberObjectRepresentation：WebDDS 订阅者的表示（包括订阅者名称、可选的 QoS 策略和包含的实体），其格式应由每个 PSM 模型定义。WebDDS 订阅者名称在 WebDDS 域参与者的范围内应该是唯一的。

输出：

✓ ReturnStatus：表示操作成功或失败的数字代码和出现故障时的文字说明。

create_subscriber 操作创建一个 WebDDS 订阅者和相关的 DDS 订阅者（带有所需的 QoS 策略和包含的实体），该操作将执行以下步骤：

首先，检查 WebDDS 域参与者中是否已经存在指定 subscriberName 的 WebDDS 订阅者。如果已经存在，则返回错误代码 OBJECT_ALREADY_EXISTS。

其次，如果 subscriberObjectRepresentation 参数指定了一组包含的实体，则会调用 check_permissions 操作来验证访问控制策略是否允许客户端使用其指定的 QoS 策略来创建这些实体。如果其中任何一项验证失败，则不会创建 WebDDS 订阅者，并且将返回错误代码 PERMISSIONS_ERROR；如果验证成功，则将创建一个 WebDDS 订阅者，同时使用指定的 QoS 策略创建一个 DDS 订阅者。然后，该操作将会创建由 subscriberObjectRepresentation 参数指定的 WebDDS 实体，以及相应的 DDS 实体。

每个 DDS 创建的实体都处于非使能状态。如果任何 DDS 实体的创建失败，那么所有创建的实体会被撤销，则该操作将返回错误代码 DDS_ERROR；如果所有实体都创建成功，则 DDS 订阅者和其包含的所有实体将被使能，并且返回 OK。

（12）update_subscriber 操作

输入：

✓ subscriberObjectRepresentation：WebDDS 订阅者的表示（包括订阅者名称、可选的 QoS 策略和包含的实体），其格式应由每个 PSM 模型定义。WebDDS 订阅者名称应与 WebDDS 域参与者以前创建的 WebDDS 订阅者相对应。

输出：

✓ ReturnStatus：表示操作成功或失败的数字代码和出现故障时的文字说明。

update_subscriber 操作更新现有订阅者的 QoS 策略和包含的实体，该操作将执行以下步骤：

首先，查找在 WebDDS 域参与者是否已经存在指定 subscriberName 的 WebDDS 订阅者。如果不存在，则将返回错误代码 INVALID_OBJECT。

其次，如果 subscriberObjectRepresentation 参数指定了 QoS 策略或 QoS 配置文件，则调用 check_permissions 操作验证访问控制策略是否允许客户端更改 DDS 订阅者的 QoS 策略。如果允许，则更新 DDS 订阅者的 QoS 策略；如果不允许，则将返回错误代码 PERMISSIONS_ERROR。

再次，如果 subscriberObjectRepresentation 参数指定了一组包含的实体（数据读取者），那么将检查这些包含的实体是否已经存在：

- 对于每个包含的实体，如果 subscriberObjectRepresentation 参数指定了 QoS 策略，该操作将调用 check_permissions 操作来验证访问控制策略是否允许客户端更改该实体的 QoS 策略；
- 对于不存在的每个包含的实体，该操作将调用 check_permissions 操作来验证访问控制策略是否允许客户端创建该实体并根据指定设置其 QoS 策略。

update_subscriber 操作将检查 WebDDS 订阅者中包含的任何实体是否不存在于 subscriberObjectRepresentation 参数中。对于这种实体，将调用 check_permissions 操作来验证访问控制策略是否允许客户端删除该实体。

如果任何对 check_permissions 的调用失败，则此操作执行的任何操作都将被撤销，同时返回错误代码 PERMISSIONS_ERROR；如果所有对 check_permissions 的调用都成功，那么操作将根据以下内容执行相应的操作：

- 创建 subscriberObjectRepresentation 参数中指定的 WebDDS 实体，同时会创建与之关联的 DDS 实体；
- 改变与之前存在的 WebDDS 实体关联的 DDS 实体的 QoS 策略；
- 删除 WebDDS 订阅者未出现在 subscriberObjectRepresentation 参数中的 WebDDS 实体及其关联的 DDS 订阅者上的相应对象。

如果上述任何创建、删除或 QoS 策略设置操作失败，则所执行的任何操作都将被撤销，该操作将返回错误代码 DDS_ERROR；如果所有创建或 QoS 策略设置操作都成功，则操作将返回 OK。

（13）delete_subscriber 操作

输入：

✓ subscriberName：WebDDS 订阅者的名称。

输出：

✓ ReturnStatus：表示操作成功或失败的数字代码和出现故障时的文字说明。

delete_subscriber 操作用于删除已经存在的 WebDDS 订阅者和其所关联的 DDS 订阅者，该操作将执行以下步骤：

首先，查找在 WebDDS 域参与者是否已经存在指定 subscriberName 的 WebDDS 订阅者。如果不存在，则将返回错误代码 INVALID_OBJECT。

其次，调用 check_permissions 操作来验证访问控制策略是否允许客户端删除 WebDDS 订阅者包含的实体。如果不允许，返回错误代码 PERMISSIONS_ERROR；如果允许，删除与 WebDDS 订阅者关联的 DDS 订阅者。如果删除失败，则返回错误代码 DDS_ERROR。

delete_subscriber 操作删除 WebDDS 订阅者。如果操作成功，则返回 OK；如果操作失败，则返回错误代码 GENERIC_SERVICE_ERROR。

（14）get_subscriber 操作

输入：

✓ subscriberNameExpression：WebDDS 订阅者名称的表达式。

输出：

✓ ReturnStatus：表示操作成功或失败的数字代码和出现故障时的文字说明；

✓ subscriberRepresentationList：XML 表示形式的 WebDDS 订阅者列表，每个 WebDDS 订阅者的名称与 subscriberNameExpression 匹配，其格式应由每个 PSM 模型定义。

此操作返回 WebDDS 域参与者中名称与 subscriberNameExpression 相匹配的 WebDDS 订阅者列表。如果操作成功，则返回 OK；如果操作失败，则返回错误代码 GENERIC_SERVICE_ERROR。

对于 subscriberNameExpression，表达式的语法和匹配应使用 POSIX 1003.2—1992 B.6 节中指定的 POSIX fnmatch 函数的语法和规则。

5. WebDDS 发布者类

WebDDS 发布者是 DDS 发布者的代理，并充当 WebDDS 数据写入者的工厂。图 10-14 描述了带操作的 WebDDS 发布者类结构。

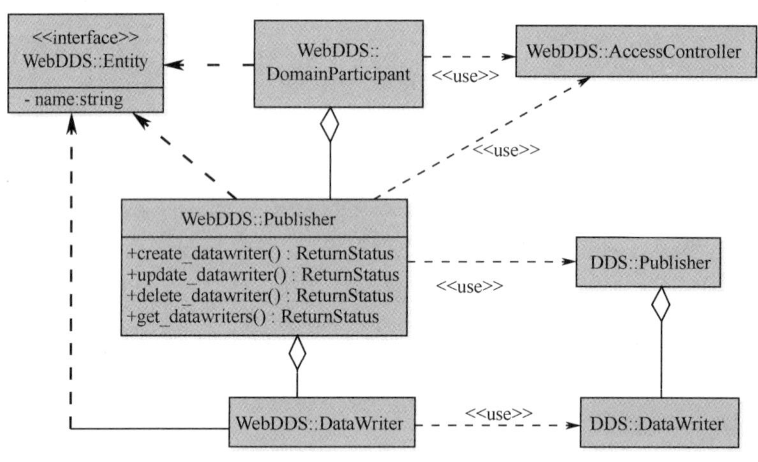

图 10-14　带操作的 WebDDS 发布者类结构

（1）create_datawriter 操作

输入：

✓ datawriterObjectRepresentation：WebDDS 数据写入者的表示（包括数据写入者名称和可选的 QoS 策略），其格式应由每个 PSM 模型定义。WebDDS 数据写入者名称在 WebDDS 发布者的范围内应该是唯一的。

输出：

✓ ReturnStatus：表示操作成功或失败的数字代码和出现故障时的文字说明。

create_datawriter 操作创建一个 WebDDS 数据写入者和相关的 DDS 数据写入者（带有所需的 QoS 策略），该操作将执行以下步骤：

首先，检查 WebDDS 发布者中是否已经存在指定 datawriterName 的 WebDDS 数据写入者。如果已经存在，则返回错误代码 OBJECT_ALREADY_EXISTS。

其次，调用 check_permissions 操作来验证访问控制策略是否允许客户端使用其指定的 QoS 策略创建 DDS 数据写入者。如果不允许，则不会创建 WebDDS 数据写入者，并且将返回错误代码 PERMISSIONS_ERROR；如果允许，则将创建一个 WebDDS 数据写入者，同时使用指定的 QoS 策略创建一个 DDS 数据写入者。创建的 DDS 数据写入者属于与 WebDDS 发布者关联的 DDS 发布者。

创建的 DDS 数据写入者处于非使能状态。如果创建失败，则所有创建的对象都将被销毁，并且操作将返回错误代码 DDS_ERROR；如果所有创建都成功，则创建的 DDS 数据写入者将被使能，并且返回 OK。

（2）update_datawriter 操作

输入：

✓ datawriterObjectRepresentation：WebDDS 数据写入者的表示（包括数据写入者名称和可选的 QoS 策略），其格式应由每个 PSM 模型定义。WebDDS 数据写入者名称应与 WebDDS 发布者以前创建的 WebDDS 数据写入者相对应。

输出：

✓ ReturnStatus：表示操作成功或失败的数字代码和出现故障时的文字说明。

update_datawriter 操作更新现有数据写入者的 QoS 策略，该操作执行以下步骤：

首先，查找在 WebDDS 发布者中是否已经存在指定 datawriterName 的 WebDDS 数据写入者。如果不存在，则将返回错误代码 INVALID_OBJECT。

其次，调用 check_permissions 操作验证 WebDDS 客户是否具有将关联的 DDS 数据写入者的 QoS 策略更改为新的期望值所需的权限。如果具有权限，则更新 DDS 数据写入者的 QoS 策略。如果指定的 QoS 策略不兼容（从 DDS 的角度来看），则操作将返回错误代码 DDS_ERROR，并且 DDS 数据写入者将保留其原始 QoS 策略。

如果上述所有操作和检查都成功，则操作返回 OK。

（3）delete_datawriter 操作

输入：

✓ datawriterName：WebDDS 数据写入者的名称。

输出：

✓ ReturnStatus：表示操作成功或失败的数字代码和出现故障时的文字说明。

delete_datawriter 操作用于删除已经存在的 WebDDS 数据写入者和其所关联的 DDS 数据写入者，该操作将执行以下步骤：

首先，查找在 WebDDS 发布者中是否已经存在指定 datawriterName 的 WebDDS 数据写入者。如果不存在，则将返回错误代码 INVALID_OBJECT。

其次，调用 check_permissions 操作来验证访问控制策略是否允许客户端删除与 WebDDS 数据写入者关联的 DDS 数据写入者。如果不允许，则返回错误代码 PERMISSIONS_ERROR；如果允许，将删除与 WebDDS 数据写入者关联的 DDS 数据写入者。如果删除失败，则返回错误代码 DDS_ERROR。

delete_datawriter 操作删除 WebDDS 数据写入者。如果操作成功，则返回 OK；如果操作失败，则返回错误代码 GENERIC_SERVICE_ERROR。

（4）get_datawriters 操作

输入：

✓ datawriterNameExpression：WebDDS 数据写入者名称的表达式。

输出：

✓ ReturnStatus：表示操作成功或失败的数字代码和出现故障时的文字说明；

✓ datawriterRepresentationList：XML 表示形式的 WebDDS 数据写入者列表，每个 WebDDS 数据写入者的名称与 datawriterNameExpression 匹配，其格式应由每个 PSM 模型定义。

此操作将返回 WebDDS 发布者中名称与 datawriterNameExpression 相匹配的 WebDDS 数据写入者列表。如果操作成功，则返回 OK；如果操作失败，则返回错误代码 GENERIC_SERVICE_ERROR。

对于 datawriterNameExpression，表达式的语法和匹配应使用 POSIX 1003.2—1992 B.6 节中指定的 POSIX fnmatch 函数的语法和规则。

6. WebDDS 订阅者类

WebDDS 订阅者是 DDS 订阅者的代理，并充当 WebDDS 数据读取者的工厂。图 10-15 描述了带操作的 WebDDS 订阅者类结构。

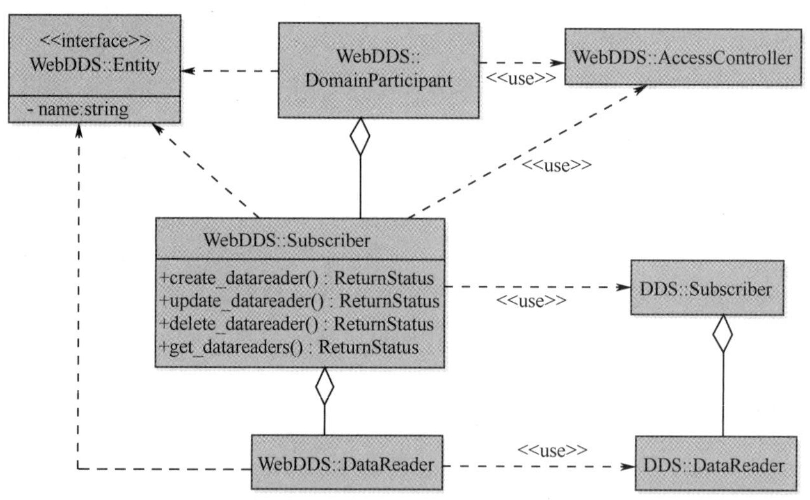

图 10-15　带操作的 WebDDS 订阅者类结构

（1）create_datareader 操作

输入：

✓ datareaderObjectRepresentation：WebDDS 数据读取者的表示（包括数据读取者名称、可选的 QoS 策略、过滤器和条件），其格式应由每个 PSM 模型定义。WebDDS 数据读取者名称在 WebDDS 订阅者的范围内应该是唯一的。

输出：

✓ ReturnStatus：表示操作成功或失败的数字代码和出现故障时的文字说明。

create_datareader 操作创建一个 WebDDS 数据读取者和相关的 DDS 数据读取者（带有所需的 QoS 策略），该操作将执行以下步骤：

首先，检查 WebDDS 订阅者中是否已经存在指定 datareaderName 的 WebDDS 数据读取者。如果已经存在，则返回错误代码 OBJECT_ALREADY_EXISTS。

其次，调用 check_permissions 操作来验证访问控制策略是否允许客户端使用其指定的 QoS 策略创建 DDS 数据读取者。如果不允许，则不会创建 WebDDS 数据读取者，并且将返回错误代码 PERMISSIONS_ERROR。

该操作从 datareaderObjectRepresentation 参数中提取主题名称，并且检查是否已经存在该名称的 WebDDS 主题。如果不存在，则返回错误代码 INVALID_INPUT。如果 datareaderObjectRepresentation 参数中包含内容过滤器，则使用 DDS 域参与者创建 DDS 内容过滤主题，该实体使用与找到的 WebDDS 主题关联的 DDS 主题及 datareaderObjectRepresentation 参数中的过滤器表达式和参数。如果创建失败，则返回错误代码 DDS_ERROR。

create_datareader 操作创建一个 WebDDS 数据读取者，然后使用 DDS 主题（或 DDS 内容过滤主题）和指定的 QoS 策略创建一个 DDS 数据读取者。创建的 DDS 数据读取者属于与 WebDDS 订阅者关联的 DDS 订阅者。

如果 datareaderObjectRepresentation 参数包含状态条件，则调用 DDS 数据读取者的 set_status_condition 操作以匹配条件。如果 datareaderObjectRepresentation 参数包含读取条件和/或查询条件，则通过对 DDS 数据读取者的 create_read_condition 和/或 create_query_condition 操作的调用来创建相应的 DDS 条件。

创建的 DDS 数据读取者处于非使能状态。如果创建失败，则所有创建的对象都将被销毁，并且操作将返回错误代码 DDS_ERROR；如果所有创建都成功，则创建的 DDS 数据读取者将被使能，并且返回 OK。

（2）update_datareader 操作

输入：

✓ datareaderObjectRepresentation：WebDDS 数据读取者的表示（包括数据读取者名称、可选的 QoS 策略和条件），其格式应由每个 PSM 模型定义。WebDDS 数据读取者名称应与 WebDDS 订阅者以前创建的 WebDDS 数据读取者相对应。

输出：

✓ ReturnStatus：表示操作成功或失败的数字代码和出现故障时的文字说明。

update_datareader 操作更新现有数据读取者的 QoS 策略，该操作将执行以下步骤：

首先，查找在 WebDDS 订阅者中是否已经存在指定 datareaderName 的 WebDDS 数据读取者。如果不存在，则返回错误代码 INVALID_OBJECT。

其次，调用 check_permissions 操作验证 WebDDS 客户是否具有将关联的 DDS 数据读取者的 QoS 策略更改为新的期望值所需的权限。如果具有权限，则更新 DDS 数据读取者的 QoS 策略。如果指定的 QoS 策略不兼容（从 DDS 的角度来看），则操作将返回错误代码 DDS_ERROR，并且 DDS 数据读取者将保留其原始 QoS 策略。

如果上述所有操作和检查都成功，则操作返回 OK。

（3）delete_datareader 操作

输入：

✓ datareaderName：WebDDS 数据读取者的名称。

输出：

✓ ReturnStatus：表示操作成功或失败的数字代码和出现故障时的文字说明。

delete_datareader 操作用于删除已经存在的 WebDDS 数据读取者和其所关联的 DDS 数据读取者，该操作将执行以下步骤：

首先，查找在 WebDDS 订阅者中是否已经存在指定 datareaderName 的 WebDDS 数据读取者。如果不存在，则返回错误代码 INVALID_OBJECT。

其次，调用 check_permissions 操作来验证访问控制策略是否允许客户端删除与 WebDDS 数据读取者关联的 DDS 数据读取者。如果不允许，则返回错误代码 PERMISSIONS_ERROR；如果允许，则删除与 WebDDS 数据读取者关联的 DDS 数据读取者，以及其所任何包含的对象（如读取或查询条件）。如果删除失败，则返回错误代码 DDS_ERROR。

delete_datareader 操作删除 WebDDS 数据读取者。如果操作成功，则返回 OK；如果操作失败，则返回错误代码 GENERIC_SERVICE_ERROR。

（4）get_datareaders 操作

输入：

✓ datareaderNameExpression：WebDDS 数据读取者名称的表达式。

输出：

✓ ReturnStatus：表示操作成功或失败的数字代码和出现故障时的文字说明；

✓ datareaderRepresentationList：XML 表示形式的 WebDDS 数据读取者列表，每个 WebDDS 数据读取者的名称与 datareaderNameExpression 匹配，其格式应由每个 PSM 模型定义。

此操作返回 WebDDS 订阅者中名称与 datareaderNameExpression 相匹配的 WebDDS 数据读取者列表。如果操作成功，则返回 OK；如果操作失败，则返回错误代码 GENERIC_SERVICE_ERROR。

对于 datareaderNameExpression，表达式的语法和匹配应使用 POSIX 1003.2—1992 B.6 节中指定的 POSIX fnmatch 函数的语法和规则。

7. WebDDS 数据写入者类

WebDDS 数据写入者是 DDS 数据写入者的代理，提供了写入数据和管理数据实例的操作，例如使用由 DDS 规范定义的语义注册、取消注册和丢弃实例。图 10-16 描述了 WebDDS 数据写入者类结构。

（1）create_instance 操作

输入：

✓ sampleData：使用由 DDS-XTYPES 指定的 XML 格式表示的数据样本，只有与数据相关的类型中定义了键才与此操作相关。

输出：

✓ instanceHandleRepresention：一个可用于引用注册实例的不透明句柄；

✓ ReturnStatus：表示操作成功或失败的数字代码和出现故障时的文字说明。

create_instance 操作将执行以下步骤：

首先，从 sampleData 为数据写入者构造适当类型的数据对象。如果构造失败，则返回错误代码 INVALID_INPUT。

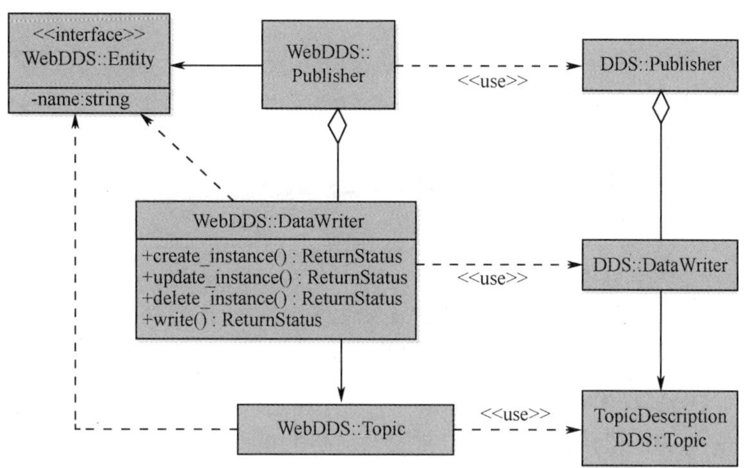

图 10-16　带操作的 WebDDS 数据写入者类结构

其次，调用与 WebDDS 数据写入者关联的 DDS 数据写入者的 register_instance 操作。如果操作失败，则会返回错误代码 DDS_ERROR；如果操作成功，则返回 OK，并用 register_instance 操作返回的 DDS 句柄填充 instanceHandleRepresentation 参数。

（2）update_instance 操作

输入：

✓ writeSampleInfo：WebDDS 写入样本信息的可选 XML 表示，其中包含由每个 PSM 模型定义的数据样本信息，并且可能包含时间戳、instanceHandle（先前调用 create_instance 或 update_instance 所返回的）及每个 PSM 模型指定的其他信息；

✓ sampleData：数据样本的表示，其格式应由每个 PSM 模型定义。

输出：

✓ instanceHandleRepresention：一个可用于引用已注册实例的不透明句柄；

✓ ReturnStatus：表示操作成功或失败的数字代码和出现故障时的文字说明。

update_instance 操作将执行以下步骤：

首先，从 sampleData 为数据写入者构造适当类型的数据对象，如果构造失败，则返回错误代码 INVALID_INPUT。

其次，根据 writeSampleInfo 参数是否存在，调用与 WebDDS 数据写入者关联的 DDS 数据写入者的 write 或 write_w_timestamp 操作。如果不存在，则调用 write 操作；如果存在，则使用 writeSampleInfo 中的时间戳调用 write_w_timestamp 操作。

如果调用 write 或 write_w_timestamp 操作过程中发生错误，则返回错误代码 DDS_ERROR；否则，返回 OK，并采用由 register_instance 操作返回的句柄填充 instanceHandleRepresentation 参数。

（3）delete_instance 操作

输入：

✓ writeSampleInfo：WebDDS 写入样本信息的可选 XML 表示，其中包含由每个 PSM 模型定义的数据样本信息，并且可能包含时间戳、instanceHandle（先前调用 create_instance

或 update_instance 所返回的）及包含的实例是应该注销还是根据 DDS 规范中的定义进行处置；

✓ sampleData：数据样本的表示，只有与数据相关的类型中定义了键才与此操作相关，其格式应由每个 PSM 模型定义。如果 writeSampleInfo 参数存在，则此参数是可选的。

输出：

✓ ReturnStatus：表示操作成功或失败的数字代码和出现故障时的文字说明。

delete_instance 操作将执行以下步骤：

首先，如果 writeSampleInfo 参数存在，那么操作应该从 writeSampleInfo 构造 DDS InstanceHandle_t。如果此构造失败，将返回错误代码 INVALID_INPUT。如果 writeSampleInfo 参数不存在，则操作将从 sampleData 为数据写入者构造适当类型的数据对象。如果构造失败，则返回错误代码 INVALID_INPUT。

其次，根据 writeSampleInfo 参数是否存在，调用 WebDDS 数据写入者关联的 DDS 数据写入者的 dispose 或 dispose_w_timestamp 操作。如果不存在，则调用 dispose 操作；如果存在，则使用 writeSampleInfo 参数中指定的时间戳调用 dispose_w_timestamp 操作。

如果调用 dispose 或 dispose_w_timestamp 操作过程发生错误，则返回错误代码 DDS_ERROR；否则，返回 OK。

（4）write 操作

输入：

✓ sampleData：数据样本，其格式应由每个 PSM 模型定义。

输出：

✓ ReturnStatus：表示操作成功或失败的数字代码和出现故障时的文字说明。

write 操作将执行以下步骤：

首先，从 sampleData 为数据写入者构造适当类型的数据对象。如果构造失败，则返回错误代码 INVALID_INPUT。

其次，调用与 WebDDS::DataWriter 对象关联的 DDS::DataWriter 对象上的 write 操作。如果 write 操作调用返回错误，则返回 DDS_ERROR 错误；否则，返回 OK。

8．WebDDS 数据读取者类

WebDDS 数据读取者是 DDS 数据读取者的代理，提供从 DDS 读取数据的方法。该类提供的操作允许读取所有数据，以及读取与其内容或实例状态相匹配的部分数据。此外，该操作还允许客户选择将数据保留在服务的 DDS 数据读取者中（使用 DDS 数据读取者的 read 操作，以便可以再次访问相同的数据），或者将其从 DDS 数据读取者缓存中删除（使用 DDS 数据读取者的 take 操作）。图 10-17 描述了 WebDDS 数据读取者类结构。

（1）get 操作

输入：

✓ sampleSelector：用于选择从数据读取者访问哪些样本的可选过滤器；

✓ removeFromReaderCache：可选参数，指示是否应将样本从数据读取者缓存中删除（DDS 数据读取者的 take 操作）或保留在缓存中（DDS 数据读取者的 read 操作），默认值为 TRUE，表示样本从缓存中移除；

✓ minSamples：可选参数，指示要检索的最小样本数，默认值为 1；

✓ maxSamples：可选参数，指示要检索的最大样本数，默认值为无限大。

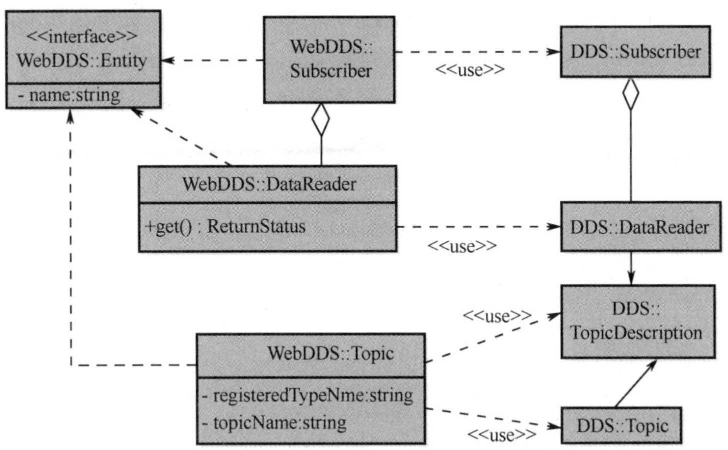

图 10-17 带操作的 WebDDS 数据读取者类结构

输出：

✓ sampleSequence：可用数据样本及样本信息序列（DDS::SampleInfo），其格式应由每个PSM 模型定义。序列中的每个样本应包含以下信息：

- sampleData：包含从 DDS 数据读取者访问的数据；
- readSampleInfo：包含从与 sampleData 关联的 DDS 数据读取者访问的样本信息 DDS::SampleInfo_t。

✓ ReturnStatus：表示操作成功或失败的数字代码和出现故障时的文字说明。

get 操作允许客户端应用程序检索由与 WebDDS 数据读取者关联的 DDS 数据读取者所接收的数据。该操作提供了各种参数来控制访问的数据及它是保留在 DDS 数据读取者缓存中还是从中删除。如果操作请求将数据从 DDS 数据读取者缓存中删除，它将在底层的 DDS 数据读取者上调用 take 操作。如果它请求留下数据，它将调用底层 DDS 数据读取者的 read 操作。

需要注意的是，底层 DDS 数据读取者提供了许多操作，允许以各种方式访问 DDS 数据读取者的数据，如单个读取，依次由实例选择各种状态标志（sampleState，instanceState，viewState）读取，按照内容过滤读取（QueryCondition）等。

get 操作将执行以下步骤：

首先，解析 sampleSelector 确定它是 FilterExpression、MetadataExpression，还是两者的结合。如果存在解析错误，则会返回错误代码 INVALID_INPUT。

目前，有四种可能情况，包括：sampleSelector 为空、仅包含 FilterExpression、仅包含 MetadataExpression 或两者都包含。

第一种情况：如果 sampleSelector 为空，那么将调用与 WebDDS 数据读取者关联的 DDS 数据读取者上的 read 或 take 操作。removeFromReaderCache 为 true，则调用 take 操作；否则，调用 read 操作。minSamples、maxSamples 和 maxWait 参数用于控制在从 read 或 take 操作返回之前必须从数据读取者获取的样本数。这些参数与 DDS 数据读取者的 read 或 take 操作的参数没有一一对应的直接对应关系，而是指出 WebDDS 数据读取者封装器逻辑必须执行的操作。例如，如果对底层 DDS 数据读取者操作的调用没有返回请求的 minSamples 数量的样本，那么 WebDDS 数据读取者将继续重试调用底层 DDS 数据读取者的 read 或 take 操作，并累积结果直到请求 minSamples 数量的样本已被获取或操作时间超过 maxWait。

第二种情况：如果 sampleSelector 是 FilterExpression，则使用 FilterExpression 构造 DDS 查询条件，并使用 read_w_condition 或 take_w_condition 操作从 DDS 数据读取者访问样本。除此之外的处理逻辑与第一种情况描述的相同。

第三种情况：如果 sampleSelector 是 MetadataExpression，可分为：

① 如果 MetadataExpression 不包含 InstanceHandleExpr，则该操作使用 MetadataExpression 推断所需的 sample_state、view_state 和 instance_state。这些状态被用作调用 read 和/或 take 操作以获得符合期望状态的样本。除此之外的处理逻辑与第一种情况描述的相同。

② 如果 MetadataExpression 包含 InstanceHandleExpr，则对 InstanceHandleExpr 分析以推导出所需的 InstanceHandle 对象。MetadataExpression 的其余部分按第一种情况中的描述进行分析，以导出所需的 sample_state、view_state 和 instance_state。这些参数用于多次调用 read_instance 或 take_instance 以传递每个所需的 InstanceHandle 对象及所需的 sample_state、view_state 和 instance_state。除此之外的处理逻辑与第一种情况描述的相同。

第四种情况：如果 sampleSelector 包含 FilterExpression 和 MetadataExpression，那么有两种情况：

① 如果 MetadataExpression 不包含 InstanceHandleExpr，则该操作使用 MetadataExpression 推断所需的 sample_state、view_state 和 instance_state。有以下两种可能性：

- 如果 MetadataExpression 和 FilterExpression 之间的逻辑操作是 AND，则使用 sampleSelector 中的 FilterExpression 和所需的 sample_state、view_state 和 instance_state 构造一个查询条件，并按照第二种情况进行操作；
- 如果 MetadataExpression 和 FilterExpression 之间的逻辑运算是 OR，那么操作将使用 sampleSelector 中的 FilterExpression 构造一个查询条件，并将状态保留为“any...”形式。此外，使用所需的 sample_state、view_state 和 instance_state 创建读取条件。随后，使用读取条件和查询条件分别调用 read_w_condition（或 take_w_condition）操作，并将得到的结果进行融合处理。minSamples 和 maxWait 参数的处理逻辑与第一种情况描述的相同。

② 如果 MetadataExpression 包含 InstanceHandleExpr，则对 InstanceHandleExpr 分析以推导出所需的 InstanceHandle 对象。有以下两种可能性：

- 如果 MetadataExpression 和 FilterExpression 之间的逻辑运算是 AND，则该操作使用 FilterExpression 和期望的 sample_state、view_state 和 instance_state 构造查询条件。然后调用 read_instance_w_condition（或 take_instance_w_condition）操作迭代访问每个实例，并将得到的结果进行融合处理。minSamples 和 maxWait 参数的处理逻辑与第一种情况描述的相同；
- 如果 MetadataExpression 和 FilterExpression 之间的逻辑运算是 OR，则该操作将使用 FilterExpression 构造一个查询条件，并将状态保留为“any...”形式。此外，使用所需的 sample_state、view_state 和 instance_state 创建读取条件。另外，通过对

InstanceHandleExpr 分析以推导出所需的实例。最后，使用读取条件和查询条件分别调用 read_instance_w_condition（或 read_instance_w_condition）操作，并将得到的结果进行融合处理。minSamples 和 maxWait 参数的处理逻辑与第一种情况描述的相同。

9. WebDDS 等待集类

WebDDS 等待集是 DDS 等待集的代理，为客户提供等待特定条件的手段，例如特定主题上的数据到达。图 10-18 描述了 WebDDS 等待集类结构。

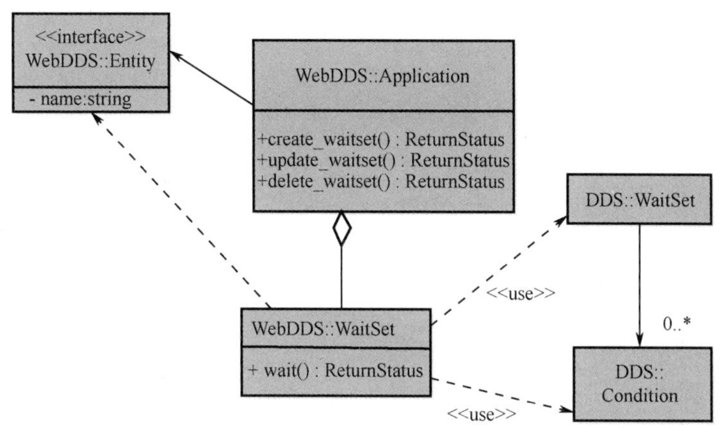

图 10-18　带操作的 WebDDS 等待集类结构

（1）wait 操作

输入：

✓ Timeout：以秒为单位的超时。

输出：

✓ conditionNameList：活动条件列表，其格式应由每个 PSM 模型定义；

✓ returnStatus：表示操作成功或失败的数字代码，以及失败时的文本描述。

wait 操作允许客户端应用程序阻止等待一组条件变为活动状态，否则会导致超时。如果任何与等待集相关的条件在调用该操作时处于活动状态，应立即返回。如果没有条件处于激活状态，则等待条件变为活动状态或发生超时。

10. WebDDS QoS 库类

WebDDS QoS 库表示 QoS 配置文件的集合，用于将 WebDDS QoS 配置文件以易于引用的方式分组。WebDDS QoS 库也可用作 QoS 配置文件的工厂。

（1）create_qos_profile 操作

输入：

✓ qosProfileRepresentation：包含 qosProfileName 的 QoS 配置文件的表示形式，其格式应由每个 PSM 模型定义。

输出：

✓ returnStatus：表示操作成功或失败的数字代码，以及失败时的文本描述。

create_qos_profile 操作创建指定 qosProfileName 的 WebDDS QoS 配置文件，该操作将执行以下步骤：

首先，检查 WebDDS QoS 库中是否已经存在指定 qosProfileName 的 WebDDS QoS 配置文件。如果已经存在，则不会创建 QoS 配置文件，并返回错误代码 OBJECT_ALREADY_EXISTS。

其次，创建 qosProfileRepresentation 参数中指定的 WebDDS QoS 配置文件。如果创建由于某些格式错误而失败，则返回错误代码 INVALID_INPUT；如果由于 QoS 策略值中的错误而导致失败（如由于 QoS 策略不兼容），将返回错误代码 DDS_ERROR；如果因其他原因失败，返回错误代码 GENERIC_SERVICE_ERROR；如果 QoS 配置文件成功创建，则操作返回 OK。

（2）delete_qos_profile 操作

输入：

✓ qosProfileName：QoS 配置文件的名称。

输出：

✓ returnStatus：表示操作成功或失败的数字代码，以及失败时的文本描述。

delete_qos_profile 操作将执行以下步骤：

首先，检查 WebDDS QoS 库中是否已经存在指定 qosProfileName 的 WebDDS QoS 配置文件。如果不存在，则返回错误代码 INVALID_OBJECT。

其次，删除找到的 WebDDS QoS 配置文件。此删除操作不会影响任何在执行该操作之前使用该 QoS 配置文件所创建的 DDS 实体。

（3）update_qos_profile 操作

输入：

✓ qosProfileRepresentation：包含 qosProfileName 的 QoS 配置文件的表示形式，其格式应由每个 PSM 模型定义。

输出：

✓ returnStatus：表示操作成功或失败的数字代码，以及失败时的文本描述。

update_qos_profile 操作删除具有指定 qosProfileName 的 QoS 配置文件，然后创建指定 qosProfileName 的新 QoS 配置文件等效，该操作将执行以下步骤：

首先，使用 qosProfileName 来调用 delete_qos_profile 操作。如果该操作失败，则返回与 delete_qos_profile 操作相同的状态。

其次，如果 delete_qos_profile 操作执行成功，则调用 create_qos_profile 操作传递 qosProfileRepresentation，并返回由 create_qos_profile 操作返回的 ReturnStatus。

（4）get_qos_profile 操作

输入：

✓ qosProfileNameExpession：QoS 配置文件名称的表达式。

输出：

✓ returnStatus：表示操作成功或失败的数字代码，以及失败时的文本描述；

✓ qosProfileObjectRepresentationList：WebDDS QoS 配置文件列表的表示形式，其格式应由每个 PSM 模型定义。

get_qos_profile 操作用于返回属于 WebDDS QoS 库所有 WebDDS QoS 配置文件列表，列表每个 QoS 配置文件名称与 qosProfileNameExpression 相匹配。如果操作失败，返回错误代码 GENERIC_SERVICE_ERROR；否则，返回 OK。

对于 qosProfileNameExpression，表达式的语法和匹配应使用 POSIX 1003.2-1992 B.6 节中指定的 POSIX fnmatch 函数的语法和规则。

11．WebDDS QoS 配置文件类

WebDDS QoS 配置文件代表 DDS4CCM 规范版本 1.1 中定义的 QoS 配置文件。

QoS 配置文件是包含每种 DDS 实体（域参与者、主题、发布者、订阅者、数据写入者和数据读取者）的 DDS QoS 定义的命名对象。通过在单个 QoS 配置文件下进行分组，应用程序可以通过仅指定要使用的 QoS 配置文件的名称来指定所需的 QoS 策略。随着 DDS 实体的创建，根据实体种类选择适当的 QoS 策略。

10.3　REST 架构下的 Web-Enable DDS 实现

REST 可以被视为一种请求/回复体系结构，其中客户端使用标准化操作（通过 URI 解决一组资源上的 POST、PUT、GET 和 DELETE 操作）来访问和修改服务器状态的表示。通过将 WebDDS PIM 中的对象映射为资源，并将对象的操作映射为 REST 允许的操作（POST、PUT、GET 和 DELETE）之一，可以在 REST/HTTP 和 REST/HTTPS 平台上实现 Web-Enable DDS 规范。

10.3.1　资源映射

WebDDS PIM 中的每个对象都映射到一个资源，其 URI 如表 10-2 所示。所有 URI 都有前缀“/dds/rest1”。为简洁起见，表中的 URI 省略了前缀。

表 10-2　REST 平台的资源 URI

对象类型	URI 资源（所有 URI 都有前缀“/dds/rest1”）
Application	/applications/<appname>
QosProfile	/qos_libraries/<qoslibname>/qos_profiles/<profile_name>
Type	/types/<typename>
WaitSet	/applications/<appname>/waitsets/<waitname>
Participant	/applications/<appname>/domain_participants/<partname>
RegisteredType	/applications/<appname>/ domain_participants/<partname>/registered_types/<reg_type_name>
Topic	/applications/<appname>/domain_participants/<partname>/topics/<topicname>
Publisher	/applications/<appname>/domain_participants/<partname>/publishers/<pubname>
Subscriber	/applications/<appname>/domain_participants/<partname>/subscribers/<subname>
DataWriter	/applications/<appname>/ domain_participants/<partname>/publishers/<pubname>/data_writers/<dwname>
DataReader	/applications/<appname>/ domain_participants/<partname>/publishers/<pubname>/data_readers/<drname>

10.3.2　操作映射

将 PIM 操作映射到 REST 的方法如表 10-3 所示。除了表中指定的 HTTP 方法，HEAD HTTP 方法应在与 GET 方法相同的 URI 上得到支持。HEAD 方法的行为应与 GET 方法相同，除非它不返回任何内容。

表 10-3 将 PIM 操作映射到 REST 的方法

操　　作	HTTP 方法	URI	HTTP 请求体和响应体
Root::create_application	POST	/applications/	Request body: applicationRepresentation Response body: authenticatedSessionRepresentation
Root::delete_application	DELETE	/applications/<appname>	Request body: Empty Response body: Empty
Root::get_applications	GET	/applications	Request body: Empty Response body: applicationObjectRepresentationList
Application::create_participant	POST	/applications/<appname>/domain_participants	Request body: participantObjectRepresentation Response body: Empty
Application::update_participant	PUT	/applications/<appname>/domain_participants/ <partname>	Request body: participantObjectRepresentation Response body: Empty
Application::delete_participant	DELETE	/applications/<appname>/domain_participants/ <partname>	Request body: Empty Response body: Empty
Application::get_participants	GET	/applications/<appname>/domain_participants	Request body: Empty Response body: participantObjectRepresentationList
Root::create_type	POST	/types	Request body: typeRepresentation Response body: Empty
Root::delete_type	DELETE	/types/<typename>	Request body: Empty Response body: Empty
Root::get_types	GET	/types	Response body: typeObjectRepresentationList
Root::create_qos_library	POST	/qos_libraries	Request body: qosLibraryObjectRepresentation Response body: Empty
Root::update_ qos_library	PUT	/qos_libraries/<qosLibName>	Request body: qosLibraryObjectRepresentation Response body: Empty
Root::delete_ qos_library	DELETE	/qos_libraries/<qosLibName>	Request body: Empty Response body: Empty
Root::get_ qos_libraries	GET	/qos_libraries	Request body: Empty Response body: qosLibraryObjectRepresentationList

续表

操　作	HTTP 方法	URI	HTTP 请求体和响应体
QosLibrary::create_qos_profile	POST	/qos_libraries/<qosLibName>/qos_profiles	Request body: qosProfileObjectRepresentation Response body: Empty
QosLibrary::update_qos_ profile	PUT	/qos_libraries/<qosLibName>/qos_profiles/<qosProfileName>	Request body: qosProfileObjectRepresentation Response body: Empty
QosLibrary::delete_qos_ profile	DELETE	/qos_libraries/<qosLibName>/qos_profiles/<qosProfileName>	Request body: Empty Response body: Empty
QosLibrary::get_qos_ profiles	GET	/qos_libraries/<qosLibName>/qos_profiles	Request body: Empty Response body: qosProfileObjectRepresentationList
Application::create_waitset	POST	/applications/<appname>/waitsets	Request body: waitsetObjectRepresentation Response body: Empty
Application::update_ waitset	PUT	/applications/<appname>/waitsets/<waitsetname>	Request body: waitsetObjectRepresentation Response body: Empty
Application::delete_ waitset	DELETE	/applications/<appname>/waitsets/<waitsetname>	Request body: Empty Response body: Empty
Application::get_ waitsets	GET	/applications/<appname>/waitsets	Response body: waitsetObjectRepresentationList
Participant::register_type	POST	/applications/<appname>/participants/<partname>/registered_types	Request body: registerTypeObjectRepresentation Response body: Empty
Participant::unregister_type	DELETE	/applications/<appname>/participants/<partname>/registered_types/<registered_typename>	Request body: Empty Response body: Empty
Participant::get_registered_types	GET	/applications/<appname>/participants/<partname>/registered_types	Response body: registerTypeObjectRepresentationList
Participant::create_topic	POST	/applications/<appname>/participants/<partname>/topics/	Request body: topicObjectRepresentation Response body: Empty
Participant::update_ topic	PUT	/applications/<appname>/participants/<partname>/topics/<topicname>	Request body: topicObjectRepresentation Response body: Empty
Participant::delete_ topic	DELETE	/applications/<appname>/participants/<partname>/topics/<topicname>	Request body: Empty Response body: Empty
Participant::get_ topics	GET	/applications/<appname>/participants/<partname>/topics	Response body: topicObjectRepresentationList
Participant::create_publisher	POST	/applications/<appname>/participants/<partname>/publishers	Request body: publisherObjectRepresentation Response body: Empty

续表

操　作	HTTP 方法	URI	HTTP 请求体和响应体
Participant::update_ publisher	PUT	/applications/<appname>/participants/<partname>/publishers/<publishername>	Request body: publisherObjectRepresentation Response body: Empty
Participant::delete_ publisher	DELETE	/applications/<appname>/participants/<partname>/publishers/<publishername>	Request body: Empty Response body: Empty
Participant::get_ publishers	GET	/applications/<appname>/participants/<partname>/publishers	Response body: publisherObjectRepresentationList
Participant::create_subscriber	POST	/applications/<appname>/participants/<partname>/subscribers	Request body: subscriberObjectRepresentation Response body: Empty
Participant::update_ subscriber	PUT	/applications/<appname>/participants/<partname>/subscribers/<subscribername>	Request body: subscriberObjectRepresentation Response body: Empty
Participant::delete_ subscriber	DELETE	/applications/<appname>/participants/<partname>/subscribers/<subscribername>	Request body: Empty Response body: Empty
Participant::get_ subscribers	GET	/applications/<appname>/participants/<partname>/subscribers	Response body: subscriberObjectRepresentationList
Publisher::create_datawriter	POST	/applications/<appname>/participants/<partname>/publishers/<publishername>/datawriters	Request body: datawriterObjectRepresentation Response body (for 201 response): entityCompactRepresentation Response body: Empty
Publisher::update_ datawriter	PUT	/applications/<appname>/participants/<partname>/publishers/<publishername>/datawriters/<datawritername>	Request body: datawriterObjectRepresentation Response body: Empty
Publisher::delete_ datawriter	DELETE	/applications/<appname>/participants/<partname>/publishers/<publishername>/datawriters/<datawritername>	Request body: Empty Response body: Empty
Publisher::get_ datawriters	GET	/applications/<appname>/participants/<partname>/publishers/<publishername>/datawriters	Response body: datawriterObjectRepresentationList
Subscriber::create_datareader	POST	/applications/<appname>/participants/<partname>/subscribers/<subscribername>/datareaders	Request body: datareaderObjectRepresentation Response body: Empty
Subscriber::update_ datareader	PUT	/applications/<appname>/participants/<partname>/subscribers/<subscribername>/datareaders/<datareadername>	Request body: datareaderObjectRepresentation Response body: Empty
Subscriber::delete_ datareader	DELETE	/applications/<appname>/participants/<partname>/subscribers/<subscribername>/datareaders/<datareadername>	Request body: Empty Response body: Empty
Subscriber::get_ datareaders	GET	/applications/<appname>/participants/<partname>/subscribers/<subscribername>/datareaders	Response body: datareaderObjectRepresentationList

续表

操　作	HTTP 方法	URI	HTTP 请求体和响应体
DataWriter::write	POST	/applications/<appname>/participants/<partname>/publishers/<publishername>/datawriters/<datawritername>	Request body: dataObjectRepresentation Response body: Empty
DataReader::read	GET	/applications/<appname>/participants/<partname>/subscribers/<subscribername>/datareaders/<datareadername>	Response body: readSampleList
Waitset::get	GET	/applications/<appname>/waitsets/<waitsetname>	Response body: List of: conditionNames

10.3.3　返回值映射

在 Web-Enable DDS 服务中，不同的操作可能得到不同的状态返回值，每个返回值都代表着不同的意义。在 Web 服务中这些返回值需要与 HTTP 提供的响应码相对应，帮助开发者或用户掌握操作的进度。表 10-4 列举了 Web-Enable DDS 服务中所有可能的返回值及与之对应的 HTTP 状态码。

表 10-4　Web-Enable DDS 服务返回值及与之对应的 HTTP 状态码

返　回　值	意　　义	HTTP 状态码
OK	操作成功	创建操作：201；取值操作：200；更新、删除操作：204
DDS_ERROR	对 DDS 对象操作时出错	500
OBJECT_ALREADY_EXISTS	对象已存在	409
INVALID_INPUT	输入参数不正确	422
INVALID_OBJECT	对不存在或无效的对象操作	404
ACCESS_DENIED	用户认证失败	401
PERMISSIONS_ERROR	权限不足	403
GENERIC_SERVICE_ERROR	服务的未知错误	500

10.3.4　对象表示

REST 平台使用的对象和参数表示如表 10-5 所示。

表 10-5　REST 平台使用的对象和参数表示

对 象 表 示	对象表示的格式
qosLibraryObjectRepresentation	<xs:element name="qos_library"type="qosLibrary"/>
qosLibraryObjectRepresentationList	<xs:element name="qos_library_list"type="qosLibraryList"/>
qosProfileObjectRepresentation	<xs:element name="qos_profile"type="qosProfile"/> From dds4ccm DDS_QoSProfile.xsd
qosProfileObjectRepresentationList	<xs:element name="qos_profile_list"type="qosProfileList"/>

续表

对 象 表 示	对象表示的格式
applicationObjectRepresentation	<xs:element name=”application”type=”application”/>
applicationObjectRepresentationList	<xs:element name=”application_list”type=”applicationList”/>
participantObjectRepresentation	<xs:element name=”domain_participant”type=”domainParticipant”/>
participantObjectRepresentationList	<xs:element name=”domain_participant_list”type=”domainParticipantList”/>
typeObjectRepresentation	XML element”types” From DDS-XTYPES dds-xtypes_type_definition.xsd
typeObjectRepresentationList	XML element”types” From DDS-XTYPES dds-xtypes_type_definition.xsd
waitsetObjectRepresentation	<xs:element name=”waitset”type=”waitset”/>
topicObjectRepresentation	<xs:element name=”topic”type=”Topic”/>
topicObjectRepresentationList	<xs:element name=”topic_list”type=”topicList”/>
publisherObjectRepresentation	<xs:element name=”publisher”type=”publisher”/>
publisherObjectRepresentationList	<xs:element name=”publisher_list”type=”publisherList”/>
subscriberObjectRepresentation	<xs:element name=”subscriber”type=”subscriber”/>
subscriberObjectRepresentationList	<xs:element name=”subscriber_list”type=”subscriberList”/>
datawriterObjectRepresentation	<xs:element name=”data_writer”type=”dataWriter”/>
datawriterObjectRepresentationList	<xs:element name=”data_writer_list”type=”dataWriterList”/>
datareaderObjectRepresentation	<xs:element name=”data_reader”type=”dataReader”/>
datareaderObjectRepresentationList	<xs:element name=”data_reader_list”type=”dataReaderList”/>
sampleData	<xs:any>
writeSampleInfo	<xs:element name=”write_sample_info” type=” writeSampleInfo”/>
readSampleSeq	<xs:element name=”read_sample_seq” type=” readSampleSeq”/>
writeSampleSeq	<xs:element name=”write_sample_seq” type=” writeSampleSeq”/>

10.3.5 HTTP 帧头格式

本节用于描述 REST PSM 模型依赖其存在和行为的请求帧头和响应帧头。本节并未排除使用其他标准 HTTP 帧头，但是不需要兼容的实现来包含或解释这些帧头。

1．HTTP 请求帧头

表 10-6 列出了 Web-Enable DDS 服务在 REST 平台使用的 HTTP 请求帧头。

表 10-6 REST 平台使用的 HTTP 请求帧头

帧 头	必选/可选	描 述
Accept	必选	请求特定的内容类型 有效值：application/dds-web+xml
Content-Length	必选（除 GET 和 HEAD）	信息体的传输长度
Content-Type	可选	有效值：application/dds-web+xml
Cache-Control	必选	有效值：IETF 2616 所述
OMG-DDS-API-Key	必选	授权客户端应用程序执行操作的密钥

2. HTTP 响应帧头

表 10-7 列出了 Web-Enable DDS 服务在 REST 平台使用的 HTTP 响应帧头。

表 10-7　REST 平台使用的 HTTP 响应帧头

帧　头	必选/可选	描　述
Authentication-Info	必选（登录响应）	用于与 AuthenticatedSessionToken 通信
Cache-Control	必选	有效值：IETF 2616 所述
Content-Length	必选	信息体的传输长度
Content-Type	必选	有效值：application/dds-web+xml
Date	可选	有效值：IETF 2616 所述
Expires	可选	有效值：IETF 2616 所述
Location	响应 POST 操作所需信息	新创建资源的 URI
Last-Modified	响应 GET 和 HEAD 操作所需信息	被访问资源的最后修改时间

第 11 章　DDS 规范的典型实现——OpenDDS

目前，在已有的 DDS 规范的软件实现中，RTI DDS 软件、OpenSplice 软件和 OpenDDS 软件应用的范围最为广泛。其中，OpenDDS 是 OCI（Object Computing Inc.）公司开发和商务支持的 DDS 规范的开源 C++实现，它基于开源的 ACE（Adaptive Communication Environment）和 TAO（The ACE ORB），实现了 DDS 规范的 DCPS 层接口，目前支持的操作系统包括 Windows 和 Linux。

本章从介绍 OpenDDS 的基本概念和技术特点入手，以开发者的角度详细描述使用 OpenDDS 进行分布式系统开发的基本过程，并对 OpenDDS 提供的基于配置文件的运行框架进行深入的剖析。

11.1　OpenDDS 概述

OpenDDS 由 OCI 公司资助，可通过网站 https://opendds.org/进行访问。截至 2019 年 8 月，最新发布的 OpenDDS 版本为 3.13。OpenDDS 最大的技术特点就是能够在开源代码软件模型下使用，其开发和运行许可是不需要付费的，这是 RTI DDS 等商业软件无法比拟的优势。在软件实现上，OpenDDS 也采用了其他的开源代码软件，包括 MPC（The Makefile，Project，and Workspace Creator），ACE（Adaptive Communication Environment）和 TAO（The ACE ORB）。

11.1.1　兼容性

OpenDDS 支持 OMG 组织的 DDS 规范和 DDS-RTPS 协议，具体实现情况如下。

1．DDS 规范兼容性

DDS 规范为 DDS 的软件实现定义了 5 个需要遵循的要点：

① 最小配置项；

② 发布/订阅配置项；

③ 持久性配置项；

④ 所有权配置项；

⑤ 对象模型配置项。

OpenDDS 遵循 DDS 规范的所有规定（包括所有可选配置项），包括带有以下注释说明的所有 QoS 策略类型的实现：

① 只有在 TCP、IP 多播传输或者 RTPS_UDP 传输时，才支持 RELIABILITY 策略的类型为 RELIABLE；

② TRANSPORT_PRIORITY 策略在可变时不能使用。

2. DDS-RTPS 协议兼容性

OpenDDS 遵循 DDS-RTPS 协议的规定，但是由于该协议仅为 DDS 实现提供声明，并不要求兼容，因此在使用 OpenDDS 的 RTPS 函数进行传输和发现时，需要考虑以下尚未在 OpenDDS 中实现的项目：

① 非默认活跃度（LIVELINESS）策略；

② 写入者方的内容过滤；

③ 关于呈现（PRESENTATION）策略的相干集合；

④ 定向写入；

⑤ 属性列表；

⑥ 关于持久性（DURABLE）数据的写入信息；

⑦ 不生成哈希键值，但是可以选择；

⑧ wait_for_acknowledgements 操作；

⑨ nackSuppressionDuration，以及 heartbeatSuppressionDuration。

11.1.2　组成架构

OpenDDS 是在严格遵循 OMG IDL 的 PSM 模型的基础上实现的。几乎所有的分布式系统应用场景中，OMG 的 C++语言映射被用来定义如何将 DDS 规范中的 IDL 映射到 C++ API，从而达到方便 OpenDDS 使用者使用的目的。

OpenDDS 与 OMG IDL 的 PSM 模型的主要区别：本地接口被用于实体，以及各种其他接口（在 DDS 规范中，这些被定义为不受限制的非本地接口）。OpenDDS 把它们定义为本地接口，可以提高性能、减少内存的使用，简化使用者与接口的交互，让使用者更加容易创建分布式应用。

1. 可扩展传输框架

OpenDDS 使用由 DDS 规范定义的 IDL 接口，以便于初始化及控制 DDS 服务的使用。通过一个 OpenDDS 特有的传输框架，可以实现数据传输。由于此框架允许 DDS 服务利用各种传输协议，因此称为可插拔传输层，它使 OpenDDS 的架构具有很大的灵活性。

目前，OpenDDS 支持 TCP/IP、UDP/IP、IP 多播、共享内存，以及 RTPS_UDP 等多种传输协议，如图 11-1 所示。传输协议可以通过配置文件指定，并在发布者和订阅者进程中附加各种实体。

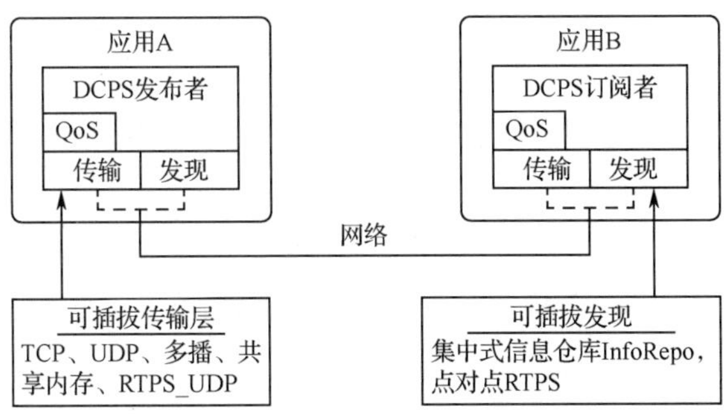

图 11-1　OpenDDS 可扩展传输框架

OpenDDS 利用一个可插拔的结构，允许数据通过应用程序开发者选择的传输方式和列集来实现传输。从概念上讲，该结构借助于 TAO 的可插拔协议框架。OpenDDS 当前支持 TCP 和 UDP 的点对点传输，即不可靠和可靠多播，使用高性能列集实现数据解析，列集代码由指定的 OpenDDS 的 IDL 编译器产生。这个可插拔的传输结构允许用户根据应用程序部署所需相同或不同的传输介质来优化 OpenDDS 安装。如图 11-2 所示，上述选择可以被替换且不影响应用程序代码本身。

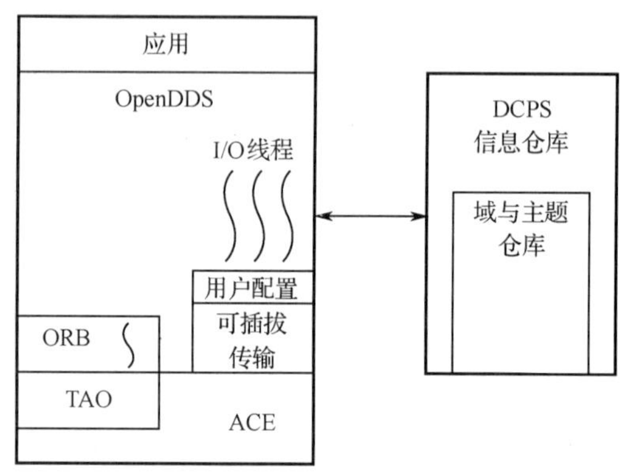

图 11-2 OpenDDS 可插拔结构

2. 发现机制

OpenDDS 支持匿名、透明、多点通信机制。当发布端应用程序每次发送一个特定主题的数据样本时，DDS 中间件向所有订阅该主题的应用程序分发数据样本。发布端应用程序无须指定有多少应用程序订阅该主题，也无须指定这些应用程序的位置。相应地，订阅端应用程序也无须知晓发布该主题的应用程序的位置。此外，主题的新订阅者和发布者随时可能出现，DDS 中间件将自动建立它们之间的连接关系。

那么 OpenDDS 是如何实现上述过程的呢？从本质上看，在每个发布端应用程序中，OpenDDS 必须保留一个应用程序的列表，它用于存储相同主题的订阅者、订阅者所处节点和控制数据如何发送的 QoS 策略。此外，OpenDDS 还必须在每个订阅端应用程序中，为其订阅的每个主题保留一个应用程序和发布者的列表。上述信息在应用程序之间由 DDS 中间件进行的传输被称为发现机制。

DDS 应用程序必须通过某种中心式媒介或者分布式方案来发现彼此，但是 DDS 规范没有对发现机制做出明确的规定，而是将其留给了 DDS 规范的具体实现。OpenDDS 的一个重要特征就是 DDS 应用程序可以被配置为使用 DCPS 信息仓库（DCPSInfoRepo）或 RTPS 协议来执行发现过程，具体如下：

① DCPS 信息仓库：集中式的储存库类型，其作为一个单独的进程运行，可以允许发布者和订阅者以集中式模式发现彼此。

② RTPS 发现：一种对等式的发现类型，使用 DDS-RTPS 协议通知可用性和本地信息。

需要注意的是，与其他类型 DDS 实现的互操作性必须使用基于 RTPS 的对等式发现机制，但只能在部署 OpenDDS 的系统中才能发挥作用。

（1）OpenDDS 集中式发现机制

DCPS 信息仓库（DCPSInfoRepo）是 OpenDDS 实现的一种独立式服务，以便实现集中式发现机制，它以 CORBA 服务器的形式存在。当用户请求一个关于主题的订阅时，DCPS 信息仓库就会定位主题，通知发布者目前有新的订阅者。当在非 RTPS 配置中使用 OpenDDS 时，就需要运行 DCPS 信息仓库；而在 RTPS 配置中使用时则不需要使用 DCPS 信息仓库。DCPS 信息仓库不包含在数据传输过程中，它的任务被限制在发现彼此 OpenDDS 应用程序的范围内。图 11-3 描述了基于 DCPS 信息仓库的 OpenDDS 集中式发现机制。

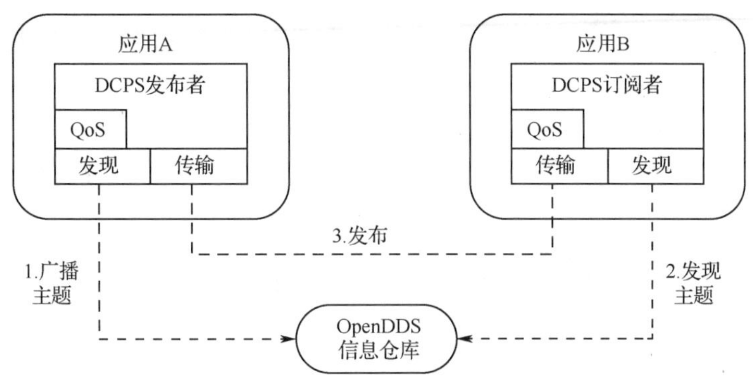

图 11-3　OpenDDS 集中式发现机制

应用程序使用者可利用 DDS 数据域的非重叠性部分，灵活、自由地运行多个 DCPS 信息仓库。数据域操作可以在多个 DCPS 信息仓库上进行，从而形成一个分布式虚拟仓库，即仓库联盟（Repository Federation）。为了使每个仓库参与到联盟中，每个仓库都必须在启动时指定它自己的联盟标识符数值（一个 32 位的数字值）。

（2）OpenDDS 对等式发现机制

需要对等式发现模式的 DDS 应用程序可由 OpenDDS 进行设定，通过使用 DDS-RTPS 协议可以完成这种类型的发现。这种简单的发现形式可通过 OpenDDS 对数据读取者和数据写入者的简单配置实现，图 11-4 展示了基于 RTPS 协议的 OpenDDS 对等式发现机制。当每个参与者的进程激活数据读取者和数据写入者的 DDS-RTPS 发现机制时，利用默认的或者配置的网络端口，RTPS 端点才能被创建，以便 DDS 域参与者可以发布数据写入者及数据读取者的可用性。一段时间后，基于标准的、彼此寻觅的那些域参与者就会基于所配置的、可插拔的传输协议，发现彼此并建立一个连接。

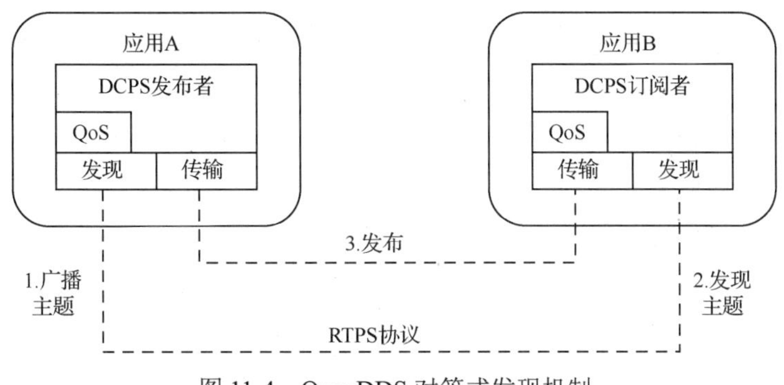

图 11-4　OpenDDS 对等式发现机制

当分布式系统开发部署过程中需要使用 RTPS 协议发现应用程序时，开发人员需考虑以下因素：

① 根据 UDP 端口被赋予数据域 ID 的方式，域 ID 应当在 0 到 231（包含 231）之间，在 OpenDDS 使用过程中，每个数据域可以支持多达 120 个域参与者；

② 主题名称以及类型标识符被限制为 256 个字符；

③ 根据全局唯一标识符（GUID）的分配方式，OpenDDS 的本地多播传输不能与 RTPS 发现一并工作。

3．线程处理

OpenDDS 创建 ORB 及运行该 ORB 的单独线程。它也使用其自身的线程处理输入的和输出的非 COBRA 传输 I/O。由于存在不能预料的连接关闭，应用程序需要创建一个单独的线程，以便于资源的清除。应用程序可通过 DCPS 的监听者机制从这些线程中得到回调。

当通过 OpenDDS 发布一个样本时，OpenDDS 试图通过调用线程把样本发送给已连接的任何订阅者。如果发送线程被堵塞，那么样本可能在单独的服务线程上排队等待着发送。此行为取决于 QoS 策略的设定值。

所有订阅者中的输入数据由服务线程进行读取，并由应用程序进行排队，等待读取，对数据读取者监听器的调用是从服务线程执行的。

4．配置框架

OpenDDS 包括一个基于文件的配置框架，用于配置全局项（如调试级别、内存分配及发现），以及关于发布者和订阅者的传输实现详细信息。当然，应用程序也可以直接以代码的方式实现配置。但建议用户使用基于文件的配置框架，以便使系统后期的维护变得简单，并且减少运行时的错误。

11.2 使用 OpenDDS

基于 OpenDDS 构建分布式系统分为四个基本步骤：定义数据类型、处理 IDL、实现发布端应用程序和实现订阅端应用程序。

11.2.1 定义数据类型

OpenDDS 能够在用不同语言创建的进程之间交换数据。例如，采用 C++语言编写的应用程序发送一个主题，可以被 Java 语言编写的应用程序进行接收。因此，必须定义能够交换 C++和 Java 数据的结构（主题的数据类型）。为了解决上述问题，OpenDDS 使用 IDL 语言（Interface Definition Language，OMG 组织的接口定义语言）在一个单独的文件中定义主题的数据类型。当完成 IDL 文件定义时，可以从这个文件创建 Java 和 C++中的所有必需的源代码文件。常见的 IDL 数据类型如表 11-1 所示。

表 11-1　常见的 IDL 数据类型

类　型	描　述	C++等价类型
Boolean	a true/false value	bool
char	simple char value	char
wchar	wide char value	wchar_t

续表

类　型	描　述	C++等价类型
string	a string with variable length	string
wstring	a string with variable length with wide char characters	wstring
octet	a byte	unsigned char
short	short integer value	short
unsigned short	unsigned short integer value	unsigned short
long	32 bit integer value	int
unsigned long	unsigned 32 bit integer value	unsigned int
long long	64 bit integer value	long long
unsigned long long	unsigned 64 bit integer value	unsigned long long
float	float value	float
double	double value	double
fixed	big value	not supported

DDS 传输和处理的每种数据类型都由 IDL 来定义。具体来看，OpenDDS 使用#pragma DCPS_DATA_TYPE 指令来标识主题的数据类型。TAO 的 IDL 编译器和 OpenDDS 的 IDL 编译器能够处理这些数据类型以生成必要的代码，从而实现 OpenDDS 对于这些类型数据的传输。

下面的示例为定义了 Message 数据类型的 IDL 文件：

```
module Messenger {
#pragma DCPS_DATA_TYPE "Messenger::Message"
#pragma DCPS_DATA_KEY "Messenger::Message subject_id"
    struct Message {
        string from;
        string subject;
        long subject_id;
        string text;
        long count;
    };
};
```

DCPS_DATA_TYPE 标记了用于 OpenDDS 的数据类型，标记的类型必须使用完全作用域类型名称。OpenDDS 要求数据类型为结构体，结构中可以包含数值类型（short、long、float 等）、枚举、字符串、序列、数组、结构体和联合。本示例在 Messenger 模块中定义了一个 Message 结构体，以供 OpenDDS 使用。

DCPS_DATA_KEY 标识了 DCPS 数据类型的某些特殊字段，这些字段用作该数据类型的键。数据类型可能具有零个或多个键。这些键用于标识主题内的不同实例。每个键应为数字类型、枚举、字符串或包含这些类型的 typedef 自定义类型，其他如结构体、序列和数组等类型不能直接用作键，而当结构体的成员或数组的元素为数字类型、枚举或字符串时，它们的成员或元素便可以用作键。

DCPS_DATA_KEY 能够传递标识该类型键的完整作用域的类型和成员名称，而且一个 DCPS_DATA_KEY 可以指定多个键。在本示例中，将 Messenger::Message 的 subject_id 成员标识为键，使用不同 subject_id 值发布的样本将被定义为属于同一主题内的不同实例。如果应用程序使用的是默认 QoS 策略，则具有相同 subject_id 值的后续样本就是该实例的替换值。

11.2.2 处理 IDL

定义好的 IDL 文件先由 TAO 的 IDL 编译器处理，具体指令如下：

```
tao_idl Messager.idl
```

随后，继续使用 OpenDDS 的 IDL 编译器处理 IDL 文件，生成 OpenDDS 传输 Message 类型的主题数据所需的序列化和键的支持代码，以及数据读取者和数据写入者的类型支持代码。OpenDDS 的 IDL 编译器位于$DDS_ROOT/bin/目录下，它将为每个处理的 IDL 文件生成三个文件，这些文件均以原始 IDL 文件名开头，具体如下：

① <filename>TypeSupport.idl；

② <filename>TypeSupportImpl.h；

③ <filename>TypeSupportImpl.cpp。

在本示例中，运行 OpenDDS 的 IDL 编译器的具体指令如下：

```
opendds_idl Messenger.idl
```

上述指令运行后生成 MessengerTypeSupport.idl、MessengerTypeSupportImpl.h 和 MessengerTypeSupportImpl.cpp 三个文件。其中，MessengerTypeSupport.idl 文件包含了 MessageTypeSupport、MessageDataWriter 和 MessageDataReader 的接口定义。后续应用程序（发布端和订阅端）编写时，将使用这些类型指定的 DDS 接口在数据域中注册数据类型、发布该数据类型的样本和接收已发布的样本。

MessengerTypeSupportImpl 实现文件包含了 DDS 接口的实现。需要注意的是，生成的 MessengerTypeSupport.idl 文件本身应使用 TAO 的 IDL 编译器进行编译，以生成 CORBA 的存根和框架文件。上述存根和框架文件及实现文件将与使用 Message 类型的 OpenDDS 应用程序链接到一起生成可执行程序。OpenDDS 的 IDL 编译器具有许多专门用于生成代码的选项，能够生成对应不同类型和版本的 C++编译器的代码。

通常来讲，应用程序开发人员不必像上面那样直接调用 TAO 的 IDL 编译器和 OpenDDS 的 IDL 编译器来实现 IDL 的处理，而是直接构建环境来完成它。通过使用 MPC 工具从 dcpsexe_with_tcp 项目中继承，可以大大简化上述 IDL 处理过程。MPC 工具的指令格式如下：

```
mpc.pl [-global <file>] [-include <directory>] [-recurse]
       [-ti <dll | lib | dll_exe | lib_exe>:<file>] [-hierarchy]
       [-template <file>] [-relative NAME=VAL] [-base <project>]
       [-noreldefs] [-notoplevel] [-static] [-genins] [-use_env]
       [-value_template <NAME+=VAL | NAME=VAL | NAME-=VAL>]
       [-value_project <NAME+=VAL | NAME=VAL | NAME-=VAL>]
       [-make_coexistence] [-feature_file <file name>] [-gendot]
       [-expand_vars] [-features <feature definitions>]
       [-exclude <directories>] [-name_modifier <pattern>]
```

```
[-apply_project] [-version] [-into <directory>]
[-gfeature_file <file name>] [-nocomments]
[-relative_file <file name>] [-for_eclipse]
[-language <cplusplus | csharp | java | vb>]
[-type <automake | bcb2007 | bcb2009 | bds4 | bmake | cc | cdt6 |
        cdt7 | em3 | ghs | gnuace | gnuautobuild | html | make |
        nmake | rpmspec | sle | vc6 | vc7 | vc71 | vc8 | vc9 |
        vc10 | vxtest | wb26 | wb30 | wix>]
[files]
```

对于本示例，执行 MPC 指令的代码如下：

```
mpc.pl -type vc9 Messenger.mpc
```

下面是发布端与订阅端应用程序共用的 MPC 文件部分内容：

```
project(*idl): dcps {
    // This project ensures the common components get built first.
    TypeSupport_Files {
        Messenger.idl
    }
    custom_only = 1
}
```

DCPS 的 MPC 父项目添加了类型支持的自定义构建规则，上面示例代码中的 TypeSupport_Files 部分的内容通知 MPC 工具使用 OpenDDS 的 IDL 编译器，基于 Messenger.idl 文件来生成 Message 类型的支持文件。

下面是发布端应用程序的 MPC 文件部分内容：

```
project(*Publisher): dcpsexe_with_tcp {
    exename = publisher
    after += *idl
    TypeSupport_Files {
        Messenger.idl
    }
    Source_Files {
        Publisher.cpp
    }
}
```

dcpsexe_with_tcp 项目将从 DCPS 库中链接。

下面是订阅端应用程序的 MPC 文件部分内容：

```
project(*Subscriber): dcpsexe_with_tcp {
    exename = subscriber
    after += *idl
    TypeSupport_Files {
        Messenger.idl
    }
    Source_Files {
```

```
            Subscriber.cpp
            DataReaderListenerImpl.cpp
        }
    }
```

11.2.3 实现发布端应用程序

本节描述建立一个 OpenDDS 发布端应用程序所涉及的步骤。整个代码按逻辑分为许多片段，下面将解释每个片段代码。为了节省篇幅，此处省略了代码中一些使用人员不感兴趣的部分（如#include 指令、错误处理和进程间同步等）。在$DDS_ROOT/DevGuideExamples/DCPS/Messenger/路径下的 Publisher.cpp 和 Writer.cpp 文件中能够找到此示例实现发布端应用程序的完整源代码。

1．初始化参与者

main 函数的第一部分是将当前进程初始化为 OpenDDS 参与者：

```
int main (int argc, char *argv[]) {
    try {
        DDS::DomainParticipantFactory_var dpf =
            TheParticipantFactoryWithArgs (argc, argv);
        DDS::DomainParticipant_var participant =
            dpf->create_participant (42, // domain ID
                PARTICIPANT_QOS_DEFAULT,
                0, // No listener required
                OpenDDS::DCPS::DEFAULT_STATUS_MASK);
        if (!participant) {
            std::cerr << "create_participant failed." << std::endl;
            return 1;
            }
        }
}
```

TheParticipantFactoryWithArgs 宏在 Service_Participant.h 中定义，并使用命令行参数初始化域参与者工厂。这些命令行参数用于初始化 OpenDDS 服务使用的 ORB，以及服务本身。此处，允许在命令行上传递 ORB_init 选项，以及符合-DCPS*格式的 OpenDDS 配置选项。

create_participant 操作是利用域参与者工厂将当前进程注册为指定数据域（域 ID 为 42）中的域参与者。域参与者使用默认的 QoS 策略，并且没有监听器。使用 OpenDDS 默认状态掩码可确保将 DDS 中间件中的所有相关通信状态更改（如 DATA_AVAILABLE、LIVELINESS_CHANGED）传达给应用程序（如通过监听器的回调）。用户可以使用（0x0~0x7FFFFFFF）范围内的 ID 定义任意数量的数据域，其他值则被保留供内部实现使用。然后，返回的域参与者对象引用将用于注册本示例中的 Message 数据类型。

2．注册数据类型和创建主题

首先，创建一个 MessageTypeSupportImpl 对象，然后使用 register_type 操作按照类型名称注册该类型。在本示例中，使用空字符串类型名称注册该类型，因此 MessageTypeSupport 接口存储库标识将被用作类型名称。此外，也可以使用特定的类型名称（如 Message）。

```
Messenger::MessageTypeSupport_var mts =
    new Messenger::MessageTypeSupportImpl ();
if (DDS::RETCODE_OK != mts->register_type (participant, "")) {
    std::cerr << "register_type failed." << std::endl;
    return 1;
}
```

接下来，从类型支持对象中获取注册的类型名称，并通过向 create_topic 操作中传递类型名称来创建主题。

```
CORBA::String_var type_name = mts->get_type_name ();
    DDS::Topic_var topic =
        participant->create_topic ("Movie Discussion List",
                    type_name,
                    TOPIC_QOS_DEFAULT,
                    0, // No listener required
                    OpenDDS::DCPS::DEFAULT_STATUS_MASK);
if (!topic) {
    std::cerr << "create_topic failed." << std::endl;
    return 1;
}
```

利用上面代码，创建了一个名称为“Movie Discussion List”的主题，该主题具有注册的类型和默认的 QoS 策略。

3. 创建发布者

利用默认的发布者 QoS 策略创建发布者。

```
DDS::Publisher_var pub =
    participant->create_publisher (PUBLISHER_QOS_DEFAULT,
                    0, // No listener required
                    OpenDDS::DCPS::DEFAULT_STATUS_MASK);
if (!pub) {
    std::cerr << "create_publisher failed." << std::endl;
    return 1;
}
```

4. 创建数据写入者并等待订阅者

发布者创建成功后，利用其创建数据写入者。

```
// Create the datawriter
DDS::DataWriter_var writer =
    pub->create_datawriter (topic,
                DATAWRITER_QOS_DEFAULT,
                0, // No listener required
                OpenDDS::DCPS::DEFAULT_STATUS_MASK);
if (!writer) {
    std::cerr << "create_datawriter failed." << std::endl;
    return 1;
}
```

当创建数据写入者时，需要传递主题对象引用、默认 QoS 策略和空监听器引用。接下来，将通用的数据写入者引用转换为专用的 MessageDataWriter 对象引用，以便能够使用指定类型的发布操作。

```
Messenger::MessageDataWriter_var message_writer =
        Messenger::MessageDataWriter::_narrow (writer);
```

本示例的代码使用条件和等待集，因此发布者需要等待订阅者建立连接并完成初始化。在这种简单示例中，未等待订阅者可能会导致发布者在连接订阅者之前发布其样本。

等待订阅者所涉及的基本步骤如下：

① 从创建的数据写入者中获取状态条件；

② 在条件下启用发布匹配状态；

③ 创建一个等待集；

④ 将状态条件附加到等待集；

⑤ 获取发布匹配状态；

⑥ 如果当前匹配项是一个或多个，则从等待集中分离条件并继续发布；

⑦ 在等待集中等待（可以在指定的时间段内进行限制）；

⑧ 循环回到步骤⑤。

下面是相应的代码：

```
// Block until Subscriber is available
DDS::StatusCondition_var condition =
        writer->get_statuscondition ();
        condition>set_enabled_statuses (
        DDS::PUBLICATION_MATCHED_STATUS);
DDS::WaitSet_var ws = new DDS::WaitSet;
ws->attach_condition (condition);
while (true) {
        DDS::PublicationMatchedStatus matches;
        if (writer->get_publication_matched_status (matches)
                != DDS::RETCODE_OK) {
                std::cerr << "get_publication_matched_status failed!"
                        << std::endl;
                return 1;
        }
        if (matches.current_count >= 1) {
                break;
        }
        DDS::ConditionSeq conditions;
        DDS::Duration_t timeout = { 60, 0 };
        if (ws->wait (conditions, timeout) != DDS::RETCODE_OK) {
                std::cerr << "wait failed!" << std::endl;
                return 1;
        }
}
ws->detach_condition(condition);
```

值中，每个 8 位字节有两个十六进制数字。类似地，数据读取者或数据写入者 USER_DATA 策略必须设置为与[endpoint/*]区段中的 entity 值相对应的长度为 3 的 8 位字节序列。

举例来看，假设配置文件包含以下内容：

```
[topic/MyTopic]
type_name=TestMsg::TestMsg

[endpoint/MyReader]
type=reader
topic=MyTopic
config=MyConfig
domain=34
participant=0123456789ab
entity=cdef01

[config/MyConfig]
transports=MyTransport

[transport/MyTransport]
transport_type=rtps_udp
use_multicast=0
local_address=1.2.3.4:30000
```

与之相对应的配置域参与者 QoS 策略的代码如下：

```
DDS::DomainParticipantQos dp_qos;
domainParticipantFactory->get_default_participant_qos (dp_qos);
dp_qos.user_data.value.length (6);
dp_qos.user_data.value[0] = 0x01;
dp_qos.user_data.value[1] = 0x23;
dp_qos.user_data.value[2] = 0x45;
dp_qos.user_data.value[3] = 0x67;
dp_qos.user_data.value[4] = 0x89;
dp_qos.user_data.value[5] = 0xab;
```

与之相对应的配置域数据读取者 QoS 策略的代码如下：

```
DDS::DataReaderQos qos;
subscriber->get_default_datareader_qos (qos);
qos.user_data.value.length (3);
qos.user_data.value[0] = 0xcd;
qos.user_data.value[1] = 0xef;
qos.user_data.value[2] = 0x01;
```

静态发现的重要细节是至少有一个传输配置包含已知的网络地址。如果无法确定端点的地址，将产生错误。静态发现实现还检查数据读取者或数据写入者的 QoS 策略是否与配置文件中指定的 QoS 策略相匹配。

表 11-7 [topic/*]区段配置选项

选　项	描　述	默 认 值
name = string	主题名称	区段的实例名称
type_name = string	唯一定义样本类型的标识符，通常是 CORBA 接口存储库类型名称	必须给出的

表 11-8 [datawriterqos/*]区段配置选项

选　项	描　述	默 认 值
durability.kind = [VOLATILE|TRANSIENT_LOCAL]	详见 7.1.4 节	详见 7.1.4 节
deadline.period.sec = [numeric|DURATION_INFINITE_SEC]	详见 7.1.7 节	详见 7.1.7 节
deadline.period.nanosec = [numeric|DURATION_INFINITE_NANOSEC]	详见 7.1.7 节	详见 7.1.7 节
latency_budget.duration.sec = [numeric|DURATION_INFINITE_SEC]	详见 7.1.8 节	详见 7.1.8 节
latency_budget.duration.nanosec = [numeric|DURATION_INFINITE_NANOSEC]	详见 7.1.8 节	详见 7.1.8 节
liveliness.kind = [AUTOMATIC|MANUAL_BY_TOPIC|MANUAL_BY_PARTICIPANT]	详见 7.1.11 节	详见 7.1.11 节
liveliness.lease_duration.sec = [numeric|DURATION_INFINITE_SEC]	详见 7.1.11 节	详见 7.1.11 节
liveliness.lease_duration.nanosec = [numeric|DURATION_INFINITE_NANOSEC]	详见 7.1.11 节	详见 7.1.11 节
reliability.kind = [BEST_EFFORT|RELIABILE]	详见 7.1.14 节	详见 7.1.14 节
reliability.max_blocking_time.sec = [numeric|DURATION_INFINITE_SEC]	详见 7.1.14 节	详见 7.1.14 节
reliability.max_blocking_time.nanosec = [numeric|DURATION_INFINITE_NANOSEC]	详见 7.1.14 节	详见 7.1.14 节
destination_order.kind = [BY_SOURCE_TIMESTAMPBY_RECEPTION_TIMESTAMP]	详见 7.1.17 节	详见 7.1.17 节
history.kind = [KEEP_LAST|KEEP_ALL]	详见 7.1.18 节	详见 7.1.18 节
history.depth = numeric	详见 7.1.18 节	详见 7.1.18 节
resource_limits.max_samples = numeric	详见 7.1.19 节	详见 7.1.19 节
resource_limits.max_instances = numeric	详见 7.1.19 节	详见 7.1.19 节
resource_limits.max_samples_per_instance = numeric	详见 7.1.19 节	详见 7.1.19 节
transport_priority.value = numeric	详见 7.1.15 节	详见 7.1.15 节
lifespan.duration.sec = [numeric|DURATION_INFINITE_SEC]	详见 7.1.16 节	详见 7.1.16 节
lifespan.duration.nanosec = [numeric|DURATION_INFINITE_NANOSEC]	详见 7.1.16 节	详见 7.1.16 节
ownership.kind = [SHARED|EXCLUSIVE]	详见 7.1.9 节	详见 7.1.9 节
ownership_strength.value = numeric	详见 7.1.10 节	详见 7.1.10 节

表 11-9　[datareaderqos/*]区段配置选项

选　　项	描　　述	默 认 值
durability.kind = [VOLATILE|TRANSIENT_LOCAL]	详见 7.1.4 节	详见 7.1.4 节
deadline.period.sec = [numeric|DURATION_INFINITE_SEC]	详见 7.1.7 节	详见 7.1.7 节
deadline.period.nanosec = [numeric|DURATION_INFINITE_NANOSEC]	详见 7.1.7 节	详见 7.1.7 节
latency_budget.duration.sec = [numeric|DURATION_INFINITE_SEC]	详见 7.1.8 节	详见 7.1.8 节
latency_budget.duration.nanosec = [numeric|DURATION_INFINITE_NANOSEC]	详见 7.1.8 节	详见 7.1.8 节
liveliness.kind = [AUTOMATIC|MANUAL_BY_TOPIC|MANUAL_BY_PARTICIPANT]	详见 7.1.11 节	详见 7.1.11 节
liveliness.lease_duration.sec = [numeric|DURATION_INFINITE_SEC]	详见 7.1.11 节	详见 7.1.11 节
liveliness.lease_duration.nanosec = [numeric|DURATION_INFINITE_NANOSEC]	详见 7.1.11 节	详见 7.1.11 节
reliability.kind = [BEST_EFFORT|RELIABILE]	详见 7.1.14 节	详见 7.1.14 节
reliability.max_blocking_time.sec = [numeric|DURATION_INFINITE_SEC]	详见 7.1.14 节	详见 7.1.14 节
reliability.max_blocking_time.nanosec = [numeric|DURATION_INFINITE_NANOSEC]	详见 7.1.14 节	详见 7.1.14 节
destination_order.kind = [BY_SOURCE_TIMESTAMPBY_RECEPTION_TIMESTAMP]	详见 7.1.17 节	详见 7.1.17 节
history.kind = [KEEP_LAST|KEEP_ALL]	详见 7.1.18 节	详见 7.1.18 节
history.depth = numeric	详见 7.1.18 节	详见 7.1.18 节
resource_limits.max_samples = numeric	详见 7.1.19 节	详见 7.1.19 节
resource_limits.max_instances = numeric	详见 7.1.19 节	详见 7.1.19 节
resource_limits.max_samples_per_instance = numeric	详见 7.1.19 节	详见 7.1.19 节
time_based_filter.minimum_separation.sec = [numeric|DURATION_INFINITE_SEC]	详见 7.1.12 节	详见 7.1.12 节
time_based_filter.minimum_separation.nanosec = [numeric|DURATION_INFINITE_NANOSEC]	详见 7.1.12 节	详见 7.1.12 节
reader_data_lifecycle.autopurge_nowriter_samples_delay.sec= [numeric|DURATION_INFINITE_SEC]	详见 7.1.22 节	详见 7.1.22 节
reader_data_lifecycle autopurge_nowriter_samples_delay.nanosec = [numeric|DURATION_INFINITE_NANOSEC]	详见 7.1.22 节	详见 7.1.22 节
reader_data_lifecycle.autopurge_dispose_samples_delay.sec = [numeric|DURATION_INFINITE_SEC]	详见 7.1.22 节	详见 7.1.22 节
reader_data_lifecycle autopurge_dispose_samples_delay.nanosec = [numeric|DURATION_INFINITE_NANOSEC]	详见 7.1.22 节	详见 7.1.22 节

表 11-10 [publisherqos/*]区段配置选项

选 项	描 述	默 认 值
presentation.access_scope = [INSTANCE|TOPIC|GROUP]	详见 7.1.6 节	详见 7.1.6 节
presentation.coherent_access = [true|false]	详见 7.1.6 节	详见 7.1.6 节
presentation.ordered_access = [true|false]	详见 7.1.6 节	详见 7.1.6 节
partition.name = name0, name1, ...	详见 7.1.13 节	详见 7.1.13 节

表 11-11 [subscriberqos/*]区段配置选项

选 项	描 述	默 认 值
presentation.access_scope = [INSTANCE|TOPIC|GROUP]	详见 7.1.6 节	详见 7.1.6 节
presentation.coherent_access = [true|false]	详见 7.1.6 节	详见 7.1.6 节
presentation.ordered_access = [true|false]	详见 7.1.6 节	详见 7.1.6 节
partition.name = name0, name1, ...	详见 7.1.13 节	详见 7.1.13 节

表 11-12 [endpoint/*]区段配置选项

选 项	描 述	默 认 值
domain = numeric	端点所使用的数据域 id（范围 0～231），用于形成端点的 GUID	必须给出的
participant = hexstring	由 12 个十六进制数字组成的字符串，用于形成端点的 GUID。具有相同域/参与者组合的所有端点应位于同一进程中	必须给出的
entity = hexstring	由 6 个十六进制数字组成的字符串，用于形成端点的 GUID。域/参与者/实体的组合应该是唯一的	必须给出的
type = [reader|writer]	用于确定实体是数据读取者还是数据写入者	必须给出的
topic = name	详见[topic/*]区段	必须给出的
datawriterqos = name	详见[datawriterqos/*]区段	详见表 5-1
datareaderqos = name	详见[datareaderqos/*]区段	详见表 6-1
publisherqos = name	详见[publisherqos/*]区段	详见表 3-3
subscriberqos = name	详见[subscriberqos/*]区段	详见表 3-5
config	引用[config/*]区段中的传输配置，用于确定端点的网络地址	

11.3.4 传输配置

从 3.0 版本开始，OpenDDS 开始采用新的传输配置方案，该方案的目标如下：

① 允许忽略传输配置的简单部署模式，并使用智能默认值进行部署（发布者或订阅者中不需要编写与传输相关的代码）；

② 允许使用配置文件和命令行选项灵活地部署应用程序；

③ 允许在单个数据写入者和数据读取者中使用混合传输机制，发布者和订阅者根据传输配置、QoS 策略设置和网络可达性的信息协商要使用的传输实现；

④ 支持复杂网络中更大范围的应用程序部署；

⑤ 支持开发优化的传输方式（如共享内存传输）；

⑥ 将对 RELIABILITY 策略的支持与底层传输相结合；

⑦ 尽可能避免对 ACE 服务配置工具及其配置文件的依赖。

遗憾的是，实现这些新功能需要打破以前版本中 OpenDDS 传输配置代码和文件的向后兼容性。请参阅$DDS_ROOT/docs/OpenDDS_3.0_Transition.txt 文件中有关如何将现有应用程序转换为使用新的传输配置方案的信息。

1．传输配置概述

在 OpenDDS 中，每个数据读取者和数据写入者使用包括一个有序传输实例集合的传输配置。每个传输实例指定一个传输实现（如 TCP、多播、shumem 或 RTPS_UDP），并能够定制该传输实现的配置参数。传输配置和传输实例由传输注册管理，可通过配置文件或使用 API 函数创建。

传输配置可为相应的域参与者、发布者、订阅者、数据写入者和数据读取者进行指定。当数据读取者或数据写入者启用时，它使用其可定位的多数具体配置（通过其直接绑定的或其父实体访问）。例如，如果数据写入者指定一个传输配置，它会默认使用该配置；如果数据写入者不指定一个配置，它按顺序使用其发布者或域参与者的配置；如果这些实体都没有指定传输配置，将从传输注册获取全局传输配置。全局传输配置可由用户通过配置文件、命令行选项或在传输注册上调用 API 函数得到指定。如果未得到用户定义，默认传输配置将得到使用，它包括所有可用传输实现及其默认配置参数。如果用户不在传输实现特别指定连接方式，OpenDDS 为所有通信默认使用 TCP 传输。

当前，OpenDDS 的行为是数据写入者积极连接至数据读取者，后者被动等待连接。数据读取者监听传输配置中定义的每个传输实例上的连接。数据写入者使用其传输实例连接至数据读取者的传输实例。由于此处所说的逻辑连接与真正传输的物理连接有一定区别，因此 OpenDDS 通常将其称为数据链路。

当数据写入者尝试连接到数据读取者时，首先要尝试查看用于与该数据读取者进行通信的数据链路是否存在。数据写入者（按定义顺序）遍历其每个传输实例，并查找到数据读取者所定义传输实例的现有数据连接。如果找到现有的数据连接，它将用于数据写入者和数据读取者之间的所有后续通信。

若未找到现有的数据连接，则数据写入者将尝试按照其传输配置中定义的顺序使用不同的传输实例进行连接。另一端，未匹配的任何传输实例都将被跳过。例如，如果数据写入者指定 UDP 和 TCP 传输实例，而数据读取者仅指定 TCP，则 UDP 传输实例将被忽略。匹配算法也可能会受到 QoS 策略、实例配置及传输实现的其他细节的影响。成功连接的第一对传输实例产生一条数据链路，该链路用于所有后续数据样本的发布。

2．传输配置示例

下面的示例解释了通过文件进行传输配置的基本特性，并描述了一些常见的使用情况。

（1）单传输配置

为应用程序提供传输配置的最简单方法是使用 OpenDDS 配置文件。下面是一个示例配置文件，它可能由运行在具有两个网络接口的计算机上的应用程序使用，该计算机只希望使用其中一个进行通信：

```
[common]
DCPSGlobalTransportConfig=myconfig

[config/myconfig]
transports=mytcp

[transport/mytcp]
transport_type=tcp
local_address=myhost
```

该文件执行以下内容（自下而上）：

① 使用 TCP 传输类型和 mhost 的本地地址定义一个名称为 mytcp 的传输实例，该主机的名称对应希望使用的网络接口；

② 定义一个名称为 myconfig 的传输配置，并将其作为传输实例 mytcp 的唯一传输；

③ 设置 myconfig 的传输配置作为该进程所有实体的全局传输配置。

使用该配置文件的进程将为其创建的所有数据读取者和数据写入者使用定制的传输配置（除非在代码中特别绑定了其他配置）。

（2）混合传输配置

下面的示例用于配置应用程序首先使用多播传输，当其无法使用多播时则使用 TCP 传输：

```
[common]
DCPSGlobalTransportConfig=myconfig

[config/myconfig]
transports=mymulticast, mytcp

[transport/mymulticast]
transport_type=multicast

[transport/mytcp]
transport_type=tcp
```

传输配置 myconfig 包括两个传输实例，即 mymulticast 和 mytcp。上述传输实例除 transport_type 外，没有指定任何参数，所以它们将使用这些传输实例的默认值。

假设所有参与进程都使用该配置文件，应用程序尝试使用多播初始化数据写入者和数据读取者之间的通信。如果初始化多播通信因任意原因失败（可能由于参与的路由器不支持多播传输导致），将继续采用 TCP 传输模式进行数据连接。

（3）使用多个传输配置

对于大多数应用程序而言，一个配置并不同等适用于一个给定进程中的所有通信。这种情况下，应用程序必须创建多个传输配置，随后将它们分配给进程的不同实体使用。

下面的示例中，一个应用程序拥有两个网络接口，其中一个接口用于数据通信，另一个接口作为备份：

```
[common]
DCPSGlobalTransportConfig=config_a
```

```
[config/config_a]
transports=tcp_a

[config/config_b]
transports=tcp_b

[transport/tcp_a]
transport_type=tcp
local_address=hosta

[transport/tcp_b]
transport_type=tcp
local_address=hostb
```

假设 hosta 和 hostb 分别分配给两个网络接口的主机名称，应用程序就可以在各自网络上使用 TCP 的不同配置。以上文件将 config_a 设置为默认配置，那么必须将希望使用另一方的实体分配为使用 config_b 配置。OpenDDS 提供了两种为实体分配配置的机制：

① 通过为实体附加配置的源代码（数据读取者、数据写入者、发布者、订阅者和域参与者）；

② 通过关联数据域的配置文件。

以下为使用源代码的机制：

```
DDS::DomainParticipant_var dp =
                    dpf->create_participant (MY_DOMAIN,
PARTICIPANT_QOS_DEFAULT,
DDS::DomainParticipantListener::_nil(),
OpenDDS::DCPS::DEFAULT_STATUS_MASK);
OpenDDS::DCPS::TransportRegistry::instance()->bind_config ("config_b", dp);
```

该域参与者所拥有的任何数据写入者和数据读取者都将使用 config_b 的传输配置。以下为使用配置文件的机制：

```
[domain/411]
DefaultTransportConfig=config_b
```

config_a 是数据域 411 所有数据写入者和数据读取者的默认传输配置。

3. 传输注册示例

OpenDDS 允许开发者通过 C++ API 函数定义传输配置和实例。具体而言，通过提供 OpenDDS::DCPS::TransportRegistry 构建 OpenDDS::DCPS::TransportConfig 和 OpenDDS::DCPS::TransportInst 对象。TransportConfig 和 TransportInst 类包含了与传输配置选项相关的公共数据成员。本节包括前述示例中简单传输配置文件的等效代码，为了使用代码实现传输注册，首先必须包含正确的头文件：

```
#include <dds/DCPS/transport/framework/TransportRegistry.h>
#include <dds/DCPS/transport/framework/TransportConfig.h>
```

```
#include <dds/DCPS/transport/framework/TransportInst.h>
#include <dds/DCPS/transport/tcp/TcpInst.h>
using namespace OpenDDS::DCPS;
```

其次，需要创建传输配置、创建传输实例和配置传输实例。随后，向配置的实例集合添加实例：

```
TransportConfig_rch cfg = TheTransportRegistry->create_config("myconfig");
TransportInst_rch inst = TheTransportRegistry->create_inst("mytcp", "tcp");

//Must cast to TcpInst to get access to transport-specific options
TcpInst_rch tcp_inst = dynamic_rchandle_cast<TcpInst>(inst);
tcp_inst->local_address_str_ = "myhost";
// Add the inst to the config
cfg->instances_.push_back(inst);
```

最后，将新定义的传输配置设置为全局传输配置。

```
TheTransportRegistry->global_config("myconfig");
```

上述代码应该在任何数据读取者和数据写入者启用之前执行。

开发者可以查看上述示例中包含的头文件，了解公共数据成员和成员函数的完整列表。与配置文件方式相比，可以发现代码方式相对烦琐，而且一旦需要修改则需要对程序进行重新编译。因此，几乎所有基于 OpenDDS 的应用程序都会选择使用配置文件机制进行传输配置。

4．传输配置选项

传输配置通过[config/<name>]格式的区段在 OpenDDS 配置文件中得到指定，其中<name>是该进程中配置的唯一名称。表 11-13 描述了指定传输配置时的选项。

表 11-13　指定传输配置选项

选　项	描　述	默 认 值
Transports = inst1[,inst2][,...]	该配置指定使用的传输实例名称的有序列表，每个传输配置都需要该选项	none
swap_bytes = [0|1]	值为 0 表示 DDS 按照发送方主机的本地字节顺序序列化数据；值为 1 表示 DDS 按照相反字节顺序序列化数据，接收方将为其字节顺序调整数据。该选项的目的是在必要时允许开发者决定哪一方将进行字节顺序调整	0
passive_connect_duration= msec	初始被动连接建立的超时时间（毫秒）。在默认情况下，该选项等待时间为 10 秒；值为 0 表示不确定等待时间	10000

passive_connect_duration 选项通常被设置为非 0 的正整数。在没有合适的连接超时的情况下，订阅者端点可能在等待远程初始化连接时进入死锁状态。由于发布者和订阅者可能有多个传输实例，该选项需要被设置为足够大的值，从而允许发布者在成功发送数据前等待。

除用户定义配置外，OpenDDS 可隐式定义两个传输配置。第一个是默认配置，它包括连接至该进程的所有传输实现。如果未发现任何传输实现，则仅使用 TCP 传输模式。每个此类传输实例作为传输实现使用的默认配置。当用户未定义任何的传输配置时，它将作为全局传输配置。

每当使用 OpenDDS 配置文件时，第二个隐式传输配置得到定义。它的名称与读取的文件相同，包括该文件中定义的所有传输实例（按照其名称的字母顺序）。用户可以通过在相同文件中指定 DCPSGlobalTransportConfiguration=$file 选项使用该配置。$file 值通常绑定当前文件的隐式文件配置。

5．传输实例选项

传输实例通过[transport/<name>]格式的区段在 OpenDDS 配置文件中得到指定，其中<name>表示进程中该实例的唯一名称。每个传输实例必须以有效的传输实现类型指定 transport_type 选项。以下列出可指定的其他选项，包括所有传输类型都使用的通用配置选项，以及单个传输类型所使用的特定配置选项。

（1）通用传输配置选项

表 11-14 总结了所有传输类型的通用配置选项。

表 11-14 通用传输配置选项

选 项	描 述	默 认 值
transport_type = transport	传输的类型，可用传输的列表通过传输框架以编程方式得到扩展。OpenDDS 包括 TCP、UDP、多播、shmem 和 RTPS_UDP	none
queue_messages_per_pool = n	当探测到传输压力时，等待发送的信息将排队。当信息队列必须增大时，按该数字增加	10
queue_initial_pools = n	传输压力队列池的初始数量。两个传输压力队列值的默认设置为 50 条信息预分配空间（10 条信息的 5 个池）	5
max_packet_size = n	传输数据包的最大值，包括其传输帧头、样本帧头和样本数据	2147481599
max_samples_per_packet = n	传输数据包中样本的最大数量	10
optimum_packet_size = n	即使存在排队等待发送的样本，大于该选项取值大小的数据包将被发送。根据用户网络配置和应用程序性质，其取值可能影响传输性能	4096
thread_per_connection = [0|1]	按每个连接发送策略启用或禁用线程。在默认情况下，该选项被禁用	0
datalink_release_delay = sec	无关联后释放数据链路的延迟（以秒为单位）。当读取者/写入者关联频繁得到添加和移除时，增加该值可能降低重新建立连接的负担	10

当线程上下文切换的开销不超过并行写入的收益，启用 thread_per_connection 选项将提高在不同进程上向多个数据读取者写入数据时的性能。这种网络性能与上下文交换开销之间的平衡最好通过实验来确定。如果一台机器有多个网卡，它可以通过为每个网卡创建一个传输来提高性能。

（2）TCP/IP 传输配置选项

TCP 传输有很多配置选项。适当配置的传输为底层堆栈分配提供了更多的弹性。几乎所有定制连接和再连接策略的可用选项都拥有合理的默认值，但这些值的最终选择应依据一个针对网络质量和特定 DDS 应用程序与目标环境中期望的 QoS 的深入理解。

local_address 选项用于对等方建立连接。默认情况下，TCP 传输在解析了 FQDN（完全限定域名）的 NIC 上选择一个临时端口。因此，如果有多个 NIC 要指定端口，则可能希望显式设置地址。配置主机间通信时，local_address 不能是本地主机，应该配置为外部可见地址（192.168.0.2）。如果不指定 local_address 的值，则将使用 FQDN 和临时端口。

FQDN 取决于系统配置。如果没有 FQDN（如 example.objectcomputing.com），OpenDDS

将使用任何发现的短名称；如果发现失败，它将使用从环回地址解析的名称（如 localhost）。需要注意的是，OpenDDS IPv6 支持并要求基本 ACE/TAO 组件得到构建，并支持启动 IPv6。local_address 应该是一个 IPv6 十进制地址或者一个拥有端口的 FQDN，FQDN 必须可以对 IPv6 地址进行解析。

TCP 传输作为独立库存在，使用它时需要链接该库文件。当使用动态链接方式时，每当它在配置文件得到引用时，OpenDDS 自动加载 TCP 库；当没有其他传输得到指定时，TCP 将作为默认传输。当使用静态链接方式时，应用程序必须直接链接 TCP 库。如果需要这样做，那么应用程序必须首先初始化服务，包括选择适当的头文件：

<dds/DCPS/transport/tcp/Tcp.h>

开发者也可以通过编程方式配置发布者和订阅者的传输实现，订阅者和发布者的配置应当唯一，但每个传输实例应被分配不同的地址/端口。

表 11-15 总结了 TCP 传输配置选项。

表 11-15 TCP 传输配置选项

选 项	描 述	默认值
conn_retry_attempts = n	调用 on_publication_lost 和 on_subscription_lost 回调前再次尝试连接的数量	3
conn_retry_initial_delay = msec	再次尝试连接的初始延迟（毫秒）。一旦探测到连接丢失，将再次尝试连接。如果再次连接失败，经过指定延迟后进行第二次尝试连接	500
conn_retry_backoff_multiplier = n	再次连接尝试的备用乘数。在上述初始延迟后，后续延迟由该乘数和之前的延迟确定。例如，当 conn_retry_backoff_multiplier 为 1.5，且 conn_retry_initial_delay 为 500，第二次再次尝试连接将在首次尝试失败 0.5 秒后；第三次尝试连接将在第二次尝试失败 0.75 秒后；第四次尝试连接将在第三次尝试失败 1.125 秒后	2.0
enable_nagle_algorithm = [0|1]	启动或禁用 Nagle 的算法。在默认情况下，它是禁用的。启用 Nagle 的算法可以提高吞吐量，但会增加延时	0
local_address = host:port	接收端的主机名称和端口。默认值为 FQDN 和端口 0，这意味着操作系统将选择端口。如果仅有主机得到指定，端口将被省略，主机区分符上仍要求添加冒号	fqdn:0
max_output_pause_period = msec	未能发送队列信息的最大周期（毫秒）。如果队列有待发送样本，且大于该周期未发送信息，则连接将被关闭，on_*_lost 回调将被调用	0
passive_reconnect_duration = msec	被动连接方等待再次连接的时间周期（毫秒）。如果该周期内未能再次连接，那么 on_*_lost 回调将被调用	2000
pub_address = host:port	使用配置的字符串覆盖发送给对等方的地址，可以用于防火墙穿越和其他高级网络配置	

当 TCP 连接被关闭时，OpenDDS 将尝试再次连接。再次连接的过程如下：

① 探测到一个连接丢失后立刻尝试再次连接；

② 如果连接失败，那么等待 conn_retry_initial_delay 规定的时间再次连接；

③ 在尝试次数未超过 conn_retry_attempts 前等待规定的时间（之前的等待时间×conn_retry_backoff_multiplier），尝试再次连接。

（3）UDP/IP 传输配置选项

UDP 传输是基本网络传输方式之一，它仅支持尽力而为的传输机制。与 TCP 一样，local_address 支持 IPv4 和 IPv6 地址。UDP 作为独立库存在，因此需要像其他传输库那样得到链接和配置。当使用动态链接方式时，每当它在配置文件得到引用时，OpenDDS 自动加载 UDP 库。当使用静态链接方式时，应用程序必须直接链接 UDP 库。如果需要这样做，那么应用程序必须首先初始化服务，包括选择适当的头文件：

```
<dds/DCPS/transport/udp/Udp.h>
```

表 11-16 总结了 UDP 传输配置选项。

表 11-16 UDP 传输配置选项

选　项	描　述	默 认 值
local_address = host:port	监听套接字的主机名称和端口，由基础操作系统选择的默认值	fqdn:0
send_buffer_size = n	UDP 净负荷的总发送缓存大小，以字节为单位	ACE_DEFAULT_MAX_SOCKET_BUFSIZ
rcv_buffer_size = n	UDP 净负荷的总接收缓存大小，以字节为单位	ACE_DEFAULT_MAX_SOCKET_BUFSIZ

（4）IP 多播传输配置选项

根据传输配置参数，多播传输为尽力而为和可靠传送提供了统一支持。

由于数据是在对等者间交换的，尽力而为（Best-effort）传输能够降低开销，但是它并未提供任何传输保障，因此数据可能由于无反应或未到达对等者或在副本中被接收而丢失。可靠（Reliable）传输为关联的对等者提供了无副本的数据有保障传送，代价是付出额外的处理和带宽开销。可靠传送是通过两个主要机制实现的，即双向对等者握手和丢失数据的否定应答。为确保准确，每种机制都会得到绑定，以确保能够在用户环境下得到广泛的适应性。

IP 多播传输支持许多配置选项：

default_to_ipv6 和 port_offset 选项影响默认多播地址如何选择。default_to_ipv6 设置为 1 意味着默认 IPv6 地址将得到使用（[FF01::80]）。当组地址未被设置时，port_offset 选项确定使用默认的端口（49152）。

group_address 选项可用于手动定义参与交换数据的多路组播，IPv4 和 IPv6 地址都得到支持。对于 TCP 来说，OpenDDS 的 IPv6 支持要求基础 TAO/ACE 组件得到构建，并且 IPv6 得到启用。

在拥有多个网络接口的主机上，经常需要指定在特定网络接口上使用多播。local_address 选项可用来设置本地接口的 IP 地址，使其支持多播通信。

如果期望可靠传输，则可以通过指定 reliable 选项来实现。其他的配置选项影响多播传输所用的可靠性机制。

syn_backoff、syn_interval 和 syn_timeout 选项影响握手机制。syn_backoff 选项是计算重试之间后移延迟时所用的指数基础；syn_interval 选项定义重试握手前等待的最小毫秒数；syn_timeout 定义放弃握手前等待的最小毫秒数。给定 syn_backoff 和 syn_interval 的值，计算握手尝试之间延迟的方法如下：

delay = syn_interval ×syn_backoff ^ number_of_retries

例如，假设使用默认配置选项，握手尝试之间的延迟将分别为 0、250、1000、2000、4000 和 8000 毫秒。

nak_depth、nak_interval 和 nak_timeout 选项影响否定应答机制。nak_depth 选项定义传输为服务恢复请求保留的数据报的最大数量。nak_interval 选项定义恢复请求之间等待的最小毫秒数，该间隔是随机的，用于避免相似关联的对等者之间潜在的冲突。恢复请求之间的最大延迟被限制为最小值的两倍。nak_timeout 选项定义放弃潜在恢复请求上等待的最长时间。

nak_delay_intervals 选项定义初始否定应答后，否定应答之间的间隔数量。

nak_max 选项限制一个丢失样本将被否定应答的最大次数。使用该选项，在 nak_timeout 之前将不会为未恢复数据包重复发送否定应答。

目前，在使用这种传输方式时，除了 ETF 已经规定的要求外，还有一些要求：

① 每个多播组最多可以使用一个 DDS 数据域；

② 给定的域参与者，每个多播组只能连接一个多播传输；如果希望在同一进程中在同一个多播组上发送和接收样本，则必须使用独立的域参与者。

IP 多播作为独立库存在，因此需要像其他传输库那样得到链接和配置。当使用动态链接方式时，每当它在配置文件得到引用时，OpenDDS 自动加载 Multicast 库。当使用静态链接方式时，应用程序必须直接链接 Multicast 库。如果需要这样做，那么应用程序必须首先初始化服务，包括选择适当的头文件：

<dds/DCPS/transport/multicast/Multicast.h>

表 11-17 总结了 IP 多播传输配置选项。

表 11-17 IP 多播传输配置选项

选　项	描　述	默 认 值
default_to_ipv6 = [0|1]	启用 IPv6 默认组播地址选择。在默认情况下，该选项被禁用	0
group_address = host:port	连接发送/接收数据的多路组播	224.0.0.128:<port>, [FF01::80]:<port>
local_address = address	如果非空，用于连接多路组播的本地网络接口的地址	
nak_delay_intervals = n	初始否定应答后否定应答之间间隔的数量	4
nak_depth = n	为服务恢复请求保留数据包数量（仅可靠）	32
nak_interval = msec	恢复请求之间等待的最小毫秒数（仅可靠）	500
nak_max = n	丢失样本将被否定应答的最大次数	3
nak_timeout = msec	放弃恢复应答前等待的最大毫秒数（仅可靠）	30000
port_offset = n	当未指定一个组播地址时，用于设置端口。当组播地址得到指定时，其内部的端口得到使用。如果没有组播地址得到指定，端口偏移被用作端口。该值不应被设置为小于 49152	49152
rcv_buffer_size = n	接收缓存套接字的大小，以字节为单位，值为 0 表示使用系统默认值	0
reliable = [0|1]	启用可靠通信	1

续表

选　　项	描　　述	默 认 值
syn_backoff = n	握手重试期间所用的指数基础，值收益越小，尝试期间的延迟越短	2.0
syn_interval = msec	关联期间握手尝试之间等待的最小毫秒数	250
syn_timeout = msec	关联期间，在放弃握手应答前等待的最大毫秒数，默认值为 30 毫秒	30000
ttl = n	任何发送的数据包的生存期值。默认值为 1，意味着所有数据被限制为本地网络	1
async_send = [0|1]	使用异步 I/O 发送数据包（在有效支持它的平台上）	

（5）RTPS_UDP 传输配置选项

符合 DDS-RTPS 协议的 OpenDDS 包括了必需的传输协议和与其他 DDS 实现互操作所需的传输协议。RTPS_UDP 是一个开发者可用的可插拔传输，它是 DDS 实现之间互操作的基础。下面将介绍如何将 OpenDDS 配置为使用该传输选项。

为了提供单传输配置的 RTPS 变体，下面的配置文件只需将 transport_type 属性修改为值 rtps_udp，所有其他选项保持不变。

```
[common]
DCPSGlobalTransportConfig=myconfig

[config/myconfig]
transports=myrtps

[transport/myrtps]
transport_type=rtps_udp
local_address=myhost
```

下面的示例展示了与 TCP 传输混合使用的 RTPS_UDP 传输。它支持通过 TCP 与其他 OpenDDS 参与者通信，而使用 RTPS_UDP 与非 OpenDDS 参与者通信。

```
[common]
DCPSGlobalTransportConfig=myconfig

[config/myconfig]
transports=mytcp, myrtps

[transport/myrtps]
transport_type=rtps_udp

[transport/mytcp]
transport_type=tcp
```

有关使用 RTPS_UDP 传输协议的一些注意事项如下：

① WRITER_DATA_LIFECYCLE 策略说明相同数据子消息应丢弃和注销一个实例，OpenDDS 可能使用两个数据子消息；

② RTPS 传输实例不能被不同域参与者分享；

③ 传输自动选择（协商）得到 RTPS 部分支持，因此 RTPS_UDP 传输仅在可靠模式下经历握手阶段。

表 11-18 总结了 RTPS_UDP 传输配置选项。

表 11-18　RTPS_UDP 传输配置选项

选　项	描　述	默 认 值
use_multicast = [0|1]	RTPS_UDP 传输可使用单播或多播。当值为 0 时，使用单播；当值为 1 时，使用多播	1
multicast_group_address = network address	当传输被设置为多播点时，这是应得到使用的多播网络地址	239.255.0.2:7401
multicast_interface = iface	指定此发现实例要使用的网络接口，这使用了一种平台特定的格式来标识网络接口。在 Linux 系统上，类似 eth0	系统默认接口
local_address = addr:port	套接字绑定的地址和端口。端口可以被省略，但仍要求添加冒号	系统默认
nak_depth = n	服务恢复请求所保持的数据包数量（仅可靠）	32
nak_response_delay = msec	协议调整参数，它允许 RTPS 写入者延迟向否定应答请求数据的响应（以毫秒表示）	200
heartbeat_period = msec	协议调整参数，它指定 RTPS 写入者声明数据可用性的频率，以毫秒为单位	1000
heartbeat_response_delay = msec	协议调整参数，它允许 RTPS 读取者延迟发送肯定或否定应答，以毫秒为单位	500
handshake_timeout = msec	关联期间在放弃握手响应前等待的最大毫秒数，默认值为 30 秒	30000
ttl = n	发送多播数据包的生存期值。此值指定数据包在被网络丢弃之前将经过的跳数。默认值 1 表示所有数据都被限制在本地网络中	1

（6）共享内存传输配置选项

表 11-19 总结了共享内存（shmem）的传输配置选项。该传输类型目前得到拥有 POSIX/XSI 共享内存的 UNIX 类平台的支持，在 Windows 平台上也适用。共享内存传输类型仅可提供相同主机上传输实例之间的通信。作为传输协议的一部分，如果主机之间的通信存在多个可用的传输实例，共享内存传输实例将被略过，这样其他类型可得到使用。

表 11-19　共享内存传输配置选项

选　项	描　述	默 认 值
pool_size = bytes	分配的单个共享内存池的大小	16 MB
datalink_control_size = bytes	为每个数据链路分配的控制区域的大小，该分配是 pool_size 定义的共享内存池的结果	4 KB

第12章　基于OpenDDS的分布式实时系统开发与运行

本章从实际应用角度出发，详细介绍如何使用 OpenDDS 构建分布式实时系统，并通过一个图形化示例展示应用程序开发和运行的基本过程。

12.1　开发环境搭建

12.1.1　开发工具选择

本章描述的分布式实时系统示例开发并运行于 Windows 操作系统，开发工具及其版本如表 12-1 所示。

表 12-1　开发工具及其版本

开 发 工 具	版　　本
Microsoft Visual Studio	2008 SP1
ActivePerl	5.16.3
ACE	6.2a_p12
TAO	2.2a_p12
OpenDDS	3.13

12.1.2　源代码下载

从网址 http://download.objectcomputing.com/TAO-2.2a/ACE+TAO-2.2a.zip 下载 ACE+TAO 源代码，解压到 C 盘根目录。

从网址 http://download.oicweb.com/opendds-3.13.zip 下载 OpenDDS 源代码，解压到 C 盘根目录。

12.1.3　环境变量设置

按照图 12-1 所示，设置环境变量：

① 设置 ACE 的环境变量，如“ACE_ROOT=C:\ACE_wappers”；

② 设置 TAO 的环境变量，如“TAO_ROOT=C:\ACE_wappers\TAO”；

③ 设置 OpenDDS 的环境变量，如“DDS_ROOT=C:\OpenDDS”；

④ 向 PATH 环境变量添加 ACE 和 OpenDDS 的可执行文件及库文件路径：ACE_ROOT\bin、ACE_ROOT\lib、DDS_ROOT\bin、DDS_ROOT\lib。

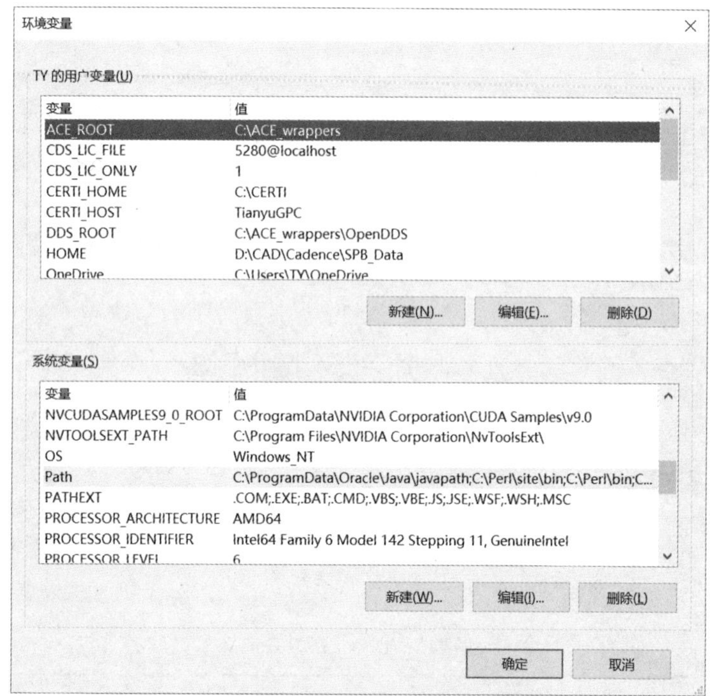

图 12-1　设置环境变量

12.1.4　源代码编译

首先编译 ACE+TAO：打开ACE_ROOT下的 TAO_ACE_vc9.sln，编译 ACE、TAO_IDL_FE、TAO_IDL_BE、TAO_IDL_EXE、TAO_CODE_IDL、IORTable_Idl、Codeset_Idl、Codeset、AnyTypeCode、IORTable、PorttableServer_Idl、PorttableServer、ImR_Client_Idl、TAO、ImR_Client、Svc_utilsd、ACE_gperf 等工程。

编译成功后，会在ACE_ROOT\lib 路径下生成 ACE.dll、TAO_Codeset.dll、TAO_AnyTypeCode.dll、TAO_IDL_FE.dll、TAO_IDL_BE.dll、TAO_IORTable.dll、TAO.dll 等动态链接库，以及相应的 lib 库，并在 ACE_ROOT\Bin 路径下生成 tao_idl.exe 和 ace_gperf.exe。

然后编译 OpenDDS：打开DDS_ROOT下的 DDS_vc9.sln，编译 OpenDDS_Idl、DDSPCDS、DCPSInfoRepo_Lib、DCPSInfoRepo_Federator、DCPSInfoRepo_Server、OpenDDS_TCP、OpenDDS_UDP、OpenDDS_Multicast 等工程。

编译成功后，会在DDS_ROOT\lib 路径下生成 OpenDDS_InfoRepoServ.dll、OpenDDS_TCP.dll、OpenDDS_UDP.dll、OpenDDS_RTPS.dll、OpenDDS_DCPS.dll、OpenDDS_Federator.dll 等动态链接库，以及相应的 lib 库，并在DDS_ROOT/Bin 路径下生成 opendds_idl.exe。

至此，开发环境搭建完成，在此基础上能够实现应用程序的开发。

12.2　应用程序开发

以 OpenDDS 官网上的“ShapeDemo”为例，介绍在 OpenDDS 上应用程序的开发。该示例说明了如何通过 DDS 的 DCPS 层发布与订阅数据，发布者发送图形运动信息数据，订阅者通过订阅数据，将图形的运动显示出来。

12.2.1　建立数据类型定义工程

使用如下 IDL 文件来定义所要发布的 DDS 数据类型：

```
#include "orbsvcs/TimeBase.idl"
module Graph
{
    #pragma DCPS_DATA_TYPE "Graph::Chart"
    #pragma DCPS_DATA_KEY "Graph::Chart type"
    enum GraphType {
        IT_SQUARE,IT_CIRCLE,IT_TRIANGLE,IT_RHOMBUS,
        IT_PARALLELOGRAM, IT_TRAPEZOIDAL
    };
    struct Chart {
    TimeBase::TimeT timestamp;
    GraphType type;
    short size;
    short color;
    short cx;
    short cy;
    };
};
```

可以看出，该示例定义了图形信息的数据类型 Chart，它描述了图形的形状类型、尺寸大小、颜色、位置信息。DCPS_DATA_TYPE 为数据类型定义键（实例的唯一标识）。图形类型的键是图形的形状，对于每一个形状发布的多个图形信息数据而言，它们属于同一个实例。

接下来，调用 opendds_idl 编译器编译 IDL 文件生成数据读取者和数据写入者的类型支持代码。DDS 的发布和订阅使用类型安全接口，它的优点如下：

① 在编译时捕获编程错误；

② 使得列集代码变得有效；

③ 避免使用低效的类型传输。

本示例的 IDL 文件生成类型支持代码的命令如下：

```
$DDS_ROOT/bin/opendds_idl Graph.idl
```

该命令生成以下文件：GraphTypeSupport.idl，GraphTypeSupportImpl.h，GraphTypeSupport Impl.cpp。

再使用 tao_idl 编译器来编译原始的 IDL 文件 Graph.idl 和生成的 IDL 文件 GraphTypeSupport.idl。

```
tao_idl -I$DDS_ROOT -I$TAO_ROOT/orbsvcs Graph.idl
tao_idl -I$DDS_ROOT -I$TAO_ROOT/orbsvcs GraphTypeSupport.idl
```

12.2.2 建立发布端应用程序工程

1. 建立应用程序

在 VS2008 开发环境下，建立基于 MFC 的单文档应用程序，如图 12-2 所示。

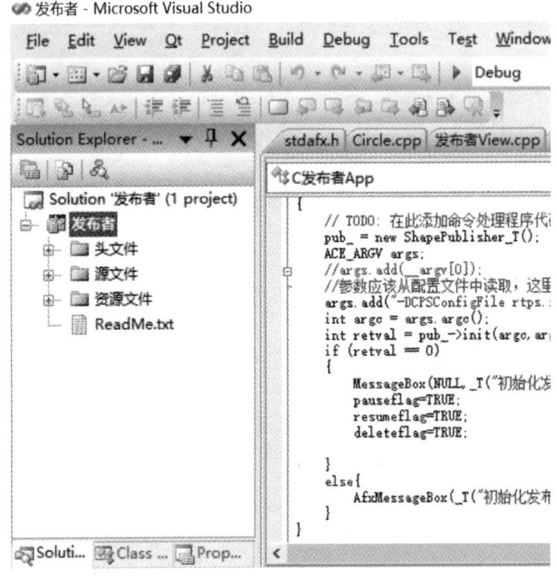

图 12-2 发布端应用工程示意图

2. 加入并编译 IDL 文件

在工程中加入 Graph.idl 和 GraphTypeSupport.idl 文件，并进行编译。在编译 Graph.idl 时，生成类型支持 IDL 文件 GraphTypeSupport.idl 和类型支持实现文件；在编译 GraphTypeSupport.idl 时，生成类型支持客户端与服务器代码。这些文件的关系如图 12-3 所示。

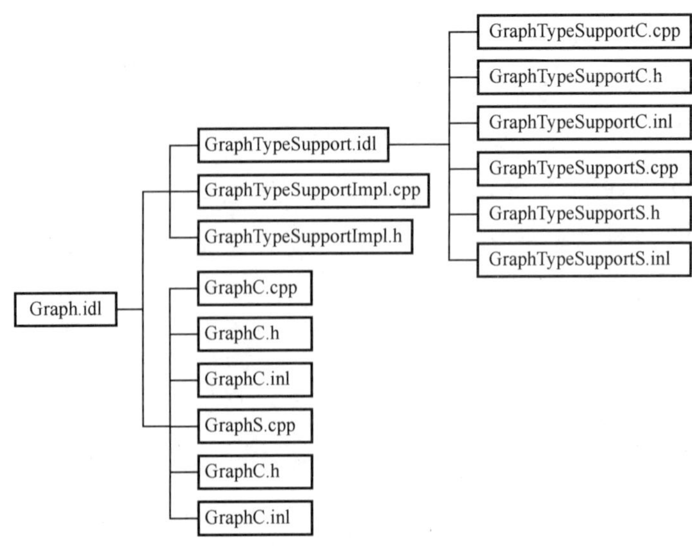

图 12-3 编译文件关系图

3．编写主程序

下面开始编写发布者通过 DDS 发布图形信息的程序。首先在发布者主程序的头文件中定义与 OpenDDS 相关的变量。

```
DDS::DomainParticipantFactory_var dpf_;
DDS::DomainParticipant_var participant_;
DDS::DataWriter_var chart_base_dw;
Graph::ChartDataWriter_var chart_dw;
```

在编写主程序之前引入 opendds_idl 编译器生成的头文件，以及 DCPS 域参与者、主题和 QoS 头文件。

```
#include "GraphTypeSupportImpl.h"
#include <dds/DCPS/Marked_Default_Qos.h>
#include <dds/DCPS/DomainParticipantImpl.h>
#include <dds/DCPS/BuiltInTopicUtils.h>
#include "ace/Log_Msg.h"
```

接下来，定义数据域 ID、类型名称和主题名称。为了实现本示例中图形信息的传输，订阅者必须使用相同的数据域 ID、类型名称和主题名称。

```
DDS::DomainId_t GRAPH_DOMAIN_ID = 1066;
const char* CHART_EVENT_TYPE = "Graph::Chart";
const char* CHART_EVENT_TOPIC = "MY_GRAPH";
```

然后采用简单的辅助方法获取当前日期与时间。

```
TimeBase::TimeT get_timestamp() {
      TimeBase::TimeT retval;
      ACE_Time_Value t=ACE_OS::gettimeofday ();
      ORBSVCS_Time::Time_Value_to_TimeT (retval,t);
      return retval;
}
```

下面是发布者程序的实现过程。

（1）建立域参与者

首先建立一个域参与者，本示例中的发布者只在一个数据域上发布。采用将命令行参数传递到 DCPS 中的模式，获得一个域参与者工厂。在域参与者工厂中建立一个域参与者，对于数据域中的域参与者，采用默认的 QoS 策略。域 ID 必须在发布者与订阅者中保持一致。

```
dpf_ = TheParticipantFactoryWithArgs (argc, argv);
participant_ = dpf_ ->create_participant (
      1066,
      PARTICIPANT_QOS_DEFAULT,
      DDS::DomainParticipantListener::_nil(),
      ::OpenDDS::DCPS::DEFAULT_STATUS_MASK);
if (CORBA::is_nil (participant_.in ()))
{
      AfxMessageBox(_T("创建参与者失败"),MB_OK,0);
}
```

（2）建立发布者

创建发布者用于发布主题，并将发布者附加到 TCP 传输中。

```
DDS::Publisher_var pub =
      participant_->create_publisher (PUBLISHER_QOS_DEFAULT,
      DDS::PublisherListener::_nil(),
      ::OpenDDS::DCPS::DEFAULT_STATUS_MASK);
if (CORBA::is_nil (pub.in ()))
{
      AfxMessageBox(_T("创建发布者失败"), MB_OK, 0);
}
OpenDDS::DCPS::PublisherImpl * pub_impl =
      dynamic_cast <OpenDDS::DCPS::PublisherImpl*>(pub.in ());
if (0 == pub_impl)
{
      AfxMessageBox(_T("绑定失败"), MB_OK, 0);
}
```

（3）注册主题数据类型

使用数据域中的域参与者注册 Chart 数据类型，CHART_EVENT_TYPE 用于存储 Chart 类型名称，必须在订阅者中与之匹配。在建立主题时，指定该主题类型的名称，允许 DCPS 为该主题的数据写入者建立注册的数据类型。

```
Graph::ChartTypeSupportImpl * chart_iml =
      new Graph::ChartTypeSupportImpl ();
chart_iml -> register_type (participant_.in(), CHART_EVENT_TYPE);
```

（4）建立主题

每个主题绑定一个数据类型，建立图形信息主题。

```
//获取用于主题的 QoS 策略，可用 TOPIC_QOS_DEFAULT 代替
DDS::TopicQos default_topic_qos;
participant_ -> get_default_topic_qos (default_topic_qos);
//建立 Chart 类型主题
DDS::Topic_var chart_topic =
      participant_->create_topic (CHART_EVENT_TOPIC,
      CHART_EVENT_TYPE,
      default_topic_qos,
      DDS::TopicListener::_nil(),
      ::OpenDDS::DCPS::DEFAULT_STATUS_MASK);
if (CORBA::is_nil (chart_topic.in ()))
{
      AfxMessageBox(_T("创建主题失败"), MB_OK, 0);
}
```

（5）构造数据写入者

构造数据写入者用于发布主题数据，由于只定义了一种主题，所以构建一个数据写入者即可。

```
//获取数据写入者的 QoS 策略，可用 DATAWRITER_QOS_DEFAULT 代替
DDS::DataWriterQos dw_default_qos;
pub -> get_default_datawriter_qos (dw_default_qos);
//建立 Chart 主题的数据写入者
chart_base_dw = pub->create_datawriter (chart_topic.in (),
        dw_default_qos,
        DDS::DataWriterListener::_nil(),
        ::OpenDDS::DCPS::DEFAULT_STATUS_MASK);
if (CORBA::is_nil (chart_base_dw.in ()))
{
        AfxMessageBox(_T("创建数据写入者失败"), MB_OK, 0);
}
chart_dw= Graph::ChartDataWriter::_narrow (chart_base_dw.in());
if (CORBA::is_nil (chart_dw.in ()))
{
        AfxMessageBox(_T("narrow 失败"), MB_OK, 0);
}
```

（6）定义主题实例

定义并注册主题实例用于发送主题数据。

```
Graph::ChartDataWriter_var dw =
        Graph::ChartDataWriter::_narrow (this->chart_dw.in());
if (CORBA::is_nil (dw.in ()))
{
        AfxMessageBox(_T("NARROW 失败"), MB_OK, 0);
}
CPublisherApp *app=(CPublisherApp*)AfxGetApp ();
int size = app -> size;
int color = app -> color;
int x = app -> x;
int y = app -> y;
Graph::GraphType type = app -> type;
Graph::Chart chart;
chart.timestamp = ::get_timestamp();
chart.type = type;
chart.size = size;
chart.color = color;
chart.cx = x;
chart.cy = y;
DDS::InstanceHandle_t chart_handle = dw -> register_instance (chart);
```

（7）发送主题数据

```
DDS::ReturnCode_t ret = dw -> write (chart, chart_handle);
if (ret != DDS::RETCODE_OK)
{
        AfxMessageBox(_T("发布失败"), MB_OK, 0);
}
```

（8）退出清理

```
//删除域参与者包含的所有实体
participant_ -> delete_contained_entities ();
//删除域参与者
dpf_ -> delete_participant (participant_.in ());
//关闭服务
TheServiceParticipant -> shutdown ();
```

12.2.3 建立订阅端应用程序工程

1. 建立应用程序

在 VS2008 开发环境下，建立基于 MFC 的单文档应用程序，如图 12-4 所示。

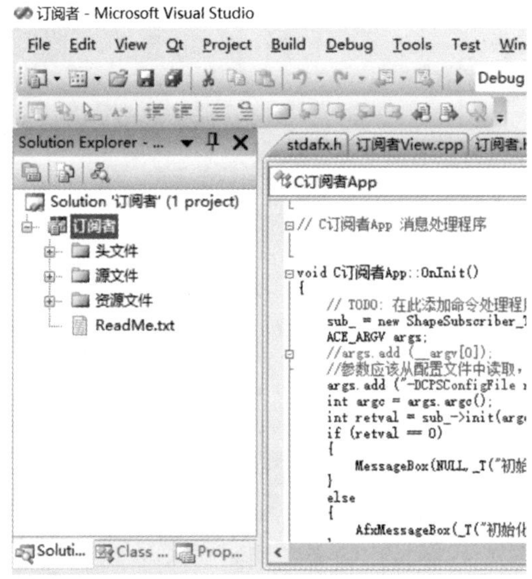

图 12-4 订阅端应用程序示意图

2. 加入并编译 IDL 文件

与建立发布端应用程序类似，在工程中加入 Graph.idl 和 GraphTypeSupport.idl 文件，并进行编译（编译生成文件的关系如图 12-3 所示）。

3. 建立数据监听者

Graph 数据读取者会附加一个数据读取者监听器，每当接收到发布者的数据样本时，OpenDDS 使用监听器的相应回调操作通知新数据样本的到达。首先定义 ChartDataReaderListenerImpl 类，在该监听者类中实现 DDS::DataReaderListener 的 IDL 接口，从该接口中重载几个虚函数。它是 IDL 接口的 CORBA 本地对象的一个实现，继承于 IDL 接口产生的类。数据读取者监听器需重载所有回调操作，其中 on_data_available 回调操作最为关键，当新数据样本到达时，OpenDDS 调用该操作以传递数据。下面是数据读取者监听者 ChartDataReaderListenerImpl 类的实现。

```
#include "ChartDataReaderListenerImpl.h"
#include "GraphTypeSupportC.h"
#include "GraphTypeSupportImpl.h"
#include <dds/DCPS/Service_Participant.h>
#include <ace/streams.h>
//实现构造函数
ChartDataReaderListenerImpl::ChartDataReaderListenerImpl()
{
}
//实现析构函数
ChartDataReaderListenerImpl::~ChartDataReaderListenerImpl ()
{
}
void ChartDataReaderListenerImpl::
                on_data_available (DDS::DataReader_ptr reader)
    throw (CORBA::SystemException)
{
    try {
        Graph::ChartDataReader_var chart_dr
            = Graph::ChartDataReader::_narrow(reader);
    if (CORBA::is_nil (chart_dr.in ())) {
        ACE_ERROR((LM_ERROR, "ERROR:
        ChartDataReaderListenerImpl::on_data_available() _narrow failed.\n"));
    return;
    }
    Graph::Chart chart;
    DDS::SampleInfo si ;
    DDS::ReturnCode_t status = chart_dr->take_next_sample(chart, si) ;
    if (status == DDS::RETCODE_OK) {
        //生成指向应用程序类的指针
        CSubscriberApp * app=(CSubscriberApp *)AfxGetApp();
        app->type=chart.type;
        app->size=chart.size;
        app->color=chart.color;
        app->x=chart.cx;
        app->y=chart.cy;
    } else if (status == DDS::RETCODE_NO_DATA) {
        ACE_ERROR((LM_ERROR,"ERROR: ChartDataReaderListenerImpl::on_data_available()
        received DDS::RETCODE_NO_DATA!"));
    } else {
        ACE_ERROR((LM_ERROR,"ERROR: ChartDataReaderListenerImpl::on_data_available()
        read Message: Error: %d\n",status));
    }
    } catch (CORBA::Exception& e) {
        ACE_ERROR((LM_ERROR,"ERROR: ChartDataReaderListenerImpl::on_data_available()
        Exception caught in read\n"));
    }
```

```
}
void ChartDataReaderListenerImpl::on_requested_deadline_missed (
        DDS::DataReader_ptr,
        const DDS::RequestedDeadlineMissedStatus &)
        throw (CORBA::SystemException)
{
        cerr << "ChartDataReaderListenerImpl::
        on_requested_deadline_missed" << endl;
}
void ChartDataReaderListenerImpl::on_requested_incompatible_qos (
        DDS::DataReader_ptr,
        const DDS::RequestedIncompatibleQosStatus &)
        throw (CORBA::SystemException)
{
        cerr << "ChartDataReaderListenerImpl::
        on_requested_incompatible_qos" << endl;
}
void ChartDataReaderListenerImpl::on_liveliness_changed (
        DDS::DataReader_ptr,
        const DDS::LivelinessChangedStatus &)
        throw (CORBA::SystemException)
{
        cerr << "ChartDataReaderListenerImpl::on_liveliness_changed" << endl;
}
void ChartDataReaderListenerImpl::on_subscription_matched (
        DDS::DataReader_ptr,
        const DDS::SubscriptionMatchedStatus &)
        throw (CORBA::SystemException)
{
        cerr << "ChartDataReaderListenerImpl::on_subscription_matched" << endl;
}
void ChartDataReaderListenerImpl::on_sample_rejected(
        DDS::DataReader_ptr,
        const DDS::SampleRejectedStatus&)
        throw (CORBA::SystemException)
{
        cerr << "ChartDataReaderListenerImpl::on_sample_rejected" << endl;
}
void ChartDataReaderListenerImpl::on_sample_lost(
        DDS::DataReader_ptr,
        const DDS::SampleLostStatus&)
        throw (CORBA::SystemException)
{
        cerr << "ChartDataReaderListenerImpl::on_sample_lost" << endl;
}
```

4．编写主程序

下面开始编写订阅者通过 OpenDDS 订阅图形信息的程序。首先在订阅者主程序的头文件中定义与 OpenDDS 相关的变量。

```
DDS::DomainParticipantFactory_var dpf_;
DDS::DomainParticipant_var participant_;
DDS::DataReader_var chart_dr;
```

同样地，在编写主程序之前引入 opendds_idl 编译器生成的头文件，以及 DCPS 域参与者、主题和 QoS 策略头文件。

```
#include “GraphTypeSupportImpl.h”
#include <dds/DCPS/Marked_Default_Qos.h>
#include <dds/DCPS/DomainParticipantImpl.h>
#include <dds/DCPS/BuiltInTopicUtils.h>
#include "ace/Log_Msg.h"
```

接下来，定义域 ID、类型名称和主题名称。订阅者使用与发布者相同的域 ID、类型名称和主题名称。

```
DDS::DomainId_t GRAPH_DOMAIN_ID = 1066;
const char* CHART_EVENT_TYPE = "Graph::Chart";
const char* CHART_EVENT_TOPIC = "MY_GRAPH";
```

下面是订阅者程序的实现过程。

（1）建立域参与者

获得一个域参与者工厂，在域参与者工厂中建立一个域参与者，采用默认的 QoS 策略。

```
dpf_ = TheParticipantFactoryWithArgs(argc, argv);
participant_ = dpf_ ->create_participant(
        1066,
        PARTICIPANT_QOS_DEFAULT,
        DDS::DomainParticipantListener::_nil(),
        ::OpenDDS::DCPS::DEFAULT_STATUS_MASK);
if (CORBA::is_nil (participant_.in ()))
{
        AfxMessageBox(_T("创建参与者失败"));
        ACE_ERROR_RETURN((LM_ERROR,"(%t|%T) create_participant \n"),-1);
}
```

（2）建立订阅者

创建订阅者用于订阅主题，并将订阅者附加到 TCP 传输中。

```
DDS::Subscriber_var sub =
        participant_->create_subscriber(SUBSCRIBER_QOS_DEFAULT,
        DDS::SubscriberListener::_nil(),
        ::OpenDDS::DCPS::DEFAULT_STATUS_MASK);
if (CORBA::is_nil (sub.in ()))
{
        AfxMessageBox(_T("创建订阅者失败"));
```

```
        ACE_ERROR_RETURN((LM_ERROR,"(%t|%T)create subscriber \n"),-1);
    }
    OpenDDS::DCPS::SubscriberImpl* sub_impl =
        dynamic_cast< OpenDDS::DCPS::SubscriberImpl* >(sub.in ());
    if (0 == sub_impl)
    {
        ACE_ERROR_RETURN((LM_ERROR,"(%t|%T)create subscriber \n"),-1);
    }
```

（3）注册主题数据类型

使用域参与者注册 Chart 数据类型。

```
Graph::ChartTypeSupportImpl*    chart_iml =
            new Graph::ChartTypeSupportImpl();
chart_iml->register_type(participant_.in(), CHART_EVENT_TYPE);
```

（4）建立主题

建立图形信息主题。

```
//获取用于主题的 QoS 策略，可用 TOPIC_QOS_DEFAULT 代替
DDS::TopicQos default_topic_qos;
participant_->get_default_topic_qos(default_topic_qos);
//建立 Chart 类型主题
DDS::Topic_var chart_topic =
    participant_->create_topic (CHART_EVENT_TOPIC,
    CHART_EVENT_TYPE,
    default_topic_qos,
    DDS::TopicListener::_nil(),
    ::OpenDDS::DCPS::DEFAULT_STATUS_MASK);
if (CORBA::is_nil (chart_topic.in ()))
{
    AfxMessageBox(_T("创建主题 chart 失败"),MB_OK,0);
    ACE_ERROR_RETURN((LM_ERROR,"(%t|%T)create topic\n"),-1);
}
```

（5）构造数据读取者和数据读取者监听器

构造数据读取者和数据读取者监听器，用于接收相应主题的数据，由于只定义了一种主题，所以构建一个数据读取者和数据读取者监听器即可。

```
//建立数据读取者监听器
DDS::DataReaderListener_var listener (new ChartDataReaderListenerImpl);
if (CORBA::is_nil (chart_listener.in ())) {
    ACE_ERROR_RETURN((LM_ERROR,"(%t|%T)Chart listener is nil.\n"),-1);
}
//获取数据读取者的 QoS 策略，可用 DATAREADER_QOS_DEFAULT 代替
DDS::DataReaderQos dr_default_qos;
sub->get_default_datareader_qos (dr_default_qos);
//建立 Chart 主题的数据读取者
chart_dr = sub->create_datareader(chart_topic.in (),
```

```
        dr_default_qos,
        listener.in (),
        ::OpenDDS::DCPS::DEFAULT_STATUS_MASK);
if (CORBA::is_nil (chart_dr.in ()))
{
        AfxMessageBox(_T("创建数据读者 chart 失败"));
}
```

（6）退出清理

```
//删除域参与者包含的所有实体
participant_->delete_contained_entities();
//删除域参与者
dpf_->delete_participant(participant_.in ());
//关闭服务
TheServiceParticipant->shutdown ();
```

12.2.4 编写运行时配置文件

OpenDDS 采用一个基于文件的配置机制，用户可以使用配置文件配置发布者与订阅者的传输、DCPSInfoRepo 进程的位置和其他设置。配置文件的语法与 Windows 的 INI 文件类似，下面是基于 TCP 的配置文件 dds_tcp_conf.ini。

```
[common]
DCPSDebugLevel=0
DCPSInfoRepo=corbaloc::Node_1:3550/DCPSInfoRepo
DCPSGlobalTransportConfig=config1

[config/config1]
transports=tcp1

[transport/tcp1]
transport_type=tcp
```

在配置文件中，包含[common]、[config/config1]和[transport/tcp1]3 个区段。[common]区段中包含调试级别、DCPSInfoRepo 进程的对象引用和全局传输配置等信息。这里 DCPSInfoRepo 监听主机 Node_1（10.194.3.12）接口，配置它能够在同一主题的 DDS 进程中可用。指定 config1 作为全局传输配置，意味着该名称的传输配置用于进程中所有数据读取者和数据写入者。[config/config1]区段定义了 config1 名称的传输配置，该传输选项指定 tcp1 作为传输实例。[transport/tcp1]区段定义了 tcp1 名称的传输实例，该区段也可以用于配置多种选项的传输。

12.3 应用程序运行

12.3.1 使用 DCPSInfoRepo 运行应用程序

一般而言，OpenDDS 应用程序之间要实现集中式发现，用户需先运行 DCPSInfoRepo 进程以使得发布者与订阅者能够发现彼此，再启动由发布者工程与订阅者工程编译生成的应用程序。具体来看，在一个计算机节点运行一个发布端应用程序进程，在另外两个计算机节点分别运行一个订阅端应用程序进程，即分布式系统由 3 个独立的节点组成。

其中，运行 DCPS 信息仓库（DCPSInfoRepo）进程的主机名称为 Node_1，IP 地址为 10.194.3.12；启动发布端应用程序进程的主机名称为 Node_2，IP 地址为 10.128.14.12；启动订阅端应用程序进程的主机名称分别为 Node_3 和 Node_4，IP 地址分别为 10.128.14.13 和 10.194.3.20。为了便于操作，可以将命令编辑到一个 bat 文件中运行，具体内容如下：

```
start %DDS_ROOT%\bin\DCPSInfoRepo -ORBEndpoint iiop://Node_1:3550
start ShapePublisher
start ShapeSubscriber
start ShapeSubscriber
```

在启动 DCPSInfoRepo 进程时，通过指定参数 3550 来实现在相应端口的发现服务监听。该参数需要与配置文件中为 DCPSInfoRepo 对象配置的端口相匹配，否则难以实现发布端应用程序和订阅端应用程序的相互发现。发布者与订阅者应用程序运行结果如图 12-5～图 12-7 所示。

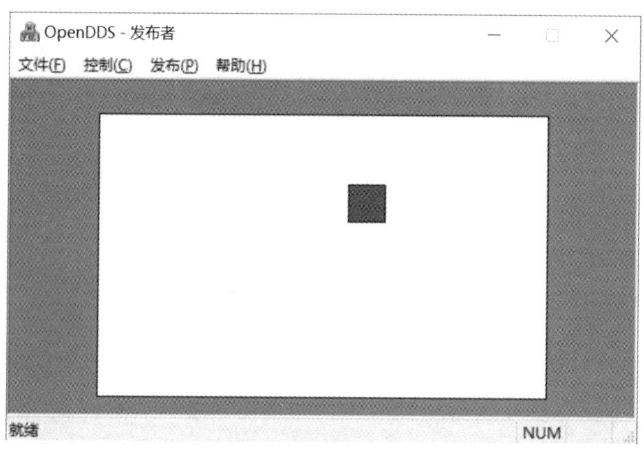

图 12-5　集中式发现下应用程序运行的示意图（Node_2）

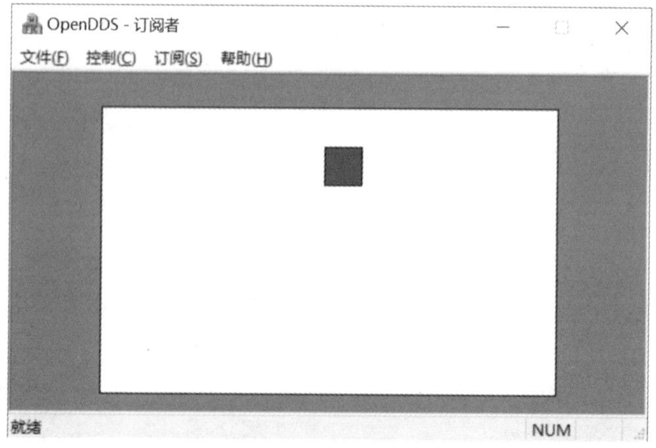

图 12-6　集中式发现下应用程序运行的示意图（Node_3）

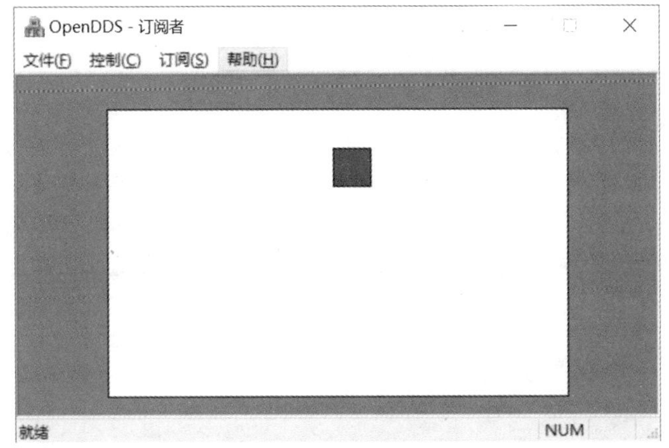

图 12-7　集中式发现下应用程序运行的示意图（Node_4）

12.3.2　使用 DDS-RTPS 运行应用程序

若 OpenDDS 应用程序需要与 DDS 规范的非 OpenDDS 应用程序实现互操作，或者用户不想在 OpenDDS 部署中使用集中式发现而使用对等式发现，可使用 RTPS 机制并基于互操作的传输来运行同一示例。本示例的编码和构建不会因为使用 DDS-RTPS 协议而更改，即用户无须修改或重建发布者和订阅者程序。

在发布端应用程序与订阅端应用程序所在的路径，修改 dds_tcp_conf.ini 配置文件的内容，将默认发现类型 DCPSDefaultDiscovery 设置为 DEFAULT_RTPS。

```
[common]
DCPSGlobalTransportConfig=$file
DCPSDefaultDiscovery=DEFAULT_RTPS

[transport/the_rtps_transport]
transport_type=rtps_udp
```

直接在主机 Node_2（10.128.14.12）上启动一个发布者应用程序，在主机 Node_3（10.128.14.12）上启动一个订阅者应用程序，能够实现对等发现传输，运行结果如图 12-8 和图 12-9 所示。

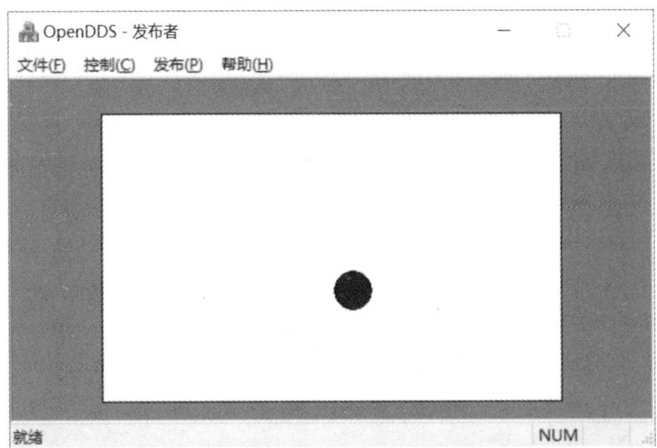

图 12-8　对等式发现下应用程序运行的示意图（Node_2）

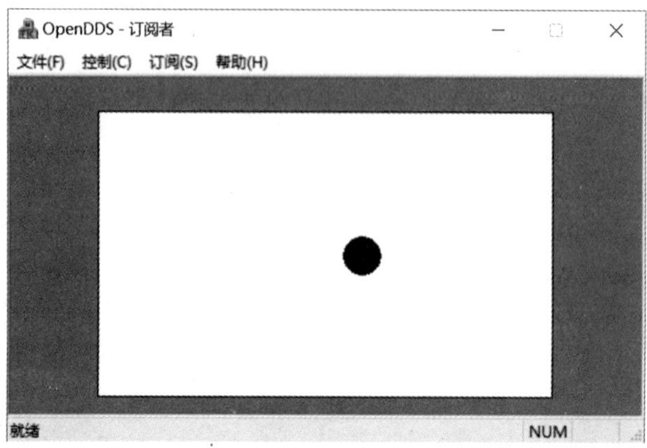

图 12-9 对等式发现下应用程序运行的示意图（Node_3）

参考文献

[1] Object Management Group. Data distribution service for real-time systems, version 1.4[EB/OL]. http://www.omg.org/spec/DDS/1.4, 2015.

[2] Object Computing, Inc. OpenDDS Developer's Guide[EB/OL]. http://download.ociweb.com/OpenDDS/OpenDDS-latest.pdf, 2019.

[3] Object Management Group. The Real-time Publish-Subscribe Protocol (RTPS) DDS Interoperability Wire Protocol Specification, version 2.2[EB/OL]. http://www. omg.org/spec/DDSI-RTPS/2.2, 2014.

[4] Object Management Group. Web-Enabled DDS, version 1.0[EB/OL]. http://www.omg.org/spec/DDS-WEB, 2016.

[5] Object Management Group. Remote Procedure Call over DDS (DDS-RPC), version 1.0 [EB/OL]. http://www.omg.org/spec/DDS-RPC/1.0, 2017.

[6] 任昊利，等. 数据分发服务——以数据为中心的发布/订阅式通信[M]. 北京：清华大学出版社, 2014.

[7] 朱华勇，等. 分布式系统实时发布/订阅数据分发技术[M]. 北京：国防工业出版社, 2013.

[8] 张珺，尹逊和. 基于 RTI DDS 的数据分发中间件的升级设计[J]. 北京交通大学学报, 2011, 35: 31-37.

[9] Bellavista P, Corradi A, Foschini L, et al. Data Distribution Service (DDS): A performance comparison of OpenSplice and RTI implementations[C]. IEEE symposium on computers and communications (ISCC), 2013: 377-383.

[10] Prismtech. Vortex OpenSplice DDS Tutorial[EB/OL]. http://www.prismtech.com/vortex/resources/documentation, 2015.

[11] 严静. 基于数据分发服务的远程过程调用机制的研究与实现[D]. 南京：东南大学硕士学位论文, 2017.

[12] 张天瀛. DDS-RPC 通信机制研究及在联合试验平台中的应用[D]. 哈尔滨：哈尔滨工业大学硕士学位论文, 2019.

[13] 郑可昕. 联合试验平台服务发现机制研究[D]. 哈尔滨：哈尔滨工业大学硕士学位论文, 2019.

[14] Sanchez-Monedero J, Povedano-Molina J, Lopez-Vega J M, et al. Bloom filterbased discovery protocol for DDS middleware[J]. Journal of Parallel & Distributed Computing, 2011, 71(10): 1305–1317.

[15] Kim C H, Yoon G, Lee W, et al. A performance simulator for DDS networks[C]. 2015 International Conference on Information Networking, 2015:122-126.

[16] Bloom filter-based discovery protocol for DDS middleware[J]. Journal of Parallel and

Distributed Computing, 2011, 71(10): 1305-1317.

[17] 刘悦晨. DDS 跨局域网通信机制的研究[D]. 南京：东南大学硕士学位论文, 2016.

[18] An K, Gokhale A, Schmidt D, et al. Content-based Filtering Discovery Protocol (CFDP): Scalable and Efficient OMG DDS Discovery Protocol[C]. Proceedings of the 8th ACM International Conference on Distributed Event-Based Systems. New York, USA: ACM, DEBS'14.

[19] Hakiri A, Berthou P, Gokhale A, et al. Supporting SIP-based end-to-end Data Distribution Service QoS in WANs[J]. Journal of Systems and Software, 2014, 95.

[20] 张伟. 分布式实时分发系统 QoS 控制参数优化及应用研究[D]. 长沙：国防科技大学硕士学位论文, 2011.